高等学校计算机应用规划教材

UML系统建模基础教程

(第3版)

胡荷芬　曹德胜　主　编

陈如意　夏雪星　赵　鑫　副主编

清华大学出版社

北　京

内 容 简 介

本书详细介绍了 UML 系统建模的思想和具体方法，内容包括面向对象设计、UML 通用知识点概述、Rational 统一过程、Rational Rose 的安装和操作、使用 Rose 设计 UML、用例图、类图与对象图、序列图、协作图、活动图、包图、构件图和部署图、状态图，最后以典型案例详解 UML 各种技术的综合应用。

本书采用理论结合案例的方法进行讲解，理论讲述清晰，技术讲解细致，案例丰富。在讲述 UML 案例时，结合了使用比较广泛的 UML 开发工具 Rational Rose。除第 14、15 章以外，每章最后还提供了习题，附录还提供了 6 个课程实验，以供读者更好地了解和掌握 UML 技术。

本书可作为高等学校计算机及相关专业课程的教材，也可作为 UML 初学者和网站开发人员的参考书。

图书在版编目(CIP)数据

UML 系统建模基础教程 / 胡荷芬，曹德胜主编. —3 版. —北京：清华大学出版社，2021.1
高等学校计算机应用规划教材
ISBN 978-7-302-56012-8

Ⅰ. ①U… Ⅱ. ①胡… ②曹… Ⅲ. ①面向对象语言－程序设计－高等学校－教材 Ⅳ. ①TP312

中国版本图书馆 CIP 数据核字(2020)第 121742 号

责任编辑：刘金喜
封面设计：高娟妮
版式设计：妙思品位
责任校对：成凤进
责任印制：吴佳雯

出版发行：清华大学出版社
网　　址：http://www.tup.com.cn，http://www.wqbook.com
地　　址：北京清华大学学研大厦 A 座　　**邮　　编：**100084
社 总 机：010-62770175　　**邮　　购：**010-62786544
投稿与读者服务：010-62776969，c-service@tup.tsinghua.edu.cn
质 量 反 馈：010-62772015，zhiliang@tup.tsinghua.edu.cn
印 装 者：北京嘉实印刷有限公司
经　　销：全国新华书店
开　　本：185mm×260mm　　**印　　张：**20.5　　**字　　数：**564 千字
版　　次：2010 年 5 月第 1 版　　2021 年 1 月第 3 版　　**印　　次：**2021 年 1 月第 1 次印刷
定　　价：59.00 元

产品编号：084412-01

前　言

UML(Unified Modeling Language，统一建模语言)是当前比较流行的一种建模语言，可以用于创建各种类型的项目需求、设计及上线文档。Rational Rose 是目前最受业界瞩目的可视化软件开发工具之一，通过 Rational Rose 能用一种统一的方式设计各种项目的 UML 图。

UML的设计动机是让开发者用清晰和统一的方式完成项目的前期需求和设计文档，而这些需求和设计文档能够让项目的开发变得更加便捷和清晰。随着 UML 建模语言的逐渐深入，其已经获得了广泛的认同，目前已经成为主流项目需求和分析的建模语言。

本书之所以选择 Rational Rose 作为开发 UML 的工具，是因为它不仅提供了绘制所有 UML 图的功能，还完全支持“双向工程”，实现代码和模型的相互转化。

本书包含了 UML 的基础知识、基本元素及使用方法，在讲述 UML 的使用过程中结合了 Rational Rose，以便大家能从中感受到利用 Rational Rose 开发 UML 的便捷性和高效性。同时，在讲述 UML 的元素时，结合了大量的实战案例，并且为了提高学习效率，在除了第 14、15 章以外的每个章节后面还提供了一定数量的习题。

本书共分为 15 章和 1 个附录。书中各章的安排遵循从简单到复杂、由浅入深的思路。由于是基于实际项目，所以本书能让读者更快地掌握 UML 的基本元素和建模技巧，也能让读者学会通过 Rational Rose 开发 UML 的方法，是 UML 初学者必备的书籍。

1. 本书内容

第 1 章：面向对象设计。介绍了面向对象思想的基本概念、面向对象的三大要素、面向对象与项目设计和用面向对象思想建立系统模型的方法。

第 2 章：UML 通用知识点概述。介绍了常用的 UML 元素、UML 的通用机制和 UML 的扩展机制。

第 3 章：Rational 统一过程。介绍了统一过程的含义、结构，配置和实现 Rational 统一过程的方法。

第 4 章：Rational Rose 的安装和操作。介绍了 Rational Rose 的安装和操作方法及 Rational Rose 的操作技巧。

第 5 章：使用 Rose 设计 UML。介绍了 Rational Rose 的四种视图模型和 Rational Rose 生成代码的方式。

第 6 章：用例图。介绍了用例图的概念和构成要素、用例的重要元素、用例之间的各种重要关系和使用 Rose 创建用例图的步骤。

第 7 章：类图与对象图。介绍了类图和对象图的基本概念，然后介绍了使用 Rose 创建类图的方式，随后介绍了对象图及用 Rose 创建对象图的方式及案例分析。

第 8 章：序列图。介绍了序列图的基本概念、序列图的组成、序列图中项目的相关概念、使用 Rose 创建序列图的方式及使用 Rose 在实际项目中创建序列图的具体案例。

第 9 章：协作图。介绍了协作图的基本概念、组成协作图的元素、使用 Rose 创建协作图的方式及使用 Rose 在实际项目中创建协作图的具体案例。

第 10 章：活动图。介绍了活动图的基本概念、活动图的组成、使用 Rose 创建活动图的方式及使用 Rose 在实际项目中创建活动图的具体案例。

第 11 章：包图。介绍了包图的基本概念、使用 Rose 创建包图的方式及使用 Rose 在实际项目中创建包图的具体案例。

第 12 章：构件图和部署图。介绍了构件图与部署图的基本概念、使用 Rose 创建构件图和部署图的方式及使用 Rose 在实际项目中创建构件图和部署图的具体案例。

第 13 章：状态图。介绍了状态图的基本概念、构成状态图的元素、状态的组成、使用 Rose 创建状态图的方式及使用 Rose 在实际项目中创建状态图的具体案例。

第 14 章和第 15 章：从需求分析讲起，分别通过网上选课系统、教务管理系统，介绍了创建系统用例图模型、静态模型、动态模型和部署模型的方式。

附录一共提供了 6 个完整的课程实验，课程实验可作为课程结束时课程设计使用，有助于学生从整体上把握系统建模的技术和方法，方便老师课堂教学。

2. 本书特点

(1) 从入门到精通。本书遵循由浅入深、循序渐进的方式，按照知识点的梯度逐渐深入，这样编写的目的是让大家能快速地学习和掌握 UML 技术。

(2) 基于实战案例教学。本书的 UML 相关知识点都配套了实际的案例，能让读者了解到现实项目中 UML 的具体应用。

(3) 面向 Rational Rose。目前有很多种 UML 的开发工具，但 Rational Rose 在业内使用比较广泛，通过学习本书，能让读者了解到 Rational Rose 的常规用法。

(4) 习题配套。为了让读者快速掌握 UML 技术，除第 14、15 章外，每章后面都提供了相关的填空题、选择题和上机题，附录提供了 6 个完整的课程实验。

3. 学时安排

本课程总学时为 42 学时，各章学时分配见下表(供参考)。

学时分配建议表

课 程 内 容	学 时 数		
	合 计	讲 授	实 验
第 1 章 面向对象设计	1	1	
第 2 章 UML 通用知识点概述	2	2	
第 3 章 Rational 统一过程	2	2	
第 4 章 Rational Rose 的安装和操作	3	2	1
第 5 章 使用 Rose 设计 UML	2	2	

(续表)

课程内容	学时数		
	合 计	讲 授	实 验
第 6 章 用例图	3	2	1
第 7 章 类图与对象图	3	2	1
第 8 章 序列图	3	2	1
第 9 章 协作图	2	1	1
第 10 章 活动图	3	2	1
第 11 章 包图	2	1	1
第 12 章 构件图和部署图	3	2	1
第 13 章 状态图	3	2	1
第 14 章 网上选课系统	2	1	1
第 15 章 教务管理系统	2	1	1
附录 课程实验	6	2	4
合计	42	27	15

本书不仅可以作为高等学校计算机及相关专业的 UML 课程教材，也可作为自学者及网站开发人员的参考书。

本书免费提供 PPT 教学课件、案例源文件和习题答案，读者可通过扫描下方二维码下载。

资源下载

本书由胡荷芬、曹德胜任主编，陈如意、夏雪星、赵鑫任副主编。参与本书编写工作的还有贾云禄、王坚宁、王魁、许小荣等，在此，编者对他们表示衷心的感谢。

在本书的编写过程中，借鉴了许多现行教材的宝贵经验，在此，谨向这些作者表示诚挚的感谢。由于时间仓促，加之编者水平有限，书中难免有错误或不足之处。敬请广大读者批评指正。

服务邮箱：476371891@qq.com。

编 者

2020 年 1 月

目　录

第1章 面向对象设计

面向对象技术现在已经逐渐取代了传统的技术，成为当今计算机软件工程学中的主要开发技术。随着面向对象技术的不断发展，越来越多的软件开发人员加入了它的阵营之中。面向对象技术之所以会被广大的软件开发人员青睐，是由于它作为一种先进的设计和构造软件的技术，使计算机以更符合人的思维方式去解决一系列的编程问题。使用面向对象技术编写的程序极大地提高了代码复用程度和可扩展性，使得编程效率也得到了极大的提高，同时减少了软件维护的代价。

面向对象技术发展的重大成果之一就是出现了统一建模语言(Unified Modeling Language，UML)。UML是面向对象技术领域内占主导地位的标准建模语言，它统一了过去相互独立的数十种面向对象的建模语言共同存在的局面，通过统一语义和符号表示，系统地对软件工程进行描述和构造，形成了一个统一的、公共的、具有广泛适用性的建模语言。

1.1 面向对象思想的基本概念

面向对象和过去的软件开发技术完全不同，是一种全新的软件开发技术。面向对象的概念从问世到现在，已经发展成为一种非常成熟的编程思想，并且成为软件开发领域的主流技术。面向对象的程序设计(Object Oriented Programming，OOP)旨在创建软件重用代码，具备更好的模拟现实世界环境的能力，这使它被公认为是自上而下编程的最佳选择。它通过给程序中加入扩展语句，把函数“封装”到编程所必需的“对象”中。面向对象的编程语言使得复杂的工作条理清晰，编写容易。说它是一场革命，不是对对象本身而言，而是对它处理工作的能力而言。

1.1.1 面向对象的含义

面向对象技术是一种以对象为基础，以事件或消息来驱动对象执行处理的程序设计技术。从程序设计方法上来讲，面向对象设计是一种自下而上的程序设计方法，它不像面向过程程序设计那样一开始就需要使用一个主函数来概括出整个程序，而是从问题的一部分着手，一点一点地构建出整个程序。面向对象设计以数据为中心，使用类作为表现数据的工具，类是划分程序的基本单位，而函数在面向对象设计中成了类的接口。以数据为中心而不是以功能为中心来描述系统，相对来讲，能使程序更具稳定性。面向对象设计将数据和对数据的操作封装到一起，作为一个整体进行处理，并且采用数据抽象和信息隐藏技术，最终将其抽象成一种新的数据类型——类。

类与类之间的联系及类的重用出现了类的继承、多态等特性。类的集成度越高，越适合大型应用程序的开发。另外，面向对象程序的控制流程运行时是由事件进行驱动的，而不再由预定的顺序进行执行。事件驱动程序的执行围绕消息的产生与处理，靠消息的循环机制来实现。更重要的是，在实际的编程过程中，我们可以利用不断成熟的各种框架，如.NET中的.NET Framework等，迅速地将程序构建起来。面向对象的程序设计方法还能够使程序的结构清晰简单，大大提高了代码的重用性，有效减少了程序的维护量，提高软件的开发效率。

在结构上，面向对象程序设计和结构化程序设计也有很大的不同。结构化程序设计应该确定的是程序的流程，以及函数间的调用关系，即函数间的依赖关系是什么。一个主函数依赖于其子函数，这些子函数又依赖于更小的子函数，而在程序中，越小的函数处理的往往越是细节的实现，这些具体的实现又常常变化。这样的结果，就使程序的核心逻辑依赖于外延的细节，程序中本来应该是比较稳定的核心逻辑，也因为依赖于易变化的部分，而变得不稳定起来，一个细节上的小小改动，也有可能在依赖关系上引发一系列变动。可以说这种依赖关系也是过程式设计不能很好地处理变化的原因之一。而一个合理的依赖关系，应该是倒过来的，由细节的实现依赖于核心逻辑才对。而面向对象程序设计是由类的定义和类的使用两部分组成的，主程序中定义数个对象并规定它们之间消息传递的方式，程序中的一切操作都是通过面向对象的发送消息机制来实现的。对象接收到消息后，启动消息处理函数完成相应的操作。

这里以常见的学生管理系统为例，我们使用结构化程序设计方法的时候，首先在主函数中确定学生管理要做哪些事情，并分别使用函数将这些事情表示出来，使用一个分支选择程序进行选择，然后再将这些函数进行细化实现，确定调用的流程等。而使用面向对象技术来实现学生管理系统，对于该系统中的学生，则先要定义学生的主要属性，如学号、院系等，要对学生做什么操作，如查询学生信息、修改学生信息等，并且把这些当成一个整体进行对待，形成一个类，即学生类。使用这个类，我们可以创建不同的学生实例，也就是创建许多具体的学生模型，每个学生拥有不同的学号，一些学生会在不同的院系。学生类中的数据和操作都是给应用程序共享的，我们可以在学生类的基础上派生出中文系学生类、计算机系学生类、金融系学生类等，这样就可以实现代码的重用。

1.1.2 对象

对象(Object)是面向对象(Object Oriented，OO)系统的基本构造块，是一些相关变量和方法的软件集。对象经常用于建立现实世界中一些对象的模型。对象是理解面向对象技术的关键。

万物皆是对象。我们可以看一看现实生活中的对象，如手机、计算机和打印机等。对象可以是某种可为人感知的事物，也可以是思维、感觉或动作所能作用的物质或精神体。

“某种可为人感知的事物”所指的便是我们熟悉的“对象”，它是可以看到和感知到的“东西”，而且可以占据一定事物的空间。我们以学生管理系统为例，理解学生管理系统中围绕学生管理这个概念中应该有哪些物理对象。

围绕学生管理概念可以列举如下一些物理对象。

- 被管理的信息所属的对象学生。
- 对学生信息进行管理的管理员。
- 对学生信息有权进行查询的校方人员。
- 管理信息的计算机及需要在计算机中存储的学生信息。

我们可以在学生管理系统中找到很多对象，但是它们并不都是所要创建的学生管理系统必需的，该内容将在后面使用用例进行需求分析的章节中进行详细的讲解。

“思维、感觉或动作所能作用的物质或精神体”就是我们所说的“概念性对象”，以学生管理系统为例，可以列举出如下一些概念性对象。

- 学生所在的院系。
- 学生的学号。
- 学生的班级。
- 学生的成绩。

我们可以在学生管理系统中列举出很多这样的概念性对象，这些对象是人们不能看到的、听到的，但是在描述抽象模型和物理对象时，仍然起着很重要的作用。

软件对象是一种将状态和行为有机地结合起来而形成的软件构造模型，它可以用来描述现实世界中的一个对象，也就是说，软件对象实际上就是现实世界对象的模型，它有状态和行为。一个软件对象可以利用一个或多个变量来标识它的状态，变量是由用户标识符来命名的数据项。软件对象可以利用它的方法来执行它的行为，方法是与对象相关联的函数(子程序)。

我们可以利用软件对象来代表现实世界中的对象。例如，用一个飞行试驾程序来代表现实世界中正在飞行的飞机，或者用机床数控程序来代表现实世界中运行的机床。同样也可以使用软件对象来表示抽象的概念。例如，单击按钮事件就是一个用在 GUI 窗口系统的公共对象，它可以代表用户单击程序界面中确定按钮的动作。

1.1.3　类

类(Class)是具有相同属性和操作的一组对象的组合，也就是说，抽象模型中的“类”描述了一组相似对象的共同特征，为属于该类的全部对象提供了统一的抽象描述。例如，名为“学生”的类被用于描述为被学生管理系统管理的学生对象。

类的定义包含以下要素。

- 定义该类对象的数据结构(属性的名称和类型)。

● 类的对象在系统中所需要执行的各种操作，如对数据库的操作。

类是对象集合的再抽象，其与对象的关系如同一个模具和使用这个模具浇注出来的铸件一样，是创建软件对象的模板——一种模型。类给出了属于该类的全部对象的抽象定义，而对象是符合这种定义的一个实体。类有以下两个用途。

● 在内存中开辟一个数据区，存储新对象的属性。
● 把一系列行为和对象关联起来。

一个对象又被称作类的一个实例，也称为实体化(Instantiation)。术语“实体化”是指对象在类声明的基础上创建的过程。例如，如果我们声明了一个“学生”类，则可以在这个基础上创建“一个姓名叫李刚的学生”对象。

类的确定和划分没有一个统一的标准和方法，基本上依赖于设计人员的经验、技巧及对实际项目中问题的把握。通常的标准是“寻求共性、抓住特性”，即在一个大的系统环境中，寻求事物的共性，将具有共性的事物用一个类进行表述，在用具体的程序实现时，具体到某一个对象，并抓住对象的特性。确定一个类的步骤通常包含以下几个方面。

(1) 确定系统的范围，如学生管理系统，需要确定一下与学生管理相关的内容。

(2) 在系统范围内寻找对象，该对象通常具有一个和多个类似的事物。例如，在学生管理系统中，某院系有一个名叫李刚的学生，而另一个院系的名叫王芳的人是和李刚类似的，都是学生。

(3) 将对象抽象成为一个类，按照上面类的定义，确定类的数据和操作。

在面向对象程序设计中，类和对象的确定非常重要，是软件开发的第一步，软件开发中类和对象的确定直接影响软件的质量。如果划分得当，对于软件的维护与扩充及体现软件的重用性方面，都非常重要。

1.1.4 消息与事件

当使用某一个系统时，单击后，通常会显示相应的信息。以学生管理系统为例，单击“学生管理系统”界面某菜单时，会显示出当前的操作人所需要的信息。当前程序的运行过程如下。

(1) “学生管理系统”界面的某一个菜单项发送鼠标单击事件给相应的对象一个消息。

(2) 对象接收到消息后有所反应，把操作者需要的信息显示在界面。

(3) 界面将相关信息显示出来，完成任务。

可以看得出，在这个过程中，我们首先要触发一个事件，然后发送消息，那么消息是什么呢？所谓消息(Message)，是指描述事件发生的信息，是对象间相互联系和相互作用的方式。一个消息主要由五部分组成：消息的发送对象、消息的接收对象、消息的传递方式、消息的内容(参数)、消息的返回。传入消息内容的目的有两个，一个是让接收请求的对象获取执行任务的相关信息，另一个是行为指令。

那么什么是事件呢？所谓事件，通常是指一种由系统预先定义而由用户或系统发出的动作。事件作用于对象，对象识别事件并做出相应的反应。与对象的方法集可以无限扩展不同，事件的集合通常是固定的，用户不能随便定义新的事件。但是现代高级语言中可以通过一些其他技术在类中加入事件。我们通常所熟悉的一些事件，如 Click，单击对象时发生的事件；Load，当界面被加载到内存中时发生的事件等。

对象通过对外提供的方法在系统中发挥自己的作用，当系统中的其他对象请求这个对象执行某个方法时，就向该对象发送一个消息，对象响应这个请求，完成指定的操作。程序的执行取决于事件发生的顺序，由顺序产生的消息来驱动程序的执行，而不必预先确定消息产生的顺序。

1.2 面向对象的三大要素

封装、继承、多态是面向对象程序的三大特征，这些特征保证了程序的安全性、可靠性、可重用性和易维护性。随着技术的发展，把这些思想用于硬件、数据库、人工智能技术、分布式计算、网络、操作系统等领域，越来越显示出其优越性。

1.2.1 封装

封装(Encapsulation)就是把对象的状态和行为绑到一起的机制，使对象形成一个独立的整体，并且尽可能地隐藏对象的内部细节。封装有两个含义：一是把对象的全部状态和行为结合在一起，形成一个不可分割的整体。对象的私有属性只能够由对象的行为来修改和读取。二是尽可能隐蔽对象的内部细节，与外界的联系只能够通过外部接口来实现。

封装的信息屏蔽作用反映了事物的相对独立性，我们可以只关心它对外所提供的接口，即能够提供什么样的服务，而不用去关注其内部的细节问题。例如，使用手机时，我们关注的通常是这个手机能实现什么功能，而不太会去关心这个手机是怎么一步步被制造出来的。

封装的结果使对象以外的部分不能随意更改对象的内部属性或状态，如果要更改对象内部的属性或状态，则需要通过公共访问控制器进行。通过公共访问控制器来限制对象的私有属性，有以下好处。

- 避免对封装数据的未授权访问。
- 当对象为维护一些信息，并且这些信息比较重要，不能够随便向外界传递的时候，只需要将这些信息属性设置为私有即可。
- 帮助保护数据的完整性。
- 当对象的属性设置为公共访问的时候，代码可以不经过对象所属类希望遵循的业务流程而去修改对象的值，对象很容易失去对其数据的控制。我们可以通过访问控制器来修改私有属性的值，并且在赋值或取值的时候检查属性值的正确与否。

● 当类的私有方法必须修改时，限制了对整个应用程序的影响。

当对象采用一个公共的属性来暴露时，修改该公共属性的名称、程序都需要修改这个公共属性被调用的地方。但是，通过私有的方式就能够将程序的影响范围缩小到一个类中。

例如，房子就是一个类的实例，室内的装饰和摆设只能被室内的居住者欣赏和使用，如果没有四面墙的遮挡，室内的所有活动在外人面前将一览无遗。由于有了封装，房屋内的所有摆设都可以被随意改变且不影响他人，然而，如果没有门窗，即使它的空间再宽阔，也没有实用的价值。房屋的门窗，就是封装对象暴露在外的属性和方法，专供人进出，以及空气流通和带来阳光。

但是在实际项目中，如果一味地强调封装，对象的任何属性都不允许外部直接读取，反而会增加许多无意义的操作，为编程增加负担。为避免这一点，在语言的具体使用过程中，应该根据需要和具体情况，来决定对象属性的可见性。

1.2.2 继承

对于客观事物的认知，既要看到其共性，也要看到其特性。如果只考虑事物的共性，不考虑事物的特性，就不能反映出客观世界中事物之间的层次关系，从而不能完整、正确地对客观世界进行抽象的描述。如果运用抽象的原则就是舍弃对象的特性，提取其共性，从而得到适合一个对象集的类，那么在这个类的基础上，再重新考虑抽象过程中被舍弃的对象的特性，则可以形成一个新的类，这个类具有前一个类的全部特征，是前一个类的子集，从而形成一种层次结构，即继承结构。例如，动物可以分为哺乳动物、爬行动物、两栖动物和鸟类等，我们通过抽象的方式实现一个动物类以后，可以通过继承的方式分别实现哺乳动物、爬行动物、两栖动物、鸟类等类，并且这些类包含动物的特性。动物类继承结构示例如图 1-1 所示。

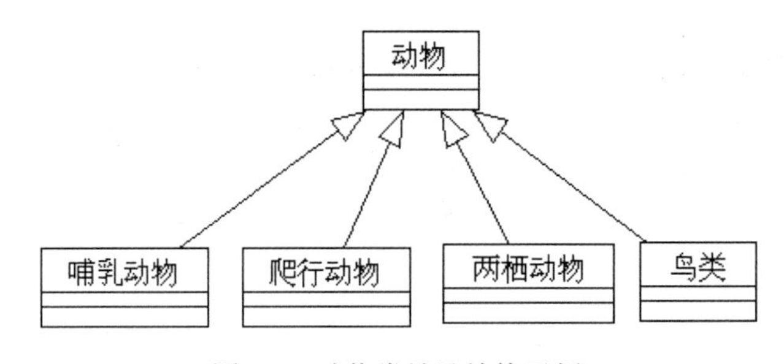

图 1-1 动物类继承结构示例

继承(Inheritance)是一种连接类与类之间的层次模型，其是指特殊类的对象拥有其一般类的属性和行为。继承意味着“自动地拥有”，即在特殊类中不必重新对已经在一般类中定义过的属性和行为进行定义，而是自动地、隐含地拥有其一般类的属性和行为。继承对类的重用性提供了一种明确表述共性的方法，即一个特殊类既有自己定义的属性和行为，又有继承下来的属性和行为。尽管继承下来的属性和行为在特殊类中是隐式的，但无论在概念上还是在实际效果上，都是这个类的属性和行为。继承是传递的，当这个特殊类被它更下层的特殊类继承的时候，它继承来的及自己定义的属性和行为又被下一层的特殊类继承下去。我们有时把一般类称为基类，把特殊类称为派生类。

继承在面向对象软件开发过程中，有其强有力和独特的一面，通过继承可以实现以下几点。

- 使派生类能够比不使用继承直接进行描述的类更加简洁。派生类只需要描述与基类不相同的、特殊的地方，并添加到类中继承即可。如果不使用继承而去直接描述，则需要将基类的属性和行为全部进行描述一遍。
- 能够重用和扩展现有类库资源。当我们使用已经封装好的类库时，如果需要对某个类进行扩展，则通过继承的方式很容易实现，而不需要再重新编写，并且扩展一个类的时候并不需要其源代码。
- 使软件易于维护和修改。当要修改或增加某一属性或行为时，只需要在相应的类中进行改动，而它派生的所有类全都自动地、隐含地做了相应的修改。

在软件开发过程中，继承性实现了软件模块的可重用性、独立性，缩短了开发的周期，提高了软件的开发效率，同时使软件易于维护和修改。继承是对客观世界的直接反映，通过类的继承，能够实现对问题深入抽象的描述，也反映出人类认知问题的发展过程。

1.2.3　多态

多态是指两个或多个属于不同类的对象对于同一个消息或方法调用所做出不同响应的能力。面向对象设计也借鉴了客观世界的多态性，体现在不同的对象可以根据相同的消息产生各自不同的动作。例如，我们在“动物”基类中定义了“进食”这个行为，派生类“猫”和“狗”都继承了动物类的进食行为，但其进食的事物却不一定相同，猫喜欢吃鱼，而狗喜欢啃骨头。这样一个进食的消息发出以后，猫类和狗类的对象接收到这个消息后各自执行不同的进食行为，如图 1-2 所示就是多态性示例。

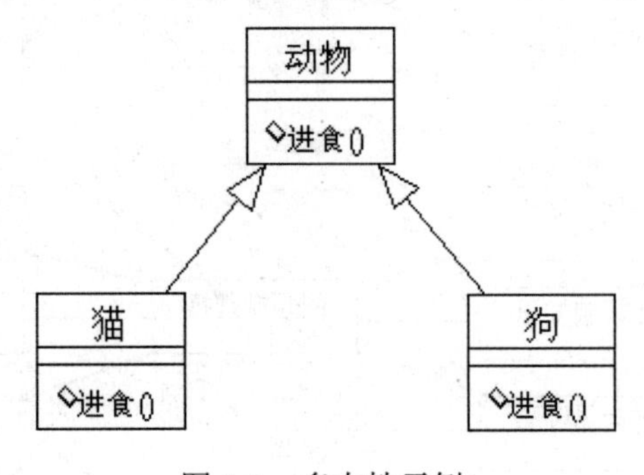

图 1-2　多态性示例

具体到面向对象程序设计来讲，多态性(Polymorphism)是指在两个或多个属于不同类的对象中，同一函数名对应多个具有相似功能的不同函数，可以使用相同的调用方式来调用这些具有不同功能的同名函数。

继承性和多态性的结合可以生成一系列虽类似但独一无二的对象。由于继承性，这些对象共享许多相似的特征；由于多态性，针对相同的消息，不同的对象可以有独特的表现方式，实现个性化的设计。

上述面向对象技术的几个特征的运用，对提高软件的开发效率起着非常重要的作用，通过编写可重用代码、编写可维护代码、修改代码模块、共享代码等方法可以充分发挥其优势。

1.3 面向对象与项目设计

面向对象设计是把分析阶段得到的需求转变成符合成本和质量要求的抽象的系统实现方案的过程。从面向对象分析到面向对象设计，是一个逐渐扩充模型的过程。

1.3.1 用面向对象的方法分析项目需求

面向对象分析的目的是认知客观世界的系统并对系统进行建模。因此，就需要在面向对象分析过程中，根据客观世界的具体实例来构造问题域中准确、具体、严密的分析模型。构造分析模型的用途有 3 个：①用来明确问题域的需求；②为用户和开发人员提供明确需求；③为用户和开发人员提供一个协商的基础，作为后继的设计和实现的框架。需求分析的结果应以文档的形式存在。

如图 1-3 所示就是面向对象的分析过程。

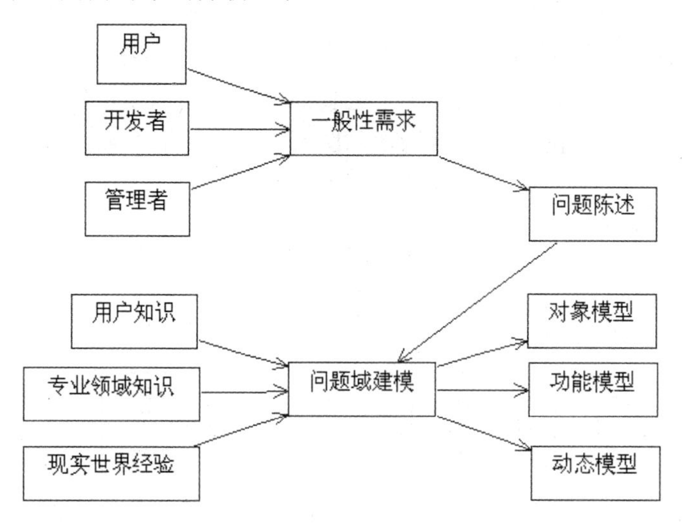

图 1-3　面向对象的分析过程

1. 获取需求内容陈述

系统分析的第一步就是获取需求内容陈述。分析者必须同用户一起工作来提炼这些需求，以及了解清楚用户的真实意图是什么，其中的过程涉及对需求的分析及关联信息的查找。

以“学生管理系统”为例，需求内容陈述如下：在学生管理信息系统中，要为每个学生建立个人信息档案，包括学号、姓名、性别、年龄、入学时间、专业、联系电话和家庭住址等个人信息。系统管理员登录系统并通过身份验证后，可以执行对学生个人信息档案的添加、删除、修改和查询操作。教师登录系统并通过验证后，可以录入自己负责的科目、学生的考试成绩，也可查询学生的个人信息和成绩。学生登录系统并通过身份验证后可以查询自己的个人所有信息。校长登录系统并通过身份验证后可以查询学校所有学生的全部信息。系统管理员要完成系统维护工作，包括日志、管理员权限、学生信息、数据库的维护等工作。

2. 建立系统的对象模型结构

系统分析的第二步就是建立系统的对象模型结构。

要建立系统的对象模型结构首先要标识和关联类，因为类的确定及关联影响整个系统的结构和解决问题的方法；其次是增加类的属性，进一步描述类和关联的基本网络，在这个过程中我们可以使用继承、包等来组织类；最后是将操作增加到类中作为构造动态模型和功能模型的副产品。下面就分别进行介绍。

1) 标识和确定类

构造对象模型的第一步是标出来自问题域的相关对象类，这些对象类包括物理实体和概念的描述。所有类在应用中都应当是有意义的，在问题陈述中，并非所有类都是明显给出的，有些是隐含在问题域或一般知识中的。通常来说，一个确定类的过程包括：从需求说明中选取相关的名词确定一些类，然后对这些类进行分析；过滤掉不符合条件的类。如图 1-4 所示是一个确定类的过程。

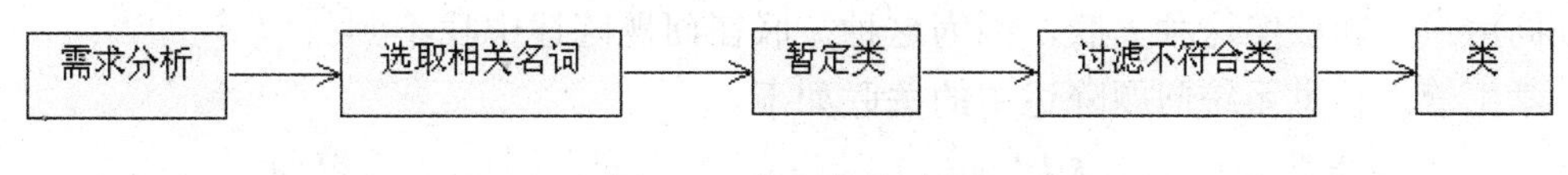

图 1-4　确定类的过程

我们查找问题陈述中的所有名词，产生如下的暂定类。

软件	学生管理系统	系统管理员	学生
老师	个人信息	管理员权限	学生的考试成绩
学生的班级	日志	数据库维护	校长

接下来我们根据下列标准，去掉一些不必要的类和不正确的类。

- 消除冗余类。如果存在两个类表述了同一个信息，则保留最富有描述能力且与系统紧密相关的类。例如，“个人信息”和“学生”就是重复的描述，因为“学生”最富有描述性，所以保留它。
- 删除与系统不相干的类。与问题没有关系或根本无关的类，在类的确定中应当删除。
- 删除模糊类。类必须是明确的，而有些暂定类中边界的定义模糊或范围太广，如“软件”就是模糊类，就这个系统而言，它是指“学生管理系统”。
- 删除属性。某些名词描述的是其他对象的属性，应当把这些类从暂定类中删除。但是如果某一个名词的独立性很重要，则应该把它归属到类，而不把它作为属性。例如，“学生的考试成绩”和“学生的班级”属于学生信息的属性，应当删除。
- 删除操作。如果问题陈述中的名词中有动作含义的名词，则含有这样描述的操作的名词不是类，需删除。例如，“数据库维护”属于操作而不是类。

在图书管理信息系统中，根据上面的标准，把“软件”“个人信息”“学生的考试成绩”“学生的班级”“数据库维护”等类删除。

2) 准备数据字典

为所有建模实体准备一个数据字典来进行描述。数据字典应当准确描述各个类的精确含义及当前问题中类的范围，包括对类的成员、用法方面的假设或限制等。例如，学生的信息应当包括姓名、学号、年龄、性别、入学时间等。

3) 确定关联

关联是指两个或多个类之间的相互依赖。一种依赖表示一种关联，可用各种方式来实现关联。关联常用描述性动词或动词词组来表示，其中有物理位置的表示、传导的动作、通信、所有者关系、条件的满足等。从问题陈述中抽取所有可能的关联表述，把它们记下来，但不要过早地细化这些表述。

系统中所有可能的关联，大多数是直接抽取问题中的动词词组而得到的。在陈述中，有些动词词组表述的关联是不明显的。最后，还有一些关联与客观世界或人的假设有关，必须同用户一起核实这种关联，因为这种关联在问题陈述中找不到。

学生管理信息系统问题陈述中的关联如下。

- 每个学生建立一个个人档案。
- 只有系统管理员有权对学生的信息进行添加、删除、修改。
- 学生包括各个专业的学生。
- 一个学生有多个科目的成绩。
- 一个班级有多个学生。
- 系统管理员完成系统维护工作。
- 维护包括日志、管理员权限、学生信息、数据库的维护等工作。
- 系统提供个人信息的安全保证。

使用下列标准删除不必要和不正确的关联。

- 如果某个类被删除，那么与它有关的关联也必须删除，或者用其他类来进行重新表述。
- 不相干的关联或实现阶段的关联应当被删除。删除所有问题域之外的关联或涉及实现结构中的关联。
- 某些动作应当被删除。关联应该描述应用域的结构性质而不是瞬时事件，因此对一些瞬时事件的描述也应当被删除。
- 派生关联应当被删除。省略可以用其他关联来定义的关联，因为这种关联是冗余的。

4) 确定属性

属性是个体对象的性质，通常用修饰性的名词词组来表示。形容词常表示具体的可枚举的属性值，属性不可能在问题陈述中完全表述出来，必须借助于应用域的知识及对客观世界的知识才可以找到它们。我们只需考虑与具体应用直接相关的属性，不要考虑超出问题范围的属性，首先找出重要属性，避免只用于实现的属性，要为各个属性取一个有意义的名字。按下列标准删除不必要的和不正确的属性。

- 可以作为对象的属性。若实体的独立存在比它的值重要，那么这个实体不是属性而是对象。例如，在邮政目录中，“城市”可以看作一个属性，然而在人口普查中，“城市”则被看作对象。在具体应用中，具有自身性质的实体一定是对象。
- 对象的限定词。若属性值取决于某种具体上下文，则可考虑把该属性重新表述为一个限定词。
- 对象的名称。名称常作为限定词而不是对象的属性，当名称不依赖于上下文关系时，即为一个对象属性，尤其是它不唯一时。
- 对象的标识符。在考虑对象模糊性时，引入对象标识符来表示。在对象模型中不列出这些对象标识符(它是隐含在对象模型中的)，只列出存在于应用域的属性。
- 对象的内部值。若属性描述了对外不透明的对象的内部状态，则应从对象模型中删除该属性。
- 细化的细节。忽略不能对大多数操作有影响的属性。

5) 使用继承来细化类

使用继承来共享公共属性，以此对类进行组织，一般可以使用下列两种方式进行。

- 自底向上通过把现有类的共同性质一般化为父类，寻找具有相似属性、关系或操作的类来发现继承。例如，“博士生”和“本科生”是类似的，可以一般化为“大学生”。这些一般化结果常常是基于客观世界边界的现有分类，只要可能，尽量使用现有概念。
- 自顶向下将现有的类细化为更具体的子类。具体化可以从应用域中明显看出来，在应用域中各枚举情况是最常见的具体化的来源。例如，按钮可以有普通按钮、单选按钮、多选按钮等，这就可以把按钮类具体细化为各种具体按钮的子类。当同一关联名出现多次且意义也相同时，应尽量具体化为相关联的类。在类层次中，可以为具体的类分配属性和关联。各属性和关联都应分配给最一般的适合的类，有时也加上一些修正。应用域中各枚举情况是最常见的具体化的来源。

6) 完善对象模型

对象建模不可能一次就能保证模型是完全正确的，软件开发的整个过程就是一个不断完善的过程。模型的不同组成部分大多是在不同的阶段完成的，如果发现模型的缺陷，就必须返回前期阶段去修改，而且有些细化工作是在动态模型和功能模型完成之后才开始进行的。

下面是几种可能丢失对象的情况及解决办法。

- 若同一类中存在毫无关系的属性和操作，则分解该类，使各部分相互关联。
- 若一般化体系不清楚，则可以分离扮演两种角色的类。
- 若存在无目标类的操作，则找出并加上失去目标的类。
- 若存在名称及目的相同的冗余关联，则通过一般化创建丢失的父类，把关联组织在一起。

对于多余类还需要进行查找，可删除缺少属性、操作和关联的类。对于丢失的关联的查找，如果丢失了操作的访问路径，则可加入新的关联以回答查询。

3. 建立对象的动态模型

进行分析的第三步是建立对象的动态模型。建立对象的动态模型的过程一般包含下列几个步骤。

1) 准备脚本

动态分析从寻找事件开始，然后确定各对象的可能事件顺序。在分析阶段不考虑算法的执行，算法是实现模型的一部分。

2) 确定事件

确定所有外部事件。事件包括所有来自或发往用户的信息、外部设备的信号、输入、转换和动作，可以发现正常事件，但不能遗漏条件和异常事件。

3) 准备事件跟踪表

把脚本表示成一个事件跟踪表，即不同对象之间的事件排序表，对象为表中的列，给每个对象分配一个独立的列。

4) 构造状态图

对各对象类建立状态图，反映对象接收和发送的事件，每个事件跟踪都对应于状态图中的一条路径。

4. 建立系统功能模型

进行分析的第四步是建立对象的功能模型。功能模型是用来说明值是如何计算的，标明值与值之间的依赖关系及相关的功能。数据流图有助于表示功能依赖关系，其的处理在状态图的活动和动作中进行标识，其中的数据流对应于对象图中的对象或属性。

1) 确定输入值、输出值

先列出输入、输出值。输入、输出值是系统与外界之间的事件的参数。

2) 建立数据流图

数据流图说明输出值是怎样从输入值得来的，数据流图通常按层次组织。

5. 确定类的操作

在建立对象模型时，确定了类、关联、结构和属性，还没有确定操作。只有建立了动态模型和功能模型之后，才可能最后确定类的操作。

1.3.2　用面向对象的方法设计系统

前面已提到过，面向对象设计是把分析阶段得到的需求转变成符合成本和质量要求的抽象的系统实现方案的过程。从面向对象分析到面向对象设计是一个逐渐扩充模型的过程。

1. 面向对象设计的准则

面向对象设计的准则包括模块化、抽象、信息隐藏、低耦合和高内聚等，下面我们对这些特征进行一一介绍。

1) 模块化

面向对象开发方法很自然地支持了把系统分解成模块的设计原则：对象就是模块。它是把数据结构和操作这些数据的方法紧密地结合在一起所构成的模块。类的设计要很好地支持模块化这一准则，这样能使系统有更好的维护性。

2) 抽象

面向对象方法不仅支持对过程进行抽象，而且支持对数据进行抽象。抽象方法的好坏及抽象的层次都对系统的设计有很大的影响。

3) 信息隐藏

在面向对象方法中，信息隐藏是通过对象的封装性来进行实现的。对象暴露接口的多少及接口的好坏都对系统设计有很大的影响。

4) 低耦合

在面向对象方法中，对象是最基本的模块，因此，耦合主要是指不同对象之间相互关联的紧密程度。低耦合是设计的一个重要标准，因为这有助于使系统中某一部分的变化对其他部分的影响降到最低限度。低耦合的程序有助于类的维护，也是衡量类质量的一个很重要的指标。

5) 高内聚

在面向对象方法中，高内聚也是必须满足的条件。高内聚是指在一个对象类中应尽量多地汇集逻辑上相关的计算资源。如果一个模块只负责一件事情，则说明这个模块有很高的内聚度；如果一个模块负责了很多相关的事情，则说明这个模块的内聚度很低。内聚度高的模块通常容易理解，很容易被复用、扩展和维护。较低的耦合度和较高的内聚度，也即我们常说的“低耦合、高内聚”，是所有优秀软件的共同特征。

2. 面向对象设计的启发规则

在面向对象设计中，可以通过使用一些实用的规则来指导我们进行面向对象的设计。通常这些面向对象设计的启发规则包含以下的内容。

1) 设计的结果应清晰、易懂

使设计结果清晰、易懂、易读是提高软件可维护性和可重用性的重要措施。显然，人们不会重用那些他们不理解的设计。

要使设计的结果清晰、易懂，一般要做到以下几个方面。

- 用词一致。用词不一致会产生理解不一致，增加理解的负担。
- 使用已经存在的函数或方法。已经存在的函数或方法有助于减少函数或方法的数量。
- 减少消息模式的数量。减少消息模式的数量会减少很多不必要的记忆。
- 避免模糊的定义。模糊的定义会给设计和阅读带来麻烦。

2) 一般到具体结构的深度应适当

通常来说，从一般到具体的抽象过程，抽象得越深，对于程序的可移植性也就越好，但是抽象层次过多会给编写和维护带来很大的麻烦。一般来讲，适度的抽象能够更好地提高软件的开发效率和维护工作，系统分析员可根据具体的情况进行抽象。

3) 尽量设计小而简的类

系统设计应当尽量设计小而简的类，这样便于开发和管理程序。为了保持类的设计简单，通常应注意以下几点。

- 类中避免包含过多的属性。
- 每一个类应当有自己明确的定义。
- 尽量简化对象之间的合作关系。
- 对外不要提供太多的操作。

4) 使用简单的消息协议

简单的消息协议有助于帮助记忆和测试，一般来讲，消息中参数的个数不要超过 3 个。

5) 使用简单的函数或方法

通常来讲，面向对象设计出来的类中的函数或方法要尽可能的小，有一些书上建议一个函数或方法一般有三至五行源程序即可，可以用仅含一个动词和一个宾语的简单句子来描述它的功能。

6) 把设计变动减至最小

通常，设计的质量越高，设计结果保持不变的时间也越长，即使出现必须修改设计的情况，也应该使修改的范围尽可能小。提高设计质量是系统设计工作的一大挑战。

3. 系统设计

系统设计是问题求解及建立解答的高级策略。系统必须制定解决问题的基本方法，系统的高层结构形式包括子系统的分解、系统的固有并发性、子系统如何分配给硬软件、数据存储管理、资源协调、软件控制实现、定义人机交互接口等。

系统设计一般是先从高层入手，然后细化。系统设计要决定整个结构及风格，这种结构为后面设计阶段更详细的设计策略提供了基础。下面介绍整个系统设计的一般步骤。

1) 分解系统

系统中主要的组成部分称为子系统，子系统既不是一个对象也不是一个功能，而是类、关联、操作、事件和约束的集合。

2) 确定并发性

分析模型、现实世界及硬件中的很多对象均是并发的。

3) 处理器及任务分配

系统必须分配给各并发子系统单个的硬件单元，要么是一个一般的处理器，要么是一个具体的功能单元。

4) 数据存储管理

系统中的内部数据和外部数据的存储管理是一项重要的任务。通常各数据存储可以将数据结构、文件、数据库组合在一起，不同数据的存储要在费用、访问时间、容量及可靠性之间做出折中考虑。

5) 全局资源的处理

系统必须确定全局资源，并且制定访问全局资源的策略。

6) 选择软件控制机制

分析模型中所有的交互行为都表示为对象之间的事件。系统设计必须从多种方法中选择某种方法来实现软件的控制。

7) 人机交互接口设计

设计中的大部分工作都与稳定的状态行为有关，但必须考虑用户使用系统的交互接口。

1.4 用面向对象思想建立系统模型

在面向对象的开发和设计中，借鉴了建筑行业中的建模思想。在建筑行业中，建模是一项经过检验并被人们广泛接受的工程技术。人们在建立房屋和大厦等建筑物的时候，首先创建建筑物的模型，以帮助用户得到实际建筑物的整体印象，并且可以通过建立数学模型来分析各种因素对建筑物造成的影响，如建筑物的地面压力、地震等。

面向对象的建模以面向对象开发者的观点创建所需要的系统。事实上，选择创建什么样的模型，对如何解决问题和如何形成解决方案有深远的影响。

1.4.1 瀑布模型

瀑布模型也被称为生存周期模型，其核心思想是按照相应的工序将问题进行简化，将系统功能的实现与系统的设计工作分开，便于项目之间的分工与协作，即采用结构化的分析与设计方法将逻辑实现与物理实现分开。瀑布模型将软件的生命周期划分为软件计划、需求分析和定义、软件设计、软件实现、软件测试、软件运行与维护 6 个阶段，并且规定了它们自上而下的次序，如同瀑布一样下落，每一个阶段都是依次衔接的。采用瀑布模型的软件开发过程如图 1-5 所示。

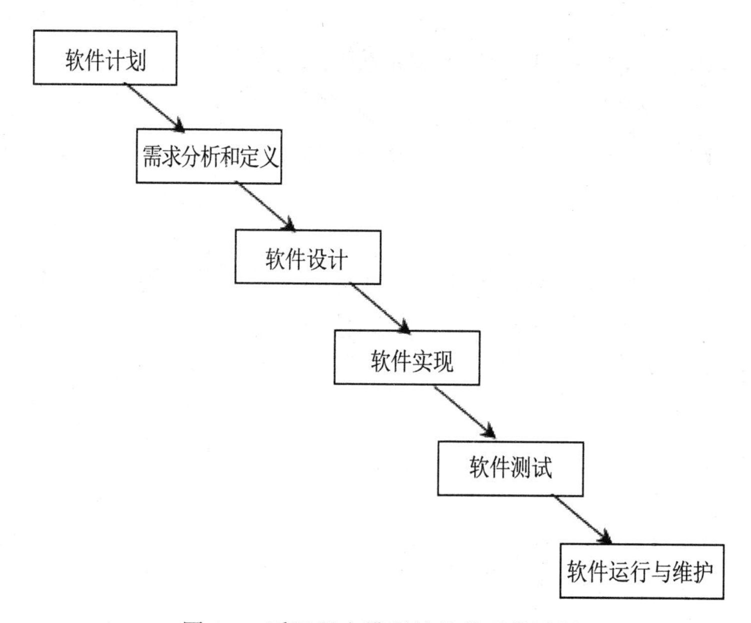

图 1-5 采用瀑布模型的软件开发过程

瀑布模型是最早出现的软件开发模型，在软件工程中占有重要的地位，它提供了软件开发的基本框架。瀑布模型的软件开发过程是，从上一项活动接收该项活动的工作对象作为输入，利用这一输入实施该项活动应完成的内容，给出该项活动的工作成果，并作为输出传给下一项活动。同时评审该项活动的实施，若确认，则继续下一项活动；否则返回到前面，甚至更前面的活动。

瀑布模型为项目提供了按阶段划分的检查点，这样有利于软件开发过程中人员的组织及管理。瀑布模型让我们在当前一阶段完成后，才去关注后续阶段，这样有利于开发大型的项目。然而软件开发的实践表明，瀑布模型也存在一定的缺陷，具体如下。

- 只有在项目生命周期的后期才能看到结果。由于开发模型呈线性，所以当开发成果尚未经过测试时，用户是无法看到软件效果的，这样不能在开发过程中及时得到反馈，增加了项目开发的风险。在软件开发前期未发现的错误传到后面的开发活动中，进而可能会造成整个软件项目开发失败。

- 通过过多的强制完成日期和里程碑来跟踪各个项目阶段。在每个项目的开发阶段，瀑布模型是通过强制固定的完成日期和里程碑进行项目跟踪的，这使得在项目开发过程中缺乏足够的灵活性，特别是对于需求不稳定的项目更加麻烦。
- 在软件需求分析阶段，要完全地确定系统用户的所有需求是一件比较困难的事情，甚至可以说完全确定是不太可能的。

尽管瀑布模型存在一定的缺陷，但是它对很多类型的项目而言依然是有效的，特别是在进行一些大型项目的开发时。如果能够正确使用，则可以节省大量的时间和金钱。对于所开发的项目而言，是否使用这一模型主要取决于能否理解客户的需求及在项目的进程中这些需求的变化程度。对于能够在前期确定需求的项目，瀑布模型还是有一定价值的。

1.4.2　喷泉模型

喷泉模型是一种以对象为驱动、以用户需求为动力的模型，主要用于描述面向对象的软件开发过程。该模型认为软件开发过程中自下而上周期的各阶段是相互重叠和多次反复的，类似一个喷泉，水喷上去又可以落下来。各个开发阶段没有特定的次序要求，可以交互进行，并且可以在某个开发阶段中随时补充其他任何开发阶段中的遗漏。采用喷泉模型的软件开发过程如图 1-6 所示。

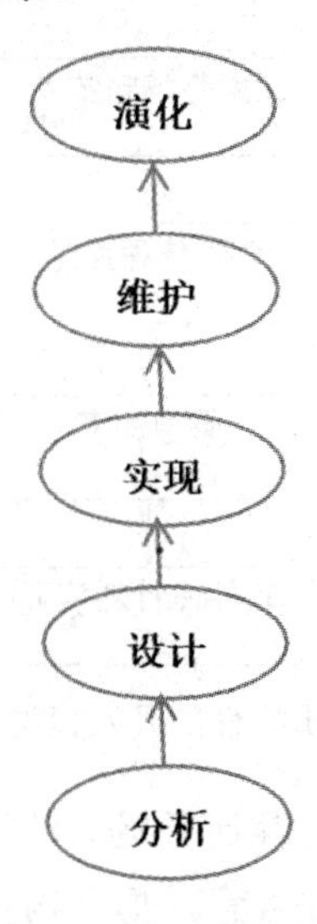

图 1-6　采用喷泉模型的软件开发过程

喷泉模型主要用于面向对象的软件项目，软件的某个部分通常被重复多次，相关对象在每次迭代中随之加入渐进的软件成分。各活动之间无明显边界，例如，设计和实现之间没有明显的边界，这也称为“喷泉模型的无间隙性”。由于对象概念的引入、表达分析、设计及实现等活动只用对象类和关系，从而可以较容易地实现活动的迭代和无间隙性。

喷泉模型不像瀑布模型需要分析活动结束后才开始设计活动，设计活动结束后才开始编码活动，该模型的各个阶段没有明显的界限，开发人员可以同步进行开发。

喷泉模型的优点是：可以提高软件项目的开发效率，节省开发时间，适应于面向对象的软件开发过程。

喷泉模型的缺点是：由于喷泉模型在各个开发阶段是重叠的，因此在开发过程中需要大量的开发人员，不利于项目的管理。此外这种模型要求严格管理文档，使得审核的难度加大，尤其是面对可能随时加入各种信息、需求与资料的情况。

1.4.3 基于构件的开发模型

基于构件的开发模型是利用模块化方法将整个系统模块化，并在一定构件模型的支持下复用构件库中的一个或多个软件构件，通过组合手段高效率、高质量地构造应用软件系统的过程。基于构件的开发模型融合了螺旋模型的许多特征，本质上是演化形的，开发过程是迭代的。基于构件的开发模型由软件计划、需求分析和定义、软件快速原型、原型评审及软件设计和实现 5 个阶段组成，采用这种开发模型的软件开发过程如图 1-7 所示。

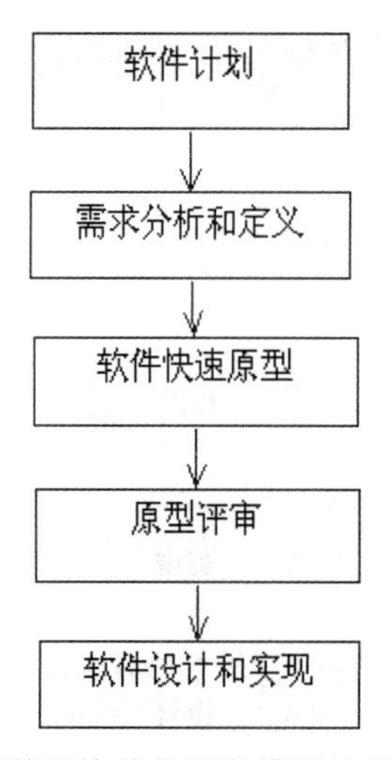

图 1-7　采用基于构件的开发模型的软件开发过程

构件作为重要的软件技术和工具得到了极大的发展，这些新技术和工具有Microsoft的DCOM、Sun的EJB及OMG的CORBA等。基于构件的开发活动从标识候选构件开始，通过搜查已有构件库，确认所需要的构件是否已经存在。如果已经存在，则从构件库中提取出来复用；否则采用面向对象方法开发它。然后通过语法和语义检查后将提取出来的构件通过胶合代码组装到一起以实现系统，这个过程是迭代的。

基于构件的开发方法使软件开发不再是一切从头开始，开发的过程就是构件组装的过程，维护的过程就是构件升级、替换和扩充的过程。

基于构件的开发模型的优点是：构件组装模型使软件可复用，提高了软件开发的效率。构件可由一方定义其规格说明，被另一方实现，然后供给第三方使用。构件组装模型允许多个项目同时开发，降低了费用，提高了可维护性，可实现分步提交软件产品。

基于构件的开发模型的缺点是：由于采用自定义的组装结构标准，缺乏通用的组装结构标准，因而引入了较大的风险，可重用性和软件高效性不易协调，需要精干的、有经验的分析和开发人员。客户的满意度低，并且由于过分依赖于构件，所以构件库的质量影响产品质量。

1.4.4　XP 开发模型

敏捷方法是近几年兴起的一种轻量级的开发方法，它强调适应性而非预测性，强调以人为中心，而不以流程为中心，以及对变化的适应和对人性的关注，其是一个轻载、基于时间、紧凑、并行并基于构件的软件过程。在所有的敏捷方法中，XP(eXtreme Programming)方法是最引人注目的一种轻型开发方法，它规定了一组核心价值和方法，消除了大多数重量型开发过程中的不必要产物，建立了一个渐进型开发过程。XP 方法将开发阶段的 4 个活动(分析、设计、编码和测试)混合在一起，在全过程中采用迭代增量开发、反馈修正和反复测试的方法。XP 开发模型把软件的生命周期划分为用户场景、体系结构、发布计划、迭代、验证测试和小型发布 6 个阶段，采用这种开发模型的软件开发过程如图 1-8 所示。

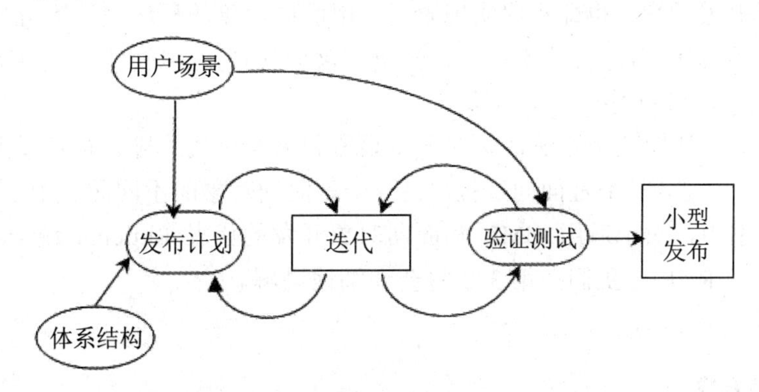

图 1-8　采用 XP 开发模型的软件开发过程

XP开发模型通过对传统软件开发的标准方法进行重新审视，提出了由一组规则组成的一个简便易行的过程。由于这些规则是通过在实践中观察使软件高效或缓慢的因素而得出的，因此它既考虑了保持开发人员的活力和创造性，又考虑了开发过程的有组织、有重点和持续性。XP开发模型是面向客户的开发模型，重点强调用户的满意程度，开发过程中对需求改变的适应能力较强，即使在开发的后期，也可较高程度地适应用户的改变。

XP开发模型与传统模型相比具有很大的不同，其核心思想是交流(Communication)、简单(Simplicity)、反馈(Feedback)和进取(Aggressiveness)。XP开发小组不仅包括开发人员，还包括管理人员和客户。该模型强调小组内成员之间要经常进行交流，在尽量保证质量可以运行的前提下力求过程和代码的简单化；来自客户、开发人员和最终用户的具体反馈意见可以提供更多的机会来调整设计，保证把握正确的开发方向；进取则包含于交流、简单、反馈的原则中。

XP 模型的优点如下。

- 采用简单计划策略，不需要长期计划和复杂模型，开发周期短。
- 在全过程中采用迭代增量开发、反馈修正和反复测试的方法，软件质量有保证。
- 能够适应用户经常变化的需求，提供用户满意的高质量软件。

上面的开发模型或方法或许不能一概而论地说是以面向对象的建模为基础的开发模式，但是在各种开发方法中，都包含了软件的需求分析、软件的设计、软件的开发、软件的测试和软件的部署。在每一个阶段中，都可以借助于面向对象的建模和这些开发模型形成一套适合自己或企业的开发方式，主要体现在如下几个方面。

- 软件的需求分析阶段，对系统将要面临的具体管理问题及用户对系统开发的需求进行调查研究，即首先了解清楚要做什么的问题，然后分析问题的性质，求解问题，在繁杂的问题域中抽象地识别出对象及其行为、结构、属性、方法等。一般称之为面向对象的分析，即 OOA。
- 软件的设计阶段，首先整理问题，对分析的结果做进一步的抽象、归类、整理，然后以范式的形式将它们确定下来。一般称之为面向对象的设计，即 OOD。
- 软件的开发阶段，也即程序实现阶段，用面向对象的程序设计语言将上一步整理的范式直接映射(即直接用程序设计语言来取代)为应用软件。一般称之为面向对象的程序，即 OOP。

开发模式或方法毕竟是方法，如同在冷兵器和火器时代的排兵布阵一样，都有自己的技巧和内容，但是，一个是面向过程，另一个是面向对象的不同而赋予了不同的内容。在这些开发模型中，对于适用 UML 和面向对象开发的代表 Rational 统一过程(Rational Unified Process，RUP)，我们在第 3 章将会详细地讲解。

【本章小结】

在本章中，首先介绍了有关面向对象技术的大体概念，这有助于我们使用面向对象技术实现软件系统的建模工作。其次先后介绍了面向对象的三大基本特征和面向对象分析和设计的一般步骤。最后对软件的开发模式进行简要的介绍。本章节是对UML建模的面向对象的概念等进行全景式的描述，重点是面向对象的特征及面向对象设计的方法。

习题 1

1. 填空题

(1) ______是面向对象技术领域内占主导地位的标准建模语言，它统一了过去相互独立的数十种面向对象的建模语言共同存在的局面，形成了一个统一的、公共的、具有广泛适用性的建模语言。

(2) 类的定义要包含______、______和______要素。

(3) 面向对象程序的三大要素是______、______和______。

(4) 面向对象方法中的______机制使子类可以自动地拥有(复制)父类全部属性和操作。

(5) 面向对象的系统分析要确立的 3 个系统模型是______、______和______。

2. 选择题

(1) 如果想对一个类的意义进行描述，那么应该采用(　　)。

A. 标记值　　B. 规格描述

C. 注释　　D. 构造型

(2) 建立对象的动态模型的步骤有(　　)。

A. 准备脚本　　B. 确定事件

C. 构造状态图　　D. 准备事件跟踪表

(3) 软件的开发模式有(　　)。

A. 瀑布模型　　B. XP 开发模型

C. 喷泉模型　　D. 构件开发模型

(4) 下列关于类与对象的关系说法正确的是(　　)。

A. 有些对象是不能被抽象成类的

B. 类给出了属于该类的全部对象的抽象定义

C. 类是对象集合的再抽象

D. 类是用来在内存中开辟一个数据区，存储新对象的属性

(5) (　　)模型的缺点是缺乏灵活性，特别是无法解决软件需求不明确或不准确的问题。

A. 瀑布模型　　B. 增量模型

C. 原型模型　　D. 螺旋模型

3. 简答题

(1) 试述对象和类的关系。

(2) 请简要叙述面向对象的概念。

(3) 面向对象设计的原则有哪些？

(4) 软件开发的模式有几种？它们的优缺点各是什么？

第2章 UML通用知识点概述

UML是软件开发和系统建模的标准工具。该统一建模语言用于软件系统的可视化、说明、构建和建立文档等方面。本章将详细介绍UML的通用知识，包括UML的各种常用的元素和UML的通用机制，以便读者能进一步了解UML，并掌握它的使用方法。

2.1 UML概述

UML(Unified Modeling Language，统一建模语言)创始于1994年10月，Grady Booch和Jim Rumbaugh首先致力于这一工作的研究，他们将Booch 93和OMT-2统一起来，并于1995年10月发布了第一个公开版本，称之为统一方法(Unfitied Method，UM)0.8。1995年秋，面向对象软件工程(Object Oriented Software Engineer，OOSE)方法的创始人Ivar Jacobson也加入了这个队伍中，并且带来了其在OOSE方法中的成果。经过Grady Booch、Jim Rumbaugh和Ivar Jacobson 3个人的共同努力，于1996年6月和10月分别发布了两个新的UML版本，即UML 0.9和UML 0.91，并且正式将UM重新命名为UML。1996年，一些机构将UML作为其商业策略的现象已日趋明显，UML的开发人员得到了来自公众的正面反应，并倡议成立了UML成员协会，以完善、加强和促进UML的定义工作。当时的成员有DEC、HP、I -Logix、Itellicorp、IBM、ICON Computing、MCI Systemhouse、Microsoft、Oracle、Rational Software、TI及Unisys等700多家公司，这些公司表示支持采用UML作为其标准建模语言。UML成员协会对UML 1.0(发布于1997年1月)及UML 1.1(发布于1997年11月17日)的定义和发布起了重要的促进作用。1997年11月17日，对象管理组织(OMG)开始采纳UML为其标准建模语言，UML成为业界的标准。从此，UML的相关发布、推广等工作均交由OMG负责。至此，UML作为一种定义良好、易于表达、功能强大且普遍适用的建模语言，融入了软件工程领域的新思想、新方法和新技术，成为面向对象技术学习中不可或缺的一部分。

2001年，UML1.4被核准推出。2003年，UML2.0标准版发布，该版本建立在UMLl.x基础之上，因此大多数的UMLl.x模型在UML2.0中都可用。UML2.0在结构建模方面有一系列重大的改进，包括结构类、精确的接口和端口、拓展性、交互片断和操作符及基于时间建模能力的增强。

UML 版本变更得比较慢，主要是因为建模语言的抽象级别更高，所以相对而言实现语言如 C#、Java 等版本变化更加频繁。2010 年 5 月发布了 UML2.3 版本。在 2012 年 1 月，UML2.4 的所有技术环节已经完成，目前只需等待进入 OMG 的投票流程，然后将其发布为最新的 UML 规约。同时 UML 也被 ISO 吸纳为标准：ISO/IEC19501 和 ISO/IEC19505。

UML 的作用不仅在于支持面向对象的分析与设计，还支持从需求分析开始的软件开发的全过程。

UML 作为一种建模语言，其在项目开发过程中的作用，总结起来主要有以下几个方面。

- UML 作为一种建模语言，为用户提供了一种易用的、具有可视化建模能力的语言，能够使用户使用该语言进行系统的开发工作，并且能够进行有意义的模型互换。UML 统一了各种方法对不同类型的系统、不同的开发阶段及不同内部概念的不同观点，从而有效地消除了各种建模语言之间许多不必要的差异。UML 实际上是一种通用的建模语言，可以为许多使用面向对象建模方法的用户使用。UML 提供相关的规范支持，该规范独立于任意一种编程语言和开发过程。
- UML 为面向对象建模语言的核心概念提供了可扩展性和规约机制。UML 在不同的开发领域中都能够适用。
- UML支持高级的开发概念，如构件、协作、框架和模式等。UML作为一种建模的语言，清晰地描述了面向对象和重用等高级开发的概念，这是它的重要贡献之一。
- 集成了优秀的开发实践成果和经验。UML发展背后的一个关键因素和动力就是其已经集成了在工业界的最佳开发实践，包含对抽象层次、问题域、架构、生命周期阶段、项目实施技术等的不同观点。

UML 能够在尽可能简单的同时满足对实际开发的需要，并进行系统的各个方面建模。同时拥有足够的表达能力以便可以处理现代软件开发中出现的所有概念。UML 是一个通用语言，其不仅与通用程序设计语言一样，还是一个庞大的标准符号体系，提供了多种模型，这些不是在一天之内就能够掌握的。UML 比先前的建模语言更复杂的同时也更全面。最佳开发实践的整合能使我们了解更多的东西。

2.2 常用的 UML 元素分析

一般情况下，我们将UML的概念和模型分为静态结构、动态行为、实现构造、模型组织和扩展机制几个部分。模型包含两个方面的概念：一个是语义方面的概念，另一个是可视化的表达方法，也就是说，模型包含语义和表示法。这种划分方法只是从概念上对UML进行的划分，并且这也是较为常用的介绍方法。下面从可视化的角度对UML的概念和模型进行划分，将UML的概念和模型划分为视图、图和模型元素，并对这些内容进行介绍。

2.2.1　视图

UML是用模型来描述系统的结构或静态特征及行为或动态特征的，它从不同的视角为系统的架构建模形成系统的不同视图(View)。确切地讲，由于UML中的各种构件和概念之间没有明显的划分界限，为方便起见，我们用视图来划分这些概念和构件。视图只是表达系统某一方面特征的UML建模构件的子集。在每一类视图中均可使用一种或两种特定的图来可视化地表示视图中的各种概念。

UML的视图主要包括静态视图、用例视图、交互视图、状态机视图、活动视图、物理视图和模型管理视图。下面进行简要的介绍。

1. 静态视图

静态视图是对在应用领域中的各种概念及与系统实现相关的各种内部概念进行的建模。我们可以从以下 3 个方面来了解静态视图在 UML 中的作用。

首先，静态视图是UML的基础。模型中静态视图的元素代表的是现实系统应用中有意义的概念，这些系统应用中的各种概念包括真实世界中的概念、抽象的概念、实现方面的概念和计算机领域的概念。例如，一个学生管理系统由学生、教师、系统管理员、学生的个人信息等概念构成。静态视图描绘的是客观现实世界的基本认知元素，是建立的一个系统中所需概念的集合。

其次，静态视图构造了概念对象的基本结构。静态视图不仅包括所有的对象数据结构，同时也包括对数据的操作。根据面向对象的观点，数据和对数据的操作是紧密相关的，数据和对数据的操作可量化为类。例如，学生对象可以携带数据，如姓名、学号、年龄、性别，并且对象还包含了对个人基本信息的操作，如可以查询自己的考试成绩等。

最后，静态视图也是建立其他动态视图的基础。静态视图将具体的数据操作使用离散的模型元素进行描述，尽管它不包括对具体动态行为细节的描述，但是它们是类所拥有并使用的元素，使用和数据同样的描述方式，只是在标识上进行区分。我们要建立的基础是了解清楚什么在进行交互作用，如果无法说清楚交互作用是怎样进行的，那么也无从构建静态视图。

静态视图的基本元素是类元和类元之间的关系。类元是描述事物的基本建模元素，静态视图中的类元包括类、接口和数据类型等。类元之间的关系有关联关系、泛化关系和依赖关系，我们又把依赖关系具体可以再分为使用和实现关系。

静态视图的可视化表达的图主要包括类图。关于类图，我们将在后面的章节中进行详细介绍。

2. 用例视图

用例视图描述了系统的参与者与系统进行交互的功能，是参与者所能观察和使用到的系统功能的模型图。一个用例是系统的一个功能单元，是系统参与者与系统之间进行的一次交互作用。当用例视图在系统的参与者面前出现时，就捕获了系统、子系统和用户执行的动作行为。用例视图将系统描述为系统参与者对系统功能的需求，这种需求的交互功能被称为用例。用例模型的用途是标识出系统中的用例和参与者之间的联系，并确定什么样的参与者执行了什么样的用例。用例使用系统与一个或多个参与者之间的一系列消息来描述系统的交互作用。系统参与者可以是人，也可以是外部系统或外部子系统等。

用例视图使用用例图来表示。关于用例图的细节内容将在后面的章节进行介绍。

3. 交互视图

交互视图描述了执行系统功能的各个角色之间相互传递消息的顺序关系，是描绘系统中各种角色或功能交互的模型。交互视图显示了跨越多个对象的系统控制流程。我们通过不同对象之间的相互作用来描述系统的行为，是通过两种方式进行的，一种是以独立的对象为中心进行描述，另一种是以相互作用的一组对象为中心进行描述。以独立的对象为中心进行描述的方式被称为状态机，它描述了对象内部的深层次的行为，是以单个对象为中心进行的。以相互作用的一组对象为中心进行描述的方式被称为交互视图，它适用于描述一组对象的整体行为，通常来讲，这一整体行为代表了我们做什么事情的一个用例。交互视图有两种表达形式：一种是协作图的形式，表达了对象之间是如何协作完成一个功能的；另一种是序列图的形式，反映了执行系统功能的各个角色之间相互传递消息的顺序关系，这种传递消息的顺序关系在时间上和空间上都能够有所体现。总体来讲，交互视图显示了跨越多个对象的系统控制流程。类元在系统内的交互关系中是一个起特定作用的对象的描述，这使它区别于同类的其他对象。

交互视图可运用两种图的形式来表示：序列图和协作图，它们各有自己的侧重点。关于序列图和协作图的细节内容，将在后面的章节进行介绍。

4. 状态机视图

状态机视图是通过对象的各种状态来建立模型并用于描述对象随时间变化的动态行为。状态机视图也是通过不同对象之间的相互作用来描述系统行为的，不同的是，它以独立的对象为中心进行描述。

状态机视图中，每一个对象都拥有自己的状态，这些状态之间的变化是通过事件进行触发的。对象被看作通过事件进行触发并做出相应的动作来与外界的其他对象进行通信的独立实体。事件表达了对象可以被使用操作，同时反映了对象状态的变化。我们可以把任何影响对象状态变化的操作称为事件。状态机的构成是由描述对象状态的一组属性和描述对象变化的动作构成的。

状态机视图是呈现一个对象所有可能处于的状态的模型图。一个状态机由该对象的各种所处状态及连接这些状态的符号所组成。每个状态对一个对象在其生命期中满足某种条件的一个时间段建模。当一个事件发生时，状态机视图会触发状态间的转换，导致对象从一种状态转化到另一种新的状态，与转换相关的活动执行时，转换也同时发生。

状态是使用类的一组属性值来进行标识的，这组属性根据所发生不同的事件进行不同的反应，从而标志对象的不同状态。处于相同状态的对象对同一事件具有相同的反应，处于不同状态下的对象会通过不同的动作对同一事件做出不同的反应。

状态机同时还包括用于描述类的行为的事件。对一些对象而言，一个状态代表了执行的一步。我们通常用类和对象来描述状态机，将在后面的章节进行介绍。

5. 活动视图

活动视图是一种特殊形式的状态机视图，是状态机的一个变体，用来描述执行算法的工作流程中涉及的活动。通常活动视图用于对计算流程和工作流程进行建模。活动视图中的状态表示计算过程中所处的各种状态。活动视图是在假定整个计算处理的过程中没有外部事件引起中断的条件下进行描述的，否则普通的状态机更加适用于描述这种情况。活动视图使用活动图来体现，活动图中包含了描述对象活动或动作的状态，以及对这些状态的控制。

活动图包含对象活动的状态，活动的状态表示命令执行过程中或工作流程中活动的运行。与等待某一个事件发生的一般等待状态不同，活动状态等待是计算处理过程的完成。当活动完成的时候，执行流程才能进入活动图的下一个活动状态中。当一个活动的前导活动完成时，活动图的完成转换被激发。活动状态通常没有明确表示出引起活动状态转换的事件。当出现闭包循环时，活动状态会异常终止。

活动图也包含了对象的动作状态，它与活动状态类似，不同的是，动作状态是一种原子活动操作，并且当它们处于活动状态时不允许发生转换。动作状态常用于短的记账操作。

活动图还包含对状态的控制，这种控制包括对并发的控制等。并发线程表示能被系统中的不同对象和人并发执行的活动。在活动图中通常包含聚集和分叉等操作。在聚集关系中每个对象都有自己的线程，这些线程可并发执行。并发活动可以同时执行也可以顺序执行。活动图既能够表达顺序控制流程，也能够表达并发控制流程，单纯地从表达顺序流程这一点上讲，活动图和传统的流程图很类似。

活动图不仅可以对事物进行建模，也可以对软件系统中的活动进行建模。活动图可以很好地帮助人们理解系统高层活动的执行过程，并且在描述这些执行的过程中不需要建立协作图必需的消息传送细节，可以简单地使用连接活动和对象流状态的关系流表示活动所需的输入输出参数。

6. 物理视图

物理视图包含两种视图，分别是实现视图和部署视图。物理视图是对应用自身的实现结构建模，如系统的构件组织情况及运行节点的配置等。物理视图提供了将系统中的类映射成物理构件和节点的机制。为了可重用性和可操作性，系统实现方面的信息也很重要。

实现视图将系统中可重用的块包装成为具有可替代性的物理单元，这些单元被称为构件。实现视图用构件及构件间的接口和依赖关系来表示设计元素(如类)的具体实现。构件是系统高层的可重用的组成部件。

部署视图表示运行时的计算资源的物理布置，这些运行资源被称为节点。在运行时，节点包含构件和对象。构件和对象的分配可以是静态的，它们也可以在节点之间迁移。如果含有依赖关系的构件实例放置在不同的节点上，则部署视图可以展示出执行过程中的瓶颈。

实现视图使用构件图进行表示，部署视图使用部署图进行表示。构件图和部署图的细节内容，我们将在后面的章节进行介绍。

7. 模型管理视图

模型管理视图是对模型自身组织进行的建模，是由自身的一系列模型元素(如类、状态机和用例)构成的包(Package)所组成的模型。模型是从某一观点以一定的精确程度对系统所进行的完整描述。从不同的视角出发，对同一系统可能会建立多个模型，如系统分析模型和系统设计模型等。模型是一种特殊的包，一个包还可以包含其他的包。整个系统的静态模型实际上可看作系统最大的包，它直接或间接地包含了模型中的所有元素内容。包是操作模型内容、存取控制和配置控制的基本单元。每一个模型元素都包含或被包含于其他模型元素中。子系统是另一种特殊的包，代表系统的一个部分，它有清晰的接口，这个接口可作为一个单独的构件来实现。任何大的系统都必须被分成几个小的单元，这使得人们可以一次只处理有限的信息，并且分别处理这些信息的工作组之间不会相互干扰。模型管理由包及包之间的依赖组成。模型管理信息通常在类图中表达。

2.2.2 图

UML作为一种可视化的建模语言，其主要表现形式就是将模型进行图形化表示。UML规范严格定义了各种模型元素的符号，并且包括这些模型和符号的抽象语法和语义。当在某种给定的方法学中使用这些图时，它使得开发中的应用程序更易理解。最常用的UML图包括用例图、类图、序列图、状态图、活动图、构件图和部署图。下面我们仅对每种图进行简要的说明，更详细的信息将在以后的章节中介绍。

1. 用例图

用例图描述了系统提供的一个功能单元，其主要目的是帮助开发团队以一种可视化的方式理解系统的功能需求，包括基于基本流程的“角色”关系，以及系统内用例之间的关系。使用用例图可以表示出用例的组织关系，这种组织关系包括整个系统的全部用例或是完成相关功能的一组用例。在用例图中画出某个用例方式是在用例图中绘制一个椭圆，然后将用例的名称放在椭圆的中心或椭圆下面的中间位置。在用例图上绘制一个角色的方式是绘制一个人形的符号。角色和用例之间的关系我们使用简单的线段来描述，如图 2-1 所示。

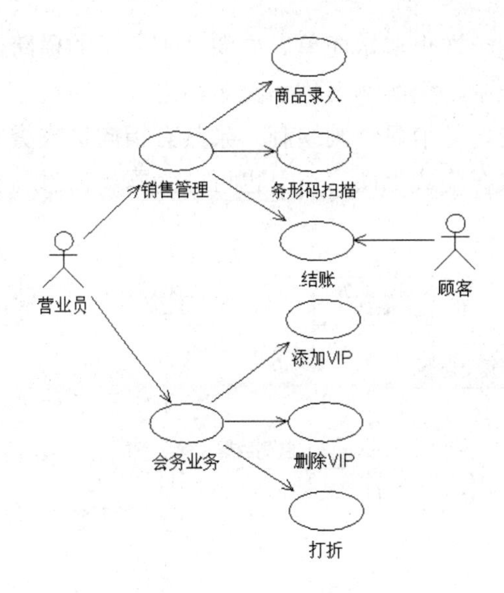

图 2-1　用例图示例

2. 类图

类图显示了系统的静态结构，表示不同的实体(人、事物和数据)是如何彼此相关联的。类图可用于表示逻辑类，逻辑类通常就是用户的业务所谈及的事物，如学生、学校等。类图还可用于表示实现类，实现类就是程序员处理的实体。实现类图或许会与逻辑类图显示一些相同的类。

类在类图的绘制上使用包含 3 个部分的矩形来描述，如图 2-2 所示。最上面的矩形部分显示类的名称，中间矩形部分显示了类的各种属性，下面的矩形部分显示了类的操作或方法。

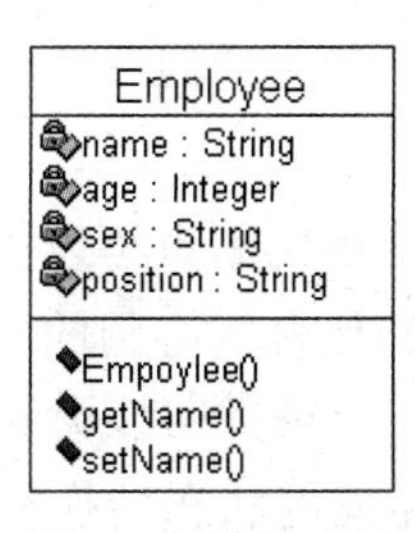

图 2-2　类图示例

3. 序列图

序列图显示了一个具体用例或用例的一部分的一个详细流程。序列图几乎是自描述的，它不仅可以显示流程中不同对象之间的调用关系，还可以很详细地显示对不同对象的不同调用。序列图有两个维度：①垂直维度，也称时间维度，以发生的时间顺序显示消息或调用的序列；②水平维度，显示消息被发送到的对象实例。序列图在有的书中也被称为“顺序图”。

序列图的绘制和类图一样也非常简单。如图 2-3 所示的横跨图顶部的每个框表示每个类的实例或对象。在框中，类实例名称和类名称之间使用冒号分隔开来。如果某个类实例向另一个类实例发送一条消息，则绘制一条具有指向接收类实例的开箭头的连线，并把消息或方法的名称放在连线上面。消息也可分为同步消息、异步消息、返回消息和简单消息等不同的种类。

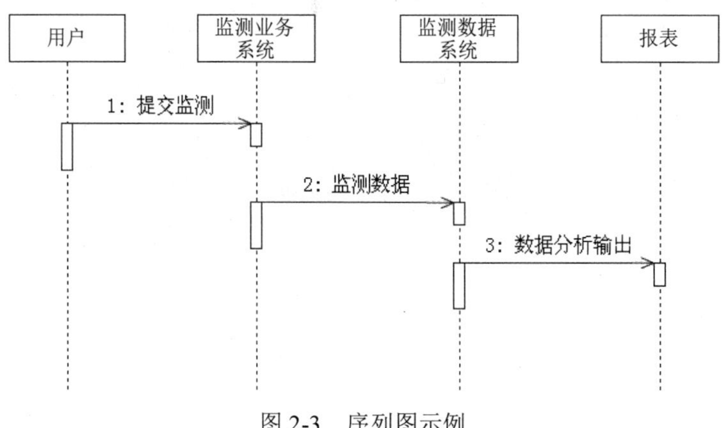

图 2-3　序列图示例

4. 状态图

状态图表示某个类所处的不同状态及该类在这些状态中的转换过程。虽然每个类通常都有自己的各种状态，但是我们只对“感兴趣”或“需要注意”的类才使用状态图进行描述。如图 2-4 所示的就是一个描述某系统的用户管理状态图。状态图的符号集包含下列 5 个基本的元素。

- 初始起点，使用一个实心圆绘制。
- 状态之间的转换，使用具有开箭头的线段绘制。
- 状态，使用圆角矩形绘制。
- 判断点，使用空心圆绘制。使用判断点可以根据不同的条件进入不同的状态。
- 一个或多个终止点，使用内部包含实心圆的圆绘制。

要绘制状态图，首先绘制起点和一条指向该类的初始状态的转换线段。状态本身可以在图上的任意位置绘制，然后只需使用状态转换线条将它们连接起来。

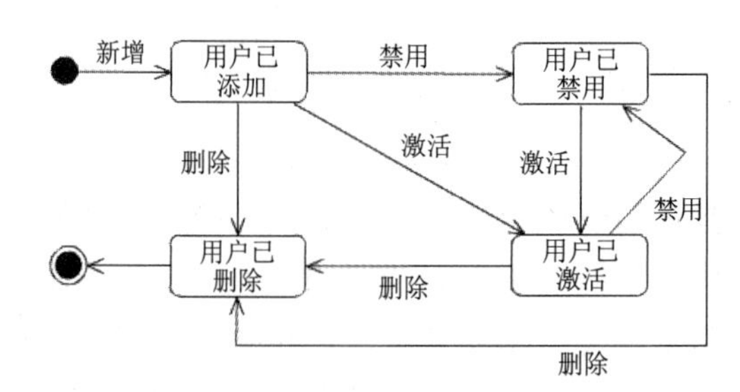

图 2-4　状态图示例

5. 活动图

活动图用来表示两个或更多的对象之间在处理某个活动时的过程控制流程。活动图能够在业务单元的级别上对更高级别的业务过程进行建模，或者对低级别的内部类操作进行建模。

与序列图相比，活动图更加能够适合对较高级别的过程建模，在活动图的符号上，其符号集与状态图中使用的符号集非常类似，但是有一些差别。活动图的初始活动也是先由一个实心圆开始，结束也由一个内部包含实心圆的圆来表示。与状态图不同的是，活动是通过一个圆角矩形来表示的，我们可以把活动的名称包含在这个圆角矩形的内部。活动可以通过活动的转换线段连接到其他活动中，或者连接到判断点，这些判断点根据不同条件所需要执行的不同动作来执行。在活动图中，出现了一个新的概念——泳道(swimlane)，可以使用泳道来表示实际执行活动的对象。图 2-5 所示的是一个简单的活动图，表示客户登录的银行ATM系统的活动过程。

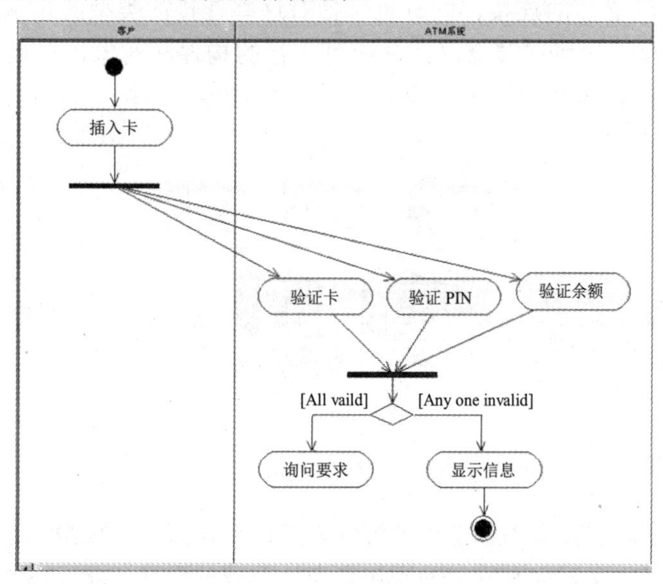

图 2-5　活动图示例

6. 构件图

构件图提供系统的物理视图，它是根据系统的代码构件显示系统代码的整个物理结构。其中，构件可以是源代码组件、二进制组件或可执行组件等。在构件中，它包含需要实现的一个或多个逻辑类的相关信息，从而就创建了一个从逻辑视图到构件视图的映射，我们根据构件的相关信息可以很容易地分析出构件之间的依赖关系，指出其中某个构件的变化将会对其他构件产生什么样的影响。

一般来说，构件图最经常用于实际的编程工作中。在以构件为基础的开发(CBD)中，构件图为系统架构师提供了一个为解决方案进行建模的自然形式。标准的构件图如图2-6所示。

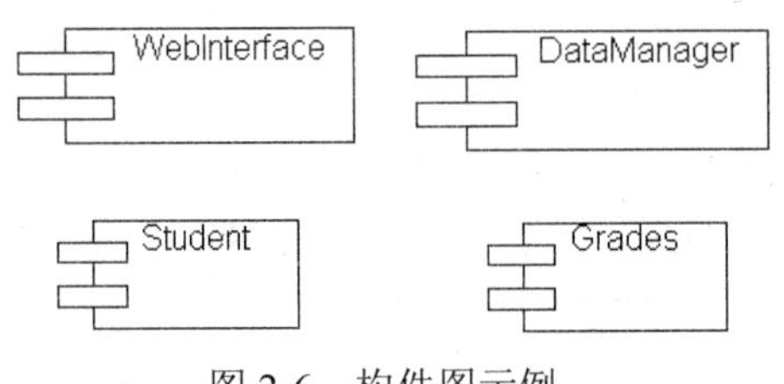

图 2-6　构件图示例

7. 部署图

部署图用于表示该软件系统是如何部署到硬件环境中的，它显示了系统中不同构件在何处物理地运行，以及如何进行彼此的通信。部署图对系统的物理运行情况进行了建模，因此系统的生产人员能够很好地利用这种图来部署实际的系统。

部署图显示了系统中的硬件和软件的物理结构，可以显示实际的计算机和设备(节点)，以及它们之间必要的连接，同时也包括对这些连接的类型的显示。在部署图中显示的节点内，包含了如何在节点内部分配可执行的构件和对象，以显示这些软件单元在某个节点上的运行情况。并且，部署图还可以显示各个构件之间的依赖关系，如图2-7所示。

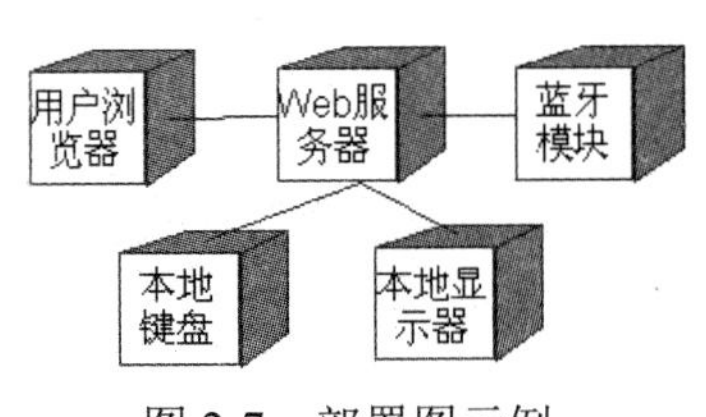

图 2-7　部署图示例

2.2.3　模型元素

我们把可以在图中使用的基本概念统称为“模型元素”。模型元素使用相关的语义和关于元素的正式定义，拥有确定的语句来表达准确的含义，它在图中用其相应的元素符号表示。利用相关元素符号可以把模型元素形象、直观地表示出来。一个元素符号可以存在于多个不同类型的图中。

1. 事物

事物是UML模型中基本的面向对象的模块，它们在模型中属于静态部分。事物作为模型中最具有代表性的成分的抽象，在UML中定义了 4 种基本的面向对象的事物，分别是结构事物、行为事物、分组事物和注释事物。

1) 结构事物(Structural Thing)

结构事物是UML模型中的名词部分，这些名词往往构成模型的静态部分，负责描述静态概念和客观元素。在UML规范中，一共定义了 7 种结构事物，分别是类、接口、协作、用例、主动类、构件和节点。

- 类(Class)。UML 中的类完全对应于面向对象分析中的类，它具有自己的属性和操作。因而在描述的模型元素中，也应当包含类的名称、属性和操作。UML 中的类与面向对象的类拥有一组相同属性、操作、关系和语义的抽象描述。一个类可以实现一个或多个接口。类的一般表示方法如图 2-8 所示。
- 接口(Interface)。接口由一组对操作的定义组成，但是它不包括对操作的实现进行的详细描述。接口用于描述一个类或构件的一个服务的操作集，它描述了元素外部可见的操作，一个接口可以描述一个类或构件的全部行为或部分行为。接口很少单独存在，往往依赖于实现接口的类或构件。接口的图形表示方法如图 2-9 所示。

图 2-8　类的一般表示方法　　　　图 2-9　接口的一般表示方法

- 协作(Collaboration)。协作用于对一个交互过程的定义，它是由一组共同工作以提供协作行为的角色和其他元素构成的一个整体。通常来说，这些协作行为大于所有元素的行为的总和。一个类可以参与到多个协作中，协作表现了系统构成模式的实现。在 Rational Rose 中，没有对协作画出其单独的符号。
- 用例(Use Case)。用例用于表示系统所提供的服务，它定义了系统是如何被参与者使用的，它描述的是参与者为了使用系统所提供的某一完整功能而与系统之间发生的一段对话。用例是对一组动作序列的抽象描述，系统执行这些动作将产生一个对特定的参与者有价值而且可观察的结果。用例可结构化系统中的行为事物，从而可视化地概括系统需求。用例的表示方法如图 2-10 所示。
- 主动类(Active Class)。主动类的对象(也称主动对象)能够自动地启动控制活动，因为主动对象本身至少拥有一个进程或线程，每个主动对象都有它自己的事件驱动控制线程，控制线程与其他主动对象并行执行。被主动对象所调用的对象是被动对象，它们只在被调用时接受控制，而当它们返回时将放弃控制。被动对象被动地等待其他对象向它发出请求，这些对象所描述的元素的行为与其他元素的行为并发。主动类的可视化表示类似于一般类的表示方法，特殊的地方在于其外框为粗线。在许多 UML 工具中，主动类的表示与一般类的表示并无区别。
- 构件(Component)。构件是定义了良好接口的物理实现单元，是系统中物理的、可替代的部件，它提供一组接口的实现，每个构件体现了系统设计中某个特定类。良好定义的构件不直接依赖于其他构件而依赖于构件所支持的接口。在这种情况下，系统中的一个构件可以被支持正确接口的其他构件替代。在每个系统中都有不同类型的部署构件，如 JavaBean、DLL、Applet 和可执行文件等。在 Rational Rose 中，使用如图 2-11 所示的方法来表示构件。

图 2-10　用例的表示方法　　　　图 2-11　构件的表示方法

- 节点(Node)。节点是系统在运行时切实存在的物理对象，表示某种可计算资源，这些资源往往具有一定的存储能力和处理能力。一个构件集可以驻留在一个节点内，也可以从一个节点迁移到另一个节点。一个节点可以代表一台物理机器或代表一个虚拟机器节点。Rational Rose 中包含两种节点，分别是设备节点和处理节点，这两种节点的表示方式如图 2-12 所示，在图形表示上稍有不同。

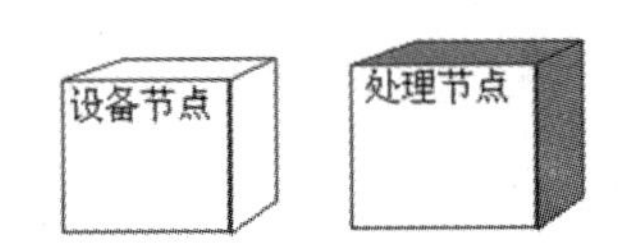

图 2-12　设备节点和处理节点的表示方法

2) 行为事物(Behavioral Thing)

行为事物是指UML模型的相关动态行为，是UML模型的动态部分，它可以用来描述跨越时间和空间的行为。行为事物在模型中通常使用动词来表示，如“查询”“修改”等。可以把行为事物划分为两类，分别是交互和状态机。

- 交互(Interaction)。交互是指在特定的语境(Context)中，一组对象为共同完成一定任务，以及进行一系列消息交换而组成的动作及消息交换的过程中形成的消息机制。因此，在交互中不仅包括一组对象，还包括连接对象间的消息，以及消息发出动作形成的序列和对象间的普通连接。交互的可视化主要通过消息来表示，消息由带有名字或内容的有向箭头表示，如图 2-13 所示。

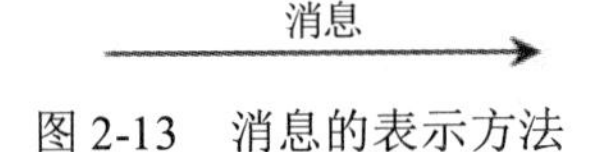

图 2-13　消息的表示方法

- 状态机(State Machine)。状态机是一个类的对象所有可能的生命历程的模型，因此状态机可用于描述一个对象或一个交互在其生命周期内响应时间所经历的状态序列。单个类的状态变化或多个类之间的协作过程都可以用状态机来描述。利用状态机可以精确地描述行为。状态的可视化表示如图 2-14 所示。

图 2-14　状态的表示方法

3) 分组事物(Grouping Thing)

分组事物是 UML 对模型中的各种组成部分进行事物分组的一种机制。我们可以把分组事物当成是一个“盒子”，那么不同的“盒子”就存放不同的模型，从而模型在其中被分解。目前只有一种分组事物，即包(Package)。UML 通过包实现对整个模型的组织，包括在一个完整的模型中，对所有图形建模元素的组织。

包是一种在概念上对 UML 模型中各个组成部分进行分组的机制，它只存在于系统的开发阶段。在包中可以包含有结构事物、行为事物和分组事物。包的使用比较自由，我们可以根据自己的需要划分系统中的各个部分，例如，可以按外部 Web 服务的功能来划分这些 Web 服务。包是用来组织 UML 模型的基本分组事物，它也有变体，如框架、模型和子系统等。包的表示方法如图 2-15 所示。

4) 注释事物(Annotational Thing)

注释事物是 UML 模型的解释部分，用于进一步说明 UML 模型中的其他任何组成部分。我们可以用注释事物来描述、说明和标注整个UML模型中的任何元素，有一种最主要的注释事物被称为“注解”。注解是依附于某个元素或一组建模元素之上，对这个或这一组建模元素进行约束或解释的简单注释符号。注解的一般形式是简单的文本说明。注解的符号表示如图 2-16 所示，在方框内填写需要注释的内容。建立一个完备的系统模型必须有详细的注解说明。

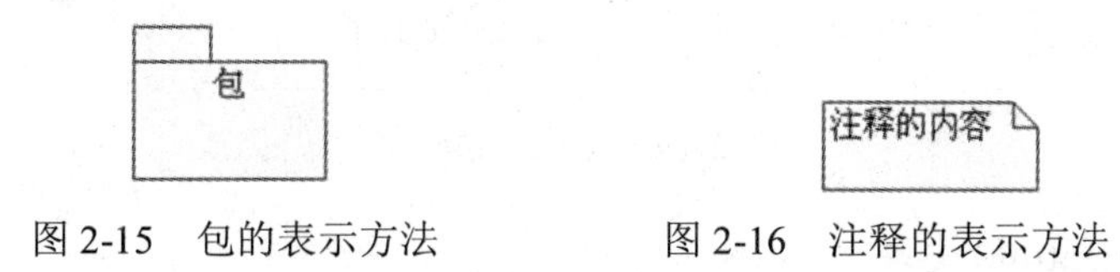

图 2-15　包的表示方法　　　　图 2-16　注释的表示方法

2. 关系

UML模型是由各种事物及这些事物之间的各种关系构成的。关系是指支配、协调各种模型元素存在并相互使用的规则。UML中主要包含 4 种关系，分别是依赖、关联、泛化和实现。

1) 依赖(Dependency)关系

依赖关系指的是两个事物之间的一种语义关系，当其中一个事物(独立事物)发生变化时就会影响另外一个事物(依赖事物)的语义。如图 2-17 所示，反映了事物 NewClass 依赖于事物 NewClass2。

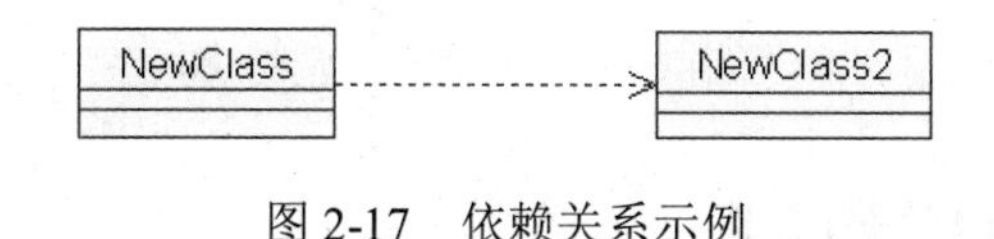

图 2-17　依赖关系示例

2) 关联(Associate)关系

关联关系是一种事物之间的结构关系，一般用它描述一组链，链是对象之间的连接。关联关系在系统开发中经常会被用到，系统元素之间的关系如果不能明显地由其他三类关系来表示，则都可以被抽象成为关联关系。关联关系可以是聚集(Aggregation)或组成(Compose)，也可以是没有方向的普通关联关系。聚合是一种特殊类型的关联，它描述了整体和部分间的结构关系。组成也是一种关联关系，描述了整体和部分间的结构关系，只是部分是不能够离开整体而独立存在的。如图 2-18 所示，反映了工人和车间主任之间的关联关系。

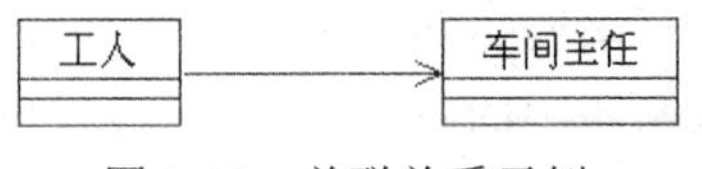

图 2-18　关联关系示例

3) 泛化(Generalization)关系

泛化关系是事物之间的一种特殊或一般关系，特殊元素(子元素)的对象可替代一般元素(父元素)的对象，也就是我们在面向对象学中常提起的继承。通过继承，子元素具有父元素的全部结构和行为，并允许在此基础上再拥有自身特定的结构和行为。在系统开发过程中，泛化关系的使用并没有什么特殊的地方，只要注意能清楚明了地刻画出系统相关元素之间所存在的继承关系就行了。如图 2-19 所示，反映了汽车和交通工具之间的泛化关系。

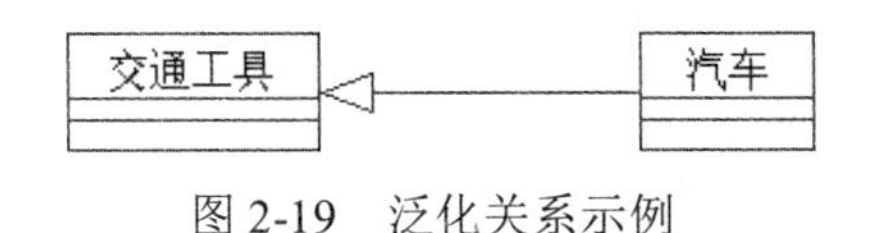

图 2-19　泛化关系示例

4) 实现(Realization)关系

实现关系也是 UML 元素之间的一种语义关系，它描述了一组操作的规约和一组操作的具体实现之间的语义关系。在系统的开发过程中，通常在两个地方需要使用实现关系，一种是在接口和实现接口的类或构件之间，另一种是在用例和实现用例的协作之间。当类或构件实现接口时，表示该类或构件履行了在接口中规定的操作。如图 2-20 所示，描述的是类对接口的实现。

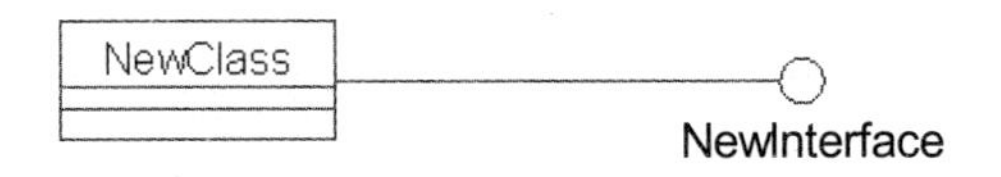

图 2-20　实现关系示例

2.3 UML 的通用机制

UML 中提供了 3 种常用的通用公共机制，使用这些通用公共机制(通用机制)能够使 UML 在各种图中添加适当的描述信息，从而完善 UML 的语义表达。通常，使用模型元素的基本功能不能够完善地表达所要描述的实际信息，但这些通用机制可以帮助我们进行有效的 UML 建模。

2.3.1　规格说明

如果把模型元素当成一个对象来看待，那么模型元素本身也应该具有很多的属性，这些属性用于维护属于该模型元素的数据值。属性是使用名称和标记值(Tagged Value)的值来定义的。标记值指的是一种特定的类型，可以是布尔型、整型或字符型，也可以是某个类或接口的类型。UML 中对于模型元素的属性有许多预定义说明，例如，UML 类图中的 Export Control 属性指出该类对外是 Public、Protected、Private 还是 Implementation。我们有时候也将这个属性的具体内容称为模型元素的特性。

模型元素实例需要附加相关规格说明来添加模型元素的特性，实现的方法是在某个模型元素上双击，然后弹出一个如图 2-21 所示的关于该元素的规格说明窗口(对话框)，在该窗口内显示了该元素的所有特性，这里显示的是类的规格说明窗口。

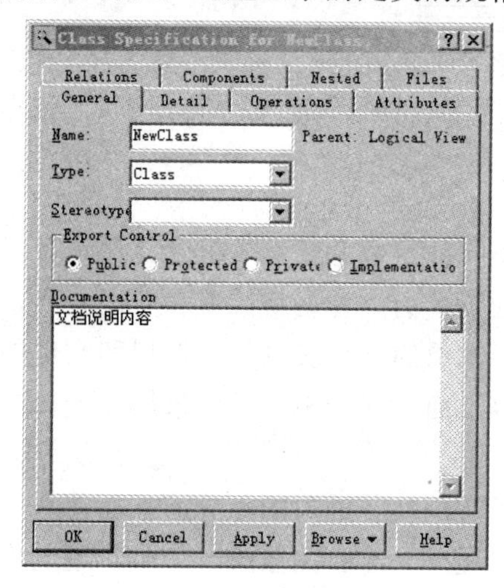

图 2-21　类的规格说明窗口

2.3.2　修饰

在UML 的图形表示中，每一个模型元素都有一个基本符号，该基本符号可视化地表达了模型元素最重要的信息，但是用户也可以把各种修饰细节加到该符号上以扩展其含义。这种添加修饰细节的做法可以使图中的模型元素在一些视觉效果上发生变化。例如，在用例图中，使用特殊的小人来表示 Business Actor，如图 2-22 所示。该表示方法相对于参与者发生了颜色和图形的稍微变化。

图 2-22　Business Actor 图形表示

不仅在用例图中，在其他的一些图中也存在修饰，例如，在类图中，把类的名称使用斜体来表示该类是抽象类等。这里不再赘述。

另外，有一些修饰包含了对关系多重性的规格说明。这里的多重性是指用一个数值或一个范围来说明所需要的实例数目。在 UML 图中，通常将修饰写在使用该修饰来添加信息的元素的旁边。如图 2-23 所示，表达了一个学生可以选一门到多门课程。

在 UML 众多的修饰符中，还有一种修饰符是比较特殊的，那就是如图 2-24 所示的注解(Note)。注解是一种非常重要的并且能单独存在的修饰符，用它可以附加在模型元素或元素集上来表示约束或注解信息。

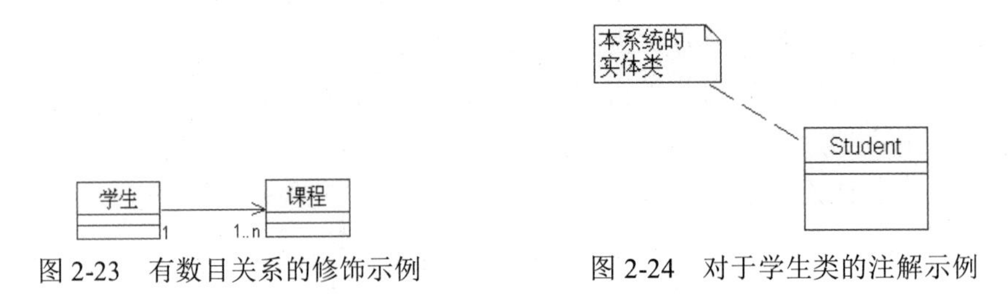

图 2-23　有数目关系的修饰示例　　　图 2-24　对于学生类的注解示例

2.3.3　通用划分

通用划分是一种保证不同抽象概念层次的机制。通常可以采用两种方式进行通用划分，一种是对类和对象的划分，另一种是将接口和实现分离。类和对象的划分是指，类是一个抽象，而对象是这种抽象的一个实例化。接口和实现的分离是指接口声明了一个操作接口，却不实现其内容，而实现则表示了对该操作接口的具体实现，它负责如实地实现接口的完整语义。

类和对象的划分保证了实例及其抽象的划分，从而使对一组实例对象的公共静态和动态特征无须一一管理和实现，只需要抽象成一个类，通过类的实例化实现对对象实体的管理。接口和实现的划分则保证了一系列操作的规约和不同类对该操作的具体实现。

2.4　UML 的扩展机制

为了在细节方面对模型进行准确的表达，UML设计了一种简单的、通用的扩展机制，用户可以使用扩展机制对UML进行扩展和调整，以便使其与一个特定的方法、组织或用户相一致。扩展机制是对已有的UML语义按不同系统的特点合理地进行扩展的一种机制。下面将介绍 3 种扩展机制，分别是构造型(Stereotype)、标记值(Tagged Value)和约束(Constraint)。

2.4.1　构造型

在对系统建模的时候，会出现现有的一些UML构造块在一些情况下不能完整无歧义地表示出系统中的每一元素的含义，所以，我们需要通过构造型来扩展UML的词汇，利用它来创造新的构造块。这个新创造的构造块既可以从现有的构造块派生，又专门针对我们要解决的问题。构造型是一种优秀的扩展机制，它能够有效地防止UML变得过度复杂，同时还允许用户实行必要的扩展和调整。

构造型就像在模型元素的外面重新添加了一层外壳，这样就在模型元素上又加入了一个额外语义。由于构造型是对模型元素相近的扩展，所以说一个元素的构造型和原始的模型元素经常使用在同一场合。构造型可以基于各种类型的模型元素，如构件、类、节点及各种关系等。我们通常使用的是已经在UML 中预定义了的构造型，这些预定义的构造型在 UML 的规范及介绍 UML 的各种书中都有可能找到。

构造型的一般表现形式为使用<<和>>将构造型的名称包含在里面，如<<use>>、<<extends>>等。<<use>>和<<extends>>构造型的名字就是由 UML 预定义的，这些预定义的构造型用于调整一个已存在的模型元素，而不是在UML工具中添加一个新的模型元素。这种策略保证了UML工具的简单性，突出地表现在对关系的构造型的表示上，例如，在用例图中将两个用例进行关联。我们可以使用如图2-25所示的方法，进行简单表示dependency or instantiates 的关系。

要使用其附加的构造型，只需要双击关系的连线，在弹出的对话框的 Stereotype 选项中，选择相应的构造型即可。假设选择 include 关系，则出现如图 2-26 所示的图形。在对关系的表示上，只需要添加相应的构造型即可。

图 2-25　未使用构造型的示例　　　　图 2-26　使用“include”构造型的示例

用户也可以自定义构造型，其格式按照构造型的一般表现形式来表示。

2.4.2　标记值

标记值由一对字符串构成，这对字符串包含一个标记字符串和一个值字符串，从而存储有关模型元素或表达元素的一些相关信息。标记值可以被人们用来扩展 UML 构造块的特性，我们可以根据需要来创建详述元素的新元素。标记值可以与任何独立元素相关，包括模型元素和表达元素。标记值是当需要对一些特性进行记录的时候而给定元素的值，例如，一个标记为“科目”，值是该“科目”元素的名字，如“高等数学”。

通过标记值可以将各种类型的信息都附属到某个模型元素上，如元素的创建日期、开发状态、截止日期和测试状态等。若将这些信息进行划分，则主要包括对特定方法的描述信息、建模过程的管理信息(如版本控制、开发状态等)、附加工具的使用信息(如代码生成工具)，还有用户自定义的连接信息。

标记值用字符串表示，字符串由标记名、等号和值构成，一般表现形式为{标记名=标记值}。各种标记值被规则地放置在大括弧内。如图 2-27 所示，是关于一个版本控制信息的标记值。

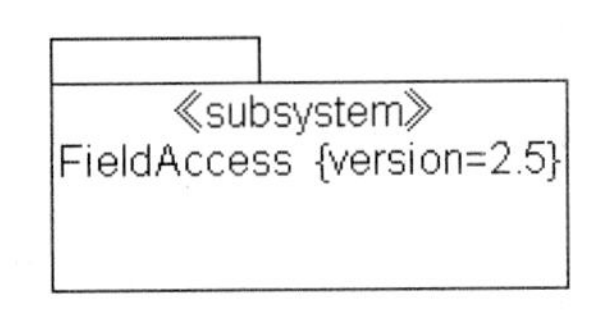

图 2-27　版本信息的标记值

2.4.3　约束

如果需要对UML构造块的语义进行扩展，则可以使用约束机制，该机制允许建模者和设计人员增加新的规则和修改现有的规则。约束可以在UML工具中预定义，这样就可以在需要的时候反复使用，也可以在某个特定需要的时候再添加。约束可以表示在UML的规范表示中不能表示的语义关系，特别是当陈述全局条件或影响许多元素的条件时，约束特别有用。

约束使用大括号和大括号内的字符串表达式表示，即约束的表现形式为：{约束的内容}。约束可以附加在表元素、依赖关系或注释上，例如，{信息的等待时间小于 10 秒钟}。

如图 2-28 所示，显示了学生类和复印机类之间的关联关系。但是，要具体地表达就需要定义一定的约束条件，例如，本复印机仅供本校学生使用。在定义了这些约束以后，分别加入对应的元素中。这些约束信息能够有助于帮助系统理解和准确应用，因此，在定义约束信息的时候，应尽可能准确地定义这些约束信息。一个不好的约束定义还不如不定义。

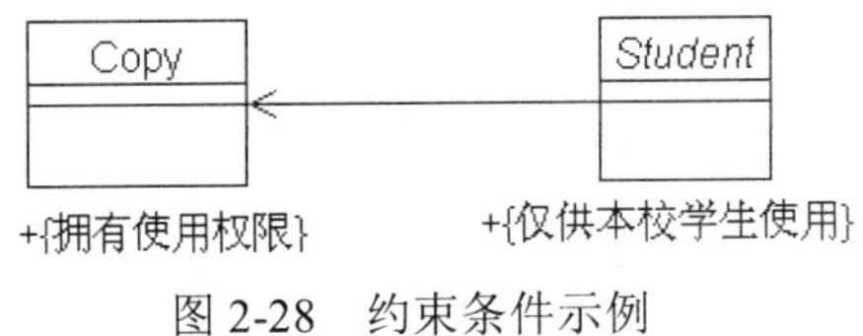

图 2-28　约束条件示例

在上述情况下，约束是在图中直接定义的，但是，前面也提到过，约束也可以被预定义，它可以被当作一个带有名称和规格说明的约束，并且可以在多个图中使用。

【本章小结】

UML 语言提供了丰富的系统模型化的概念和表示法，能够满足常见的、典型的软件项目建立系统模型的需要，通过本章介绍的 UML 的常用元素就可以达到这样的要求。但是，为了满足一些特殊的要求，UML 还定义了扩展机制，让用户能够增加自定义的构造型、标记值和约束等模型元素来描述特定的模型特征。本章对 UML 的内容进行了总体上的概括，了解它们可为后面对 UML 的详细学习做好准备。

习题 2

1. 填空题

(1) UML 中主要包含 4 种关系，分别是______、______、______和______。

(2) 从可视化的角度来对 UML 的概念和模型进行划分，可将 UML 的概念和模型划分为______、______和______。

(3) 物理视图包含两种视图，分别是______和______。

(4) 常用的 UML 扩展机制分别是______、______和______。

(5) UML 的通用机制分别是______、______和______。

2. 选择题

(1) UML 中的事物包括结构事物、分组事物、注释事物和(　　)。

A. 实体事物　　B. 边界事物

C. 控制事物　　D. 动作事物

(2) UML 中的 4 种关系是依赖、泛化、关联和(　　)。

A. 继承　　B. 合作

C. 实现　　D. 抽象

(3) 用例用来描述系统在事件做出响应时所采取的行动。用例之间是具有相关性的。在一个“订单输入子系统”中，创建新订单和更新订单都需要检查用户账号是否正确。那么，用例“创建新订单”“更新订单”与用例“检查用户账号”之间是(　　)关系。

A. 包含　　B. 扩展

C. 分类　　D. 聚集

(4) 下面不是 UML 中的静态视图的是(　　)。

A. 状态图　　B. 用例图

C. 对象图　　D. 类图

(5) 下列关于状态图的说法中，正确的是(　　)。

A. 状态图是 UML 中对系统的静态方面进行建模的五种图之一

B. 状态图是活动图的一个特例，状态图中的多数状态是活动状态

C. 活动图和状态图是对一个对象的生命周期进行建模，描述对象随时间变化的行为

D. 状态图强调对有几个对象参与的活动过程建模，而活动图更强调对单个反应型对象建模

3. 简答题

(1) 在 UML 中定义的面向对象的事物有哪几种？
(2) 请说出构件的种类。
(3) 请说出视图有哪些种类。
(4) 请说出视图和图的关系。
(5) 请简述 UML 的通用机制。

第3章 Rational统一过程

UML是一种统一的建模语言，它是软件系统开发方法中不可缺少的一部分，其3位创始者在创建UML时，得到了Rational公司的大力支持，他们结合了多种软件开发过程的优点，提出了一种叫作Rational统一过程的基于面向对象技术的软件开发过程。本章将简要介绍Rational统一过程(Rational Unified Process，RUP)，以便让读者能更好地理解UML的概念和用法。

3.1 统一过程的含义

Rational统一过程包含以下3层含义。

首先是作为Rational统一过程。它是由Rational软件开发公司开发并维护的，它可以被看作Rational软件开发公司的一款软件产品，并且与Rational软件开发公司开发的一系列软件开发工具进行了紧密的集成。

其次是它的“统一”的含义。Rational统一过程拥有自己的一套架构，并且这套架构是以一种大多数项目和开发组织都能够接受的形式存在。其采用了现代软件工程开发的六项最佳实践。

最后是它的“过程”。Rational统一过程不管是如何解释，其最终仍然是一种软件开发过程，它提供了如何对软件开发组织进行管理的方式，并且拥有自己的目标和方法。

在*The Rational Unified Process An Introduction*(*Second Edition*)这本书中，Philippe Kruchten从以下4个方面介绍了Rational统一过程的含义。

1. Rational统一过程是一种软件工程过程

Rational统一过程是一种软件工程过程(Software Engineering Process)。作为一种软件工程过程，它为开发组织提供了在开发过程中如何对软件开发的任务进行严格分配、如何对参与开发人员的职责进行严格的划分等方法，并且Rational统一过程有着自己的工程目标，即按照预先制订的计划(包括项目时间计划和经费预算)，开发出高质量的软件产品，以能够满足最终用户的要求。Rational 统一过程拥有统一过程模型和开发过程结构，并且对开发过程中出现的各种问题有着自己的一系列解决方案。

2. Rational 统一过程是一个过程产品

Rational统一过程也是一个过程产品(Process Product)，该过程产品由Rational软件公司开发并维护，并且Rational软件公司将其与自己的一系列软件开发工具进行了集成。在Rational与IBM进行合并后，该产品由IBM Rational进行维护。

3. Rational 统一过程有一套自己的过程框架

Rational 统一过程也拥有一套自己的过程框架(Process Framework)。通过改造和扩展这套框架，各种组织可以使自己的项目得以适应。组成该过程框架的基本元素被称为过程模型(Process Model)。一个模型描述了在软件开发过程中由谁做、做什么、怎样做和什么时候做的问题。在 Rational 统一过程中应用了 4 种重要的模型元素，分别是角色(表达了由谁做)、活动(表达了怎样做)、产物(表达了做什么)和工作流(表达了什么时候做)，通过这些模型元素来回答相应的问题就形成了一套 Rational 统一过程自己的框架。当然，在 Rational 统一过程中还包含了一些其他的过程模型元素，包括指南、模板、工具指南和概念等，这些模型元素都是可以增加或替代的，用来改进或适应 Rational 统一过程，从而满足组织的特殊需求。

要学习 Rational 统一过程的这些过程框架内容，需要组织这些过程模型来了解整套过程框架。在各种书籍及参考资料中，大都将 Rational 统一过程的开发过程使用一种二维结构来表达，即使用沿着横轴和纵轴两个坐标轴来表达该过程，如图 3-1 所示。

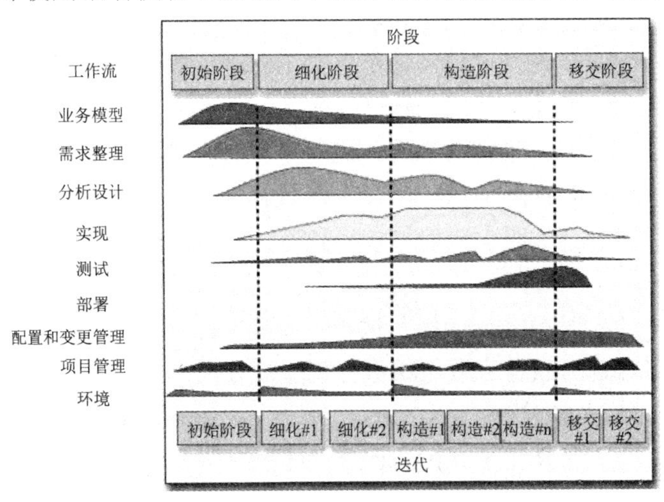

图 3-1　Rational 统一过程的二维结构

- 横轴代表制定软件开发过程的时间，显示了软件开发过程的生命周期安排，体现了 Rational 统一过程的动态结构。在这个坐标轴中，使用的术语包括周期(Cycle)、阶段(Phase)、迭代(Iteration)和里程碑(Milestone)等。关于这方面的内容，在后面的章节中将进行详细的介绍。
- 纵轴代表过程的静态结构，显示了软件开发过程中的核心过程工作流，这些工作流按照相关内容进行逻辑分组。在该坐标轴中，使用的术语包括活动(Activity)、产物(Artifact)、角色(Worker)和工作流(Workflow)等。关于这方面的内容，在后面的章节中将进行相关介绍。

- 这种二维的过程结构构成了Rational统一过程的架构(Architecture)。在Rational统一过程中，针对架构也提出了自己的方式，指出架构包含了对如下问题的重要解决方案。
  - 软件系统是如何组织的？
  - 如何选择组成系统的结构元素和它们之间的接口，以及当这些元素相互协作时如何体现出它们的行为？
  - 如何组合这些元素，使它们逐渐集成更大的子系统？
  - 如何形成一套架构风格，以指导系统组织及其元素之间的接口、协作和构成？
  - 软件的架构不仅包含了作为软件本身的代码结构和行为，还包含了一些其他的特性，如可用性、性能等一些信息。架构的设计对如何建立系统有重要的影响。

4. Rational 统一过程包含了许多现代软件开发中的最佳实践

Rational统一过程同时也包含了许多现代软件开发中的最佳实践(Best Practice)。Rational统一过程以一种能够被大多数项目和开发组织都适应的形式建立起来，其所包含的 6 项最佳实践如下。

- 迭代式软件开发。
- 需求管理。
- 基于构件的架构应用。
- 建立可视化的软件模型。
- 软件质量验证。
- 软件变更控制。

综上所述，Rational 统一过程是这四方面的统一体。根据这四方面的内容，Rational 统一过程提供了一种以可预测的循环方式进行软件开发的过程，即一个用来确保生产高质量软件的系统产品，一套能够被灵活改造和扩展的过程框架和许多软件开发的最佳实践，这些都使 Rational 统一过程对现代软件工程的发展产生了深远的影响。

3.2 统一过程的结构

前面介绍过Rational统一过程是一种二维的过程结构，其中垂直坐标代表了过程静态的一面，即通过过程的构件、活动、工作流、产物和角色等静态概念来描述系统；水平坐标代表了过程的动态描述，即通过迭代式软件开发的周期、阶段、迭代和里程碑等动态信息来表示。同时，Rational统一过程是以架构为中心的开发过程。本小节将分这三部分来介绍统一过程的结构。

3.2.1 统一过程的静态结构

Rational统一过程的静态结构是通过对其模型元素的定义来进行描述的。在Rational统一过程的开发流程中定义了“谁”“何时”“如何”做“某事”，并分别使用如下4种主要的建模元素来进行表达。

- 角色(Worker)，代表了“谁”来做。
- 活动(Activity)，代表了“如何”去做。
- 产物(Artifact)，代表了要做“某事”。
- 工作流(Workflow)，代表了“何时”做。

下面分别对这四种模型元素进行详细的说明。

1. 角色(Worker)

角色定义了个人或由若干人所组成小组的行为和责任，它是统一过程的中心概念，很多事物和活动都是围绕角色进行的。我们可以认为角色是在项目组中每一个人所贴的标签，每一个或一些人为了在项目中进行界定需要被贴上一个标签，当然有时一个人可以被贴上很多个不同的标签。这是一个非常重要的区别，因为我们通常容易将角色认为是个人或小组本身。

在 Rational 统一过程中，角色还定义了每一个人应该如何完成工作，即角色的职责。所分派给角色的责任既包括一系列的活动，还包括成为一系列产物的拥有者。统一过程的开发流程中常见的角色有架构师、系统分析员、测试设计师和程序员等。对于在 Rational 统一过程中更多角色的定义，我们可以参考相关的书籍进行了解。

2. 活动(Activity)

角色所执行的行为使用活动表示，每一个角色都与一组相关的活动相联系，活动定义了他们执行的工作。某个角色的活动是可能要求该角色中的个体执行的工作单元。活动通常具有明确的目的，并将在项目语境中产生有意义的结果，通常表现为一些产物，如模型、类、计划等。每个活动分派给特定的角色，活动通常占用几个小时至几天，常牵涉一个角色，影响一个或少量的产物。活动可以用来作为计划和进展的组成元素，如果活动太小，则它将被忽略，而如果活动太大，则进展不得不表现为活动的组成部分。

Rational 统一过程的开发流程中常见的活动有项目经理计划一个迭代过程、系统分析员寻找用例和参与者、测试人员执行性能测试等。

3. 产物(Artifact)

产物是由过程产生的，或者为过程所使用的一段信息。产物是项目的有形产品，即项目最终产生的事物，或者向最终产品迈进过程中使用的事物。产物用作角色执行某个活动的输入，同时也是该活动的输出。在面向对象的设计术语中，如活动是活动对象(角色)上的操作一样，产物是这些活动的参数。统一过程的开发流程中常见的产物有系统设计模型、项目计划文档、项目程序源文件等。

4. 工作流(Workflow)

仅依靠角色、活动和产物的列举并不能组成一个过程。需要一种方法来描述能产生若干有价值的、有意义结果的活动序列，显示角色之间的交互作用，这就是工作流。工作流是指能够产生具有可观察结果的活动序列。UML 术语中，工作流可以使用序列图、协同图或活动图等形式进行表达。通常，一个工作流使用活动图的形式来描述。

注意，在工作流中，表达活动之间的所有依赖关系并不是总可能或切合实际的，两个活动之间的关系常比表现出来的关系更加紧密地交织在一起，特别是在涉及同一个角色或人员时。人不是机器，对于人而言，工作流不能按字面意思翻译成程序，并要人们精确地、机械地执行。

Rational 统一过程中包含了 9 个核心过程工作流(Core Process Workflow)，代表了所有角色和活动的逻辑分组情况。核心过程工作流可以被再分成 6 个核心工程工作流和 3 个核心支持工作流。

下面是 6 个核心工程工作流。

- 业务建模工作流。
- 需求工作流。
- 分析和设计工作流。
- 实现工作流。
- 测试工作流。
- 分发工作流。

下面是 3 个核心支持工作流。

- 项目管理工作流。
- 配置和变更控制工作流。
- 环境工作流。

尽管 6 个核心工程工作流能使人想起传统瀑布流程中的几个阶段，但应注意迭代过程中的阶段是不同的，这些工作流在整个生命期中一次又一次地被访问。以上 9 个核心工程工作流在项目中实际完整地在工作流中轮流被使用，在每一次迭代中以不同的重点和强度重复。

3.2.2　统一过程的动态结构

Rational统一过程的动态结构是通过对迭代式软件开发过程的周期、阶段、迭代过程及里程碑等的描述来进行表示的。在统一过程二维结构的水平坐标轴上，显示了统一过程的生命周期，将软件开发的各个阶段和迭代周期在这个水平时间轴上表达出来，反映了软件开发过程沿时间方向的动态组织结构。

在最初的软件开发方式——顺序开发过程，即瀑布模型中，将系统需求分析、设计、实现(包括编码和测试)和集成顺序地执行，并在每一个阶段产生相关的产物。项目组织顺序执行每个工作流，并且每个工作流只能被执行一次，这就是我们熟悉的瀑布生命周期。这样做的结果是只有到实现末期编码完成并开始测试时，在需求分析、设计和实现阶段所遗留的隐藏问题才会大量出现，项目可能要进入一个漫长的错误修正周期中。即使在后期的集成中，也会不可避免地发生一些很重要的错误。

一种更灵活、风险更小的方法就是通过多次不同的开发工作流，逐步确定一部分需求分析和风险，在设计、实现并确认这一部分后，再去做下一部分的需求分析、设计、实现和确认工作，以此进行下去，直至整个项目完成。这样能够在逐步集成中更好地理解需求，构造一个健壮的体系结构，并最终交付一系列逐步完成的版本，我们把这叫作一个迭代生命周期。在工作流中每一次顺序的通过称为一次迭代过程，软件生命周期是迭代的连续，通过不断的迭代，软件也实现了多次开发的过程。一次迭代包括生成一个可执行版本的开发活动，还有使用这个版本所必需的其他辅助成分，如版本描述、用户文档等。因此，一个开发迭代在某种意义上是在所有工作流中的一次完整的经过，这些工作流包括需求分析工作流、设计工作流、实现和测试工作流、集成工作流。可以看出，迭代过程的一个开发周期本身就像一个小型的瀑布模型。

当从一个迭代过程进入另一个迭代过程时，需要一种方法对整个项目的进展情况进行评估，以确保我们是朝着最终产品的方向努力。我们使用里程碑(milestone)的方式及时地根据明确的准则来决定是继续、取消还是改变迭代过程。为了对迭代的特定短期目标进行分割并组织迭代开发秩序，我们将迭代过程划分为 4 个连续的阶段，分别如下所示。

- 初始(Inception)阶段。
- 细化(Elaboration)阶段。
- 构造(Construction)阶段。
- 移交(Transition)阶段。

在每一个阶段完成之后，都会形成一个良好定义的里程碑，即某些关键决策必须做出的时间点，因此，在每一个阶段结束后，关键的目标必须被达到。每个阶段均有明确的目标。下面我们详细介绍各个阶段的目标及重要里程碑的评价准则。

1. 初始(Inception)阶段

初始阶段的目标是为系统建立商业案例和确定项目的边界。

为了达到该目的，必须识别所有与系统交互的外部实体，在较高层次上定义交互的特性，包括识别所有用例和描述一些重要的用例。商业案例包括验收规范、风险评估、所需资源估计、体现主要里程碑日期的阶段计划。

本阶段具有非常重要的意义，在该阶段中，关注的是整个项目工程中的业务和需求方面的主要风险。对于建立在原有系统基础上的开发项目来说，初始阶段的时间可能很短。

2. 细化(Elaboration)阶段

细化阶段的目标是分析问题领域，建立健全的体系结构基础，编制项目计划，淘汰项目中最高风险的元素。

为了达到该目的，必须对系统具有“英里宽和英寸深”的观察。体系结构的决策必须在理解整个系统的基础上做出范围、主要功能和非功能性(如性能等)需求。

细化阶段是 4 个阶段中最关键的阶段，该阶段结束时，项目进入最后的决策移交阶段。对于大多数项目，这也相当于从移动的、轻松的、灵巧的、低风险的运作过渡到高成本、高风险并带有较大惯性的运作过程。而过程必须能容纳变化，细化阶段活动确保了结构、需求和计划是足够稳定的，风险被充分减轻，所以可以为开发结果预先决定成本和日程安排。概念上，其逼真程度与机构实行费用固定的构建阶段的必要程度一致。

在细化阶段，可执行的结构原型在一个或多个迭代过程中建立，依赖于项目的范围、规模、风险和先进程度。工作量必须至少处理掉初始阶段中识别的关键用例，关键用例典型揭示了项目主要技术的风险。通常我们的目标是一个由产品质量级别构件组成的可进化的原型，但这并不排除开发一个或多个具有探索性的原型用来减少某些特定的风险。

3. 构造(Construction)阶段

在构造阶段，所有剩余的构件和应用程序功能被开发并集成为产品，所有的功能被详尽地测试。

构造阶段，从某种意义上说，是重点管理资源和控制运作以优化成本、日程、质量的生产过程。就这一点而言，管理的理念经历了从初始阶段和细化阶段的智力资产开发到构建阶段和交付阶段可发布产品的过渡。

许多项目规模大的足够产生许多平行的增量构建过程，这些平行的活动可以极大地加速版本发布的有效性，同时也增加了资源管理和工作流同步的复杂性。健壮的体系结构和易于理解的计划是高度关联的。换言之，体系结构上关键的质量是构建的容易程度。这也是在细化阶段平衡的体系结构和计划被强调的原因。

4. 移交(Transition)阶段

移交阶段的目的是将软件产品交付给用户群体。

只要产品发布给最终用户，就会被要求开发新版本、纠正问题或完成被延迟的问题。

当基线成熟得足够发布到最终用户时，就进入了移交阶段。其主要要求一些可用的系统子集被开发到可接收的质量级别，以及用户文档可供使用，从而交付给用户的所有部分均可以有正面的效果，这包括以下几点。

- 对照用户期望值，验证新系统的“beta 测试”。
- 与被替代的已有系统并轨。
- 功能性数据库的转换。
- 向市场、部署、销售团队移交产品。

构造阶段关注于向用户提交产品的活动。该阶段包括若干重复过程，有 Beta 版本、通用版本、Bug 修补版和增强版，并且相当大的工作量消耗在开发面向用户的文档和培训用户上。在使用初始产品时，支持用户并处理用户的反馈。开发生命周期在此阶段，用户反馈主要限定在产品性能调整、配置、安装和使用问题上。

Rational统一过程的每个阶段都可以进一步被分解为迭代过程。迭代过程是指一个对于可执行产品版本的循环开发过程，是最终产品的一个子集，从一个迭代过程到另一个迭代过程递增式增长形成的最终系统。

3.2.3 面向架构的过程

Rational统一过程的主要部分是围绕建模进行的。模型是现实的简化，能够帮助人们理解并确定问题及其解决方法。模型应当尽量完整而一致地表现将要开发的系统，并与现实保持一致，这个时候我们就需要一定的系统框架来进行描述。一个良好的架构能够清晰地表达其目的，拥有关于架构的形成过程的具体描述信息，并且能够以一种被普遍接受的方式表达出来。

为了项目的所有参与人员能够进行分析、交流和讨论框架，我们必须以他们能理解的形式对架构进行表示。由于不同的参与者关注架构的方面不同，因此我们在描述一个完整架构时，应当是多维的，而不是平面的，这就是我们所说的架构视图(Architecture View)。一个架构视图是对于从某一视角或某一点上看到的系统所做的简化描述(概述)，描述中涵盖了系统的某一特定方面，省略了与此无关的实体。

在 Rational 统一过程中建议采用以下 5 种视图描述架构。

1. 逻辑视图(Logical View)

逻辑视图主要支持系统的功能性需求，即在为用户提供系统服务方面应该提供的功能。逻辑视图是设计模型的抽象，将系统分解成为一系列的关键抽象，这些关键抽象大多数来自问题域，并采用抽象、封装和继承的方式，对外表现为对象或对象类的形式。分解不仅是为了功能分析，而且还用来识别遍布系统各个部分的通用机制和设计元素。我们可以使用 Rational 统一过程中的相关方法来表示逻辑架构，如借助于类图和类模板的形式。类图用来显示一个类的集合和它们的逻辑关系，如关联、使用、组合、继承等，相似的类可以划分成类集合的形式。类模板关注于单个类，其强调主要的类操作，并且识别关键的对象特征。如果需要定义对象的内部行为，则需要使用状态图等形式来完成。公关的机制或服务可以在使用类(Class Utility)中定义。

逻辑视图的风格是采用面向对象的风格，其主要的设计准则是试图在整个系统中保持单一的、一致的对象模型，以避免产生错误的类和机制。逻辑视图的结果是确定重要的设计包、子系统和类。

2. 过程视图(Process View)

过程视图考虑的是一些非功能性的需求，主要表现为系统运行时的一些特性，如系统的性能和可用性等。它解决系统运行时的并发性、分布性、系统完整性、系统容错性，以及逻辑视图的主要抽象如何与系统进程结构配合在一起，即在哪个控制线程上，对象的操作将会被实际执行，这些也被称为系统的进程架构。

进程架构可以在几种层次的抽象上进行描述，每个层次针对的问题不同。在最高层次上，进程架构可以视为一组独立执行的通信程序的逻辑网络，它们分布在一组硬件资源上，这些资源通过LAN或WAN连接起来。多个逻辑网络可能同时并存，共享相同的物理资源，例如，独立的逻辑网络可能用于支持离线系统与在线系统的分离，或者支持软件的模拟版本和测试版本的共存。

进程是构成可执行单元任务的分组，其代表了可以进行策略控制的过程架构的层次(即开始、恢复、重新配置及关闭)。另外，进程可以为了提高可用性而被不断重复。

软件被划分为一系列单独的任务，而任务是独立的控制线程，可以在处理节点上单独地被调用。接下来，我们区分主要任务和次要任务：主要任务是可以唯一处理的架构元素，次要任务是由于实施原因而引入的局部附加任务(如周期性活动、缓冲、暂存等)；主要任务的通信途径是良好的交互任务通信机制，如基于消息的同步或异步通信服务、远程过程调用、事件广播等，次要任务则以会见或共享内存来通信。在同一过程或处理节点上，主要任务不应对它们的分配做出任何假定，这是由线程的执行特点决定的。

在进程视图的设计中，应当关注在架构上具有重要意义的元素。使用Rational统一过程中提供的相关方法描述进程架构时，要详细表述可能的交互通信路径中的规格说明。

3. 物理视图(Physical View)

物理视图主要关注的也是系统的非功能性需求，包括系统的可用性、可靠性、性能和可伸缩性。物理视图描述的是软件至硬件的映射，即展示不同的可执行程序和其他运行时间构件是如何映射到底层平台或处理节点上的。软件在各种平台(包括计算机网络等)或处理节点上运行，被识别的各种元素(如网络、过程、任务和对象)需要被映射至不同的节点上。在部署软件的时候，我们通常希望不同的节点针对不同的情况有不同的物理配置，如一些用于开发和测试，另外一些被用于不同地点和不同客户的部署。因此，软件至节点的映射需要高度的灵活性，并且要对源代码产生最小的影响。

在物理视图的设计中，需要考虑很多关于软件工程和系统工程的问题，因此在使用Rational统一过程提供的方法进行描述的时候，表达形式可能多样，但是尽可能地不要使物理视图产生混乱。

4. 开发视图(Development View)

开发视图描绘的是系统的开发架构，它关注的是软件开发环境中实际模块的组织情况，即系统的子系统是如何分解的。软件被打包分为一个个小的程序模块(类库或子系统)，一个程序模块可以由一位或几位开发人员来进行开发。在大型系统的开发中，有时需要将系统进行组织分层，每一层的子系统模块都为上层模块提供良好定义的接口。

系统的开发架构主要使用模块和子系统图来表达，显示了“输入”和“输出”的关系。完整的开发架构只有当所有软件元素被识别后才能加以描述，但是，在早期可以列出控制开发架构的规则，如分块、分组和可见性等。

在开发视图的设计中，大多数情况下，需要考虑的问题与开发难度、软件管理、重用性和通用性，以及由工具集和编程语言所带来的限制几项因素有关。开发视图是各种活动的基础，这些活动包括需求分配、团队工作的分配、成本评估和计划、项目进度的监控、软件重用性、可移植性和安全性等。以上都是建立产品线的基础。

5. 用例视图(Use Case View)

用例视图有时也被认为是场景，扮演了一个很特殊的角色，它综合了上面的 4 种视图。上面 4 种视图的元素通过数量比较少的一组重要的场景或用例进行无缝协同工作。

在某种意义上，这些场景或用例是最重要的需求抽象，它们的设计在 Rational 统一过程中可以使用用例图或交互图来表示。在系统的软件架构文档中，需要对这几个为数不多的场景进行详细的阐明。用例视图通常被认为是其他 4 种视图的冗余，但是它却有以下两个重要的作用。

- 作为一项设计的驱动元素来发现架构设计过程中的架构元素。
- 作为架构设计结束后的一项验证和说明功能，既以视图的角度来说明又作为架构原型测试的出发点。

使用以上 5 种视图来描述架构可以解决架构的表述问题，那么 Rational 统一过程是如何以架构为中心的呢？

Rational 统一过程定义了两个关于架构的主要产物，它们分别如下。

- 软件架构描述(SAD)，用于描述与项目有关的架构视图。
- 架构原型，用于验证架构并充当开发系统其余部分的基线。

除此之外，还包括其他 3 种产物，上面两种产物是这三种产物的基础。这三种产物分别如下。

- 设计指南。为架构设计提供指导，提供了一些模式和习惯用语的使用。
- 在开发环境中基于开发视图的产品结构。
- 基于开发视图结构的开发群组结构。

在 Rational 统一过程中，还定义了一个参与者——架构师，其负责架构的设计工作。但是架构师不是唯一关系架构的人，大多数开发人员都参与了架构的定义和实现，尤其是在系统的细化阶段。但是其关注的侧重点还是有所不同的。

在 Rational 统一过程中，通过分析和设计工作流描述了大部分关于架构设计的活动，同时，这些活动贯穿了系统的需求、实现及管理等方面。所以说，Rational 统一过程是一个以架构为中心的过程。

3.3 配置和实现 Rational 统一过程

通常情况下，我们可以直接使用 Rational 统一过程或其中的一部分。但是，为了能够更好地适应软件系统的实际需要，还要配置和实现 Rational 统一过程。

3.3.1　配置 Rational 统一过程

配置 Rational 统一过程是指通过修改 Rational 软件公司交付的过程框架，使整个产品适应统一的需要和约束。

在一些情况下需要修改 Rational 统一过程在线版本，从而需要配置该过程。当将在线的 Rational 统一过程的基线复制到配置管理中时，配置该过程的相关人员就可以修改过程以实现变更。配置统一过程可以从以下方面进行。

- 在活动中增加、扩展、修改或删除一些步骤。
- 基于经验增加评审活动的检查点。
- 根据在以前项目中发现的问题，增加一些指南。
- 裁减一些模板，如增加公司的标志、头注、脚注、标识和封面等。
- 增加一些必要的工具指南等。

3.3.2　实现 Rational 统一过程

实现 Rational 统一过程是指在软件开发组织中，通过改变组织的实践，使组织能例行地、成功地使用 Rational 统一过程的全部或一部分。实现一个软件开发过程是一项很复杂的任务，在实现过程中不仅要求开发团队中的各个成员通力配合，还需小心谨慎地对过程进行控制，要将实现一个过程当成一个项目来看待。以下我们对实现软件过程的 6 个步骤进行详细的说明。

1. 评估当前状态

评估当前状态是指需要在项目的相关参与者、过程、开发支持工具等方面对软件开发组织的当前状态进行了解，识别出问题和潜在的待改进领域，并收集外部问题的信息。

评估当前状态是对当前开发组织制订一个计划，使组织从当前状态过渡到目标状态并改进组织当前的状况。人员数量、项目复杂度、技术复杂度等对当前状态进行评估并提出挑战。

2. 建立明确目标

建立明确目标指的是建立过程、人员和工具所要达到的明确目标，指明当完成过程实现项目时希望达到什么地步。

建立明确目标为过程实现未来构想计划，产生一个可度量的目的清单，并使用所有项目参与者都能够理解的形式进行表述。当前状态的不合理评估为建立明确的目标提出挑战。建立过高的目标对于一些开发组织是不可取的。

3. 识别过程风险

识别过程风险是指我们应当对项目可能涉及的很多风险进行分析，标识出一些潜在的风险，并设法了解这些风险对项目产生的影响，根据影响进行分级，同时还要制订出缓解这些风险或处理这些风险的计划。

识别过程风险能够帮助我们减少或避免一些风险，在达到目标过程中尽可能地少走一些弯路。软件开发者的经验对项目所能产生的风险的识别提出挑战。

4. 计划过程实现

计划过程实现是指在开发组织中对实现过程和工具制订的一系列计划，这个计划应当明确描述如何有效地从组织的当前状态转移到目的状态。

在计划过程实现中，应当包含当前组织对需求的改变及涉及的风险，制定一系列的增量过程，逐步达到计划中的目标。根据组织的具体情况制订出符合组织的计划并引入有效的过程和工具的方法是计划过程实现的一个挑战。

5. 执行过程实现

执行过程实现是指按照计划逐步实现该过程，主要包括的任务有以下几个。

- 开发新的案例或更新已存在的案例。
- 获取并改造工具使其支持过程并使过程自动化。
- 对开发团队中的成员进行使用新的过程和工具方面的培训。
- 在软件开发项目中实际运用过程和工具。

6. 评价过程实现

评价过程实现是指当在软件开发项目中已经实现了该过程和工具后，项目组织对过程是否达到预期目的的评价工作。评价的内容主要包括参与人员、过程和工具等。

实现一个软件开发过程是一项很复杂的任务，在实现过程中不仅要求开发团队中的各个成员通力配合，还要小心谨慎地对过程进行控制，要将实现一个过程当成一个项目来看待。

【本章小结】

在本章中，我们首先说明了什么是 Rational 统一过程，了解了它是如何一步步集成各种先进的经验发展起来的。在对 Rational 统一过程结构的介绍中，我们分别从其静态结构、动态结构及以架构为中心的过程 3 个方面进行了说明。最后，我们了解了如何配置和实现 Rational 统一过程。

习题 3

1. 填空题

(1) Rational 统一过程的静态结构，分别使用______、______、______和______4 种主要的建模元素来进行表达。

(2) Rational 统一过程的 5 种视图结构，分别是______、______、______、______和______。

(3) Rational 统一过程为架构提供了一个______、______和______的系统性的方法。

(4) Rational 统一过程的开发过程使用一种______结构来表达。

(5) Rational 统一过程的动态结构，是通过对迭代式软件开发过程的______、阶段和______，以及______等描述来进行表示的。

2. 选择题

(1) Rational 统一过程的 6 项最佳实践包括(　　)。

A. 瀑布式软件开发　　B. 迭代式软件开发

C. 基于构件的架构应用　　D. 软件质量验证

(2) 下面属于迭代过程的 4 个连续的阶段有(　　)。

A. 初始　　B. 分析

C. 细化　　D. 构造

(3) 对一个以架构为中心的开发组织来说，通常需要对架构的(　　)方面予以关心。

A. 架构的目的　　B. 架构的绘制软件

C. 架构的表示　　D. 架构的过程

(4) 有效的需求管理指的是(　　)。

A. 能够应对复杂项目的需求　　B. 能够有良好的用户满意度

C. 尽可能地减少需求的错误　　D. 减少开发者之间的交流

(5) 实现 Rational 统一过程的步骤有(　　)。

A. 评估当前状态　　B. 建立明确目标

C. 执行过程实现　　D. 评价过程实现

3. 简答题

(1) 请描述迭代过程有几个阶段。

(2) Rational 统一过程以一种能够被大多数项目和开发组织都适应的形式建立起来，其所包含的 6 项最佳实践指的是什么？

(3) 在 Rational 统一过程的开发流程中，分别使用哪几种主要的建模元素来进行表达？

(4) 对于一个以架构为中心的开发组织，需要对架构的哪些方面进行关注？

(5) 简述 Rational 统一过程的含义。

(6) 试述实现 Rational 统一过程的步骤。

(7) Rational 统一过程对现代软件开发的发展起到了什么作用？

第4章

Rational Rose的安装和操作

Rational Rose 是目前最为业界瞩目的可视化软件开发工具，它是由美国 Rational 公司研制的基于面向对象的系列产品中的重要一员。本章介绍如何安装 Rational Rose 2003 和它的工作界面及基本的操作，目的是希望读者能够通过对本章的学习熟悉 Rational Rose 的开发环境。

4.1 Rational Rose——设计 UML 的工具

目前有各种 UML 的建模工具，如 Rational Rose、Microsoft Visio、Power Designer、StarUML、EA 等，Rational Rose 算得上是最著名的分析和设计面向对象软件系统的可视化工具。总的来说，Rational Rose 是一个完全的、具有能满足所有建模环境(包括 Web 开发、数据库建模及各种开发工具和语言)需求能力和灵活性的解决方案。Rational Rose 允许系统开发人员、系统管理人员和系统分析人员在软件的各个开发周期内，建立系统的需求和系统体系架构的可视化模型，并且能够将这些需求和系统体系架构的可视化模型转换成代码，帮助系统开发。

像UML这样既复杂覆盖面又广泛的建模语言，它的使用需要良好的建模工具支持。如果没有很好的工具支持，大量的UML图的维护、同步及提供一致性等工作几乎是不可能实现的。Rational Rose建模工具能够为UML提供很好的支持，我们可以从以下 6 个方面进行说明。

1. Rational Rose 为 UML 提供了基本的绘图功能

为 UML 提供基本的绘图功能是 Rational Rose 作为一个建模语言工具的基础。Rational Rose 提供了众多的绘图元素，形象化的绘图支持使绘制 UML 图形变得轻松有趣。Rational Rose 经过多年的发展，已经逐步成为一个完全的开发支持 UML 的工具。Rational Rose 工具不仅对 UML 的各种图中元素的选择、放置、连接及定义提供了卓越的机制，还提供了用以支持和辅助建模人员绘制正确图的机制。Rational Rose 同时也提供了对 UML 各种图的布局设计的支持，包括允许建模人员重新排列各种元素，并且自动重新排列表示消息的直线，以便后者互不交错。这与许多 CAD 系统的处理方法有些类似。

2. Rational Rose 为模型元素提供存储库

Rational Rose 的支持工具维护着一个模型库，该模型库相当于一个数据库，包含模型中使用的各种元素的所有信息，而不管这些信息是来自哪个图。该模型库包含整个模型的基本信息，以后用户可以通过各种图来查看这些信息。Rational通用模型库的结构图如图 4-1 所示。

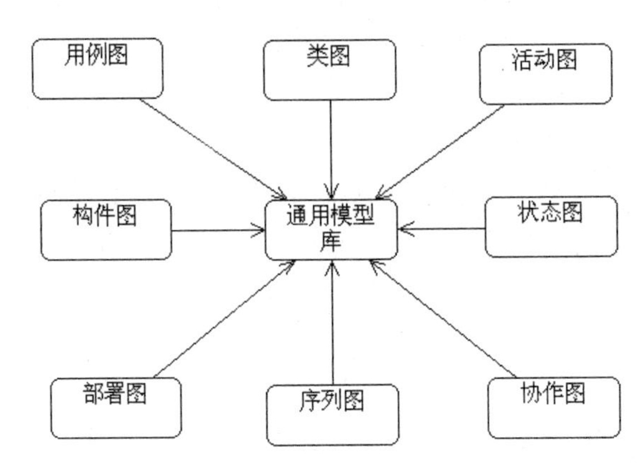

图 4-1　Rational 通用模型库的结构图

Rational Rose通用模型库提供了一个包含来自所有图(这些图是为了确保模型的一致性而必需的)的全部信息的模型库，并且该模型库使通用工具能够进行文档化和重用。

借助于模型库提供的支持，Rational Rose 建模工具可以执行以下几项任务。

- 非一致性检查。如果某个元素在一个图中的用法与其他图中的不一致，那么 Rational Rose 就会警告或禁止这种行为。
- 审查功能。利用 Rational Rose 模型库中的信息，我们可以通过 Rational Rose 提供的相关功能对模型进行审查，指出那些还未明确定义的部分。
- 报告功能。Rational Rose 可以通过相关功能产生关于模型元素或图的相关报告。
- 重用建模元素和图功能。Rational Rose 对所创建的模型支持模型元素和图的重用，这样，我们在一个项目创建的建模方案或部分方案可以很容易地被另一个项目的建模方案或部分方案重用。

3. Rational Rose 为各种视图和图提供导航功能

在使用多个视图或图来共同描述一个解决方案的时候，允许用户在这些视图或图中来回进行导航，这是很重要的，因为这样可以避免不必要的麻烦，为用户带来很大的方便。Rational Rose 工具为用户提供了方便的导航功能，该导航功能不仅能够适用于各种模型的系统，而且能够便于用户浏览。利用 Rational Rose 左侧的树型浏览器，用户可以方便地对各个模型元素或图进行浏览。

4. Rational Rose 提供了代码生成功能

现代建模工具大部分都支持一定的代码生成功能，这样，那些值得保存的部分工作(主要包括整个解决方案的架构信息)在建模的实现阶段就不需要再重新进行创建了。一般来说，这些建模工具可以针对某一种或几种目标语言，将模型中的信息生成关于该目标语言表示的代码。Rational Rose 的代码生成功能可以针对不同类型的目标语言生成相应的代码，这些目标语言包括 C++、Ada、Java、CORBA、Oracle、Visual Basic 等。由 Rational Rose 的工具生成的代码通常是一些静态信息，如类的有关信息，包括类的属性和操作，但是类的操作通常只有方法的声明信息，而包含实际代码的方法体通常是空白的，需要由编程人员自己填补。

5. Rational Rose 提供逆向工程功能

逆向工程与代码生成功能正好相反。利用逆向工程功能，Rational Rose可以通过读取用户编写的相关代码，在进行分析以后，生成显示用户代码结构的相关UML图。一般来说，根据代码的信息只能创建出静态结构图，如类图，然后依据代码中的信息列举出类的名称、属性和相关操作。但是我们从代码中无法提取那些详细的动态信息。

6. Rational Rose 提供了模型互换功能

利用不同的建模工具进行建模的时候，常常会遇到这样的一种情况：在一种建模工具中创建了模型并将其输出后，接着想在另外一种建模工具中导入，由于各种建模工具之间提供了不同的保存格式，这就造成了导入不可能实现。为了实现这种功能，一个必要的条件就是在两种不同的工具之间采用一种用于存储和共享模型的标准格式。标准的 XML 元数据交换(XML Metadata Interchange，XMI)模式就为 UML 提供了这种用于存储和共享模型的标准。

4.2　Rational Rose 的安装

目前，Rational 公司已经被 IBM 公司并购，我们可以通过购买的方式获取 IBM Rational 公司的正版商业软件，也可以从 IBM 的官方网站上下载。

Rational Rose 2003 Enterprise Edition 的安装步骤如下。

(1) 将拥有 Rational Rose 2003 Enterprise Edition 安装程序的光盘放置在光驱中，浏览该光盘，查找到 Rational Rose 2003 Enterprise Edition for Windows.exe 可执行文件，双击该文件运行，出现 Rational Rose 的安装文件路径的界面，如图 4-2 所示。

我们可以选择默认的位置存储解压缩的文件，或者单击 Change...按钮改变路径，在弹出的“浏览文件夹”对话框中设置安装路径。

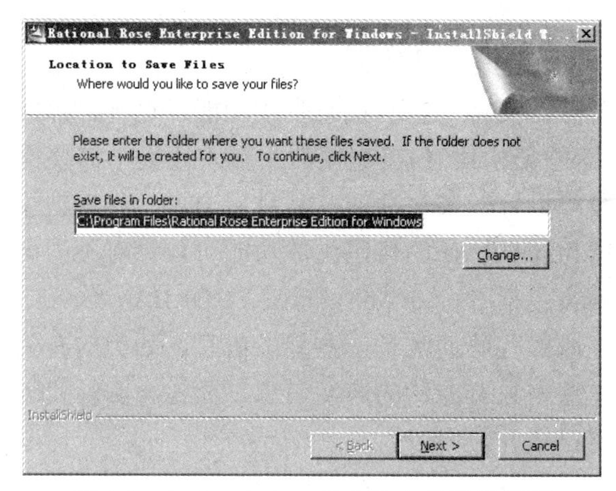

图 4-2　Rational Rose 的安装文件路径界面

(2) 在完成路径设置以后，单击 Next 按钮，安装程序开始读取安装包的内容。在读取安装包中的内容后，等待安装文件释放到已经设置的路径中。

(3) 进入安装向导界面，单击 Next 按钮，进入产品选择界面。在选择产品时，可以选择 Rational License Server 或 Rational Rose Enterprise Edition，我们选择后者，选择后在图的右方出现相关说明信息。随后，单击 Next 按钮，进入选择部署方法的界面，选择其默认的部署类型 Desktop installation from CD image。单击 Next 按钮，产品进行安装前的系统检测和配置，随后进入 Rational Rose Enterprise Edition 的安装界面，如图 4-3 所示。

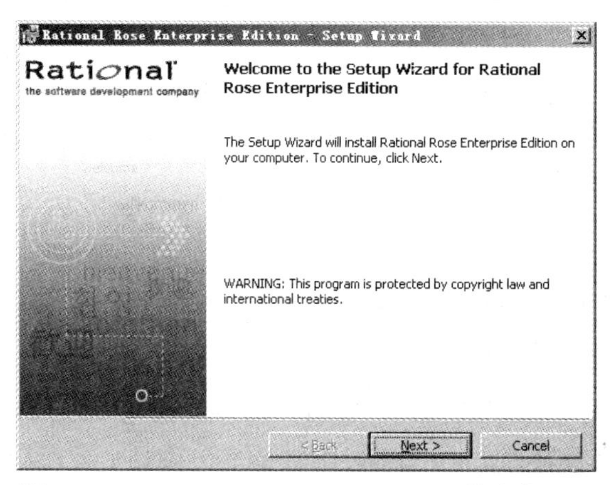

图 4-3　Rational Rose Enterprise Edition 的安装界面

(4) 单击 Next 按钮，产品进入软件安装许可界面，选择 I accept the terms in the license agreement 单选按钮，如图 4-4 所示。

(5) 单击 Next 按钮，产品进入选择 Rational Rose Enterprise Edition 安装位置的选择界面，在设定好 Rational Rose Enterprise Edition 的安装位置以后，单击 Next 按钮，安装程序进入定制安装界面，如图 4-5 所示。

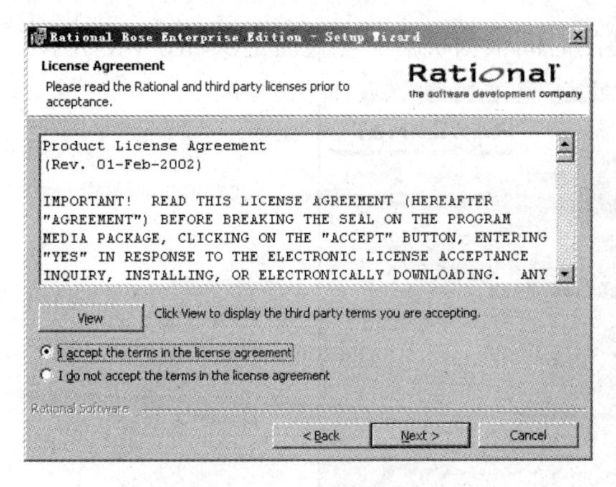

图 4-4 安装许可界面

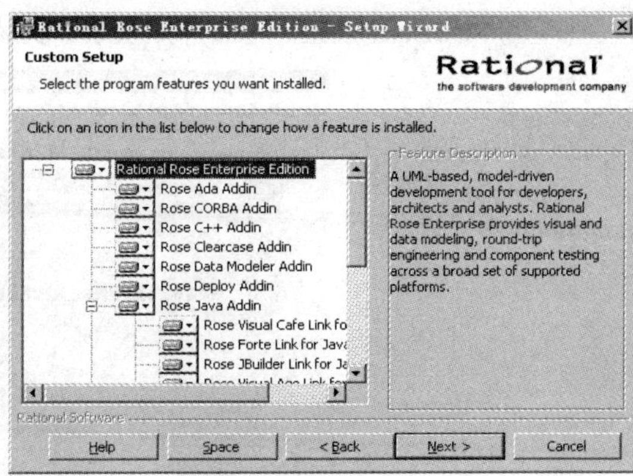

图 4-5 定制安装界面

在这些安装选项中，单击任意一个，在右方可以看到关于该安装选项的说明信息。如果需要安装或是取消安装，则可以单击每一个安装选项前面的图标进行选择，如图 4-6 所示。

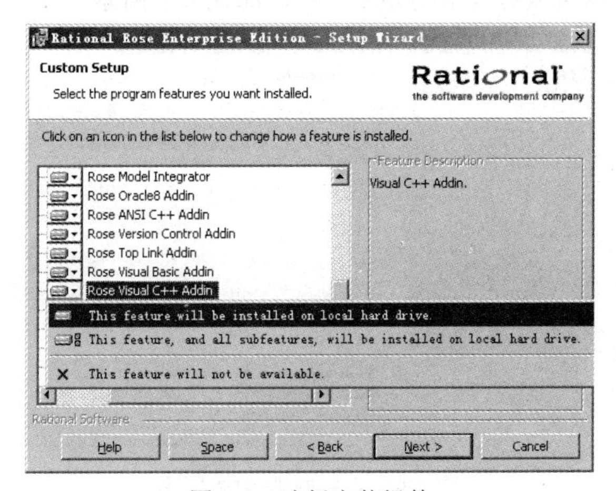

图 4-6 选择安装组件

(6) 在设置完毕以后，单击 Next 按钮，准备进行安装，如图 4-7 所示。

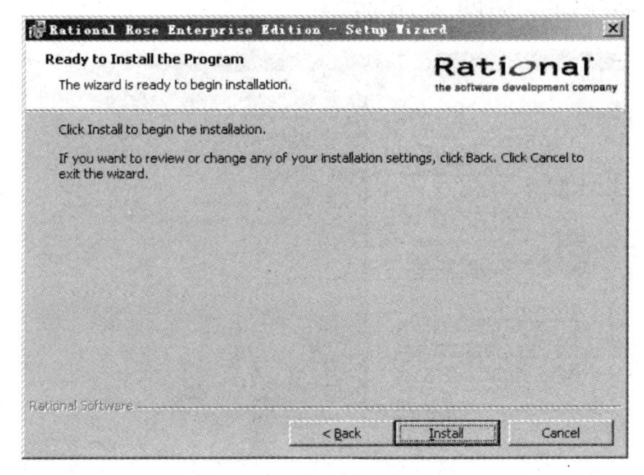

图 4-7 准备安装界面

(7) 单击 Install 按钮，产品开始安装，安装的时间根据机器的配置而定，如图 4-8 所示。

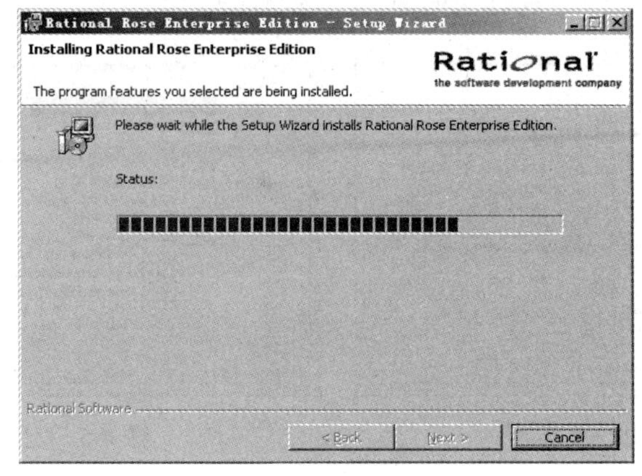

图 4-8　安装界面

(8) 在安装完成以后，进入安装完成的提示界面，我们在该界面中可以选择是否连接到 Rational 开发者网络或打开 Readme 文件，如图 4-9 所示。

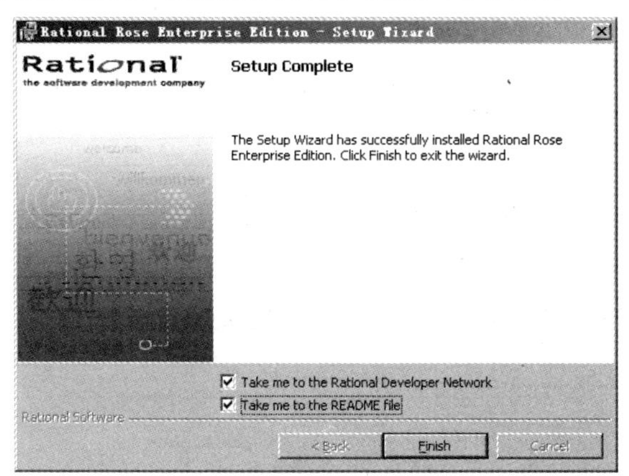

图 4-9　完成安装后的界面

(9) 单击 Finish 按钮，确认安装完毕。在安装成功以后，会弹出软件的注册对话框，要求用户对该软件进行注册，如图 4-10 所示。

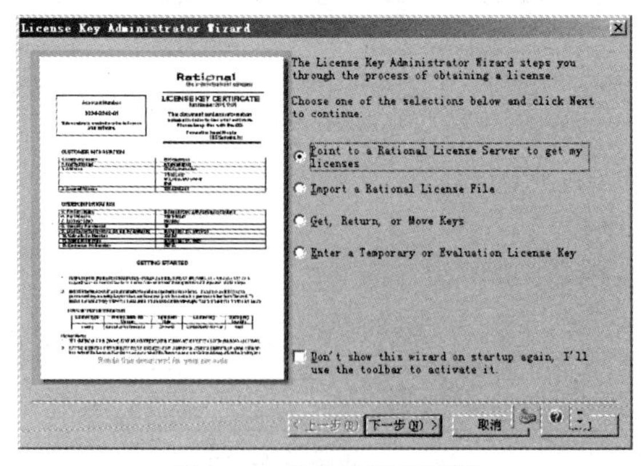

图 4-10　软件注册对话框

在系统的“开始”|“程序”菜单中将会多出 Rational Software 选项。其中，如图 4-11 所示的Rational Rose Enterprise Edition 是运行的建模软件，Rational License Key Administrator 是输入软件许可信息的管理软件。

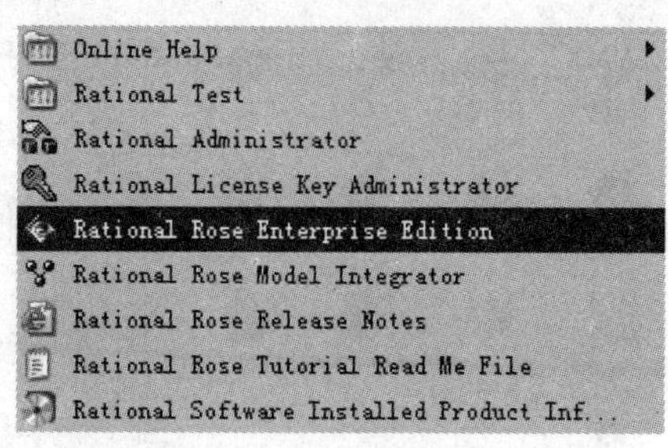

图 4-11　Rational 软件包含的内容

4.3 Rational Rose 的使用

安装好 Rational Rose 后，接下来就要开始熟悉它的各种界面了。

4.3.1　Rational Rose 的启动界面

启动 Rational Rose 2003 后，出现的界面如图 4-12 所示。

图 4-12　Rational Rose 的启动界面

在启动界面消失以后，出现 Rational Rose 2003 的主界面，以及弹出的用来设置启动选项的对话框，该对话框如图 4-13 所示。

在New(新建)选项卡中，可以选择创建模型的模板。在使用这些模板之前，首先确定要创建模型的目标与结构，从而选择一个与将要创建的模型的目标与结构相一致的模板，然后使用该模板定义的一系列模型元素对待创建的模型进行初始化构建。模板的使用与系统实现的目标一致。如果需要查看该模板的描述信息，则可以在选中此模板后，单击 Details 按钮进行查看。如果只是想创建一些模型，而这些模型不具体使用那些模板时，则可以单击 Cancel 按钮取消。

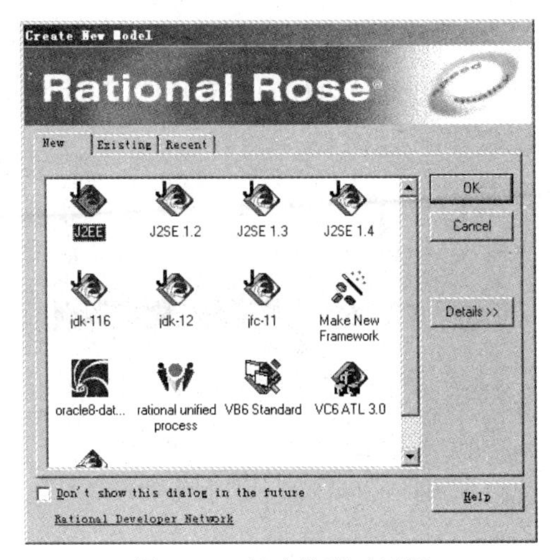

图 4-13　新建模型对话框

通过 Existing(打开)选项卡，可以打开一个已经存在的模型，在对话框左侧的列表中，逐级找到该模型所在的目录，然后从右侧的列表中选中该模型，单击 Open(打开)按钮打开。在打开一个新的模型前，应当保存并关闭正在工作的模型，当然在打开已经存在的模型时也会出现提示是否保存当前正在工作的模型。

在 Recent(最近使用的模型)选项卡中，可以选择打开一个最近使用过的模型文件，在该选项卡中，选中需要打开的模型，单击 Open 按钮或双击该模型文件的图标即可。如果当前已经有正在工作的模型文件，则在打开新的模型前，Rose 会先关闭当前正在工作的模型文件。如果当前正在工作的模型中包含未保存的内容，系统将会弹出一个询问是否保存当前模型的对话框。

4.3.2　Rational Rose 的操作界面

Rational Rose 2003 的主界面如图 4-14 所示。

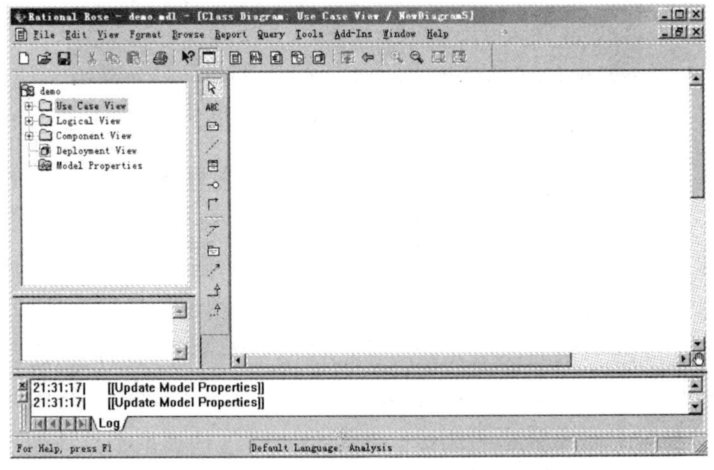

图 4-14　Rational Rose 2003 的主界面

由图 4-14 可以看出，Rational Rose 2003 的主界面主要是由标题栏、菜单栏、工具栏、工作区和状态栏构成。默认的工作区域包含 4 个部分，分别是左侧的浏览器、文档编辑区和右侧的图形编辑区域，以及下方的日志记录。

1. 标题栏

标题栏可以显示当前正在工作的模型文件的名称，如图 4-15 所示。

Rational Rose - (untitled) - [Class Diagram: Logical View / Main]

图 4-15　标题栏

图 4-15 中，对于刚刚新建还未被保存的模型名称用 untitled 表示。除此之外，标题栏还可以显示当前正在编辑的图的名称和位置，如 Class Diagram：Logical View/Main，代表的是在 Logical View(逻辑视图)下创建的名称为 Main 的 Class Diagram(类图)。

2. 菜单栏

在菜单栏中包含了所有在 Rational Rose 2003 中可以进行的操作，一级菜单共有 11 项，分别是 File(文件)、Edit(编辑)、View(视图)、Format(格式)、Browse(浏览)、Report(报告)、Query(查询)、Tools(工具)、Add-Ins(插件)、Window(窗口)和 Help(帮助)，如图 4-16 所示。

File Edit View Format Browse Report Query Tools Add-Ins Window Help

图 4-16　菜单栏

- File(文件)的下级菜单显示了关于文件的一些操作内容。
- Edit(编辑)的下级菜单是用来对各种图进行编辑操作的，并且它的下级菜单会根据图的不同有所不同，但是会有一些共同的选项。
- View(视图)的下级菜单是关于窗口显示的操作。
- Format(格式)的下级菜单是关于字体等显示样式的设置。
- Browse(浏览)的下级菜单和 Edit(编辑)的下级菜单类似，根据不同的图可以显示不同的内容，但是有一些选项是这些图都能够使用到的。
- Report(报告)的下级菜单显示了关于模型元素在使用过程中的一些信息。
- Query(查询)的下级菜单显示了关于一些图的操作信息，在Sequence Diagram(序列图)、Collaboration Diagram(协作图)和Deployment Diagram(部署图)中没有Query的菜单选项。
- Tools(工具)的下级菜单显示了各种插件工具的使用。
- Add-Ins(插件)的下级菜单选项中只包含一个，即 Add-In Manager ...，它用于对附加工具插件的管理，标明这些插件是否有效。很多外部的产品都对 Rational Rose 2003 发布了 Add-in 支持，用来对 Rose 的功能进行进一步的扩展，如 Java、Oracle 或 C#等，有了这些 Add-in，Rational Rose 2003 就可以做更多深层次的工作了。

例如，在安装了 Java 的相关插件之后，Rational Rose 2003 就可以直接生成 Java 的框架代码，也可以从 Java 代码转化成 Rational Rose 2003 模型，并进行两者的同步操作。

- Window(窗口)的下级菜单内容与大多数应用程序相同，是对编辑区域窗口的操作。
- Help(帮助)的下级菜单内容也与大多数应用程序相同，包含了系统的帮助信息。

3. 工具栏

在 Rational Rose 2003 中，工具栏的形式有两种，分别是 Standard(标准)工具栏和编辑区工具栏。标准工具栏在任何图中都可以使用，因此在任何图中都会显示，其默认的标准工具栏中的内容如图 4-17 所示。

图 4-17　标准工具栏

编辑区工具栏是根据不同的图形而设置的具有绘制不同图形元素内容的工具栏，显示的时候位于图形编辑区的左侧。我们也可以通过 View(视图)下的 Toolbars(工具栏)来定制是否显示标准工具栏和编辑区工具栏。标准工具栏和编辑区工具栏也可以通过菜单中的选项进行定制：单击 Tools(工具)下的 Options(选项)，弹出一个对话框，选中 Toolbars(工具栏)选项卡，我们可以在 Standard Toolbar(标准工具栏)复选框中选择显示或隐藏标准工具栏，或者设置工具栏中的选项是否使用大图标，也可以在 Diagram Toolbar(图形编辑工具栏)中选择是否显示编辑区工具栏，以及编辑区工具栏显示的样式。

4. 工作区

工作区由 4 部分构成，分别为浏览器、文档区、编辑区和日志区。在工作区中，我们可以方便地完成各种 UML 图形的绘制。

1) 浏览器和文档区

浏览器和文档区位于 Rational Rose 2003 工作区域的左侧，如图 4-18 所示。

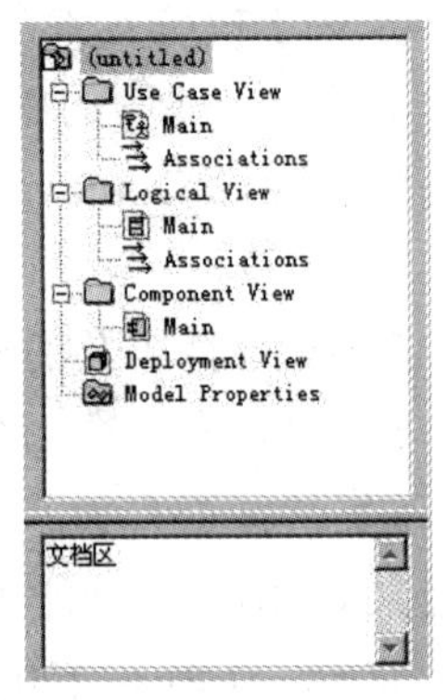

图 4-18　浏览器和文档区

浏览器是一种树型的层次结构，可以帮助我们迅速地查找到各种图或模型元素。在浏览器中，默认创建了 4 个视图，分别是 Use Case View(用例视图)、Logical View(逻辑视图)、Component View(构件视图)和 Deployment View(部署视图)。在这些视图所在的包或图下，可以创建不同的模型元素。

文档区用于对 Rational Rose 2003 中所创建的图或模型元素进行说明。例如，当对某一个图进行详细说明时，可以将该图的作用和范围等信息置于文档区，那么在浏览或选中该图的时候就会看到该图的说明信息，模型元素的文档信息也相同。在类中加入的文档信息在生成代码后以注释的形式存在。

2) 编辑区

编辑区位于 Rational Rose 2003 工作区域的右侧，用于对构件图进行编辑操作，界面如图 4-19 所示。

图 4-19　编辑区

编辑区包含了图形工具栏和图的编辑区域，在图的编辑区域中可以根据图形工具栏中的图形元素内容绘制相关信息。在图的编辑区添加的相关模型元素会自动地在浏览器中添加，这样可使浏览器和编辑区的信息保持同步。我们也可以将浏览器中的模型元素拖动到图形编辑区中进行添加。

3) 日志区

日志区位于 Rational Rose 2003 工作区域的下方，在日志区中记录了对模型的一些重要操作，如图 4-20 所示。

图 4-20　日志区

5. 状态栏

状态栏中记录了对当前信息的提示和当前的一些描述信息，如帮助信息 For Help, press F1 及当前使用的语言 Default Language: Analysis 等信息，如图 4-21 所示。

For Help, press F1　　Default Language: Analysis

图 4-21　状态栏

4.3.3　Rational Rose 的基本操作

从本小节开始具体地学习如何操作 Rational Rose 2003。

1. 创建模型

我们可以通过选择 File(文件)菜单栏下的 New(新建)命令来创建新的模型，也可以通过标准工具栏下的“新建”按钮创建新的模型，这时便会弹出选择模板的对话框，选择想要使用的模板后，单击 OK(确定)按钮。如果使用模板，则 Rational Rose 2003 系统就会将模板的相关初始化信息添加到创建的模型中，这些初始化信息包含了一些包、类、构件和图等。如果不使用模板，则单击 Cancel(取消)按钮，这时创建的是一个空的模型项目。

2. 保存模型

保存模型包括对模型内容的保存和对在创建模型过程中日志记录的保存，这些都可以通过菜单栏和工具栏实现。

1) 保存模型内容

我们可以通过选择 File(文件)菜单下的 Save(保存)命令来保存新建的模型，也可以通过标准工具栏下的“保存”按钮保存新建的模型，保存的 Rational Rose 模型文件的扩展名为.mdl。在选择 File(文件)菜单下的 Save(保存)命令进行保存文件时，在“文件名”文本框中可以设置 Rational Rose 模型文件的名称，如图 4-22 所示。

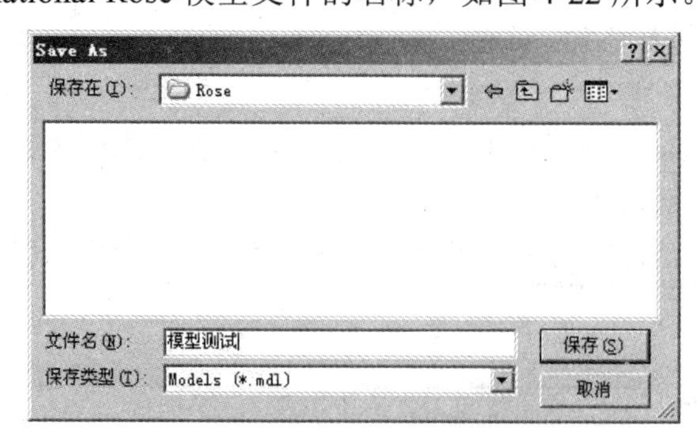

图 4-22　保存模型

2) 保存日志

我们可以通过选择 File(文件)菜单下的 Save Log As(保存日志)可以保存日志，也可以通过 AutoSave Log(自动保存日志)来保存，通过指定保存目录可以在该文件中自动保存日志记录，如图 4-23 所示。

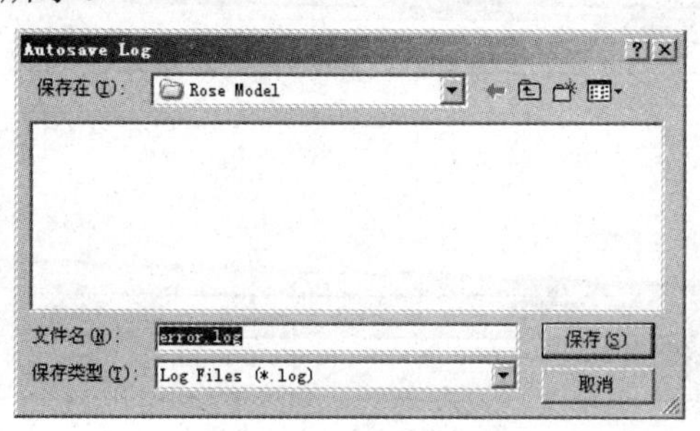

图 4-23　保存日志

3. 导入模型

通过选择 File(文件)菜单下的 Import(导入)可以导入模型、包或类等，可供选择的文件类型包括.mdl、.ptl、.sub 或.cat 等。导入模型后，可以利用现成的建模，例如，可以导入一个现成的 C#模型，这样就可以直接利用 C#标准的对象建模，如图 4-24 所示。

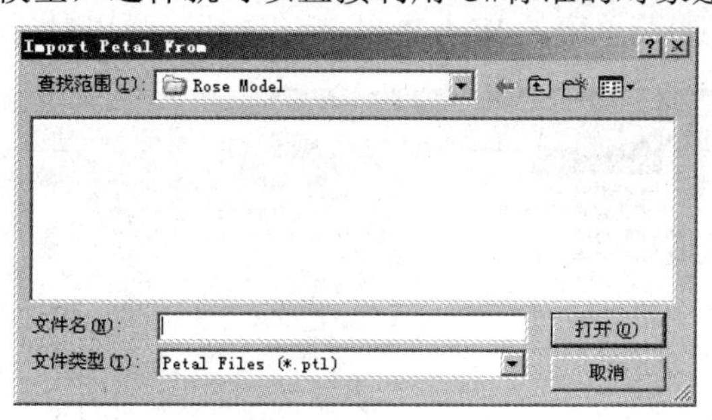

图 4-24　导入模型

4. 导出模型

通过选择 File(文件)菜单下的 Export Model ...(导出模型)可以导出模型，导出文件的后缀名为.ptl，如图 4-25 所示。

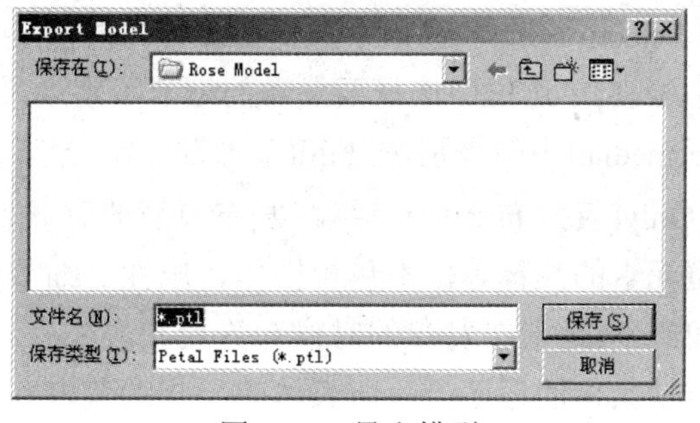

图 4-25　导出模型

当选择一个具体类的时候，例如，选择一个名称为 User 的类，可以通过选择 File(文件)菜单下的 Export User(导出 User 类)导出 User 类，默认导出的文件后缀名称为.ptl，如图 4-26 所示。

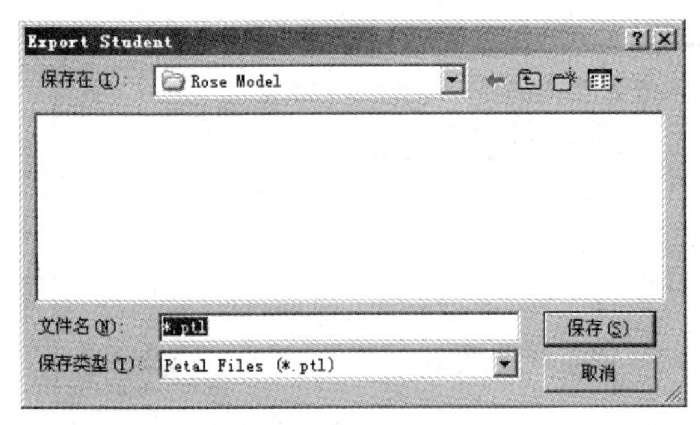

图 4-26　导出单个类

5. 发布模型

Rational Rose 2003 提供了将模型生成相关网页，从而在网络上发布的功能，这样，可以方便系统模型的设计人员将系统的模型内容对其他开发人员进行说明。

发布模型的步骤可以通过下列方式进行。

(1) 选择 Tools(工具)菜单下的 Web Publisher 选项，弹出对话框，如图 4-27 所示。

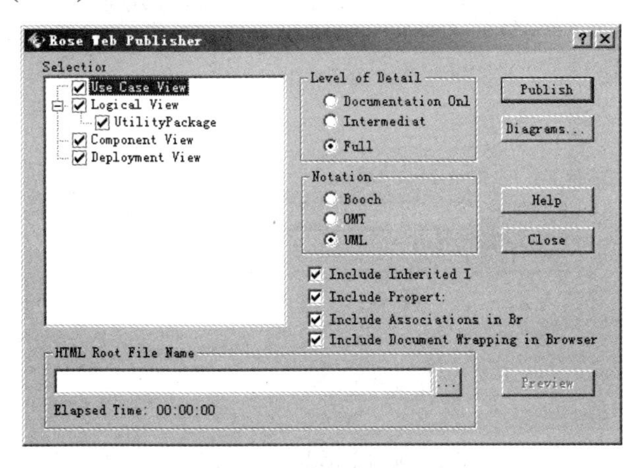

图 4-27　发布模型对话框

在弹出的对话框的 Selection(选择)选项中选择要发布的内容，包括相关模型视图或包。在 Level of Detail(细节级别)单选框中选择要发布的细节级别设置，包括 Documentation Only(仅发布文档)、Intermediat(中间级别)和 Full(全部发布)，含义如下所示。

- Documentation Only(仅发布文档)是指在发布模型的时候包含了对模型的一些文档说明，如模型元素的注释等，不包含操作、属性等细节信息。
- Intermediat(中间级别)是指在发布的时候允许用户发布在模型元素规范中定义的细节，但是不包括具体的程序语言所表达的一些细节内容。

- Full(全部发布)是指将模型元素的所有有用信息全部发布出去，包括模型元素的细节和程序语言的细节等。

(2) 在 Notation(标记)单选框中选择发布模型的类型，可供选择的有 Booch、OMT 和 UML3 种类型，可以根据实际情况选择合适的标记类型。Include Inherited Items(包含继承的项)、Include Properties(包含属性)、Include Associations in Browser(包含关联链接)和 Include Document Wrapping in Browser(包含文档说明链接)选项中选择在发布的时候要包含的内容。

(3) 在 HTML Root File Name(HTML 根文件名称)文本框中设置要发布的网页文件的根文件名称。

如果需要设置发布模型生成的图片格式，可以单击 Diagrams...按钮，弹出的对话框如图 4-28 所示。

图4-28 中，有4个选项可供选择，分别是Don't Publish Diagrams(不要发布图)、Windows Bitmaps(BMP 格式)、Portable Network Graphics(PNG 格式)和 JPEG(JPEG 格式)。其中，Don't Publish Diagrams(不要发布图)是指不发布图像，仅包含文本内容，其余 3 种指的是发布的图形的文件格式。

单击 OK 按钮后，弹出如图 4-29 所示的发布过程窗口。

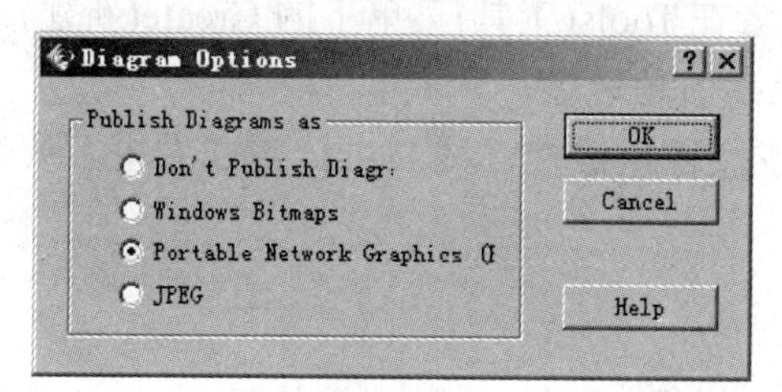

图 4-28 设置模型生成的图片格式

图 4-29 发布过程窗口

发布后的模型 Web 文件如图 4-30 所示。

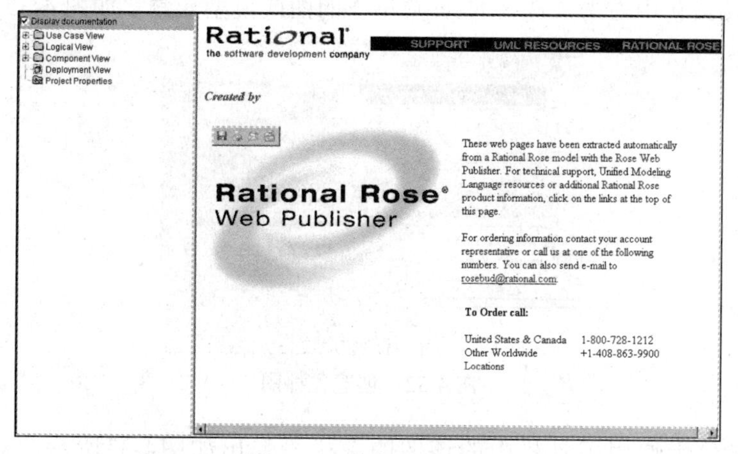

图 4-30 发布后的页面

6. 添加或删除注释

对模型元素进行适当的注释可以有效地帮助人们对该模型元素进行理解。注释是在图中添加的文本信息，并且这些文本和相关的图或模型元素相连接，表明对其进行说明。如图 4-31 所示，是给 Student 类添加的一个注释。

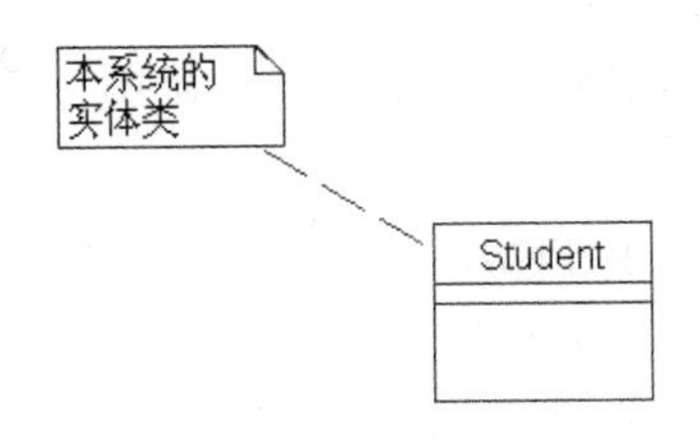

图 4-31 给 Student 类添加注释

添加一个注释包含以下步骤。

(1) 打开正在编辑的图，选择图形编辑工具栏中的图标，将其拖入图中需添加注释的模型元素附近。或者选择 Tools(工具)菜单下的 Create(新建)菜单中的 Note 选项，在图中需添加注释的模型元素附近绘制注释即可。

(2) 在图形编辑工具栏中选择图标，或者在 Tools(工具)菜单下的 Create(新建)菜单中选择 Note Anchor 选项，添加注释与模型元素的超链接。

删除注释的方法很简单，选中注释信息或注释超链接，按 Delete 键或右击，从弹出的快捷菜单中选择 Edit 下的 Delete 选项即可。

7. 添加和删除图或模型元素

在 Rational Rose 2003 的模型中，在合适的视图或包中可以创建该视图或包所支持的图或模型元素。创建图的方式可以通过以下步骤。

(1) 在视图或包中右击，选择 New 菜单下的图或模型元素，如图 4-32 所示。

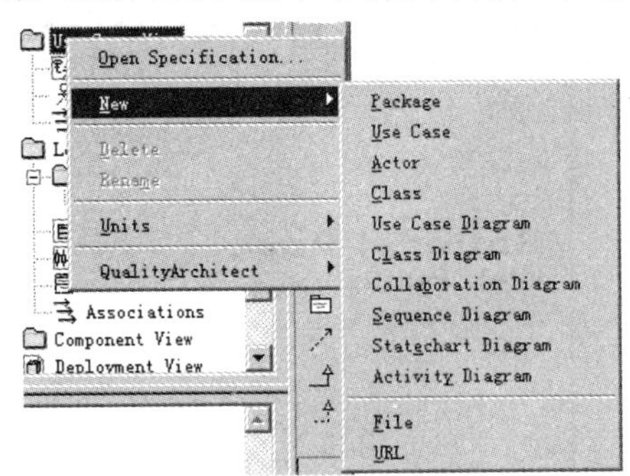

图 4-32 创建各种图

或者单击位于通用工具栏中的该图的图标，弹出如图4-33所示的对话框，选择<New>选项。

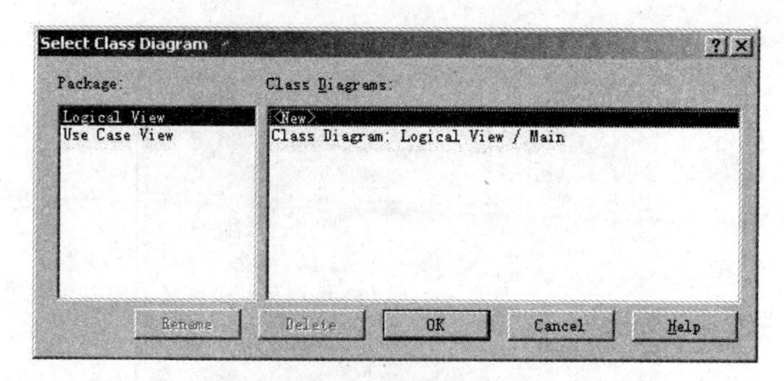

图 4-33　选择待插入图形的包

(2) 单击 OK 按钮，将弹出对话框，可以对创建的图或模型元素进行命名。

如果要删除模型中的图或模型元素，则需要在浏览器中选中该模型元素或图，右击并选择 Delete 选项，如图 4-34 所示，这样在所有图中存在的该模型元素都会被删除。如果在图中选择该模型元素，则按 Delete 键或右击并选择 Edit 下的 Delete 选项就会在该图中删除，而其他图中不会产生影响。

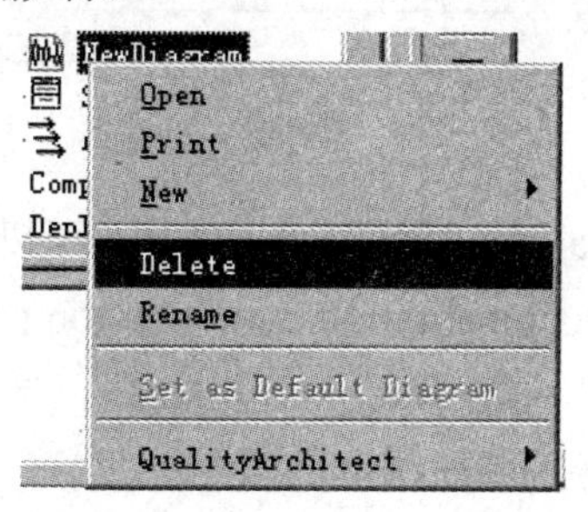

图 4-34　选择 Delete 选项完全删除一个图

4.3.4　Rational Rose 的基本设置

通过 Tools(工具)菜单下的 Options 可以对 Rational Rose 2003 的相关信息进行设置。例如，General(全局)选项卡是用来对 Rational Rose 2003 的全局信息进行设置的；Diagram(图)选项卡是用来对 Rational Rose 2003 中有关图的显示等信息进行设置的；Browser(浏览器)是对浏览器的形状进行设置的；Notation(标记)用来设置使用的标记语言及默认的语言信息；Toolbars 用来对工具栏进行设置，这个在前面已经介绍过了。其余的是 Rational Rose 2003 所支持的语言，可以通过对话框设置该语言的相关信息。

接下来，简要地介绍一下如何对系统的字体和颜色信息进行设置。

1. 字体设置

单击 Tools(工具)菜单下的 Options 选项，弹出的界面如图 4-35 所示。

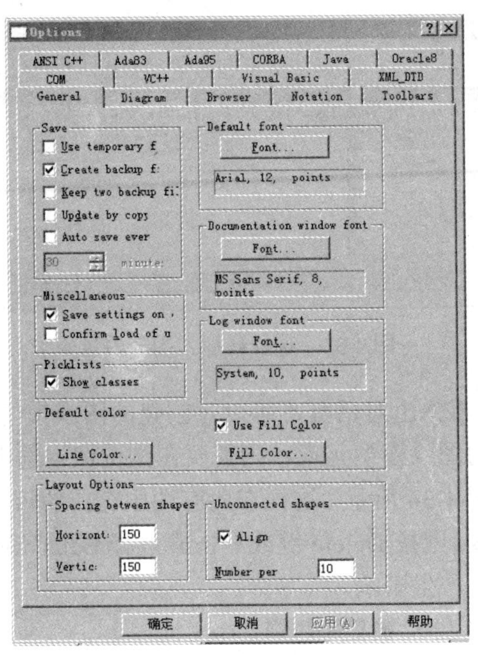

图 4-35　Options 对话框

在如图 4-35 所示的 General(全局设置)选项卡中，可以设置相关选项的字体信息，包括 Default font(默认字体)、Documentation window font(文档窗口字体)和 Log window font(日志窗口字体)。单击任意一个 Font ...(字体)按钮，便会弹出字体设置的对话框，如图 4-36 所示，我们可以根据需要进行相应的设置。

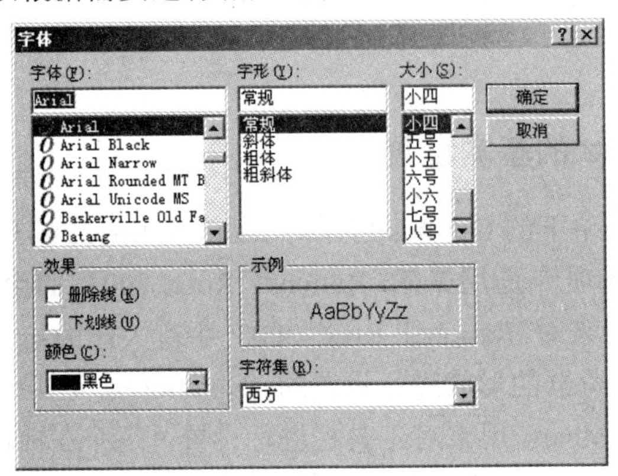

图 4-36　字体设置对话框

2. 颜色设置

在 General(全局)选项卡的 Default Color 选项中单击相关按钮，便会弹出颜色设置对话框，可以设置该选项的颜色信息，包括 Line Color(线的颜色)和 Fill Color(填充区颜色)，如图 4-37 所示。

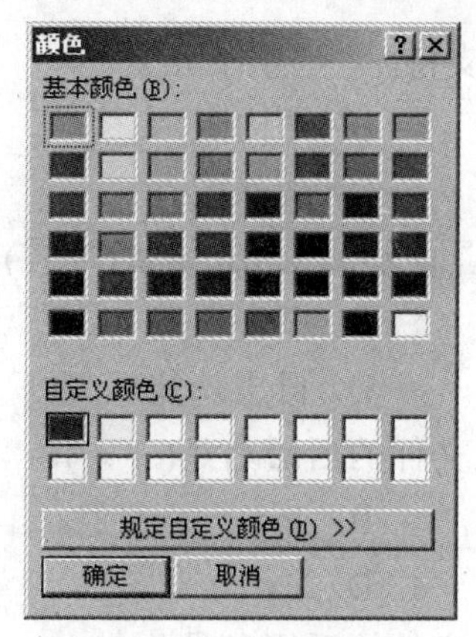

图 4-37　颜色设置

【本章小结】

本章详细讲解了 Rational Rose 2003 的安装步骤及在安装过程中需要注意的事项，使读者能够独立地安装 Rational Rose 2003。随后在对 Rational Rose 2003 的基本操作说明中，介绍了 Rational Rose 2003 的各种操作界面及其使用方法，包括对模型的创建、导入、导出和删除等操作，熟悉这些内容能够为读者创建各种模型元素打好基础。

习题 4

1. 填空题

(1) 在新建模型对话框中有______、______和______ 3 种选项。

(2) Rational Rose 2003 主界面的浏览区中，可以创建______视图、______视图、______视图和______视图。

(3) ______位于 Rational Rose 2003 工作区域的右侧，它用于对构件图进行编辑操作。

(4) 保存模型包括对______的保存和对在创建模型过程中______的保存，这些都可以通过菜单栏和工具栏来实现。

(5) Rational Rose 模型文件的扩展名为______。

2. 选择题

(1) Rational Rose 2003 的主界面包括(　　)。

A. 标题栏　　　　B. 状态栏

C. 菜单栏　　　　D. 工具栏

(2) Rational Rose 中模型库支持(　　)模型元素。

A. 类图　　B. 结构图

C. 部署图　　D. 构件图

(3) Rational Rose 的建模工具能够为 UML 提供(　　)的支持。

A. 审查功能　　B. 报告功能

C. 绘图功能　　D. 日志功能

(4) Rational Rose 2003 导入文件的后缀名是(　　)。

A. .mdl　　B. .log

C. .ptl　　D. .cat

(5) Rational Rose 2003 导出文件的后缀名是(　　)。

A. .mdl　　B. .log

C. .ptl　　D. .cat

3. 简答题

(1) 为什么说 Rational Rose 是设计 UML 的极佳工具？

(2) 简单描述 Rational Rose 2003 的安装过程。

(3) 如何使用 Rational Rose 模型的导出和导入功能？

(4) 简述 Rational Rose 操作界面的组成部分及各部分的作用。

第 5 章

使用Rose设计UML

上一章对 UML 的主流开发工具 Rational Rose 的安装和基本操作进行了介绍，从本章起，将前面所学过的知识作为基础，正式进入使用 Rational 进行 Rose 元素建模的阶段。本章学习的主要内容是 Rational Rose 的 4 种视图模型。

5.1 Rational Rose 的 4 种视图模型

在 Rational Rose 建立的模型中包括 4 种视图，分别是用例视图(Use Case View)、逻辑视图(Logical View)、构件视图(Component View)和部署视图(Deployment View)。创建一个 Rational Rose 工程的时候，会自动包含这 4 种视图，如图 5-1 所示。

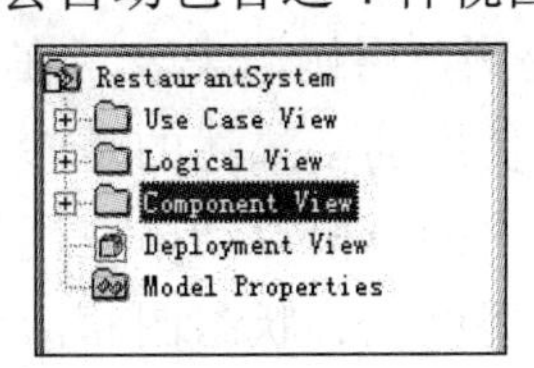

图 5-1　Rose 模型中的 4 种视图

每一种视图针对不同的模型元素，具有不同的用途。在下面的几个小节中将分别对这 4 种视图进行说明。

5.1.1　用例视图

用例视图包括了系统中的所有参与者、用例和用例图，必要时还可以在用例视图中添加顺序图、协作图、活动图和类图等。用例视图与系统中的实现是不相关的，它关注的是系统功能的高层抽象，适用于对系统进行分析和获取需求，而不关注于系统的具体实现方法。如图 5-2 所示，是一个学生管理信息系统的用例视图示例。

在用例视图中，可以创建多种模型元素。在浏览器中选择 Use Case View(用例视图)选项，右击，可以看到在视图中允许创建的模型元素，如图 5-3 所示，具体介绍如下。

- 包(Package)。包是在用例视图和其他视图中最通用的模型元素组的表达形式。使用包可以将不同的功能区分开来。但是在大多数情况下，在用例视图中使用的包的场合很少，基本上不用，这是因为用例图基本上是用来获取需求的，这些功能集中在一个或几个用例图中才能更好地把握，而一个或几个用例图通常不需要使用包来划分。当需要对很多的用例图进行组织时，才需要使用包的功能。在用例视图的包中，可以再次创建用例视图内允许的所有图形。事实上，也可以将用例视图看成是一个包。

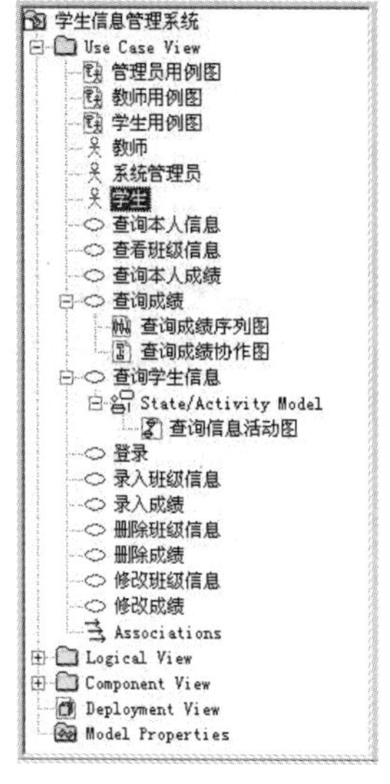

图 5-2　用例视图示例

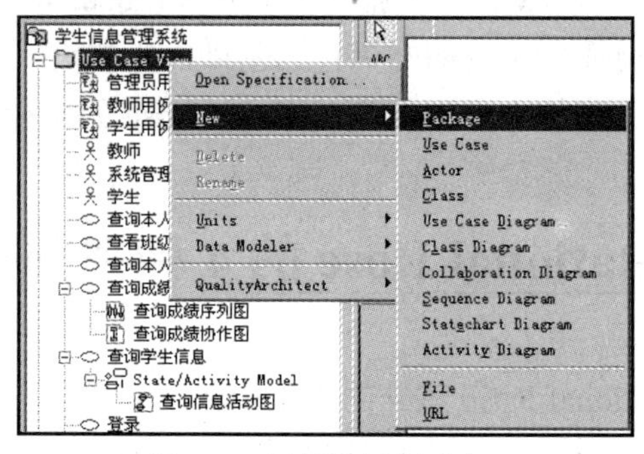

图 5-3　用例视图创建包

- 用例(Use Case)。在前面提到，用例用来表示在系统中所提供的各种服务，它定义了系统是如何被参与者使用的，描述的是参与者为了使用系统所提供的某一完整功能而与系统之间发生的一段对话。在用例中，可以再创建各种图，包括协作图、序列图、类图、用例图、状态图和活动图等。在浏览器中选择某个用例，右击，可以看到在该用例中允许创建的模型元素，如图 5-4 所示。
- 参与者(Actor)。在前面章节关于用例视图的介绍中提到了关于参与者的内容，参与者是指存在于被定义系统外部并与该系统发生交互的人或其他系统，参与者代表了系统的使用者或使用环境。在参与者的下面，可以创建参与者的属性(Attribute)、操作(Operation)、嵌套类(Nested Class)、状态图(Statechart Diagram)和活动图(Activity Diagram)等。在浏览器中选择某个参与者，右击，可以看到在该参与者中允许创建的模型元素，如图 5-5 所示。

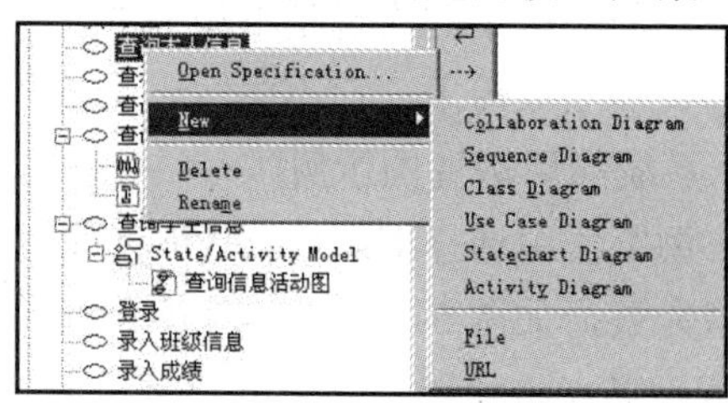

图 5-4　用例下可以创建的图

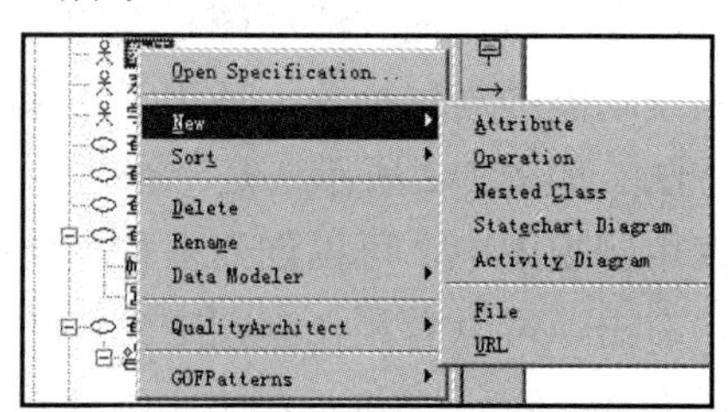

图 5-5　参与者下可以创建的图

- 类(Class)。类是对某个或某些对象的定义，它包含有关对象动作方式的信息，包括名称、方法、属性和事件。在用例视图中可以直接创建类。在类的下面，也可以创建其他的模型元素，包括类的属性(Attribute)、类的操作(Operation)、嵌套类(Nested Class)、状态图(Statechart Diagram)和活动图(Activity Diagram)等。在浏览器中选择某个类，右击，可以看到在该类中允许创建的模型元素，如图5-6所示。我们注意到，在类下面可以创建的模型元素和在参与者下可以创建的模型元素是相同的，事实上，参与者也是一个类。
- 用例图(Use Case Diagram)。在用例视图中，用例图显示了各个参与者、用例及它们之间的交互。在用例图下可以连接与用例图相关的文件和URL地址。在浏览器中选择某个用例图，右击，可以看到在该用例图中允许创建的元素，如图5-7所示。

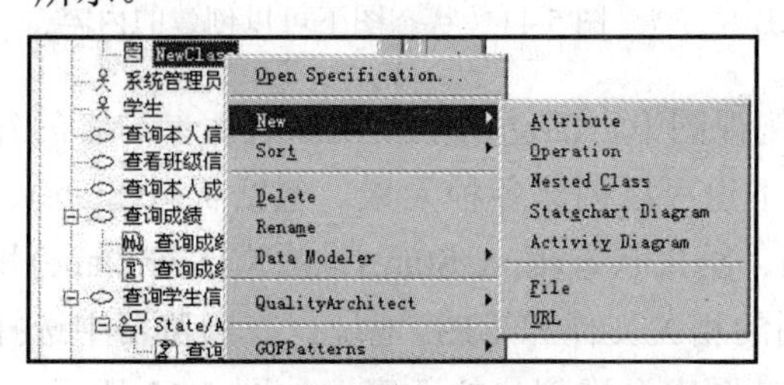

图5-6 类图下可创建的模型元素

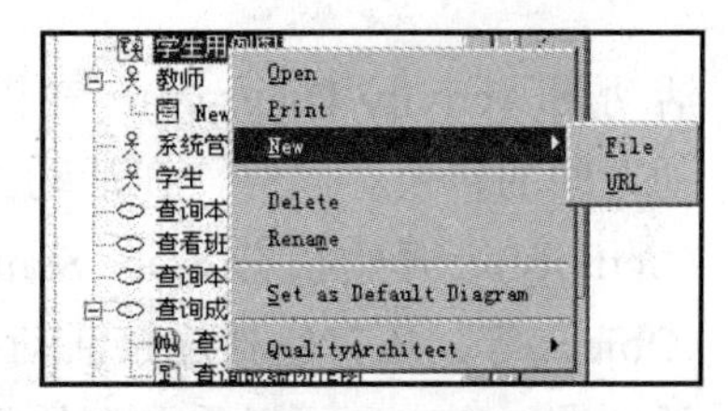

图5-7 用例图可以关联的文件和URL

- 类图(Class Diagram)。在用例视图下，允许创建类图。类图提供了结构图类型的一个主要实例，并提供了一组记号元素的初始集，供所有其他结构图使用。在用例视图中，类图主要提供了各种参与者和用例中对象的细节信息。与在用例图下相同，在类图下可以创建连接类图的相关文件和URL地址。在浏览器中选择某个类图，右击，可以看到在该类图中允许创建的元素，如图5-8所示。
- 协作图(Collaboration Diagram)。在用例视图下，也允许创建协作图，表达各种参与者和用例之间的交互协作关系。与在用例图下相同，在协作图下可以创建连接与协作图相关的文件和URL地址。在浏览器中选择某个协作图，右击，可以看到在该协作图中允许创建的元素，如图5-9所示。

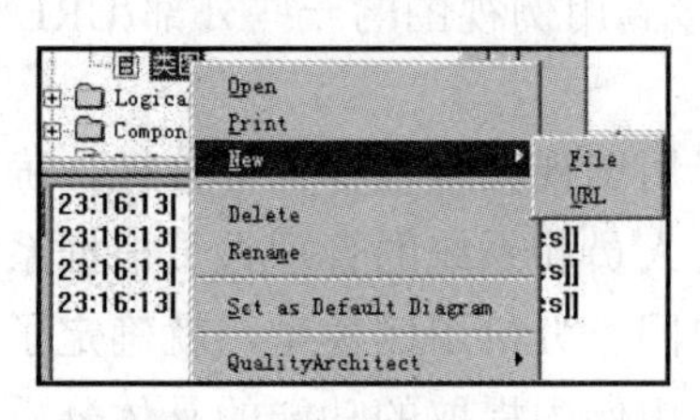

图5-8 类图下可以关联的文件和URL

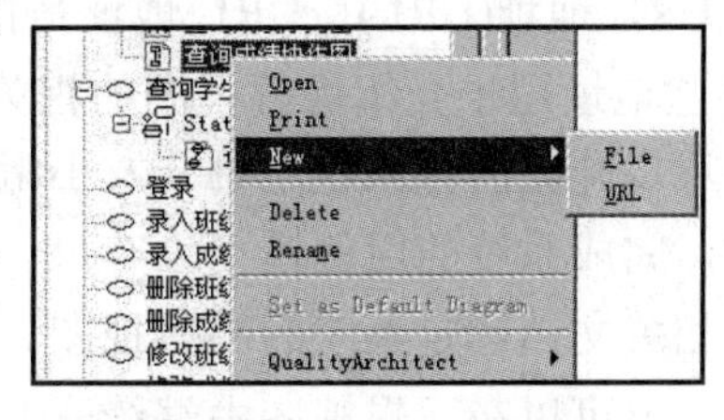

图5-9 协作图下可以关联的文件和URL

- 序列图(Sequence Diagram)。在用例视图下，也允许创建序列图，与协作图一样表达各种参与者和用例之间的交互序列关系。与在用例图下相同，在序列图下也可以创建连接与序列图相关的文件和URL地址。在浏览器中选择某个序列图，右击，可以看到在该序列图中允许创建的元素，如图 5-10 所示。

- 状态图(Statechart Diagram)。在用例视图下，状态图主要用来表达各种参与者或类的状态之间的转换。在状态图下也可以创建各种元素，包括状态、开始状态和结束状态，以及连接状态图的文件和 URL 地址等。在浏览器中选择某个状态图，右击，可以看到在该状态图中允许创建的元素，如图 5-11 所示。

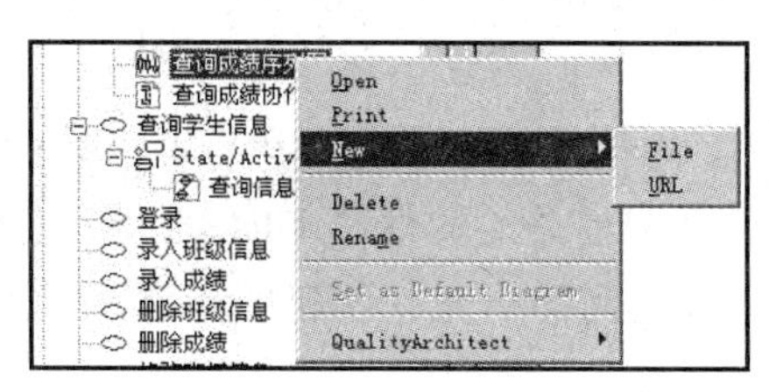

图 5-10　序列图下可以关联的文件和 URL

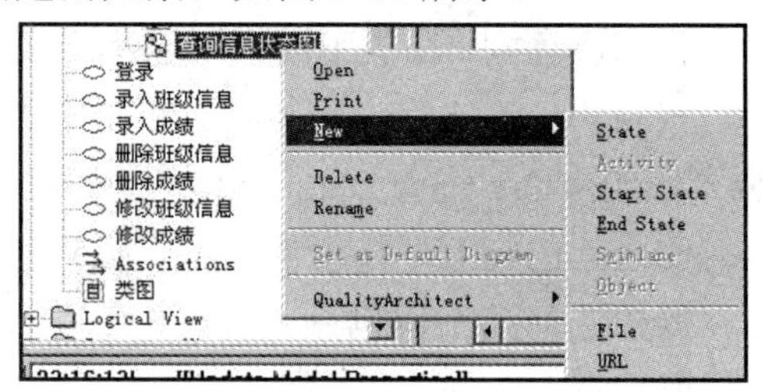

图 5-11　状态图下可以创建的内容

- 活动图(Activity Diagram)。在用例视图下，活动图主要用来表达参与者的各种活动之间的转换。同样，在活动图下也可以创建各种元素，包括状态(State)、活动(Activity)、开始状态(Start State)、结束状态(End State)、泳道(Swimlane)和对象(Object)等，还有包括连接活动图的相关文件和 URL 地址。在浏览器中选择某个活动图，右击，可以看到在该活动图中允许创建的元素，如图 5-12 所示。

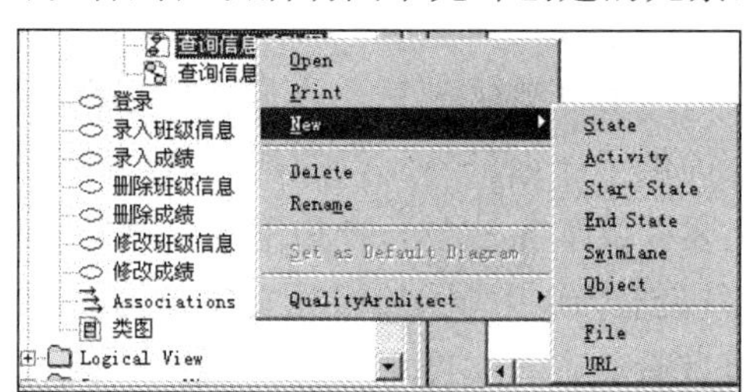

图 5-12　活动图下可以创建的内容

- 文件(File)。文件是指能够连接到用例视图中的一些外部文件。它可以详细地介绍用例视图的各种使用信息，甚至可以包括错误处理等信息。
- URL 地址(URL)。URL 地址是指能够连接到用例视图的一些外部 URL 地址。这些地址用于介绍用例视图的相关信息。

在项目开始的时候，项目开发小组可以选择用例视图来进行业务分析，确定业务功能模型，完成系统的用例模型。客户、系统分析人员和系统的管理人员根据系统的用例模型和相关文档确定系统的高层视图。一旦客户同意分析用例模型，就确定了系统的范围，然后就可以在逻辑视图中继续开发，关注在用例中提取的功能的具体分析。

5.1.2　逻辑视图

逻辑视图关注系统是如何实现用例中所描述的功能的，主要是对系统功能性需求提供支持，即在为用户提供服务方面，系统应该提供的功能。在逻辑视图中，用户将系统更加仔细地分解为一系列的关键抽象，将这些大多数来自问题域的事物通过采用抽象、封装和继承的原理，使之表现为对象或对象类的形式，借助于类图和类模板等手段，提供系统的详细设计模型图。类图用来显示一个类的集合与它们的逻辑关系有关联、使用、组合、继承关系等。相似的类可以划分成为类集合。类模板关注于单个类，它们强调主要的类操作，并且识别关键的对象特征。如果需要定义对象的内部行为，则使用状态转换图或状态图来完成。公共机制或服务可以在工具类中定义。对于数据驱动程度高的应用程序，可以使用其他形式的逻辑视图，如 E-R 图，来代替面向对象的方法(OO Approach)。

在逻辑视图下的模型元素包括类、工具类、用例、接口、类图、用例图、协作图、顺序图、活动图和状态图等。其中有多个模型元素与用例视图中的模型元素是相同的，这些相同的模型元素请参考用例视图中的相关内容，这里只介绍不重复的模型元素。只要充分地利用这些细节元素，系统建模人员就可以构造出系统的详细设计内容。在 Rational Rose 浏览器中的逻辑视图如图 5-13 所示。

在逻辑视图中，同样可以创建一些模型元素。在浏览器中选择 Logical View(逻辑视图)选项，右击，可以看到在该视图中允许创建的模型元素，如图 5-14 所示。

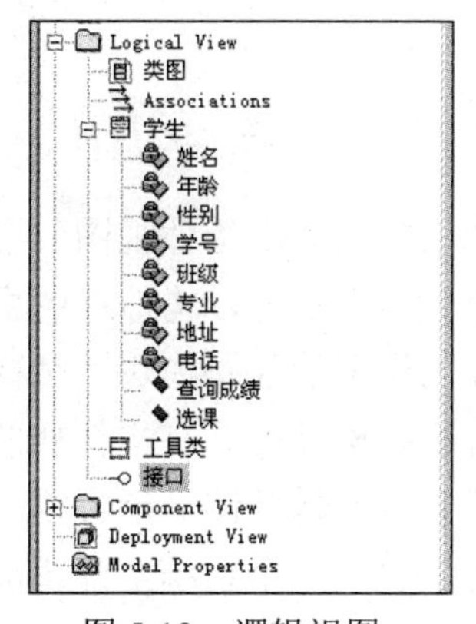

图 5-13　逻辑视图

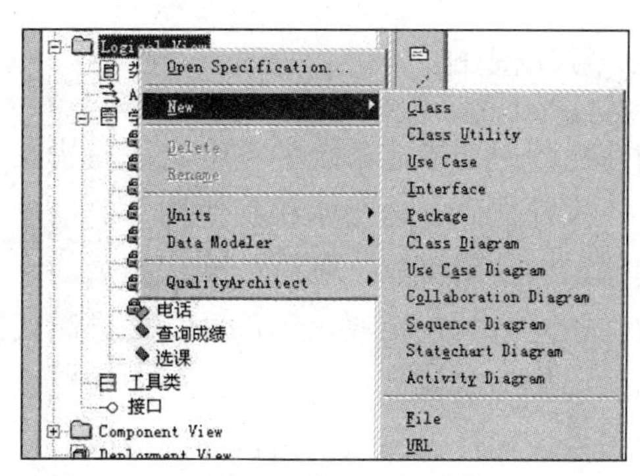

图 5-14　逻辑视图中可以创建的模型元素

- 工具类(Class Utility)。工具类仍然是类的一种，是对公共机制或服务的定义，通常存放一些静态的全局变量，用来方便其他类对这些信息进行访问，如图 5-15 所示。

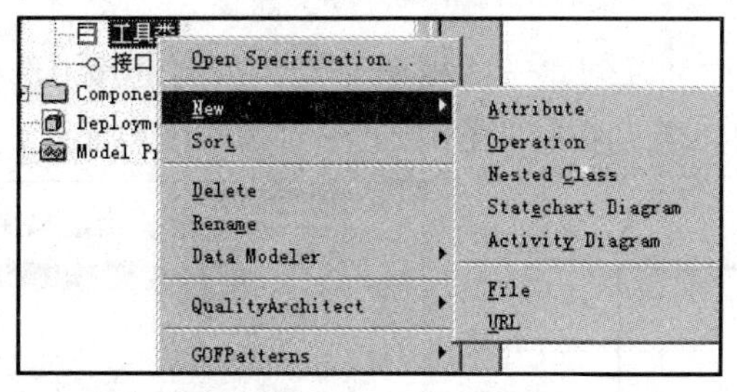

图 5-15　工具类下可以创建的模型元素

- 接口(Interface)。接口和类不同，类可以有它的真实实例，然而接口必须至少有一个类来实现它。与类相同的是，在接口可以创建接口的属性(Attribute)、操作(Operation)、嵌套类(Nested Class)、状态图(Statechart Diagram)和活动图(Activity

Diagram)等。在浏览器中选择某个接口，右击，可以看到在该接口中允许创建的元素，如图 5-16 所示。

在逻辑视图中关注的焦点是系统的逻辑结构。在逻辑视图中，不仅要认真抽象出各种类的信息和行为，还要描述类的组合关系等，尽量产生出能够重用的各种类和构件，这样就可以在以后的项目中，方便地添加现有的类和构件，而不需要一切从头再开始一遍。一旦标识出各种类和对象并描绘出这些类和对象的各种动作和行为，就可以转入构件视图中，以构件为单位勾画出整个系统的物理结构。

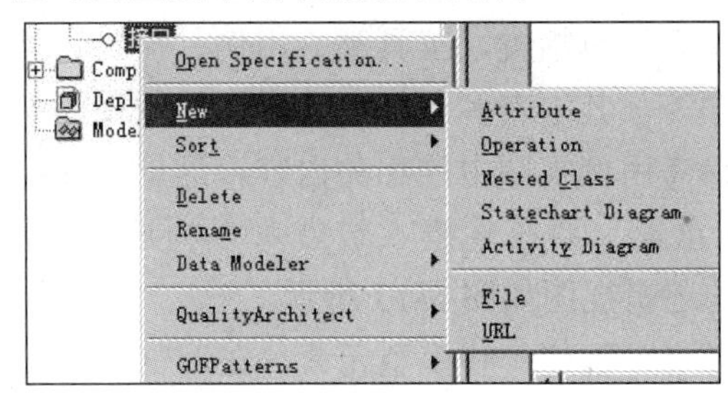

图 5-16　接口下可以创建的元素

5.1.3　构件视图

构件视图用来描述系统中各个实现模块及它们之间的依赖关系。构件视图包含模型代码库、执行文件、运行库和其他构件的信息，但是按照内容来划分，构件视图主要由包、构件和构件图构成。包是与构件相关的组。构件是不同类型的代码模块，是构造应用的软件单元，其包括源代码构件、二进制代码构件及可执行构件等。在构件视图中也可以添加构件的其他信息，如资源分配情况及其他管理信息等。构件图显示各构件及其之间的关系，构件视图主要由构件图构成。一个构件图可以表示一个系统全部或部分的构件体系。从组织内容上看，构件图显示了软件构件的组织情况及这些构件之间的依赖关系。

构件视图下的元素包括各种包、构件及构件图等。在 Rational Rose 的浏览器中构件视图如图 5-17 所示。

在构件视图中，同样可以创建一些模型元素。在浏览器中选择 Component View(构件视图)选项，右击，可以看到在该视图中允许创建的模型元素，如图 5-18 所示。

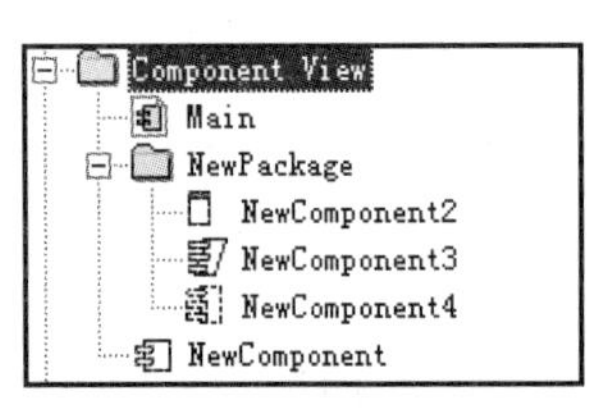

图 5-17　构件视图示例

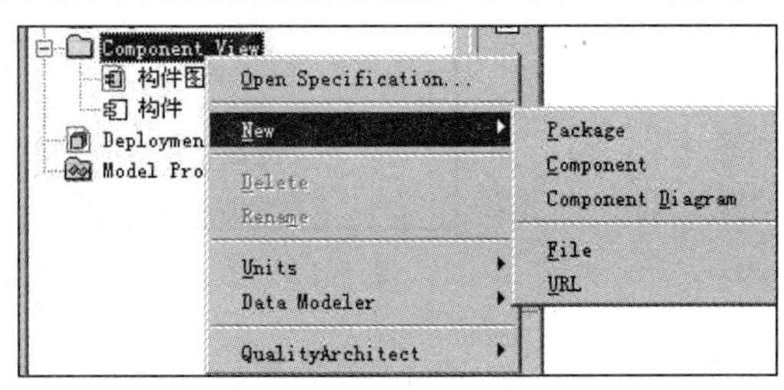

图 5-18　构件视图中可以创建的模型元素

- 包(Package)。包在构件视图中仍然担当的是划分的功能。使用包可以划分构件视图中的各种构件，不同功能的构件可以放置在不同逻辑视图的包中。在将构件放置在某个包中的时候，需要认真考虑包与包之间的关系，这样才能达到在以后的开发程序中重用的目的。
- 构件(Component)。构件图中最重要的模型要素就是构件，构件是系统中实际存在的可更换部分，它实现特定的功能，符合一套接口标准并实现一组接口。构件代表系统中的一部分物理实施，包括软件代码(源代码、二进制代码或可执行代码)或其等价物(如脚本或命令文件)。在图中，构件使用一个带有标签的矩形来表示。在构件下可以创建连接构件的相关文件和 URL 地址。在浏览器中选择某个构件，右击，可以看到在该构件中允许创建的元素，如图 5-19 所示。
- 构件图(Component Diagram)。构件图的主要目的是显示系统构件间的结构关系。在UML 1.1 中，一个构件表现了实施项目，如文件和可运行的程序。但是同时，构件这个术语通常与COM构件这些更为普遍的指代相冲突。随着时间的推移及UML连续版本的发布，UML构件已经失去了最初的绝大部分含义。在UML 2 中，构件正式改变了原本概念的一些本质意思，它被认为是在一个或多个系统或子系统中，能够独立地提供一个或多个接口的封装单位。虽然在UML2 中没有严格地规范它，但是一旦要呈现事物的更大设计单元的时候，这些事物一般是使用可更换的构件来实现的。现在，构件必须有严格的逻辑，设计时必须进行构造，其主要思想是能够很容易地在设计中被重用或被替换成一个不同的构件来实现，因为一个构件一旦封装了行为，实现了特定接口，那么这个构件就围绕实现这个接口的功能而存在，而功能的完善或改变意味着这个构件需要改变。在构件图下也可以创建连接构件的相关文件和URL地址。在浏览器中选择某个构件图，右击，可以看到在该构件图中允许创建的元素，如图 5-20 所示。

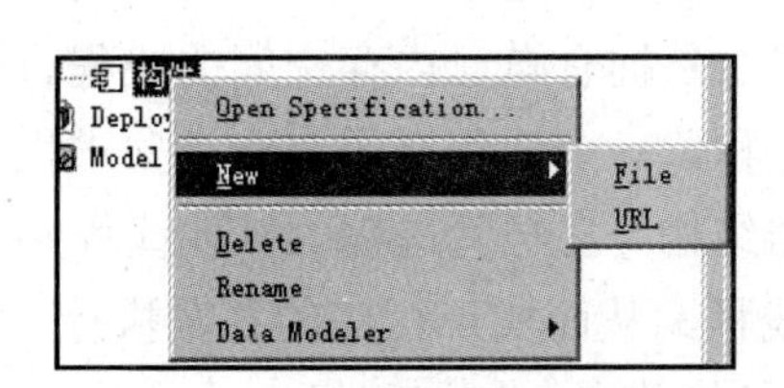

图 5-19　构件下可以创建的元素

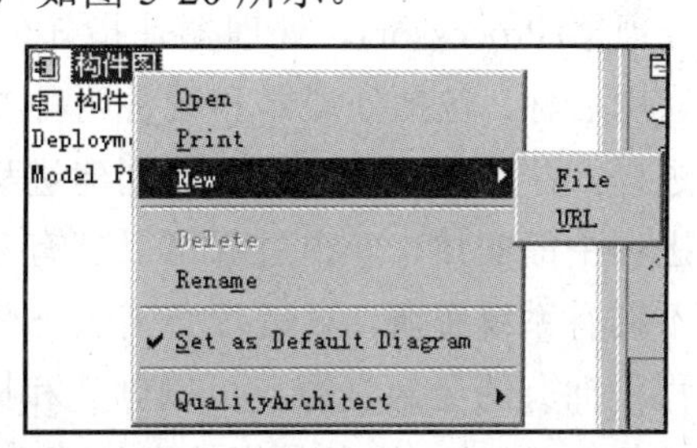

图 5-20　构件图下可以创建的元素

在以构件为基础的开发(CBD)中，构件视图为架构设计师提供了一个开始为解决方案建模的自然形式。构件视图允许架构设计师验证系统的必需功能是否是由构件实现的，这样确保了最终系统将会被接受。除此之外，构件视图在不同小组的交流中还担当了交流工具的作用。对于项目负责人来讲，当构件视图将系统的各种实现连接起来的时候，构件视图能够展示对将要被建立的整个系统的早期理解。对于开发者来讲，构件视图给他们提供了将要建立的系统的高层次的架构视图，这将帮助开发者开始建立实现的路标，并决定关于任务分配及(或)增进需求技能。对于系统管理员来讲，可以获得将运行于他们系统上的逻辑软件构件的早期视图。虽然系统管理员将无法从图上确定物理设备或物理的可执行程序，但是，他们仍然能够通过构件视图较早地了解关于构件及其关系的信息，了解这些信息能够帮助他们轻松地计划后面的部署工作。如何进行部署那就需要部署视图来帮忙了。

5.1.4 部署视图

与前面的显示系统的逻辑结构不同，部署视图显示的是系统的实际部署情况，它是为了便于理解系统在一组处理节点上的物理分布。在系统中，只包含有一个部署视图，用来说明各种处理活动在系统各节点的分布。但是，这个部署视图可以在每次迭代过程中都加以改进。部署视图中包括进程、处理器和设备。进程是在自己的内存空间执行的线程；处理器是任何有处理功能的机器，一个进程可以在一个或多个处理器上运行；设备是指没有任何处理功能的机器。如图 5-21 所示，显示的是一个部署视图结构。

在部署视图中，可以创建处理器和设备等模型元素。在浏览器中选择 Deployment View(部署视图)选项，右击，可以看到在该视图中允许创建的模型元素，如图 5-22 所示。

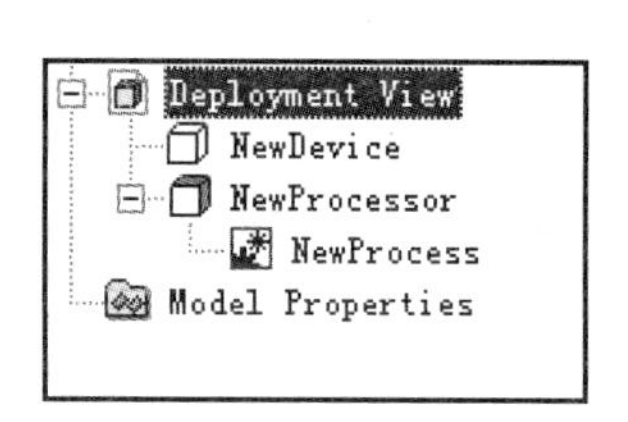

图 5-21　部署视图示例

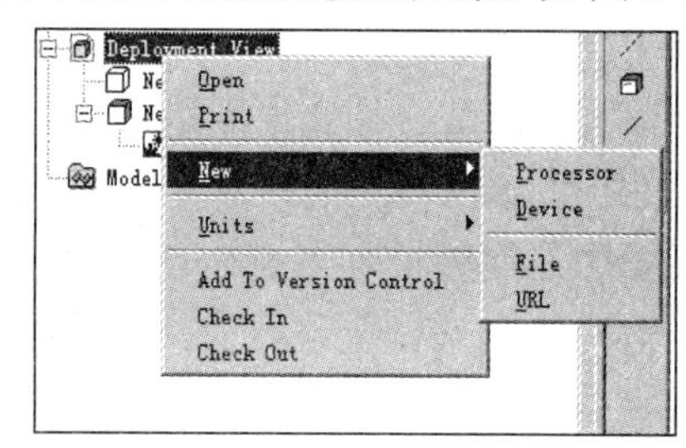

图 5-22　在部署视图中可以创建的模型元素

- 处理器(Processor)。处理器是指任何有处理功能的节点。节点是各种计算资源的通用名称，包括处理器和设备两种类型。在每一个处理器中允许部署一个或几个进程，并且在处理器中可以创建进程，它们是拥有自己内存空间的线程。线程是进程中的实体，一个进程可以拥有多个线程，一个线程必须有一个父进程。线程不拥有系统资源，只运行必需的一些数据结构，它与父进程的其他线程共享该进程所拥有的全部资源。可以创建和撤销线程，从而实现程序的并发执行。
- 设备(Device)。设备是指没有处理功能的任何节点，如打印机。

部署视图考虑的是整个解决方案的实际部署情况，所描述的是在当前系统结构中所存在的设备、执行环境和软件运行时的体系结构，它是对系统拓扑结构的最终物理描述。系统的拓扑结构描述了所有硬件单元，以及在每个硬件单元上执行的软件的结构。在这样一种体系结构中，可以通过部署视图查看拓扑结构中任何一个特定的节点，了解正在该节点上组件的执行情况，以及该组件中包含了哪些逻辑元素(如类、对象、协作等)，并且最终能够从这些元素追溯到系统初始的需求分析阶段。

5.2 Rational Rose 生成代码

在 Rational 中提供了根据模型元素转换成相关目标语言代码和将代码转换成模型元素的功能，我们称之为“双向工程”。这极大地方便了软件开发人员的设计工作，能够使设计者把握系统的静态结构，起到帮助编写优质代码的作用。

5.2.1 用 Rational Rose 生成代码的方法

在 Rational Rose 2003 中，不同的版本对于代码生成提供了不同程度的支持，Rational Rose Enterprise 版本对 UML 提供了很多支持，可以使用多种语言进行代码生成，这些语言包括 Ada83、Ada95、ANSI C++、CORBA、Java、COM、Visual Basic、Visual C++、Oracle8 和 XML_DTD 等。我们可以通过选择 Tools(工具)下的 Options(选项)选项查看其所支持的语言信息，如图 5-23 所示。

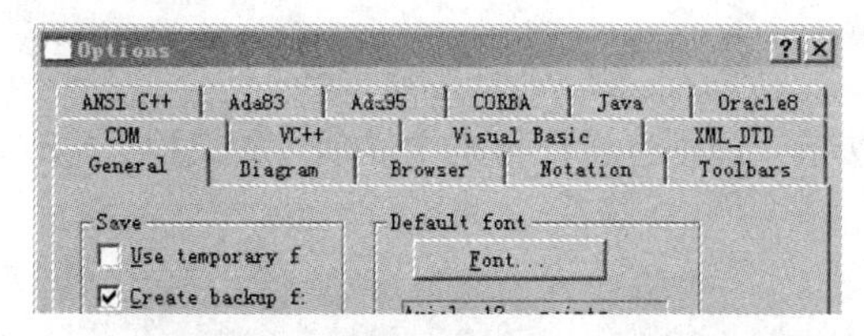

图 5-23　Rational Rose Enterprise 支持的语言信息

使用 Rational Rose 生成代码可以通过以下 4 个步骤进行，以目标语言 Java 为例。

1. 选择待转换的目标模型

在 Rational Rose 中打开已经设计好的目标图形，选择需要转换的类、构件或包。使用 Rational Rose 生成代码一次可以生成一个类、一个构件或一个包，我们通常在逻辑视图的类图中选择相关的类，在逻辑视图或构件视图中选择相关的包或构件。选择相应的包后，在这个包下的所有类模型都会转化成目标代码。

2. 检查 Java 语言的语法错误

Rational Rose 拥有独立于各种语言之外的模型检查功能，通过该功能能够在代码生成前保证模型的一致性。在生成代码前最好检查一下模型，发现并处理模型中的错误和不一致性，使代码正确生成。

通过选择 Tools(工具)下的 Check Model(检查模型)选项可以检查模型的正确性，如图 5-24 所示。

将出现的错误写在下方的日志窗口中。常见的错误包括对象与类不映射等。对于在检查模型时出现的这些错误，需要及时地进行校正。在Report(报告)工具栏中，可以通过 Show Usage...、Show Instances...、Show Access Violations等功能辅助校正错误。

通过选择 Tools(工具)中 Java 菜单下的 Syntax Check(语法检查)选项可以进行 Java 语言的语法检查，如图 5-25 所示。

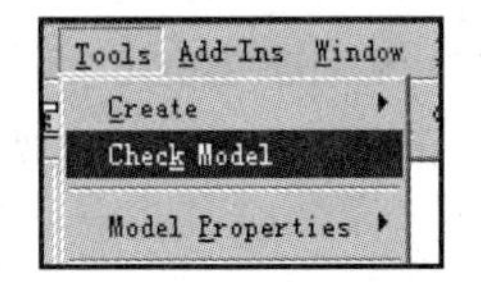

图 5-24　检查模型示例

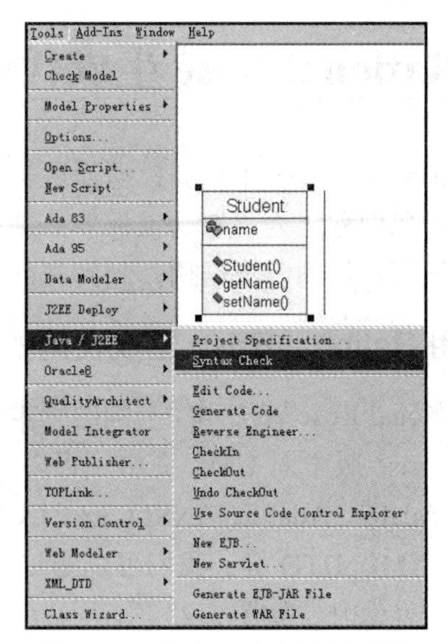

图 5-25　检查 Java 语言的语法

如果检查出一些语法错误，则也将在日志中显示。如果检查无误，则出现如图 5-26 所示的提示信息。

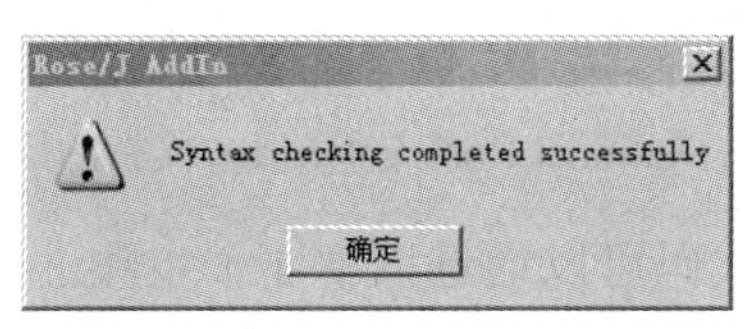

图 5-26　语法检查结果示例

3. 设置代码生成属性

在 Rational Rose 中，可以对类、类的属性、操作、构件和其他一些元素设置一些代码生成属性。通常，Rational Rose 提供默认的设置。我们可以通过选择 Tools(工具)下的 Options(选项)选项自定义设置这些代码生成属性。设置代码生成属性后，将会影响模型中使用 Java 实现的所有类，如图 5-27 所示。

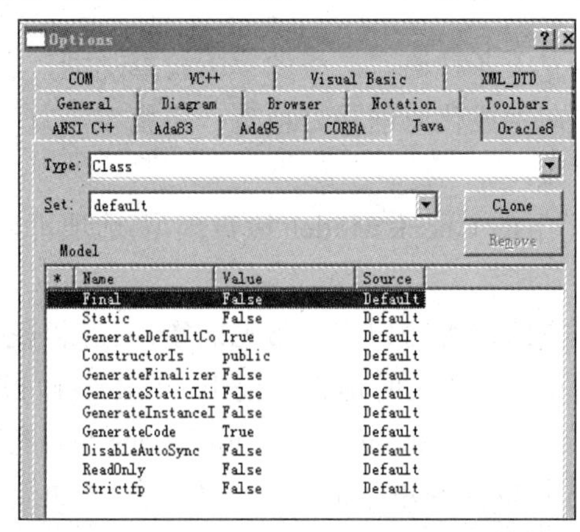

图 5-27　设置 Java 语言的代码生成属性

对单个类进行设置的时候，可以通过某个类，选择该类的规范窗口，在对应的语言中改变相关属性，如图 5-28 所示。

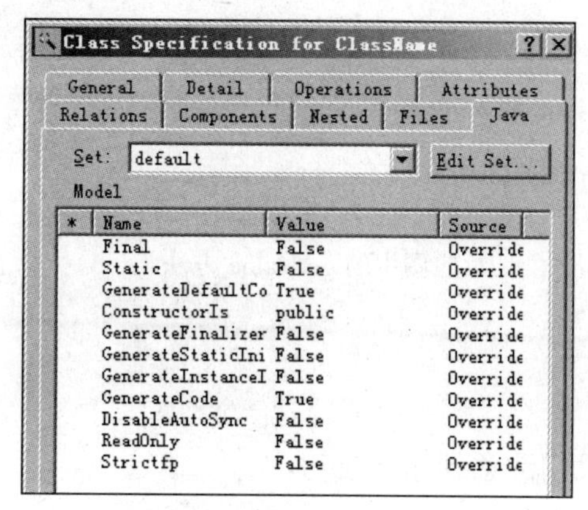

图 5-28　设置单个类的生成

4. 生成代码

在使用Rational Rose Professional或Rational Rose Enterprise版本进行代码生成之前，一般来说需要将一个包或组件映射到一个Rational Rose的路径目录中，指定生成路径。通过选择Tools(工具)中Java菜单下的Project Specification(项目规范)选项可以设置项目的生成路径，如图5-29所示。在项目规范(Project Specification)对话框中，我们在Classpaths下添加生成的路径，可以选择目标是生成在一个jar/zip文件中还是生成在一个目录中。

在设定完生成路径之后，可以在工具栏中选择 Tools(工具)中 Java 菜单下的 Generate Code(生成代码)选项生成代码，生成的类模型如图 5-30 所示。

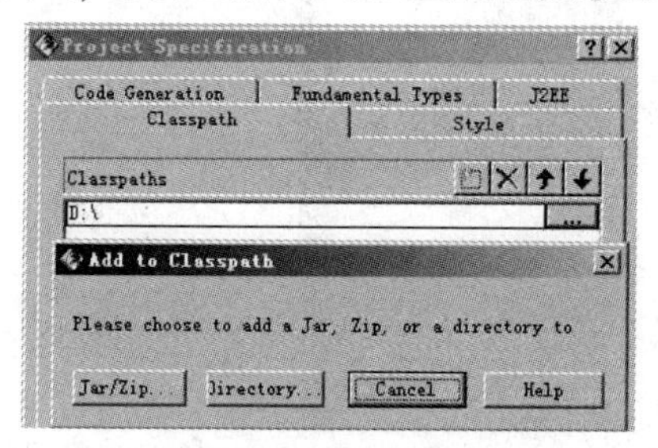

图 5-29　项目生成路径设置

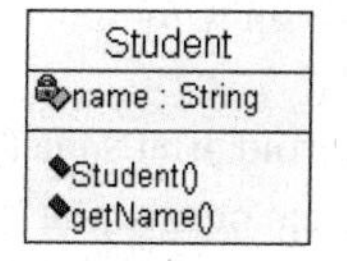

图 5-30　类模型

我们以图5-30中的类模型为例来说明代码的生成。在该类模型中，类的名称为Student，有一个私有属性name，还包含一个public类型的方法，方法的名称为getName，另外，还有该类的构造函数。通过上面的步骤，对该类进行代码生成，可以获得的代码(Student.java)如下所示。在程序中，可以一一对应出在类图中定义的内容。

```
//Source file: D:\\Student.java
public class ClassName {
    private String name;//对应图中的 name 属性
    /**
     * @roseuid 467169E40029
```

```
    */
    public Student(){   //对应图中的 ClassName 方法

    }
    /**
     * @return String
     * @roseuid 46723BHD0532
     */
    public String getName(){   //对应图中的 getName 方法
        return null;
    }
}
```

在生成的代码中，我们注意到如下语句。

```
@roseuid 467169E40029
```

这些数字和字母的符号是用来标识代码中的类、操作及其他模型元素的，便于Rational Rose 中的模型与代码同步。

5.2.2 逆向工程

在Rational Rose中，可以通过收集有关类(Classes)、类的属性(Attributes)、类的操作(Operations)、类与类之间的关系(Relationships)及包(Packages)和构件(Components)等静态信息，将这些信息转化成为对应的模型，在相应的图中显示出来。将Java代码teacher.java逆向转化为Rational Rose中的类图，代码如下所示。

```
public class Teacher {
  public Teacher(String name,int num){
    this.name=name;
     this.num=num;
  }
  public void printName(){
    System.out.println("姓名："+getName());
  }
  public void printNum(){
    System.out.println("论文数："+getNum());
  }
  public void isGood(){
    if(getNum()>3)
    {
    printName();
    printNum();
    }
  }
}
```

在该程序中，不但定义了Teacher类的构造函数，还定义了 3 个公共的操作，分别是printName、printNum和isGood。在设定完生成路径后，我们可以在工具栏中通过选择Tools(工具)中Java菜单下的Reverse Engineer...(逆向工程)选项进行逆向工程的生成。生成的类如图 5-31 所示。

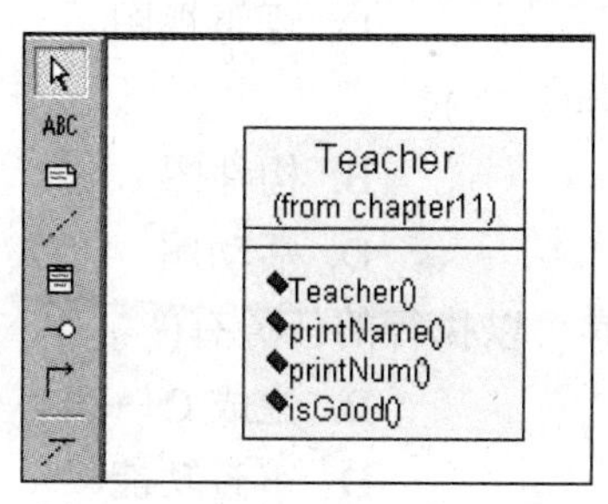

图 5-31 逆向工程生成的类图

从图中，可以一一对应出在程序中所要表达的内容。

【本章小结】

本章详尽地介绍了 Rational Rose 的 4 个视图模型：用例视图(Use Case View)、逻辑视图(Logical View)、构件视图(Component View)和部署视图(Deployment View)。接着，介绍了 Rational Rose 的双向工程技术。在随后的各个章节中，我们将对这 4 种视图模型中的每个模型元素进行一一讲解。

习题 5

1. 填空题

(1) ______、______、______和______是使用 Rational Rose 建立的 Rose 模型中的 4 种视图。

(2) Rational Rose 建模工具可以执行______、______、______和______四大任务。

(3) 在构件视图下的元素可以包括______、______、______。

(4) 在系统中，只包含有一个______视图，用来说明各种处理活动在系统各节点的分布。

(5) 构件视图用来描述系统中的各个实现模块及它们之间的依赖关系，它包含______、______、______和______。

2. 选择题

(1) Rational Rose 中 Rose 模型的视图包括(　　)。

A. 用例视图　　B. 部署视图

C. 数据视图　　D. 逻辑视图

(2) 在用例视图下可以创建(　　)。

A. 类图　　B. 构件图

C. 包　　D. 活动图

(3) Rational Rose 建模工具可以执行的任务有(　　)。

A. 非一致性检查　　B. 生成 C++语言代码

C. 报告功能　　D. 审查功能

(4) Rational Rose 默认支持的目标语言包括(　　)。

A. Java　　B. CORBA

C. Visual Basic　　D. Delphi

(5) 使用 Rational Rose 生成代码的步骤包括(　　)。

A. 设置代码生成属性　　B. 选择待转换的目标模型

C. 生成代码　　D. 检查 Java 语言的语法错误

3. 简答题

(1) 请说出使用 Rational Rose 建立的 Rose 模型中所包括的视图及其作用。

(2) 试述如何使用 Rational Rose 生成代码。

(3) 请简要说明使用逆向工程的步骤。

(4) 请阐述用例视图和逻辑视图的区别及各自的使用场合。

4. 上机题

使用 Rational Rose 生成代码的功能将下面的代码转换成逻辑视图(Logical View)中的类图。

```
 Class Student{
   private String id,
   private String name,
   private String sex,
   private int age,
   public Student(){}
   public String getName(){
     return name;
}
public void setName(String name){
   this.name=name;
}
}
```

第6章 用例图

对于软件系统的设计和分析来讲，首先要正确地把握客户需求中的功能实现，以便确定系统中需要创建何种对象。以前，都是使用自然语言来描述软件功能的需求，这种方法经常造成理解上的错误。随着用例图的出现，这种使用可视化来描述软件系统功能需求的方法很快成为软件项目开发和规划中的一个基本模型元素。本章将对用例图进行详细的介绍。

6.1 用例图的基本概念

用例图是 Jacobson 在 1992 年最先提出的，是指通过用例(Use Case)来捕获系统的需求，再结合参与者(Actor)进行系统功能需求的分析和设计。

6.1.1 用例图的含义

由参与者(Actor)、用例(Use Case)及它们之间的关系构成的用于描述系统功能的动态视图称为用例图。其中用例和参与者之间的对应关系又叫作通信关联(Communication Association)，它表示参与者使用了系统中的哪些用例。用例图是从软件需求分析到最终实现的第一步，它显示了系统的用户和用户希望提供的功能，有利于用户和软件开发人员之间的沟通。

要在用例图上显示某个用例，可绘制一个椭圆，然后将用例的名称放在椭圆的中心或下面的中间位置。要在用例图上绘制一个参与者(表示一个系统用户)，可绘制一个人形符号。参与者和用例之间的关系使用带箭头或不带箭头的线段来描述，箭头表示在这一关系中哪一方是对话的主动发起者，箭头所指方是对话的被动接受者；如果不想强调对话中的主动与被动关系，可以使用不带箭头的线段。需要注意的是，参与者与用例之间的信息流是默认存在的(用例本身描述的就是参与者和系统之间的对话)，并且信息流向是双向的，它与箭头所指的方向毫无关系。如图 6-1 所示，是学生管理系统的一个用例图。

进行用例建模时，所需要的用例图数量是根据系统的复杂度来衡量的。一个简单的系统中往往只需要有一个用例图就可以描述清楚所有的关系。但是对于复杂的系统，一张用例图显然是不够的，这时候就需要用多个用例图来共同描述复杂的系统。

对于较复杂的大中型系统，用例模型中的参与者和用例会大大增加，这样系统往往需要几张甚至几十张用例图。为了有效地管理由于规模上升而造成的复杂度，对于复杂的系统还会使用包(Package)——UML中最常用的管理模型复杂度的机制。

在用例建模时，有时为了更加清楚地描述用例或参与者，会使用到注释。如图 6-2 所示，我们可以对参与者进行注释。

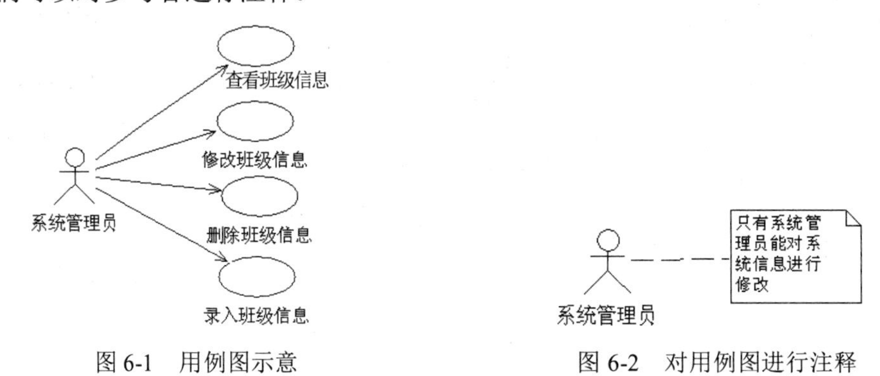

图 6-1　用例图示意　　　　图 6-2　对用例图进行注释

需要注意的是，不管是包还是注释，都不是用例图的基本组成要素，不过在用例建模过程中可能会用到这两种要素。

6.1.2　用例图的作用

用例图是需求分析中的产物，主要作用是描述参与者和用例之间的关系，帮助开发人员可视化地了解系统的功能。借助于用例图，系统用户、系统分析人员、系统设计人员、领域专家能够以可视化的方式对问题进行探讨，减少大量交流上的障碍，便于对问题达成共识。

与传统的 SRS 方法相比，用例图可视化地表达了系统的需求，具有直观、规范等优点，克服了纯文字性说明的不足。另外，用例方法从外部定义系统功能，它把需求和设计完全分离开来。人们不用关心系统内部是如何完成各种功能的，系统对于我们来说就是一个黑箱子。用例图可视化地描述了系统外部的使用者(抽象为参与者)和使用者使用系统时，系统为这些使用者提供的一系列服务(抽象为用例)，并清晰地描述了参与者和参与者之间的泛化关系，用例和用例之间的包含关系、泛化关系、扩展关系，以及用例和参与者之间的关联关系。所以从用例图中，我们可以得到对于被定义系统的一个总体印象。

在面向对象的分析设计方法中，用例图可以用于描述系统的功能性需求。另外，用例还定义了系统功能的使用环境和上下文，每一个用例都描述了一个完整的系统服务。用例方法比传统的“软件需求规约”(Software Requirement Specification)更易于被用户所理解和接受，可以作为开发人员和用户之间针对系统需求进行沟通的一个有效手段。

6.2 用例图的构成要素

画好用例图的前提是，必须详细地了解用例图的 4 个组成元素：参与者(角色)、用例、系统边界、关联。只有了解了这 4 个要素的概念，掌握了 4 个要素间的用法和相互关系，才能在实际项目的设计中灵活自如地使用用例图。

6.2.1 参与者

参与者(Actor)是指存在于系统外部并直接与系统交互的人、系统、子系统或类的外部实体的抽象。每个参与者可以参与一个或多个用例，每个用例也可以有一个或多个参与者。在用例图中使用一个人形图标来表示参与者，参与者的名字写在人形图标下面，如图6-3所示。

图 6-3 参与者

很多初学者都把参与者理解为人，这是错误的。参与者代表的是一个集合，通常一个参与者可以代表一个人、一个计算机子系统、硬件设备或时间等。人是其中最常见也是最容易理解的参与者，对于上一节我们提到的学生管理系统来说，它的参与者有系统管理员、学生和老师等。

一个系统也可以作为一个参与者，大家去餐馆用餐，往往会采用刷卡付费的方式，这时候就需要餐馆的管理程序和银行的信用卡付费系统建立联系来验证信用卡以便付款。其中，银行的信用卡付费系统就是一个参与者，它是一个系统。

需要注意的是，参与者虽然可以代表人或事物，但参与者不是指人或事物本身，而是表示人或事物当时所扮演的角色。例如，学生管理系统的系统管理员有两个人，分别是小王和小张，用例图中的参与者并不是小王和小张这两个具体的人本身，而是指系统管理员这个角色。

参与者还可以划分为主要参与者和次要参与者。主要参与者指的是执行系统主要功能的参与者，次要参与者指的是使用系统次要功能的参与者。标出主要参与者有利于找出系统的核心功能，往往也是用户最关心的功能。

6.2.2 参与者之间的关系

由于参与者实质上也是类，所以它拥有与类相同的关系描述，即参与者与参与者之间主要是泛化关系(或称为“继承”关系)。泛化关系是指把某些参与者的共同行为提取出来表示成通用行为，并描述成超类。泛化关系表示的是参与者之间的一般或特殊关系，在 UML 图中，使用带空心三角箭头的实线表示泛化关系，如图 6-4 所示，箭头指向超类参与者。

在需求分析中很容易碰到用户权限问题，例如，在学生管理系统中，学生只能查询自己的信息权限，而管理员不仅可以查询信息，还有权限录入和修改信息。我们把它们的关系抽象泛化出一个用户类作为一个超类，让学生和管理员继承这个类，如图 6-5 所示。通过泛化关系，可以有效地减少用例图中通信关联的个数，简化用例模型，便于理解。

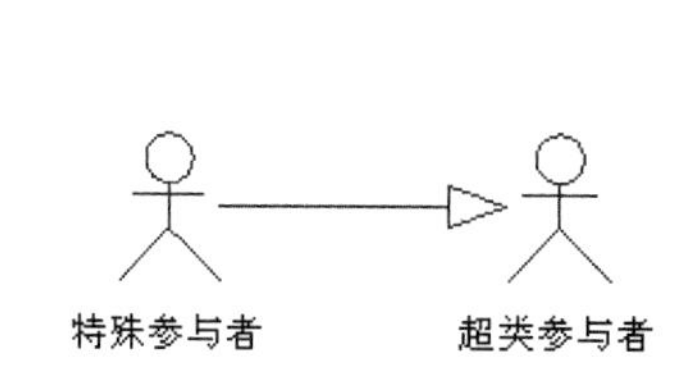

图 6-4　参与者之间的泛化关系

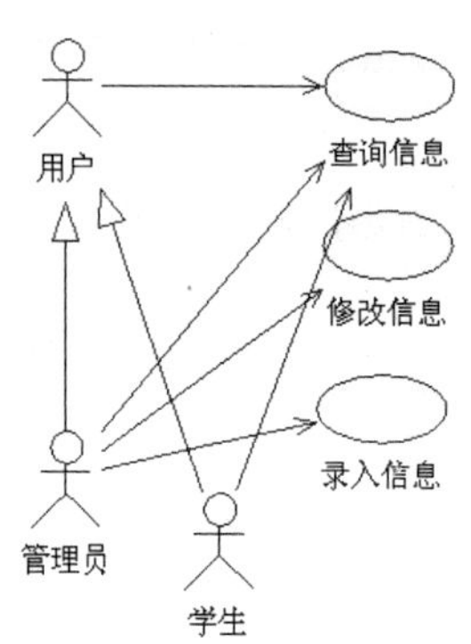

图 6-5　泛化后的用例图

6.2.3　系统边界

在项目开发过程中，边界是一个非常重要的概念。这里说的系统边界是指系统与系统之间的界限。通常所说的系统可以认为是由一系列相互作用的元素形成的具有特定功能的有机整体。系统同时又是相对的，一个系统本身又可以是另一个更大系统的组成部分，因此，系统与系统之间需要使用系统边界进行区分。一般把系统边界以外的同系统相关联的其他部分称为系统环境。

用例图中的系统边界是用来表示正在建模的系统边界。边界内表示系统的组成部分，边界外表示系统外部。虽然有系统边界的存在，但是使用Rose画图并不画出系统边界。如果采用Visio画图，那么系统边界在用例图中用方框来表示，同时附上系统的名称，参与者画在边界的外面，用例画在边界里面，如图 6-6 所示。

图 6-6　系统边界

系统边界决定了参与者，如果系统边界不一样，那么它的参与者就会发生很大的变化。例如，对于一个股票交易系统来说，它的参与者就是股票投资者，但是如果将系统边界扩大至整个金融系统，那么系统参与者还将包括期货交易者。可见，在系统开发过程中，系统边界占据了举足轻重的地位，只有了解清楚系统边界，才能更好地确定系统的参与者和用例。

6.3 用例的重要元素

用例(Use Case)是参与者(角色)可以感受到的系统服务或功能单元。它定义了系统是如何被参与者使用的，描述了参与者为使用系统所提供的某一完整功能而与系统之间发生的一段对话。用例最大的优点就是站在用户的角度上(从系统的外部)描述系统的功能。用例把系统当作一个黑箱子，并不关心系统内部是如何完成它所提供的功能的，表达了整个系统对外部用户可见的行为。

我们需要注意用例如下所示的一些特征。

- 用例必须由某一个参与者触发激活后才能执行，即每个用例至少应该涉及一个参与者。如果存在没有参与者的用例，则可以考虑将这个用例并入其他用例之中。
- 用例表明的也是一个类，而不是某个具体的实例。用例所描述的是它代表的功能的各个方面，包含了用例执行期间可能发生的各种情况。
- 我们要注意用例是一个完整的描述。一个用例在编程实现的时候往往会被分解成多个小用例(函数)，这些小用例的执行会有先后之分，其中任何一个小用例的完成都不能代表整个用例的完成，只有当所有的小用例完成，并最终产生了返回给参与者的结果，才能代表整个用例的完成。

6.3.1 识别用例

任何用例都不能在缺少参与者的情况下独立存在。同样，任何参与者也必须要有与之关联的用例。所以识别用例的最好方法就是从分析系统参与者开始，在这个过程中往往会发现新的参与者。当找到参与者之后，我们就可以根据参与者来确定系统的用例，主要是看各参与者是如何使用系统的，需要系统提供什么样的服务。可以通过以下问题来寻找用例。

- 参与者希望系统提供什么功能？
- 参与者是否会读取、创建、修改、删除、存储系统的某种信息？如果是，则参与者又是如何完成这些操作的？
- 参与者是否会将外部的某些事件通知给系统？
- 系统中发生的事件是否通知参与者？
- 是否存在影响系统的外部事件？

除了与参与者有关的问题，还可以通过一些与参与者无关的问题来发现用例，例如，系统需要解决什么样的问题，系统的输入输出信息有哪些。

需要注意的是，用例图的主要目的就是帮助人们了解系统功能，便于开发人员与用户之间的交流，所以确定用例的一个很重要的标准就是用例应当易于理解。对于同一个系统，不同的人对于参与者和用例可能会有不同的抽象，这就要求我们在多种方案中选出最好的一个。对于被选出的用例模型，不仅要做到易于理解，还要做到不同的涉众对于它的理解是一致的。

6.3.2 用例的粒度

用例的粒度指的是用例所包含的系统服务或功能单元的多少。用例的粒度越大，用例包含的功能越多，反之则包含的功能越少。

在用例建模时，很多人都会对自己系统所需要的用例个数产生疑惑。对同一个系统的描述，不同的人可能会产生不同的用例模型。如果用例的粒度很小，则得到的用例数就会太多；反之，如果用例的粒度很大，那么得到的用例数就会很少。如果用例数目过多则会造成用例模型过大，引入的设计困难大大提高；如果用例数目过少则会造成用例的粒度太大，不便于进一步地充分分析。

例如，要维护网站后台管理系统中的会员信息，管理员需要进行添加、修改、删除会员信息等操作，如图 6-7 所示。

我们还可以根据具体的操作把后台管理系统中的会员信息抽象成 3 个用例，它展示的系统需求和单个用例是完全一样的，如图 6-8 所示。

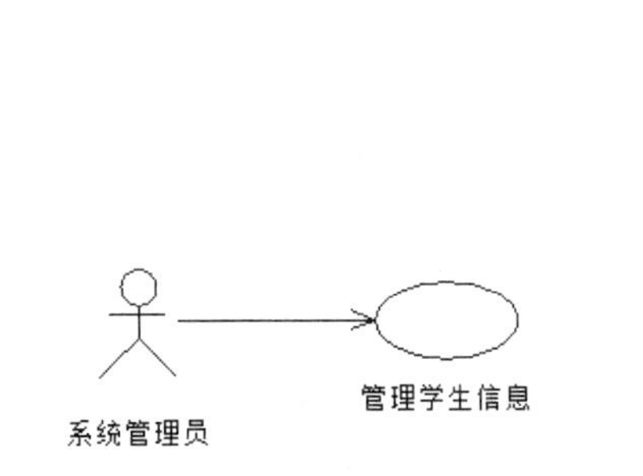

图 6-7　学生信息后台的管理系统

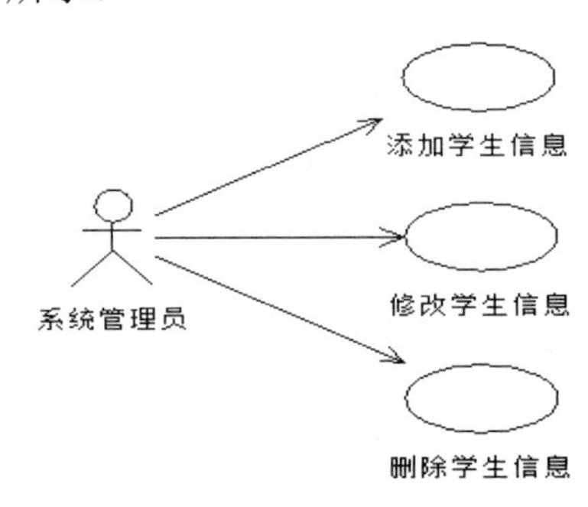

图 6-8　细分后的学生信息后台管理系统

确定用例个数后，我们就可以很容易地确定用例粒度的大小。对于比较简单的系统，因为系统的复杂度一般比较低，所以可以适当地加大用例模型一级的复杂度，也就是可以将较复杂的用例分解成多个用例。对于比较复杂的系统，因为系统的复杂度已经很高，所以需加强控制用例模型一级的复杂度，也就是将复杂度适当地移往用例内部，让一个用例包含较多的需求信息量。

用例的粒度对于用例模型来说是很重要的，它不但决定了用例模型级的复杂度，而且也决定了每一个用例内部的复杂度。在确定用例粒度时，应根据每个系统的具体情况和具体问题来具体分析，在尽可能保证整个用例模型易理解性的前提下决定用例的大小和数目。

6.3.3 用例规约

用例图只是在总体上大致描述了系统所提供的各种服务，让人们对系统有一个总体的认识。但对于每一个用例，还需要详细地描述信息，以便让别人对于整个系统有更加详细的了解，这些信息包含在用例规约(Use Case Specification)中。而用例模型指的也不仅是用例图，而是由用例图和每一个用例的详细描述(用例规约所包含的)组成的。每一个用例的用例规约都应该包含以下内容。

1. 简要说明(Brief Description)

简要说明是指对用例作用和目的的简要描述。

2. 事件流(Flow of Event)

事件流包括基本流和备选流。基本流描述的是用例的基本流程，是指用例“正常”运行时的场景。备选流描述的是用例执行过程中可能发生的异常和偶尔发生的情况。基本流和备选流组合起来能够覆盖一个用例所有可能发生的场景。

3. 用例场景(Use-Case Scenario)

同一个用例在实际执行的时候会有很多不同的情况发生，称为用例场景，也可以说用例场景就是用例的实例，用例场景包括成功场景和失败场景。在用例规约中，用基本流和备选流的组合来对场景进行描述。在描述用例的时候要注意覆盖所有的用例场景，否则就有可能遗漏某些需求。此外场景还能帮助测试人员测试，帮助开发人员检查是否完成了所有的需求。

4. 特殊需求(Special Requirement)

特殊需求指的是一个用例的非功能性需求和设计约束。非功能性需求通常是特殊需求，包括可靠性、性能、可用性和可扩展性等，如法律或法规方面的需求、应用程序标准和所构建系统的质量属性等。设计约束可以包括开发工具、操作系统及环境、兼容性等。

5. 前置条件(Pre-Condition)

前置条件是指执行用例之前系统必须处于的状态，如要求用户有访问的权限，或者要求某个用例必须已经执行完。

6. 后置条件(Post-Condition)

后置条件是指用例执行完毕后系统可能处于的一组状态，如要求在某个用例执行完后，必须执行另一个用例。

因为用例规约基本上是用文本方式来表述的，有些问题难以描述清楚，所以为了更加清晰地描述事件流，往往需要配以其他图形来描述，如加入序列图适合于描述基于时间顺序的消息传递和显示涉及类交互而与对象无关的一般形式、加入活动图有助于描述复杂的决策流程、加入状态转移图有助于描述与状态相关的系统行为。我们还可以在用例中粘贴用户界面或其他图形，但要注意表达的简洁明了。

6.4 用例之间的各种重要关系

通常可以在用例之间抽象出包含(Include)、扩展(Extend)和泛化(Generalization)3 种关系。这 3 种关系都是从现有的用例中抽取出公共信息，再通过不同的方法来重用这部分公共信息。

6.4.1 包含

包含关系指用例可以简单地包含其他用例具有的行为，并把它所包含的用例行为作为自身行为的一部分。在 UML 中，包含关系是通过带箭头的虚线段加<<include>>字样来表示的，箭头由基础用例(Base)指向被包含用例(Inclusion)，如图 6-9 所示。

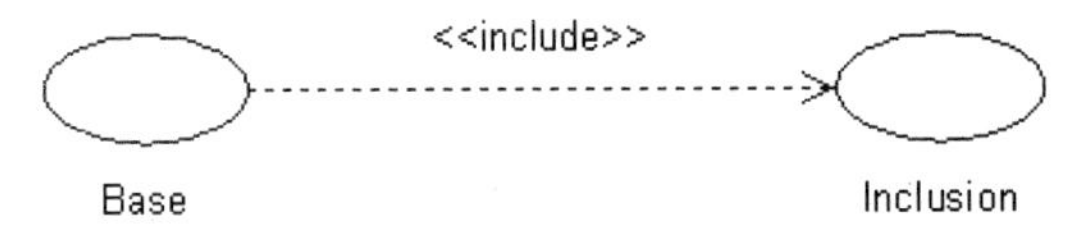

图 6-9 包含关系

包含关系代表着基础用例会用到被包含用例，具体地讲，就是将被包含用例的事件流插入基础用例的事件流中。需要注意的是，包含关系是 UML 1.3 中的表述，在 UML 1.1 中，同等语义的关系被表述为使用(Uses)，如图 6-10 所示。

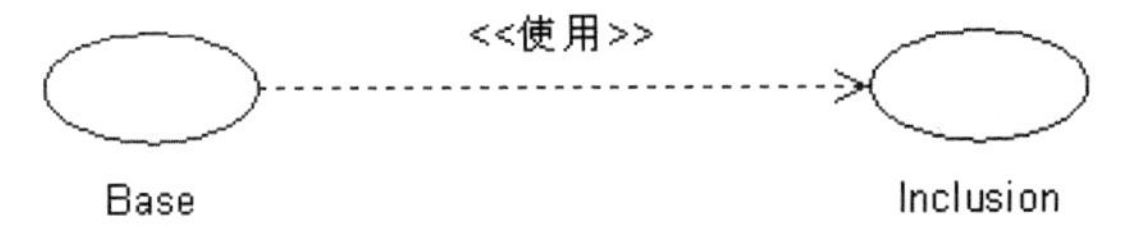

图 6-10 使用关系

在处理包含关系时，具体的做法就是把几个用例的公共部分单独地抽象成一个新的用例。主要有以下两种情况需要用到包含关系。

- 若多个用例用到同一段的行为，则可以把这段共同的行为单独抽象成一个用例，然后让其他用例来包含这一用例。
- 当某一个用例的功能过多、事件流过于复杂时，也可以把某一段事件流抽象成一个被包含的用例，以达到简化描述的目的。

接下来看一个具体的例子，有一个学生管理的后台系统，系统管理员要对学生信息进行维护，包括添加、修改和删除学生信息。其中，添加和修改学生信息后，都要对新添加和修改的学生信息进行预览，用以检查添加和修改操作是否正确完成，用例图如图 6-11 所示。

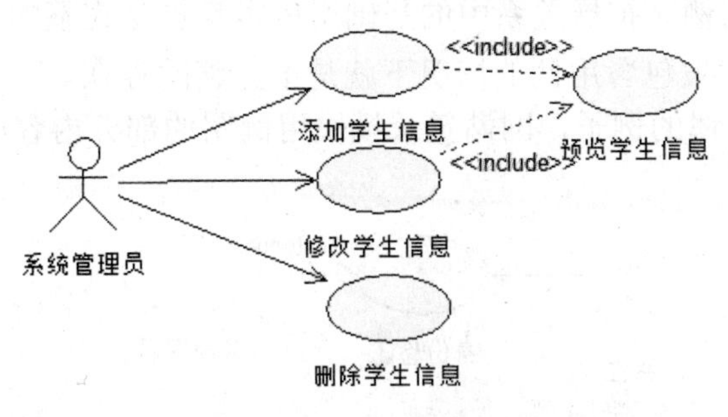

图 6-11 包含关系示例

这个例子就是把添加学生信息和修改学生信息都会用到的一段行为抽象出来，成为一个新的用例——预览学生信息，而原有的添加学生信息和修改学生信息两个用例都会包含这个新抽象出来的学生信息。如果以后需要对预览学生信息进行修改，则不会影响添加学生信息和修改学生信息这两个用例，并且由于是一个用例，不会发生同一段行为在不同用例中描述不一致的情况。通过这个用例我们可以看出包含关系的以下两个优点。

- 提高了用例模型的可维护性，当需要对公共需求进行修改时，只需要修改一个用例而不必修改所有与其有关的用例。
- 可以避免在多个用例中重复地描述同一段行为，以及在多个用例中对同一段行为描述不一致的现象。

6.4.2 扩展

在一定条件下，把新的行为加入已有的用例中，获得的新用例叫作扩展用例(Extension)，原有的用例叫作基础用例(Base)，从扩展用例到基础用例的关系就是扩展关系。一个基础用例可以拥有一个或多个扩展用例，这些扩展用例可以一起使用。值得注意的是，在扩展关系中是基础用例而不是扩展用例被当作例子使用。在 UML 中，扩展关系是通过带箭头的虚线段加<<extend>>字样来表示的，箭头指向基础用例，如图 6-12 所示。

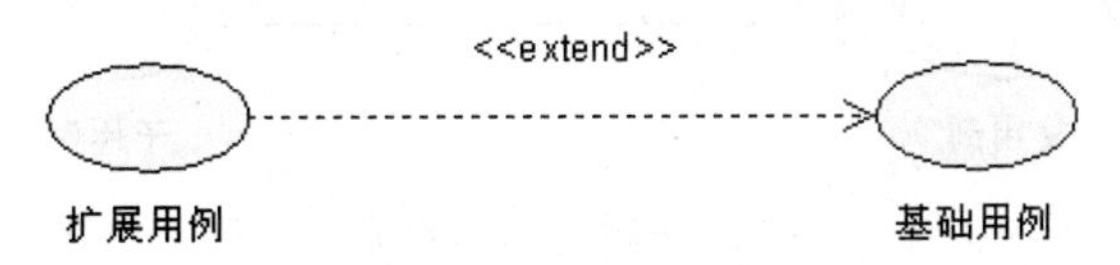

图 6-12 扩展关系

扩展关系与包含关系的不同点如下。

- 在扩展关系中，基础用例提供了一个或多个插入点，扩展用例为这些插入点提供了需要插入的行为。而在包含关系中，插入点只能有一个。
- 在扩展关系中，基础用例的执行并不一定会涉及扩展用例，扩展用例只有在满足一定条件下才会被执行。而在包含关系中，当基础用例执行完后，被包含用例是一定会被执行的。

● 即使没有扩展用例，扩展关系中的基础用例本身也是完整的。而对于包含关系，基础用例在没有被包含用例的情况下就是不完整的存在。

让我们来看一个具体的例子，网站登录模块用例图的部分内容如图 6-13 所示。

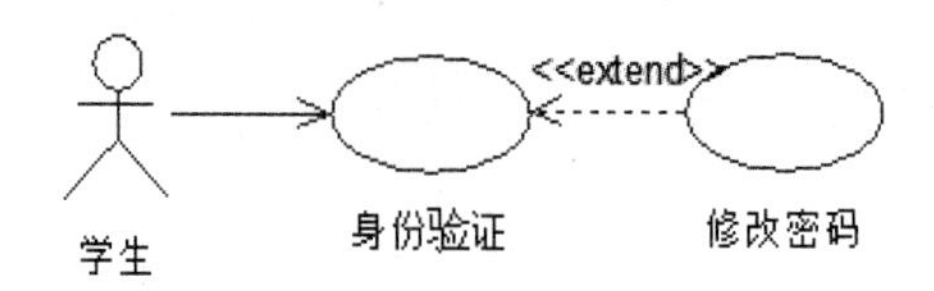

图 6-13　学生身份验证

在本用例中，基础用例是“身份验证”，扩展用例是“修改密码”。在一般情况下，只需要执行“身份验证”用例即可。但是如果登录用户想修改密码，则就不能执行用例的常规动作。如果修改“身份验证”用例，则势必增加系统的复杂性，此时可以在基础用例“身份验证”中增加插入点，这样用户想修改密码时，即可执行扩展用例“修改密码”。

扩展关系往往被用来处理异常或构建灵活的系统框架。使用扩展关系可以降低系统的复杂度，有利于系统的扩展，提高系统的性能。扩展关系还可以用于处理基础用例中不易描述的问题，使系统显得更加清晰且易于理解。

6.4.3 泛化

用例的泛化指的是一个父用例可以被特化成多个子用例，而父用例和子用例之间的关系就是泛化关系。在用例的泛化关系中，子用例继承了父用例所有的结构、行为和关系，子用例是父用例的一种特殊形式。此外，子用例还可以添加、覆盖、改变继承的行为。在 UML 中，用例的泛化关系是通过一个三角箭头从子用例指向父用例来表示的，如图 6-14 所示。

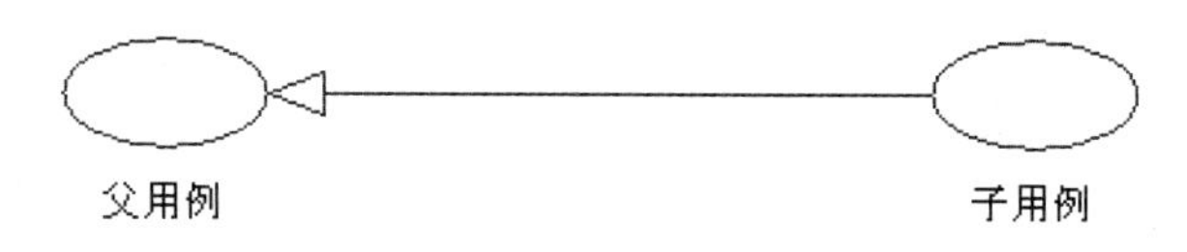

图 6-14　泛化关系

当我们发现系统中有两个或多个用例在行为、结构和目的方面存在共性时，就可以使用泛化关系。这时，可以用一个新的(通常也是抽象的)用例来描述这些共有部分，这个新的用例就是父用例。

例如，身份认证有两种方式，一种是密码认证，另一种是密保认证。在这里，密码认证和密保认证都是身份认证的一种特殊方式，因此“身份认证”为父用例，“密码认证”和“密保认证”为子用例，用例图如图 6-15 所示。

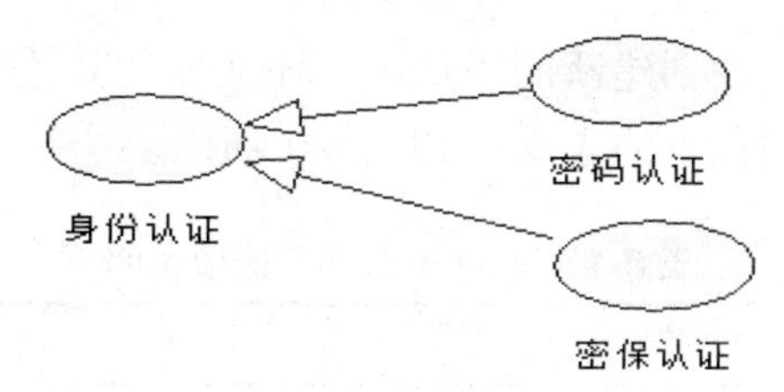

图 6-15 用例泛化

虽然用例泛化关系和包含关系都可以用来复用多个用例中的公共行为，但是它们还是有很大区别的，具体如下。

- 在用例的泛化关系中，所有的子用例都有相似的目的和结构，注意，它们是整体上的相似。而用例的包含关系中，基础用例在目的上可以完全不同，但是它们都有一段相似的行为，注意，它们是部分相似而不是整体上的相似。
- 用例的泛化关系类似于面向对象中的继承，它把多个子用例中的共性抽象成一个父用例，子用例在继承父用例的基础上可以进行修改。但是子用例和子用例之间又是相互独立的，任何一个子用例的执行都不受其他子用例的影响。而用例的包含关系是把多个基础用例中的共性抽象为一个被包含用例，可以说被包含用例就是基础用例中的一部分，基础用例的执行必然引起被包含用例的执行。

6.5 使用 Rose 创建用例图

了解用例图和用例图中的各个要素后，现在就让我们来学习如何使用Rational Rose画用例图。

6.5.1 创建用例图

在创建参与者和用例之前，首先要建立一张新的用例图。打开Rational Rose，展开左边的 Use Case View，右击，在弹出的快捷菜单中选择 New 菜单下的 Use Case Diagram 选项来建立新的用例图，如图 6-16 所示。

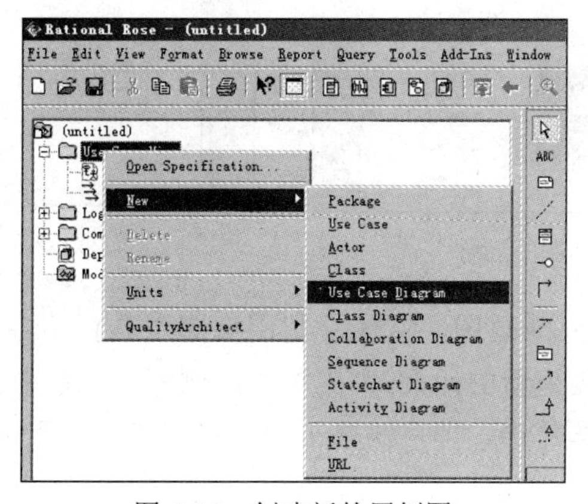

图 6-16 创建新的用例图

New菜单下的选项不仅能创建新的用例图，还能创建其他UML元素，在这里特地说明一下New菜单下各个选项代表的含义，如表 6-1 所示。

表 6-1　New 菜单下各选项说明

菜 单 项	功　　能	包 含 选 项
New	新建 UML 元素	Package(新建包)
		Use Case(新建用例)
		Actor(新建参与者)
		Class(新建类)
		Use Case Diagram(新建用例图)
		Class Diagram(新建类图)
		Collaboration Diagram(新建协作图)
		Sequence Diagram(新建顺序图)
		Statechart Diagram(新建状态图)
		Activity Diagram(新建活动图)

创建新的用例图后，在Use Case View树形结构下多了一个名为NewDiagram的图标，如图 6-17 所示，这个图标就是新建的用例图图标。右击此图标，在弹出的快捷菜单中选择 Rename 为新创建的用例图命名，一般用例图的名字都有一定的含义，例如，对于学生管理系统来说，可以命名为 StudentManager(注意，最好不要使用没有任何意义的名称)。

双击用例图图标，会出现用例图的编辑工具栏和编辑区，如图 6-18 所示。

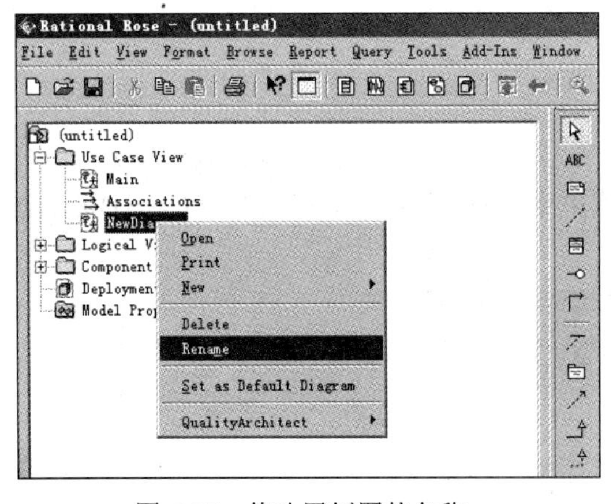

图 6-17　修改用例图的名称

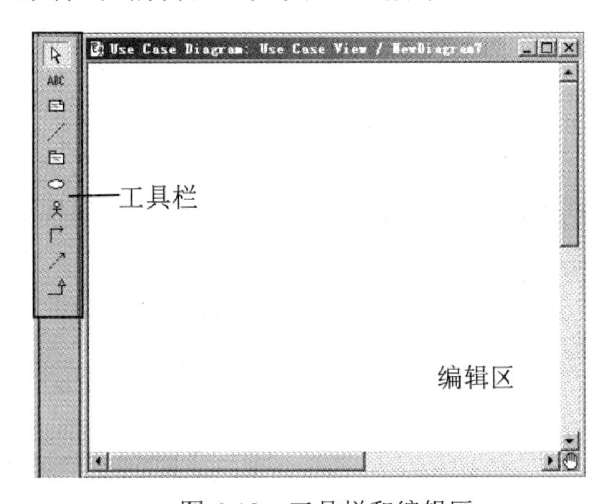

图 6-18　工具栏和编辑区

为了使读者能够更好地画图，首先介绍用例图工具栏中各个图标的名称和用途，如表6-2所示。如果需要创建新的元素，则先单击用例图工具栏中需要创建的元素的图标，然后在用例图编辑区内再单击，即可在单击的位置创建所需要的用例图元素。

表 6-2 用例图工具栏

图 标	名 称	用 途
	Selection Tool	选择一个项目
	Text Box	将文本框加进框图
	Note	添加注释
	Anchor Note to Item	将图中的注释与用例或参与者相连
	Package	添加包
	Use Case	添加用例
	Actor	添加新参与者
	Unidirectional Association	关联关系
	Dependency or Instantiates	包含、扩展等关系
	Generalization	泛化关系

6.5.2 创建参与者

参与者是每个用例的发起者，要创建参与者，首先单击用例图工具栏中的图标，然后在用例图编辑区内要绘制的地方单击，画出参与者，如图 6-19 所示。

接下来，可以对这个参与者命名，注意一般参与者的名称为名词或名词短语，不可以用动词来做参与者的名称。例如，参与者名称可以是网站用户，但不能是“登录”等动词。单击画出的参与者，弹出对话框，我们可以在对话框中设置参与者的名称 Name 和参与者的类型 Stereotype，以及文档说明 Documentation。一般情况下，在参与者属性中只需要修改参与者的名称，如果想对参与者进行详细说明，则可以在 Documentation 选项下的文本域内输入说明信息，如图 6-20 所示。

图 6-19 创建参与者

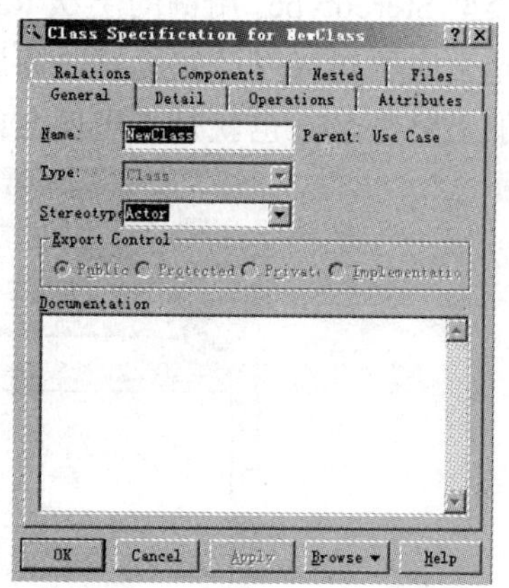

图 6-20 修改参与者的属性

如果觉得画出来的参与者的位置不正确，则可以通过鼠标左键拖曳参与者，使其在用例图编辑区内随意移动。还可以对已画出的参与者的大小进行调整，先单击需要调整大小的参与者，在参与者的四角出现四个黑点后，通过拖曳任意一个黑点就可以调整参与者的大小。

对于一个完整的用例图来说，参与者往往不止一个，这就需要我们创建参与者之间的关系。参与者之间主要是泛化关系，要创建泛化关系，首先单击用例图工具栏中的 图标，然后在需要创建泛化关系的参与者之间拖动鼠标，如图 6-21 所示。

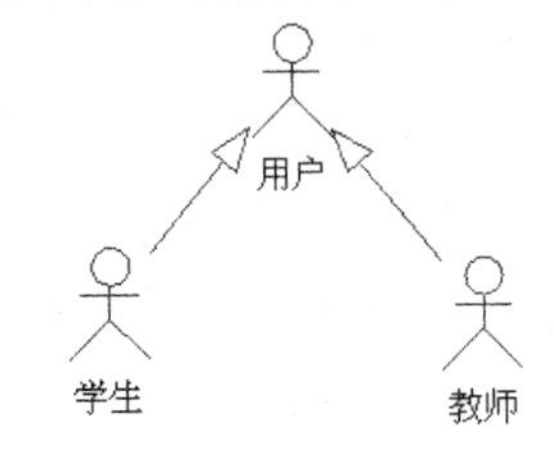

图 6-21　创建参与者之间的关系

6.5.3　创建用例

用例是外部可见的一个系统功能单元，一个用例对于外部用户来说就像是可使用的系统操作。创建用例的方法和创建参与者类似，首先单击用例图工具栏中的 图标，然后在用例图编辑区内要绘制的地方单击，画出用例，如图 6-22 所示。

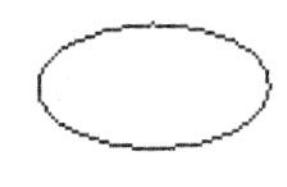

图 6-22　创建用例

下面来修改用例的名称，要注意的是，用例的名称一般为动词或动词短语，如“修改密码”“添加信息”等。首先单击画出的参与者，弹出对话框，可以设置用例的名称 Name、用例的类型 Stereotype、用例的层次 Rank，以及对用例的文档说明 Documentation。用例的分层越趋于底层越接近计算机解决问题的水平，反之则越抽象。在修改用例名时，还可以给用例加上路径名，也就是在用例名前加上用例所属包的名称，如图 6-23 所示。

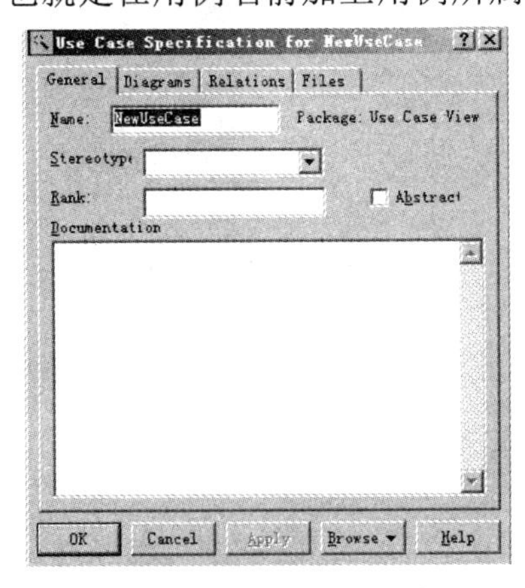

图 6-23　修改用例的属性

对用例来说，一般也只需要修改名称。用例的移动和大小调整类似于参与者，可以仿照参与者进行。不管是用例还是参与者，都要注意命名需简单易懂。另外，不管是参与者名还是用例名，都不可以是具体的某个实例名，例如，参与者名不可以是老李或小王等。

接下来创建用例和参与者之间的关联关系。首先单击用例图工具栏中的↗图标，然后将鼠标移动到需要创建关联关系的参与者上，按住鼠标左键并移动到用例上后再松开。注意，线段箭头的方向为松开鼠标时的方向，关联关系的箭头应由参与者指向用例，不可画反，如图6-24所示。

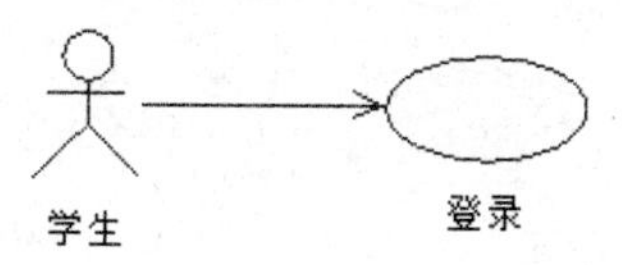

图6-24　学生登录

还可以修改关联关系的属性，具体方法可以参照参与者和用例属性的设置方法，在此不再详述。

6.5.4　创建用例之间的关联

前面我们已经讲到，用例之间的关系主要是包含关系(Include)、扩展关系(Extend)和泛化关系(Generalization)。我们先来介绍如何创建包含关系，首先单击用例图工具栏中的↗图标，然后在需要创建包含关系的两个用例之间拖动鼠标。注意，鼠标应由基础用例移向被包含用例，这样箭头的方向就会由基础用例指向被包含用例，如图6-25所示。

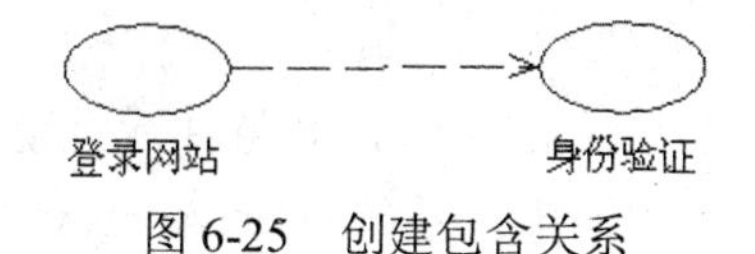

图6-25　创建包含关系

双击虚线段会弹出对话框，我们可以选择Stereotype的值，包含关系选择include，扩展关系选择extend，如图6-26所示。

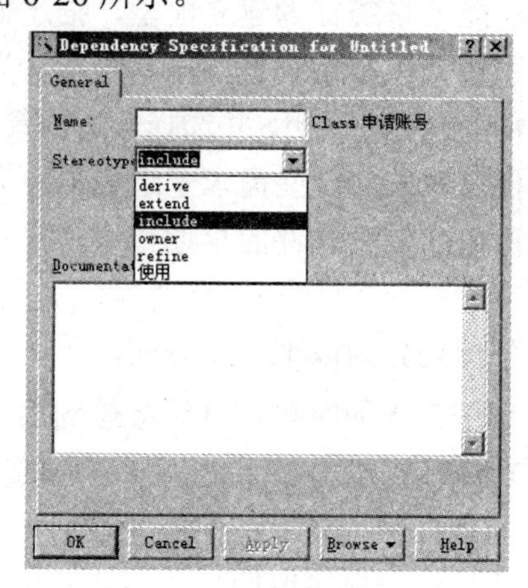

图6-26　选择关系的类型

这里创建的是包含关系，选择的是 include，最终用例图如图 6-27 所示。

扩展关系的画法与包含关系类似，这里不再详述。需要注意的是，扩展关系的箭头由扩展用例指向基础用例，它的 Stereotype 为 extend。

用例之间泛化关系的画法与参与者之间泛化关系的画法类似，可以参照参与者之间泛化关系的画法。注意，用例泛化关系中，线段的箭头由子用例指向父用例，泛化关系不同于包含关系和扩展关系，线段之上不用文字表示，如图 6-28 所示。

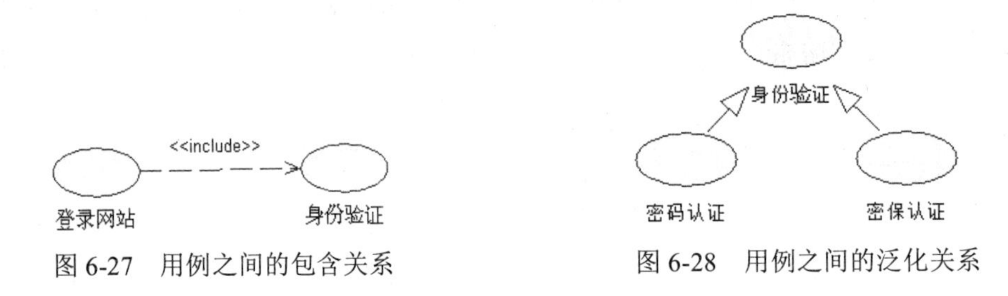

图 6-27　用例之间的包含关系　　图 6-28　用例之间的泛化关系

6.6 使用 Rose 创建用例图的步骤说明

为了加深读者对绘制用例图的理解，笔者通过一个实际的系统用例图来讲解用例图的创建过程。这里就通过一个简单的“企业进存销管理系统”示例为大家讲解如何使用 Rational Rose创建用例图。

6.6.1 需求分析

软件的需求(Requirement)是系统必须达到的条件或性能，是用户对目标软件系统在功能、行为、性能、约束等方面的期望。系统分析(Analysis)的目的是将系统需求转化为能更好地将需求映射到软件设计师所关心的实现领域的形式，如通过分解将系统转化为一系列的类和子系统。通过对问题域及其环境的理解和分析，将系统的需求翻译成规格说明，为问题涉及的信息、功能及系统行为建立模型，描述如何实现系统。

软件的需求分析连接了系统分析和系统设计。一方面，为了描述系统实现，我们必须理解需求，完成系统的需求分析规格说明，并选择合适的策略将其转化为系统的设计；另一方面，系统的设计可以促进系统的一些需求塑造成形，完善软件的需求分析说明。良好的需求分析活动有助于避免或修正软件的早期错误，提高软件生产率，降低开发成本，改进软件质量。

我们可以将系统的需求分析划分为以下几个方面。

- 功能性需求。当考虑系统需求的时候，自然会想到用户希望系统为他们做什么事情，提供哪些服务。功能性需求是指系统需要完成的功能，它通过详细说明所期望的系统的输入和输出条件来描述系统的行为。
- 非功能性需求。为了使最终用户获得期望的系统质量，系统还必须对没有包含在功能性需求中的内容进行描述，如系统的使用性、可靠性、性能、可支持性等。系统的使用性(Usability)需求是指系统的一些人为因素，包括易学性、易用性等，以及和用户界面、用户文档等的一致性。可靠性(Reliability)需求是指系统能正常运行的概率，涉及系统的失败程度和系统的可恢复性、可预测性及准确性。性能(Performance)需求是指在系统功能上施加的条件，如事件的响应时间、内存占有量等。可支持性(Supportability)需求是指易测试性、可维护性和其他在系统发布以后为此系统更新需要的质量。

- 设计约束条件。也称条件约束、补充规则，是指用户要安装系统时需要有什么样的必备条件，如对操作系统的要求、硬件网络的要求等。有时候也可以将设计约束条件作为非功能性需求来看待。

教务管理是高校教学管理的一项重要工作，现代化的高校教务管理需要现代化的信息管理系统支持。新世纪背景下，高校教育体制进行了大规模的改革，招生人数逐年增加，教学计划不断更新。在高校日常管理中，教务管理无疑是核心工作，重中之重。其管理模式的科学化与规范化，管理手段的信息化与自动化对学校的总体发展产生深远的影响，由于管理内容过多且烦琐，处理的过程也非常复杂，并且随着学校人员的增加，教务管理系统的信息量大幅上升，因此往往很难及时、准确地掌握教务信息的运作状态，这使得高校教务管理的工作量大幅度增加，另外，随着教育改革的不断深化，教学管理模式也在发生变化，如实施学分制、学生自主选课等。这一切都有赖于计算机网络技术和数据库技术的支持，在这样的形势下建立和完善一个集成化的教务管理系统势在必行。

教务管理系统不仅可以降低工作量、提高办公效率，而且使分散的教务信息得到集中处理，对减轻教务工作负担、提高教务管理水平、实现教务管理的现代化具有重要意义。

教务管理系统的功能性需求包括以下内容。

- 管理员负责系统的管理维护工作，包括对课程、学生、教师信息的添加、删除、查询和修改，以及排课管理、监考管理和调停课安排。
- 教师根据教务管理系统的选课安排进行教学，将学生的考试成绩录入此系统。
- 学生根据学号和密码通过客户机浏览器进入教务管理系统，能够更改个人信息、查询空教室、进行选课、查询已选课程和考试成绩。

满足上述需求的系统主要包括以下几个小的系统模块。

- 基本业务处理模块。基本业务处理模块主要用于实现管理员、教师及学生通过合法认证登录该系统执行相应的操作。
- 信息查询模块。信息查询模块主要用于实现管理员、教师及学生对相关信息的查询。
- 系统维护模块。系统维护模块主要用于实现管理员对系统的管理和对数据库的维护。系统的管理包括教师信息、学生信息、课程信息等信息的维护。数据库的维护包括数据库的备份、恢复等数据库管理操作。

6.6.2 识别参与者

确定系统用例的第一步是确定系统的参与者。本系统的参与者包括以下几种。

- 管理员：用户登录、学籍管理、排课管理、成绩管理、教学管理…
- 学生：用户登录、成绩查询、选课管理…
- 教师：用户登录、成绩管理、教学管理…

6.6.3 构建用例模型

任何用例都必须由某一个参与者触发后才能产生活动，所以当确定系统的参与者后，就可以从系统参与者开始来确定系统的用例。因此系统的用例图可以分 3 个部分来绘制。

1. 管理员用例图

管理员能够通过该系统进行管理。首先登录系统，身份验证成功后，获取学生和教师信息，然后将课程信息更新，最后对选课结果和成绩进行发布。通过上述这些活动，我们可以创建管理员用例图，如图 6-29 所示。

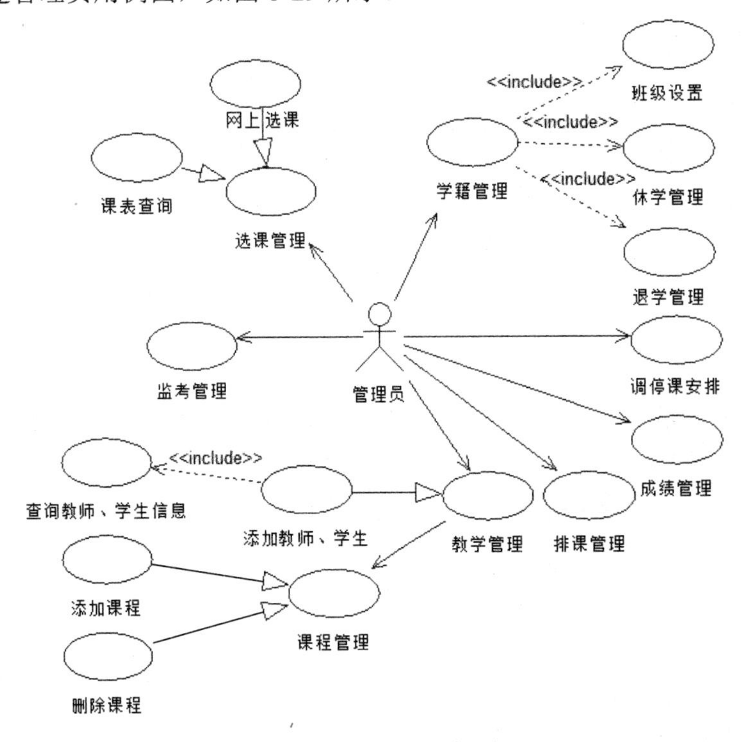

图 6-29　管理员用例图

2. 教师用例图

教师能够通过该系统进行如下活动。

(1) 修改、查看个人信息。

(2) 查询授课班级和授课学生，打印学生名单。

(3) 查看空闲教室。

(4) 上传成绩并获取成绩单。

(5) 获取课表并且进行选课管理。

通过上述这些活动，我们可以创建教师用例图，如图 6-30 所示。

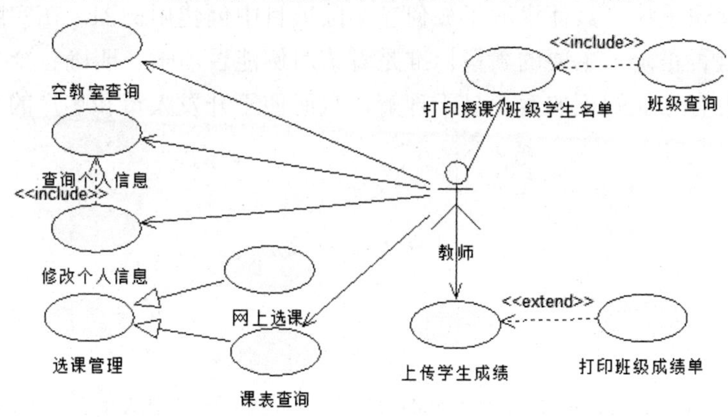

图 6-30 教师用例图

3. 学生用例图

学生能够通过该系统进行个人信息、教室、选课和成绩的管理，创建学生用例图，如图 6-31 所示。

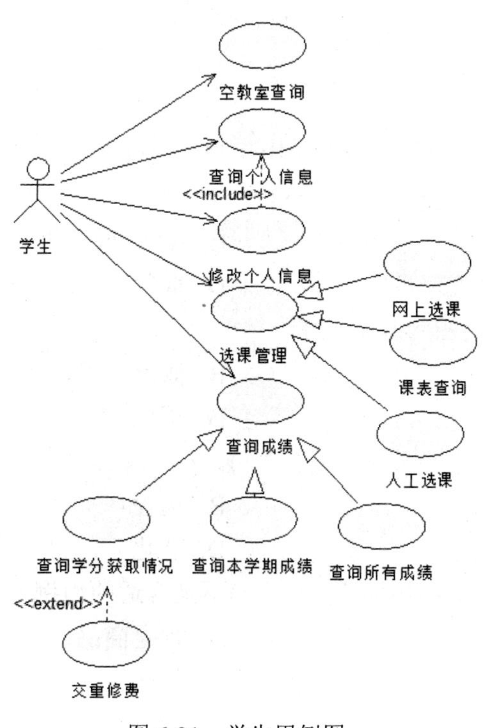

图 6-31 学生用例图

【本章小结】

本章详细地对重要的模型元素，即用例图进行了介绍，从用例图的概念、作用、组成元素和关联关系到如何通过Rational Rose创建用例图和用例图的各个元素。最后通过“企业进存销管理系统”具体讲解了如何在实际项目中创建用例图。在实际工作中，判断一个用例图是否正确，主要的衡量标准是看该用例能否清晰、明确、全面地描述软件系统，能否使没有专业知识的客户易于理解，从而便于开发人员和客户的交流。

习题 6

1. 填空题

(1) 由参与者(Actor)、用例(Use Case)及它们之间的关系构成的用于描述系统功能的动态视图称为______。

(2) 用例图的组成要素是______、______和______。

(3) 用例中的主要关系有______、______和______。

(4) ______指的是用例所包含的系统服务或功能单元的多少。

(5) 用例图中以实线方框表示系统的范围和边界，在系统边界内描述的是______，在边界外描述的是______。

2. 选择题

(1) 在ATM自动取款机的工作模型中(用户通过输入正确的用户资料，从银行取钱的过程)，下面不是参与者的是(　　)。

A. 用户　　B. ATM取款机

C. ATM取款机管理员　　D. 取款

(2) (　　)是构成用例图的基本元素。

A. 参与者　　B. 泳道

C. 系统边界　　D. 用例

(3) 下面不是用例间主要关系的是(　　)。

A. 扩展　　B. 包含

C. 依赖　　D. 泛化

(4) 对于一个电子商务网站而言，(　　)不是合适的用例。

A. 用户登录　　B. 预定商品

C. 邮寄商品　　D. 结账

(5) 下列对系统边界的描述不正确的是(　　)。

A. 系统边界是指系统与系统之间的界限

B. 用例图中的系统边界是用来表示正在建模的系统的边界

C. 边界内表示系统的组成部分，边界外表示系统外部

D. 我们可以使用 Rose 绘制用例中的系统边界

3. 简答题

(1) 试述识别用例的方法。

(2) 用例之间的 3 种关系各使用在什么场合？

(3) 请问在设计系统时，绘制的用例图是多一些好还是少一些好，为什么？

(4) 请简述为何在系统设计时要使用用例图及其对用户有什么帮助。

(5) 使用 Rose 创建用例图的步骤有哪些？

4. 上机题

有一个学生管理系统，其中有参与者 3 人，分别为系统管理员、教师和学生，需求如下。

(1) 系统管理员登录系统后，通过身份验证，能够对学生的基本信息进行管理，包括录入、修改、查询和删除学生基本信息，并且可以找回自己的密码，系统管理员用例图如图 6-32 所示。

(2) 教师在日常管理中可以登录系统，如果忘记密码可以通过系统找回。教师可以通过系统查询、修改和删除学生的考试成绩。当考试结束后，教师有权将学生成绩录入系统，教师用例图如图 6-33 所示。

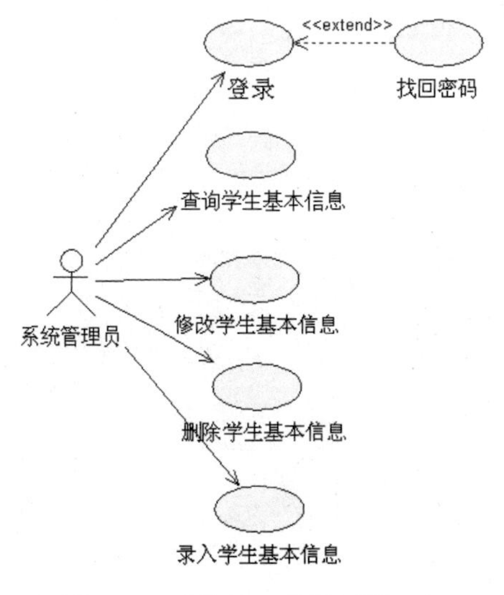

图 6-32　系统管理员用例图

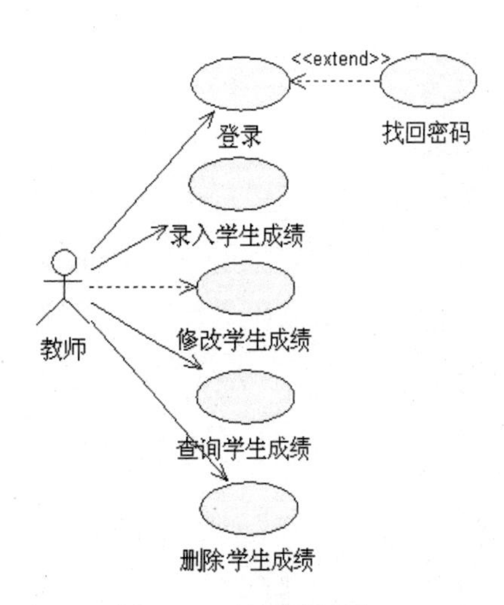

图 6-33　教师用例图

(3) 学生登录后可以进入本系统用例图，查询自己的个人基本信息。如果忘记密码可以通过系统找回，学生用例图如图 6-34 所示。

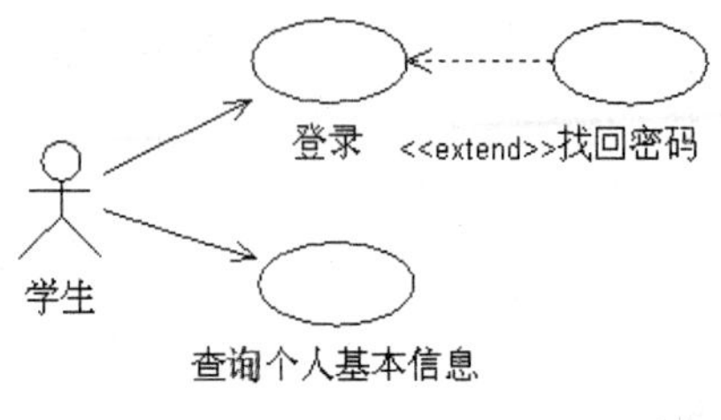

图 6-34　学生用例图

第7章

类图与对象图

软件系统开发的基础是通过面向对象的方法来建立对象模型。而在面向对象分析方法中，类和对象的图形表示法又是关键的建模技术之一。它们能够有效地对业务领域和软件系统建立可视化的对象模型，使用强大的表达能力来表示面向对象模型的主要概念。UML中的类图和对象图显示了系统的静态结构，其中的类、对象和关联是图形元素的基础。由于类图表达的是系统的静态结构，所以在系统的整个生命周期中，这种描述都是有效的。

本章主要介绍UML类图和对象图的基本概念、图形的表示方法及如何使用Rational Rose来创建这两类图形。

7.1 类图与对象图的基本概念

在UML中，系统静态结构的描述主要是通过类图和对象图来实现的。类图从抽象的角度描述系统的静态结构，特别是模型中存在的类、类的内部结构及它们与其他类之间的相互关系，而对象图是系统静态结构的一个快照，是类的实例化表示。

7.1.1 类图与对象图的含义

类图(Class Diagram)显示了系统的静态结构，而系统的静态结构构成了系统的概念基础。系统中的各种概念都是现实应用中有意义的概念，这些概念包括真实世界中的概念、抽象的概念、实现方面的概念和计算机领域的概念。类图就是用于对系统中的各种概念进行建模，并描绘出它们之间关系的图。

在大多数的UML模型中，我们可以将这些概念的类型概括为以下4种。

- 类
- 接口
- 数据类型
- 构件

另外，UML还为这些类型起了一个特别的名字，叫作类元(Classifer)。类元是对有实例且有属性形式的结构特征和操作形式的行为特征建模元素的统称。类是一种重要的类元，此外，接口(通常不包含属性)和数据类型(UML1.5 规范)及构件也是类元。在一些关于UML的书籍中，也将参与者、信号、节点、用例等包含在内。通常地，我们可以将类元认为是类，但在技术上，类元是一种更为普遍的术语，它还应当包括其他 3 种类型。可以说创建类图的目的之一就是显示建模系统的类型。

一个类图通过系统中的类及各个类之间的关系来描述系统的静态方面。类图与数据模型有许多相似之处，区别就是类不仅描述了系统内部信息的结构，也包含了系统的内部行为，系统通过自身行为与外部事物进行交互。

在类图中包含了以下几种模型元素，分别是类(Class)、接口(Interface)、依赖(Dependency)关系、泛化(Generalization)关系、关联(Association)关系及实现(Realization)关系。并且类图与其他 UML 中的图类似，也可以创建约束、注释和包等，一般的类图如图 7-1 所示。

类图中的类可以通过相关语言工具转换为某种面向对象的编程语言代码。

虽然一个类图仅显示系统中的类，但是存在一个变量，确切地显示了各个类对象实例的位置，那就是对象图。对象图描述系统在某一个特定时间点上的静态结构，是类图的实例和快照，即类图中的各个类在某一个时间点上的实例及其关系的静态写照。

对象图中包含对象(Object)和链(Link)。其中对象是类的特定实例，链是类之间关系的实例，表示对象之间的特定关系，对象图的表示如图 7-2 所示。

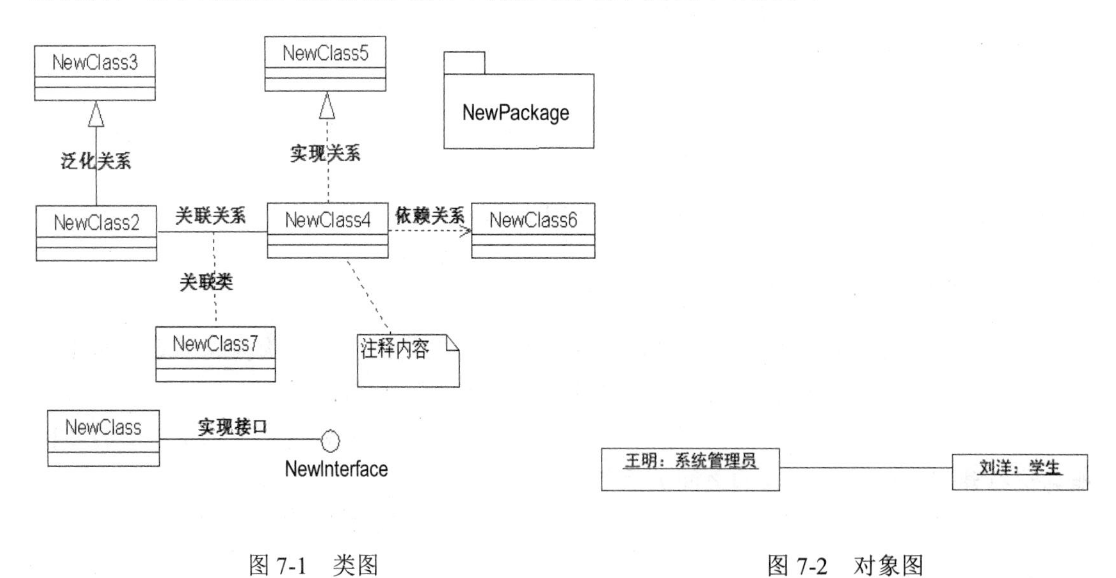

图 7-1　类图　　　　图 7-2　对象图

对象图所建立的对象模型描述的是某种特定的情况，而类图所建立的模型描述的是通用的情况。类图和对象图的区别如表 7-1 所示。

表 7-1　类图和对象图的区别

类　　图	对　象　图
在类中包含 3 个部分，分别是类名、类的属性和类的操作	对象包含两个部分，即对象的名称和对象的属性
类的名称栏只包含类名	对象的名称栏包含“对象名:类名”
类的属性栏定义了所有属性的特征	对象的属性栏定义了属性的当前值
类中列出了操作	对象图中不包含操作内容，因为对属于同一个类的对象，其操作是相同的
类中使用了关联连接，关联中使用名称、角色及约束等特征定义	对象使用链进行连接，链中包含名称、角色
类是一类对象的抽象，类不存在多重性	对象可以具有多重性

7.1.2　类图与对象图在项目开发中的作用

由于静态视图主要被用于支持系统的功能性需求，也就是系统提供给最终用户的服务，而类图的作用是对系统的静态视图进行建模。当对系统的静态视图进行建模时，通常是以如下 3 种方式来使用类图的。

- 为系统的词汇建模。在使用 UML 构建系统时，最先就是构造系统的基本词汇，以描述系统的边界。对系统的词汇建模要做出哪些抽象是系统建模中的一部分、哪些抽象处于建模系统边界之外等判断。这是非常重要的一项工作，因为系统最基本的元素在这里会被确定下来。系统分析者可以用类图详细描述这些抽象和它们所执行的职责。类的职责是指对该类的所有对象所具备的相同属性和操作共同组成的功能或服务的抽象。
- 模型化简单的协作。现实世界中的事物是普遍联系的，即使将这些事物抽象成类以后，这些类也是具有相关联系的，系统中的类极少能够孤立于系统中的其他类而独立存在，它们总是与其他的类协同工作，以实现强于单个类的语义。协作是由一些共同工作的类、接口和其他模型元素所构成的一个整体，这个整体提供的一些合作行为强于所有这些元素的行为的和。系统分析者可以通过类图将这种简单的协作进行可视化和表述。
- 模型化逻辑数据库模式。在设计数据库时，通常将数据库模式看作数据库概念设计的蓝图，在很多领域中，都需要在关系数据库或面向数据库中存储永久信息。系统分析者可以使用类图来对这些数据库进行模式建模。

对象图作为系统在某一时刻的快照，是类图中各个类在某一个时间点上的实例及其关系的静态写照，可以通过以下两个方面来说明它的作用。

- 说明复杂的数据结构。对于复杂的数据结构，有时很难将其抽象成类表达之间的交互关系。使用对象描绘对象之间的关系可以帮助我们说明复杂数据结构某一时刻的快照，从而有助于对复杂数据结构的抽象。
- 表示快照中的行为。通过一系列的快照，可以有效地表达事物的行为。

7.2 类图的组成

类图(Class Diagram)是由类、接口等模型元素及它们之间的关系组成的。类图的目的在于描述系统的构成方式，而不是系统是如何协作运行的。

7.2.1 类

类是面向对象系统组织结构的核心，是对一组具有相同属性、操作、关系和语义的事物的抽象。这些事物包括现实世界中的物理实体、商业事务、逻辑事物、应用事物和行为事物等，甚至还包括纯粹的概念性事物。根据系统抽象程度的不同，可以在模型中创建不同的类。

在UML中，类被表述成为具有相同结构、行为和关系的一组对象的描述符号，所用的属性与操作都被附在类中。类定义了一组具有状态和行为的对象，其中，属性和关联用来描述状态。属性通常使用没有身份的数据值来表示，如数字和字符串。关联则使用有身份的对象之间的关系表示。行为由操作来描述，方法是操作的具体实现。对象的生命周期则由附加给类的状态机来描述。

在UML的图形表示中，类的表示法是一个矩形，这个矩形由 3 个部分构成，分别是类的名称(Name)、类的属性(Attribute)和类的操作(Operation)。类的名称位于矩形的顶端，类的属性位于矩形的中间部位，而矩形的底部显示类的操作。中间部位不仅可以显示类的属性，还可以显示属性的类型及属性的初始化值等。矩形的底部也可以显示操作的参数表和返回类型等，如图 7-3 所示。

在类的构成中还应当包含类的职责(Responsibility)、类的约束(Constraint)和类的注释(Note)等信息。

在 Rational Rose 2003 中，还可以定制显示的信息，如需要隐藏的属性或操作，以及熟悉或操作的部分信息等。当在一个类图中画一个类元素时，必须要有顶端的区域，下面的两个区域是可选择的，如当使用类图仅显示类元之间关系的高层细节时，下面的两个区域是不必要的，可以隐藏类的属性和操作信息，如图 7-4 所示。

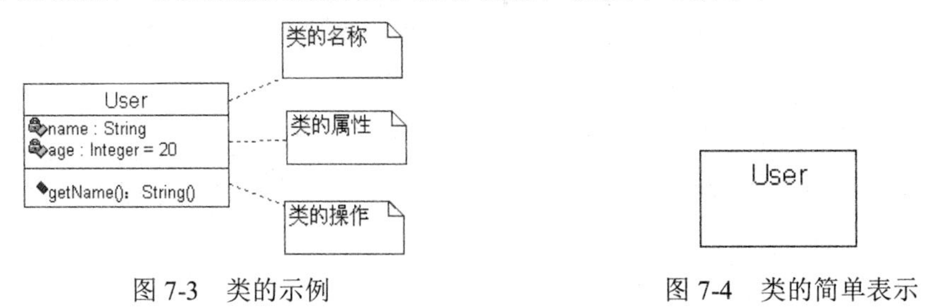

图 7-3　类的示例　　　图 7-4　类的简单表示

类也拥有不同的构造型，在 Rational Rose 2003中默认支持 Actor、Boundary、Business Actor、Business Document、Business Entity、Business Event、Business Goal、Business

Worker、control、Domain、entity、Interface、Location、Physical Worker、Resource、Service、Table、View 等构造型，同样也可以自己创建新的构造型，如为窗体类创建 Form 构造型。通过构造型还可以方便地将类进行划分，例如，当需要迅速地查找到模型中所有窗体时，那么之前将所有的窗体都指定成为 Form 构造型后，只需要寻找 Form 构造型的类即可。在默认支持的这些构造型中，它们与类的一般图形表示有所不同。如图7-5所示，是将 User 类的构造型设置成为 Table 的图形。对于这些构造型的用途，在后面创建具体的类时会进行说明。

我们也可以为类指定相关的类型，在 Rational Rose 2003 中默认支持 Class、Parameterized Class、InstantiateClass、ClassUtility、ParameterizedClassUtility、InstantiatedClassUtility 和 MetaClass 等类型。不同类型的类的表示图形也不相同。

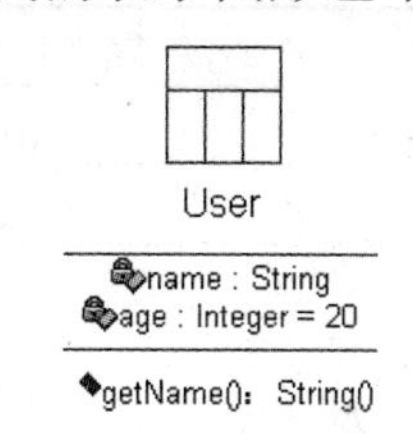

图 7-5　Table 构造型的类

1. 类的名称

类的名称(Name)是每个类的图形中所必须拥有的元素，用于同其他类进行区分。类的名称通常来自系统的问题域，并且尽可能地明确表达要描述的事物，不会造成类的语义冲突。类的名称应该是一个名词，且不应该有前缀或后缀。按照UML的约定，类的名称的首字母应当大写，如果类的名称由两个单词组成，那么将这两个单词合并，第二个单词的首字母也大写。类的名称的书写字体也有规范，正体字说明类是可被实例化的，斜体字说明类为抽象类。如图 7-6 所示，代表的是一个名称为User的抽象类。

类在它的包含者内有唯一的名字，这个包含者通常是一个包，但也可能是另外一个类。包含者对类的名称也有一定的影响。在类中，默认显示包含该类所在的名称，如图 7-7 所示。

图 7-6　抽象类类名示例

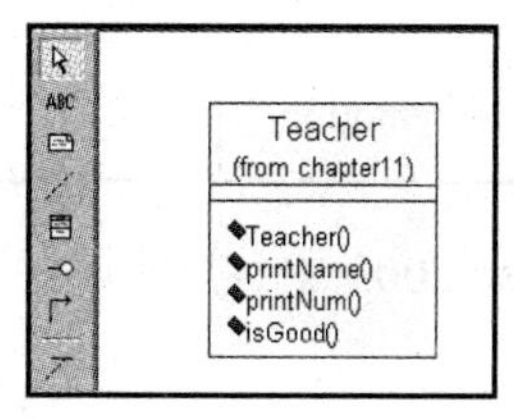

图 7-7　包含位置的类

图 7-7 中表示一个名称为Teacher的类位于名称为chapter11 的包中。在一些关于UML的书中，也将其表示成chapter11::Teacher的形式，将类的名称分为简单名称和路径名称。单独的名称，即不包含冒号的字符串叫作简单名(Simple Name)。用类所在的包的名称作为前缀的类名叫作路径名(Path Name)。

2. 类的属性

类的属性(Attribute)是类的一个特性，也是类的一个组成部分，描述了在软件系统中所代表对象具备的静态部分的公共特征抽象，这些特性是这些对象所共有的。当然，有时也可以利用属性值的变化来描述对象的状态。一个类可以具有零个或多个属性。

在 UML 中，类的属性的语法表示为([ ]内的内容是可选的)：

```
[可见性] 属性名称 [:属性类型] [=初始值] [{属性字符串}]
```

例如，上面所举的 User 类的属性如表 7-2 所示。

表 7-2　User 类中的属性示例

可　见　性	属 性 名 称	属 性 类 型	初　始　值
private	name	String	
	age	Integer	20

1) 可见性

属性的可见性描述了该属性是否对于其他类能够可见，从而是否可以被其他类引用。类中属性的可见性包含 3 种，分别是公有类型(public)、受保护类型(protected)和私有类型(private)。在 Rational Rose 2003 中，私有类型的属性设置中添加了 Implementation 选项。如表 7-3 所示，显示了在 Rational Rose 2003 中类属性的可见性。

表 7-3　类属性的可见性

名　　称	关　键　字	符　　号	Rational Rose 中的图标	语　　义
公有类型	public	+		允许在类的外部使用或查看该属性
受保护类型	protected	#		经常和泛化关系等一起使用，子类允许访问父类中受保护类型的属性
私有类型	private	-		只有类本身才能够访问，外部一概访问不到
	Implementation			该属性仅在被定义的包中才能够可见

在 Rational Rose 2003 中，类的属性可以选择上面 4 种类型中的任意一种，默认情况下选择私有类型。

2) 属性的名称

属性是类的一部分，每个属性都必须有一个名字以区别于类的其他属性。通常情况下，属性名由描述所属类的特性的名词或名词短语构成。按照UML的约定，属性名称的第一个字母小写，如果属性名称包含了多个单词，则这些单词要合并，并且除了第一个英文单词外其余单词的首字母要大写。

3) 属性类型

属性也具有类型，用来指出该属性的数据类型。典型的属性类型包括Boolean、Integer、Byte、Date、String和Long等，这些被称为简单类型。这些简单类型在不同的编程语言中会有所不同，但基本上都是支持的。在UML中，类的属性可以是任意的类型，包括系统中定义的其他类，都可以被使用。当一个类的属性被完整定义后，它的任何一个对象的状态都由这些属性的特定值决定。

4) 初始值

在程序语言设计中，设定初始值通常有如下两个用处。

- 用来保护系统的完整性。在编程过程中，为了防止漏掉对类中某个属性的取值，或者类的属性在自动取值的时候破坏系统的完整性，可以通过赋初始值的方法保护系统的完整性。
- 为用户提供易用性。设定一些初始值能够有效地帮助用户输入，从而为用户提供很好的易用性。

5) 属性字符串

属性字符串用来指定关于属性的一些附加信息，如某个属性应该在某个区域有限制。任何希望添加在属性定义字符串中但又没有合适的地方可以加入的规则，都可以放在属性字符串中。

3. 类的操作

类的操作(Operation)指的是类所能执行的操作，也是类的一个重要组成部分，描述了在软件系统中所代表的对象具备的动态部分的公共特征抽象。类的操作可以根据可见性的不同由其他任意对象请求以影响其行为。属性是描述类的对象特性的值，而操作是通过操纵属性的值改变或执行其他动作的。操作有时被称为函数或方法，在类的图形表示中，它们位于类的底部。一个类可以有零个或多个操作，并且每个操作只能应用于该类的对象。

操作由一个返回类型、一个名称及参数表来描述。其中，返回类型、名称和参数表一起被称为操作签名(Signature of the Operation)。操作签名描述了使用该操作所必需的所有信息。在 UML 中，类操作的语法表示为([ ]内的内容是可选的)：

```
[可见性] 操作名称 [(参数表)]  [:返回类型] [{属性字符串}]
```

例如，上面所举的 User 类的操作如表 7-4 所示。

表 7-4　User 类的操作

可 见 性	操 作 名 称	参 数 表	返 回 类 型
public	getName	无	String

1) 可见性

操作的可见性描述了该操作是否对其他类可见，从而是否可以被其他类引用。类中操作的可见性包含 3 种，分别是公有类型(public)、受保护类型(protected)和私有类型(private)。在 Rational Rose 2003 中，类的操作设置中添加了 Implementation 选项，如表 7-5 所示。

表 7-5 类操作的可见性

名　称	关 键 字	符 号	Rational Rose 中的图标	语 义
公有类型	public	+		允许在类的外部使用或查看该操作
受保护类型	protected	#		经常和泛化关系等一起使用，子类允许访问父类中受保护类型的操作
私有类型	private	-		只有类本身才能够访问，外部一概访问不到
	Implementation			该操作仅在被定义的包中才能够可见

在 Rational Rose 2003 中，类的操作可以选择上面 3 种类型中的任意一种，默认情况下为公有类型，即 public 类型。

2) 操作的名称

操作作为类的一部分，每个操作都必须有一个名称以区别于类中的其他操作。通常情况下，操作名由描述所属类的行为的动词或动词短语构成。与属性的命名一样，操作名称的第一个字母小写，如果操作的名称包含了多个单词，则这些单词需要合并，并且除了第一个英文单词外其余单词的首字母要大写。

3) 参数表

参数表就是由类型、标识符对组成的序列，实际上是操作或方法被调用时接收传递过来的参数值的变量。参数采用“名称:类型”的定义方式，如果存在多个参数，则将各个参数用逗号隔开。如果方法没有参数，则参数表就是空的。参数可以具有默认值，也就是说，如果操作的调用者没有提供某个具有默认值的参数的值，那么该参数将使用指定的默认值。

4) 返回类型

返回类型指定了由操作返回的数据类型，它可以是任意有效的数据类型，包括我们所创建的类的类型。绝大部分编程语言只支持一个返回值，即返回类型至多一个。如果操作没有返回值，则在具体的编程语言中一般要加一个关键字 void 来表示，也就是其返回类型必须是 void。

5) 属性字符串

属性字符串是用来附加一些关于操作的除了预定义元素之外的信息，方便对操作的一些内容进行说明。

4. 类的职责

在标准的 UML 定义中，有时还应当指明类的另一种信息，即类的职责(Responsibility)。类的职责指的是对该类的所有对象所具备的相同的属性和操作共同组成的功能或服务的抽象。类的属性和操作是对类的具体结构特征和行为特征的形似化描述，而职责是对类的功能和作用的非形似化描述。有了属性、操作和职责，一个类的重要语义内容就基本定义完毕。

在声明类的职责的时候，可以非正式地在类图的下方增加一栏，将该类的职责逐条描述出来。对类职责的描述并不是必需的，因此也可以将其以文档的形式保存，也就是说类的职责其实只是一段或多段文本描述。一个类可以有多种职责，设计好的类一般至少有一种职责。

5. 类的约束

类的约束(Constraint)指定了该类所要满足的一个或多个规则。在UML中，约束是用一个大括号括起来的文本信息。在使用Rational Rose 2003 表达类与类之间的关联时，通常会对类使用一些约束条件。如图 7-8 所示，指出了在student类和denglu类之间应当满足的约束。

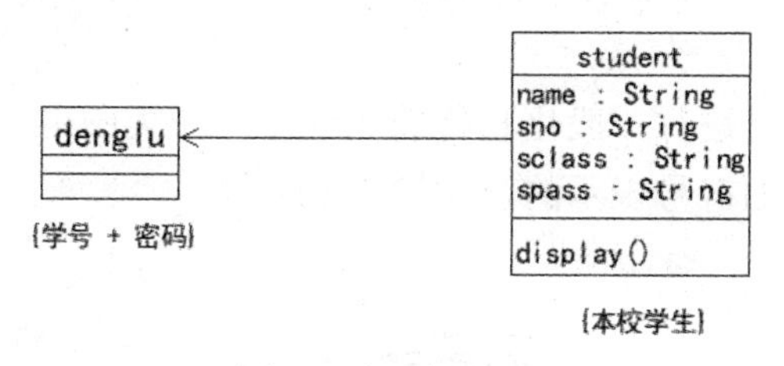

图 7-8　约束示例

6. 类的注释

使用注释(Note)可以为类添加更多的描述信息，也是为类提供更多描述方式中的一种，如图 7-9 所示。

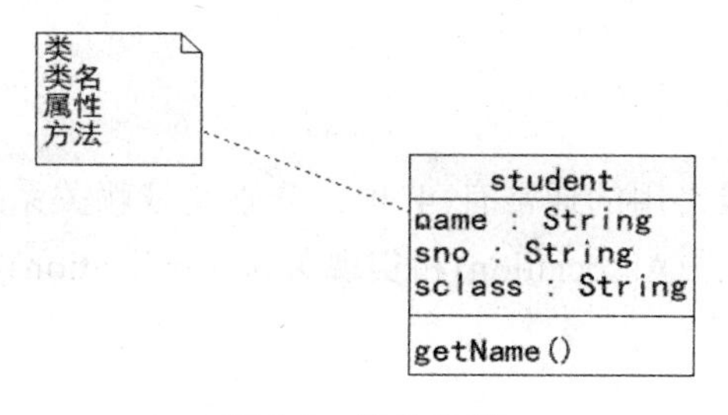

图 7-9　类的注释

7.2.2 接口

接口(Interface)是在没有给出对象实现和状态的情况下对对象行为的描述。通常，在接口中包含一系列操作但是不包含属性，并且它没有外界可见的关联。我们可以通过一个或多个类或构件来实现一个接口，并且在每个类中都可以实现接口中的操作。

接口是一种特殊的类，所有接口都是有构造型<<interface>>的类。一个类可以通过实现接口来支持接口所指定的行为。在程序运行的时候，其他对象可以只依赖于此接口，而不需要知道该类关于接口实现的其他任何信息。一个拥有良好接口的类具有清晰的边界，并成为系统中职责均衡分布的一部分。

在UML中，接口的表示方式是使用一个带有名称的小圆圈来表示的，并且可以通过一条Realize(实现关系)线与实现它的类相连接，如图 7-10 所示。

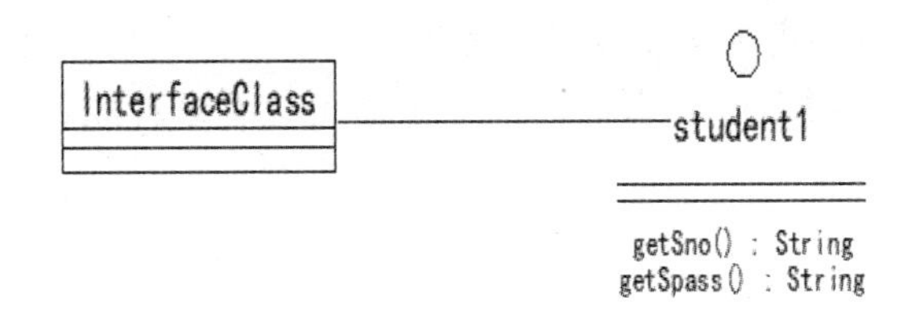

图 7-10　接口示意

当接口被其他类依赖的时候，也就是说一个接口在某个特定类中实现后，一个类通过一个依赖关系与该接口相连接。这时，依赖类仅是依赖于指定接口中的操作，而不依赖于接口实现类中的其他部分。在依赖类中可以通过一些方式调用接口中的操作，这种关系如图 7-11 所示。

接口也可以像类那样进行一般化和特殊化处理。在类图中，接口之间的泛化关系也是用类泛化关系所使用的符号表示的，如图 7-12 所示。

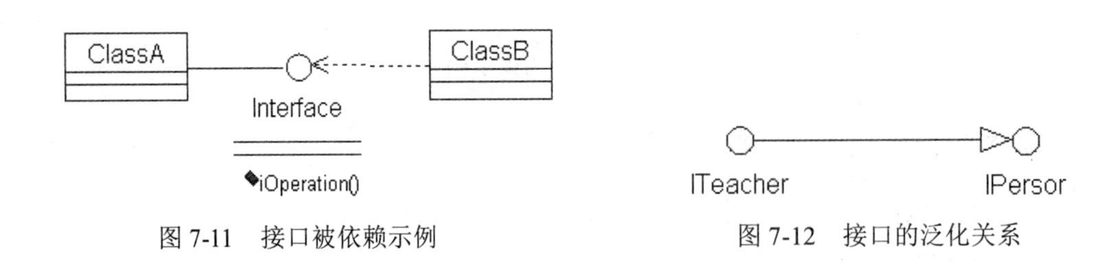

图 7-11　接口被依赖示例　　　图 7-12　接口的泛化关系

7.2.3 类之间的关系

类与类之间的关系最常用的通常有 4 种，分别是依赖关系(Dependency)、泛化关系(Generalization)、关联关系(Association)和实现关系(Realization)，如表 7-6 所示。

表 7-6　关系的种类

关　系	功　能	表示图形
依赖关系	两个模型元素之间的依赖关系	- - - - - ->
泛化关系	更概括和更具体地描述种类之间的关系，适应于继承	——▷
关联关系	类实例之间连接的描述	——>
实现关系	说明和实现之间的关系	- - - - - -▷

1. 依赖关系(Dependency)

依赖表示的是两个或多个模型元素之间语义上的连接关系，它只将模型元素本身连接起来而不需要用一组实例来表达它的意思。依赖关系表示了这样一种情形，提供者的某些变化会要求或指示依赖关系中客户的变化，也就是说依赖关系将行为和实现与影响其他类的类联系起来。

根据上述定义，依赖关系有很多种，除了实现关系以外，还可以包含其他几种依赖关系，如跟踪关系(不同模型中元素之间的一种松散连接)、精化关系(两个不同层次意义之间的一种映射)、使用关系(在模型中需要另一个元素的存在)、绑定关系(为模板参数指定值)。关联和泛化也同样都是依赖关系，但是它们有更特别的语义，故它们有自己的名字和详细的语义。我们通常用依赖这个词来指其他的关系。

依赖关系还经常被用来表示具体实现间的关系，如代码层的实现关系。在概括模型的组织单元如包时，依赖关系是很有用的，它在其上显示了系统的构架。例如，编译方面的约束也可通过依赖关系来表示。

依赖关系使用一个从客户指向提供者的虚箭头来表示，并且使用一个构造型的关键字位于虚箭头之上来区分依赖关系的种类，如图 7-13 所示。

图中 schedule 类表示的是时间安排，course 表示的是课程，schedule 的方法 add 含有 course 类属性，所以，schedule 类依赖 course 类。

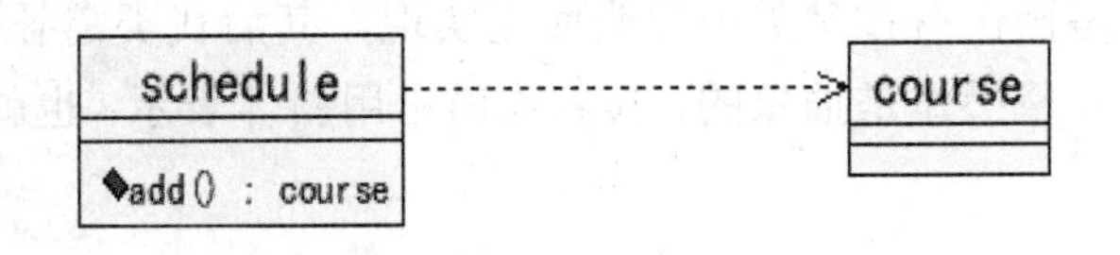

图 7-13　依赖关系

2. 泛化关系(Generalization)

泛化关系用来描述类的一般和具体之间的关系。具体描述建立在对类的一般描述的基础之上，并对其进行了扩展。因此，在具体描述中不仅包含一般描述中所拥有的所有特性、成员和关系，而且还包含了具体描述补充的信息。

在泛化关系中，一般描述的类被称作父类，具体描述的类被称作子类。例如，交通工具可以被抽象成是父类，而地铁、巴士则通常被抽象成子类。泛化关系还可以在类元(类、接口、数据类型、用例、参与者、信号等)、包、状态机和其他元素中使用。在类中，术语超类和子类分别代表父类和子类。

泛化关系描述的是 is a kind of(是……的一种)的关系，它使父类能够与更加具体的子类连接在一起，有利于对类的简化描述，可以不用添加多余的属性和操作信息，通过相关继承的机制方便地从其父类继承相关的属性和操作。继承机制利用泛化关系的附加描述构造了完整的类描述。泛化和继承允许不同的类分享属性、操作和它们共有的关系，而不用重复说明。

泛化关系是使用从子类指向父类的一个带有实线的箭头来表示的，指向父类的箭头是一个空三角形，如图 7-14 所示。

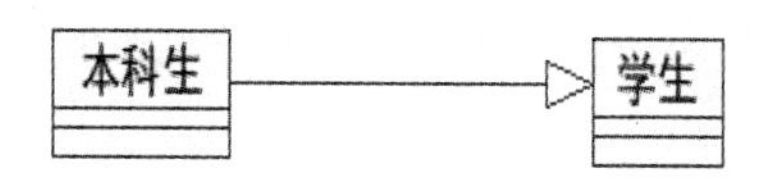

图 7-14　泛化关系

图中，学生为父类，本科生为子类。多个泛化关系可以用箭头线组成的树来表示，每一个分支都指向一个子类。

泛化关系的第一个用途是定义可替代性原则，即当一个变量(如参数或过程变量)被声明承载某个给定类的值时，可使用类(或其他元素)的实例作为值，这被称作可替代性原则(由 Barbara Liskov 提出)。该原则表明无论何时祖先被声明，后代的任何一个实例都可以被使用。例如，如果交通工具这个类被声明，那么地铁和巴士的对象就是一个合法的值了。

泛化使得多态操作成为可能，即操作的实现是由它们所使用的对象的类，而不是由调用者确定的。这是因为一个父类可以有许多子类，每个子类都可实现定义在类整体集中的同一操作的不同变体。例如，本科生和研究生的对象有所不同，它们中的每一个都是父类学生的变形，这一点特别有用，因为在不需要改变现有多态调用的情况下就可以加入新的类。一个多态操作可在父类中声明而无实现，其后代类需补充该操作的实现。由于父类中的这种不完整操作是抽象的，其名称通常用斜体表示，也就是父类是抽象类，如图 7-15 所示。

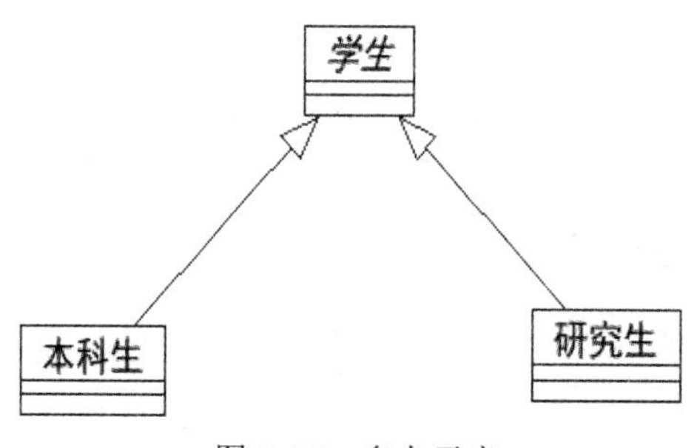

图 7-15　多态示意

泛化的另一个用途是在共享祖先所定义的成分的前提下允许它自身定义其他的成分，这被称作继承。继承是一种机制，通过该机制可以将对类的对象的描述从类及其祖先的声明部分聚集起来。继承允许描述的共享部分只被声明一次但可以被许多类共享，而不是在每个类中重复声明并使用它，这种共享机制减小了模型的规模。更重要的是，它减少了为了模型的更新而必须做的改变和意外的前后定义不一致。对于其他成分，如状态、信号和用例，继承通过相似的方法起作用。

3. 关联关系(Association)

关联关系是一种结构关系，指出了一个事物的对象与另一个事物的对象之间在语义上的连接。关联描述了系统中对象或实例之间的离散连接，它将一个含有两个或多个有序表的类，在允许复制的情况下连接起来。一个类关联的任何一个连接点都叫作关联端，与类有关的许多信息都附在它的端点上。关联端有名称、角色、可见性及多重性等特性。

关联的一个实例被称为链。链即所涉及对象的一个有序表，每个对象都必须是关联中对应类的实例或此类后代的实例。系统中的链组成了系统的部分状态。链并不独立于对象而存在，它们从与之相关的对象中得到自己的身份(在数据库术语中，对象列表是链的键)。

最普通的关联是一对类之间的二元关联。二元关联使用一条连接两个类的连线表示。如图 7-16 所示，连线上有相互关联的角色名，而多重性则加在各个端点上。

如果一个关联既是类又是关联，那么它是一个关联类，如图 7-17 所示，course 便是一个关联类。

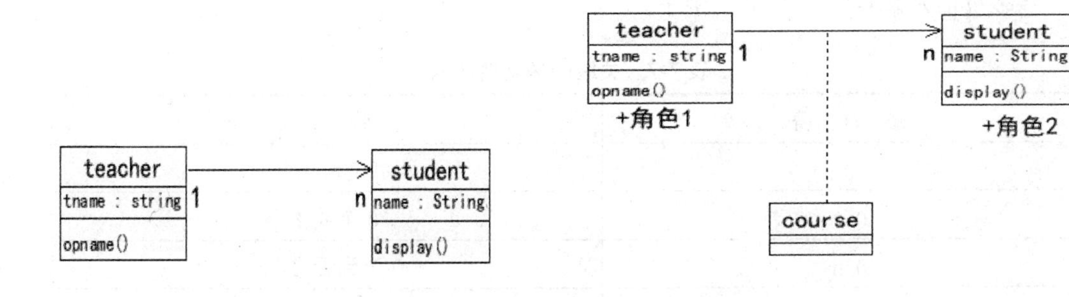

图 7-16　二元关联示例　　　　图 7-17　关联类示例

关联关系还有两种非常重要的形式，分别是聚集(Aggregation)关系和组成(Composition)关系。

聚集关系描述的是部分与整体关系的关联，简单地说，它将一组元素通过关联组成一个更大、更复杂的单元，这种关联关系就是聚集。聚集关系描述了 has a 的关系。在 UML 中，它用端点带有空菱形的线段来表示，空菱形与聚集类相连接，其中头部指向整体。如图 7-18 所示，表示 NewClass 和 NewClass2 的聚集关系，其中在 NewClass 中包含 NewClass2。

组成关系则是一种更强形式的关联，在整体中拥有管理部分的特有职责，有时也被称为强聚合关系。在组合中，成员对象的生命周期取决于聚合的生命周期，聚合不仅控制着成员对象的行为，而且控制着成员对象的创建和结束。在UML中，组合关系使用带实心菱形头的实线来表示，其中头部指向整体。如图 7-19 所示，心脏、肺与人之间形成组成关系，其中，“人”类中包含“心脏”类和“肺”类，“心脏”类和“肺”类不能脱离“人”类而独立存在。

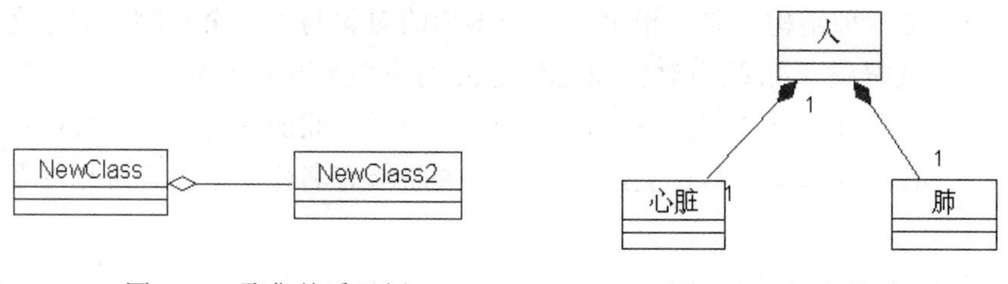

图 7-18　聚集关系示例　　图 7-19　组成关系示例

多重性是指在关联关系中，一个类的多个实例与另外一个类的一个实例相关。关联端可以包含名字、角色名和可见性等特性，但是最重要的特性是多重性，多重性对于二元关联很重要，因为定义n元关联很复杂。多重性可以用一个取值范围、特定值、无限定的范围或一组离散值来表达。

在UML中，多重性是使用一个以“..”分开的两个数值区间来表示的，其格式为minimum..maximum，其中minimum和maximum都是整数。当一个端点给出多个赋值时，就表示该端点可以有多个对象与另一个端点的一个对象进行关联。如表 7-7 所示，列出了一些多重值及解释它们含义的例子。

表 7-7　关联的多重性示例

修　饰　符	语　　义
0	仅为 0 个
0..1	0 个或 1 个
0..n	0 个到无穷多个
1	恰为 1 个
1..n	1 个到无穷多个
n	无穷多个
3	3 个
0..5	0 个到 5 个
5..15	5 个到 15 个

4. 实现关系(Realization)

实现关系将一种模型元素(如类)与另一种模型元素(如接口)连接起来，说明和其实现之间的关系。在实现关系中，接口只是行为的说明而不是结构或实现，而类中则包含其具体的实现内容，可以通过一个或多个类实现一个接口，但是每个类必须分别实现接口中的操作。虽然实现关系意味着要有像接口这样的说明元素，但它也可以用一个具体的实现元素来暗示它的说明(而不是它的实现)必须被支持，如可以用来表示类的一个优化形式和一个简单形式之间的关系。

泛化和实现关系都可以将一般描述与具体描述联系起来。泛化将在同一语义层上的元素连接起来(如在同一抽象层)，并且通常在同一模型内。实现关系将在不同语义层内的元素连接起来(如一个分析类和一个设计类或一个接口与一个类)，并且通常建立在不同的模型内。在不同发展阶段可能有两个或更多的类等级，这些类等级的元素通过实现关系联系起来。两个等级无须具有相同的形式，因为实现的类可能具有实现依赖关系，而这种依赖关系与具体类是不相关的。

在UML中，实现关系的表示形式和泛化关系的表示符号很相似，使用一条带封闭空箭头的虚线来表示，如图7-20所示，接口类为ClassA，具体的实现类为ClassB。

在UML中，接口是使用一个圆圈或类的版型来进行表示的，并通过一条实线附在表示类的矩形上来表示实现关系，如图7-21所示，表示man类和woman类实现human接口。

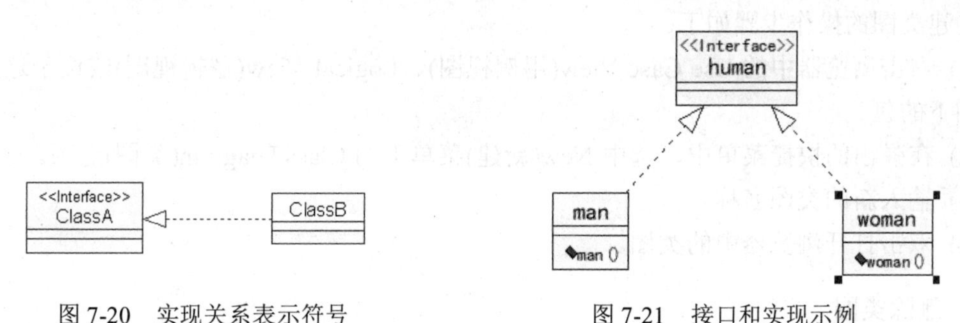

图7-20　实现关系表示符号　　　　图7-21　接口和实现示例

7.3 使用Rose创建类图

在了解了类图中的各种概念后，让我们来学习如何使用Rational Rose 2003创建类图及类图中的各种模型元素。

7.3.1　创建类

在类图的工具栏中，可以使用的工具按钮如表7-8所示，该表中包含了所有Rational Rose 2003默认显示的UML模型元素。我们可以根据这些默认显示的按钮创建相关的模型。

表 7-8　类图的工具栏中的图标

图　　标	名　　称	用　　途
	Selection Tool	光标返回箭头，选择工具
	Text Box	创建文本框
	Note	创建注释
	Anchor Note to Item	将注释连接到类图中的相关模型元素
	Class	创建类
	Interface	创建接口
	Unidirectional Association	创建单向关联关系
	Association Class	创建关联类并与关联关系连接
	Package	创建包
	Dependency or Instantiates	创建依赖或实例关系
	Generalization	创建泛型关系
	Realize	创建实现关系

1. 创建类图

创建类图的操作步骤如下。

(1) 右击浏览器中的 Use Case View(用例视图)、Logical View(逻辑视图)或位于这两种视图下的包。

(2) 在弹出的快捷菜单中，选中 New(新建)菜单下的 Class Diagram(类图)选项。

(3) 输入新的类图名称。

(4) 双击打开浏览器中的类图。

2. 删除类图

删除类图的操作步骤如下。

(1) 选中需要删除的类图，右击。

(2) 在弹出的快捷菜单栏中选择 Delete 选项即可删除。

注意，要删除一个类图的时候，通常需要确认一下是否是Logical View(逻辑视图)下的默认视图，如果是，将不允许删除。

3. 添加一个类

添加一个类的操作步骤如下。

(1) 在图形编辑工具栏中，选择 图标，此时光标变为“＋”号。

(2) 在类图中单击，任意选择一个位置，系统在该位置创建一个新类。系统产生的默认名称为 NewClass。

(3) 在类的名称栏中，显示了当前所有类的名称，我们可以选择清单中的现有类，这样便把在模型中存在的该类添加到类图中了。如果创建新类，则将 NewClass 重新命名成新的名称即可。创建的新类会自动添加到浏览器的视图中，如图 7-22 所示。

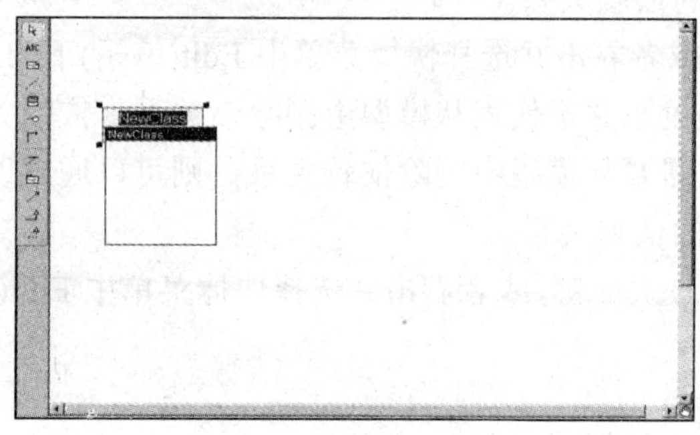

图 7-22　创建类示例

4. 删除一个类

删除一个类有以下两种方式。

- 将类从类图中移除，该类还存在模型中，如果再用，只需要将该类拖动到类图中即可。删除的方式只需要选中该类的同时按住 Delete 键即可。
- 将类永久地从模型中移除，其他类图中存在的该类也会一起被删除。可以通过以下方式进行删除操作。
    - ◆ 选中需要删除的类，右击。
    - ◆ 在弹出的快捷菜单中选择 Delete 选项。

7.3.2　创建类与类之间的关系

我们在前面已经介绍过，类与类之间的关系最常用的通常有 4 种，它们分别是依赖关系(Dependency)、泛化关系(Generalization)、关联关系(Association)和实现关系(Realization)，接下来介绍如何创建这些关系。

1. 创建依赖关系

创建依赖关系的操作步骤如下。

(1) 选择类图工具栏中的 ↗ 图标，或者选择菜单栏中 Tools(工具) | Create(新建) | Dependency or Instantiates 选项，此时的光标变为“↑”符号。

(2) 单击依赖者的类。

(3) 将依赖关系线拖动到另一个类中。

(4) 双击依赖关系线，弹出设置依赖关系规范的对话框。

(5) 在弹出的对话框中，可以设置依赖关系的名称、构造型、可访问性、多重性及文档等。

2. 删除依赖关系

删除依赖关系的操作步骤如下。

(1) 选中需要删除的依赖关系。

(2) 按 Delete 键，或者右击并选择快捷菜单中 Edit(编辑)下的 Delete 选项。

从类图中删除依赖关系并不代表从模型中删除该关系，依赖关系在依赖关系连接的类之间仍然存在。如果需要从模型中删除依赖关系，则可以通过以下步骤进行。

(1) 选中需要删除的依赖关系。

(2) 同时按 Ctrl 和 Delete 键，或者右击并选择快捷菜单中 Edit(编辑)下的 Delete from Model 选项。

3. 创建泛化关系

创建泛化关系的操作步骤如下。

(1) 选择类图工具栏中的图标，或者选择菜单栏中 Tools(工具) | Create(新建) | Generalization 选项，此时的光标变为“↑”符号。

(2) 单击子类。

(3) 将泛化关系线拖动到父类中。

(4) 双击泛化关系线，弹出设置泛化关系规范的对话框。

(5) 在弹出的对话框中，可以设置泛化关系的名称、构造型、可访问性和文档等。

4. 删除泛化关系

删除泛化关系的具体步骤请参照删除依赖关系的方法。

5. 创建关联关系

创建关联关系的操作步骤如下。

(1) 选择类图工具栏中的图标，或者选择菜单栏中 Tools(工具) | Create(新建) | Unidirectional Association 选项，此时的光标变为“↑”符号。

(2) 单击要关联的类。

(3) 将关联关系线拖动到要与之关联的类中。

(4) 双击关联关系线，弹出设置关联关系规范的对话框。

(5) 在弹出的对话框中，可以设置关联关系的名称、构造型、角色、可访问性、多重性、导航性和文档等。

聚集关系和组成关系也是关联关系的一种，我们可以通过扩展类图的图形编辑工具栏，并使用聚集关系图标来创建聚集关系，也可以根据普通类的规范窗口将其设置成聚集关系和组成关系，具体的操作步骤如下。

(1) 在关联关系的规范对话框中，选择 Role A Detail 或 Role B Detail 选项卡。

(2) 选中 Aggregate 选项，如果设置组成关系，则需要选中 By Value 选项。

(3) 单击 OK 按钮。

6. 删除关联关系

删除关联关系的具体步骤请参照删除依赖关系的方法。

7. 创建和删除实现关系

创建和删除实现关系与创建和删除依赖关系等很类似，实现关系的图标是 ，使用该图标将实现关系的两端连接起来，双击实现关系的线段设置实现关系的规范，在对话框中，可以设置实现关系的名称、构造型文档等。

7.4 对象图

前面对对象图的概念做了一些基本的介绍，下面将介绍对象图的基本组成元素及如何创建对象图。

7.4.1 对象图的组成

对象图(Object Diagram)是由对象(Object)和链(Link)组成的。对象图的目的在于描述系统中参与交互的各个对象在某一时刻是如何运行的。

1. 对象

对象是类的实例，创建一个对象通常可以从两种情况来观察：第一种情况是将对象作为一个实体，它在某个时刻有明确的值；另一种情况是将对象作为一个身份持有者，不同时刻有不同的值。一个对象在系统的某一个时刻应当有其自身的状态，通常这个状态使用属性的赋值或分布式系统中的位置来描述，对象通过链和其他对象相联系。

对象可以通过声明的方式拥有唯一的句柄引用，句柄可标识对象，提供对对象的访问，代表了对象拥有唯一的身份。对象通过唯一的身份与其他对象相联系，彼此交换消息。对象不仅可以是一个类的直接实例，如果执行环境允许多重类元，则还可以是多个类的直接实例。对象也拥有直属和继承操作，可以调用对象执行任何直属类的完整描述中的任何操作。对象也可以作为变量和参数的值，变量和参数的类型被声明为与对象相同的类或该对象直属类的一个祖先，它的存在可简化编程语言的完整性。

对象在某一时刻，其属性都是有相关赋值的，在对象的完整描述中，每一个属性都有一个属性槽，即每一个属性在它的直属类和每一个祖先类中都进行了声明。当对象的实例化和初始化完成后，每个槽中都有了一个值，它是所声明的属性类型的一个实例。在系统运行中，槽中的值可以根据对象所需要满足的各种限制进行改变。如果对象是多个类的直接实例，则在对象的直属类中和对象的任何祖先中声明的每一个属性在对象中都有一个属性槽。相同属性不可以多次出现，但如果两个直属类是同一祖先的子孙，则无论通过何种路径到达该属性，该祖先的每个属性只有一个备份被继承。

在一些编程语言中支持动态类元，这时对象就可以在执行期间通过更改直属类操作，指明属性值改变它的直属类，在过程中获得属性，如果编程语言同时允许多类元或动态类元，则在执行过程中可以获得或失去直属类。这种编程语言如C++等。

由于对象是类的实例，所以对象的表示符号是与类用相同的几何符号作为描述符的，但对象使用带有下画线的实例名，将它作为个体区分开来。顶部显示对象名和类名，并以下画线标识，使用语法是“对象名:类名”，底部包含属性名和值的列表。在Rational Rose 2003中，不显示属性名和值的列表，但可以只显示对象名称，不显示类名，并且对象的符号图形与类图中的符号图形类似，如图7-23所示。

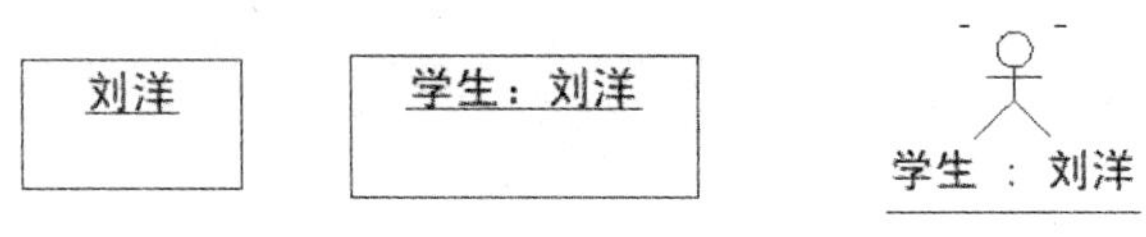

图7-23 对象的各种表示形式

对象也有其他一些特殊的形式，如多对象和主动对象等。多对象表示多个对象的类元角色。多对象通常位于关联关系的“多”端，表明操作或信号是应用在一个对象集而不是单个对象上的。主动对象是拥有一个进程(或线程)并能启动控制活动的一种对象，它是主动类的实例。

2. 链

链是两个或多个对象之间的独立连接，它是对象引用元组(有序表)，是关联的实例。对象必须是关联中相应位置处类的直接或间接实例。一个关联不能有来自同一关联的迭代连接，即两个相同的对象引用元组。

链可以用于导航，连接一端的对象可以得到另一端的对象，也就可以发送消息(称通过联系发送消息)。如果连接对目标方向有导航性，那么这一过程就是有效的。如果连接是不可导航的，则访问可能有效或无效，但消息发送通常是无效的，相反方向的导航另外定义。

在UML中，链的表示形式为一个或多个相连的线或弧。在自身相关联的类中，链是两端指向同一对象的回路。如图7-24所示，是链的普通和自身关联的表示形式。

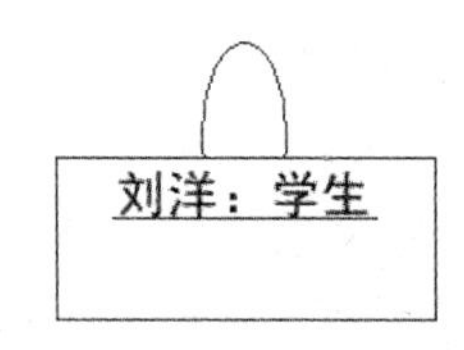

图7-24 链的表示示例

7.4.2 创建对象图

对象图无须提供单独的形式，类图中就包含了对象，所以只有对象而无类的类图就是一个“对象图”，其在刻画各方面特定使用时非常有用。对象图显示了对象的集合及其联系，代表了系统某时刻的状态。它是带有值的对象，而非描述符，当然，在许多情况下对象可以是原型的。用协作图可显示一个可多次实例化的对象及其联系的总体模型，协作图含对象和链的描述符。如果协作图实例化，则产生了对象图。

在 Rational Rose 2003 中不直接支持对象图的创建，但是可以利用协作图来创建。

1. 在协作图中添加对象

在协作图中添加对象的操作步骤如下。

(1) 在协作图的图形编辑工具栏中，选择▣图标，此时光标变为“＋”号。

(2) 在类图中单击，任意选择一个位置，系统便在该位置创建一个新的对象。

(3) 双击该对象的图标，弹出对象的规范设置对话框。

(4) 在对象的规范设置对话框中，可以设置对象的名称、类的名称、持久性和是否多对象等。

(5) 单击 OK 按钮。

2. 在协作图中添加对象与对象之间的链

在协作图中添加对象与对象之间的链的操作步骤如下。

(1) 选择协作图的图形编辑工具栏中的╱图标，或者选择菜单中的 Tools(工具) | Create(新建) | Object Link 选项，此时的光标变为“↑”符号。

(2) 单击需要链接的对象。

(3) 将链的线段拖动到要与之链接的对象中。

(4) 双击链的线段，弹出设置链规范的对话框。

(5) 在弹出的对话框中，在 General 选项卡中设置链的名称、关联、角色及可见性等。

(6) 如果需要在对象的两端添加消息，则可以在 Messages 选项卡中进行设置，如图 7-25 所示。

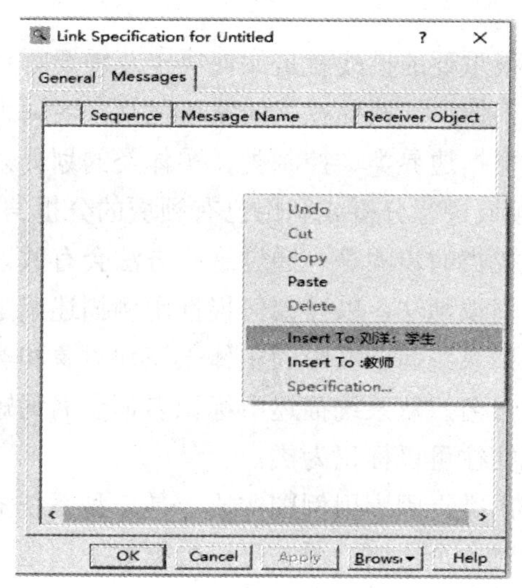

图 7-25　添加消息示例

在框中可以根据链两端对象的名称插入消息，对象的消息指的是该对象所执行的操作，并设置相应的编号和接收者。

下面是一个带有“授课”消息的对象图，如图7-26所示。

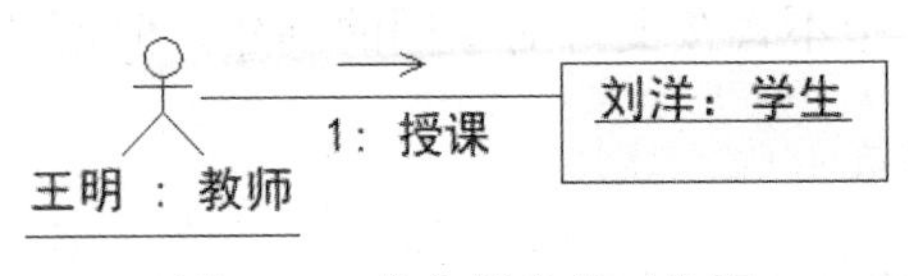

图7-26　带有消息的对象图

7.5　使用Rose创建类图及案例分析

使用UML进行静态建模所要达到的目标是根据相关的用例或场景抽象出合适的类，同时，分析这些类之间的关系。类的识别贯穿于整个建模过程，比如，分析阶段主要是识别问题域的相关类，在设计阶段需要加入一些反映设计思想、方法的类及实现问题域所需要的类，在编码实现阶段，因为语言的特点，可能需要加入一些其他的类。

我们使用下列步骤创建类图。

(1) 根据问题领域确定系统需求，以及类和关联。

(2) 明确类的含义和职责，并确定属性和操作。

这个步骤只是创建类图的一个常用步骤，可以根据使用识别类的方法不同而有所不同。例如，确定类的关联过程中，确定类即是确定关联，只是表达的是一个整体的关联，在确定属性和操作后也要重新确定关联，这个时候确定关联便比较细化了。在进行迭代开发中，确定类和关联都需要一个逐步的迭代过程。

7.5.1　确定类和关联

进行系统建模的一个很重要的挑战就是如何决定及需要哪些类来构建系统。类的识别是一个需要大量技巧的工作，一些寻找类的技巧包括：名词识别法，根据用例描述确定类，使用CRC分析法，根据边界类、控制类、实体类的划分来帮助分析系统中的类，参考设计模式确定类，对领域进行分析或利用已有领域的分析结果得到类，以及利用RUP中如何在分析和设计中寻找类的步骤等。通过这些方法会有效地帮助我们识别出系统的类。下面简要介绍一下名词识别法，以及如何根据用例描述确定类。

名词识别法是通过识别系统问题域中的实体来识别对象和类的。对系统进行描述，应使用问题域中的概念和命名，从系统描述中标识名词及名词短语，其中的名词往往可以标识为对象，复数名词往往可以标识为类。

从用例中也可以识别出类，因为用例图实质上是一种系统描述的形式，所以可以根据用例描述来识别类。针对各个用例，通常可以根据如下问题辅助识别。

- 用例描述中出现了哪些实体？

- 用例的完成需要哪些实体合作？
- 用例执行过程中会产生并存储哪些信息？
- 用例要求与之关联的每个角色的输入是什么？
- 用例反馈与之关联的每个角色的输出是什么？
- 用例需要操作哪些硬设备？

在面向对象的应用中，类之间传递的信息数据要么可以映射到发送方的某些属性，要么该信息数据本身就是一个对象。综合不同的用例识别结果，就可以得到整个系统的类。在类的基础上，我们又可以分析用例的动态特性来对用例进行动态行为的建模。

下面将以一个学校教务管理系统的简单用例为例，介绍如何创建系统的类图，首先确定我们需要的实体类，分别是学生、教师和系统管理员，而他们又都是系统的用户，所以可以泛化出一个用户类，让这些类都继承于用户类，如图 7-27 所示。

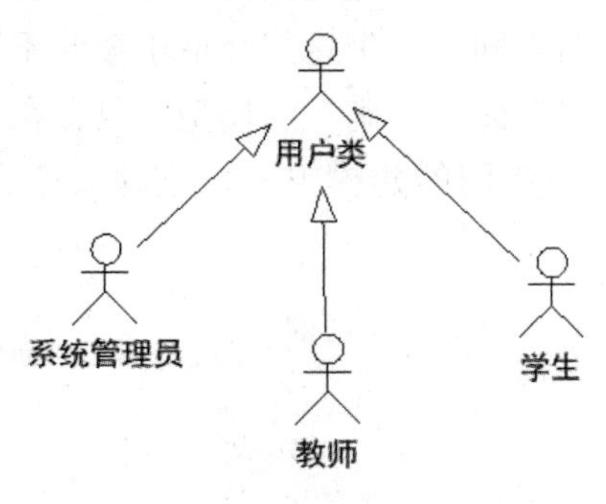

图 7-27 类和关联示意

7.5.2 确定属性和操作

现在已经创建好了相关的类和初步的关联，然后就可以开始添加属性和操作以便提供数据存储和需要的功能。这个时候，类的属性和操作的添加依赖于前期制定的数据字典，例如，我们会在员工这个父类中定义员工都有的属性，如姓名、工号、年龄、性别和职位等，其他子类只要继承了员工类也就获得了这些属性，而且每个类的操作都有所不同。对于我们确定的一些类的属性和操作，为方便表示，这里使用英文标识，具体类图如图 7-28 所示。

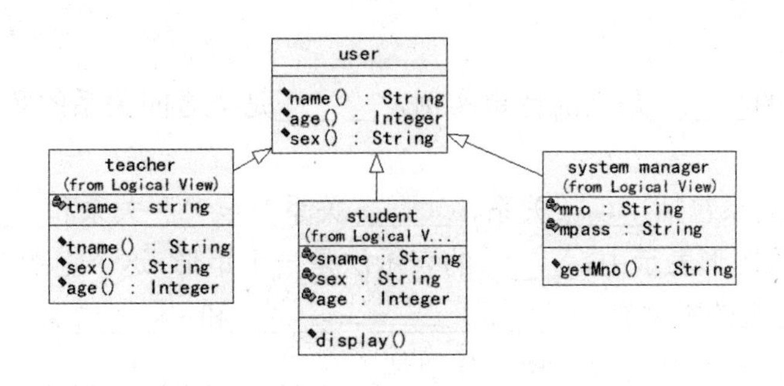

图 7-28 基本类图示例

同时，可以将上面的类图转换成我们需要的对象图，如图 7-29 所示。

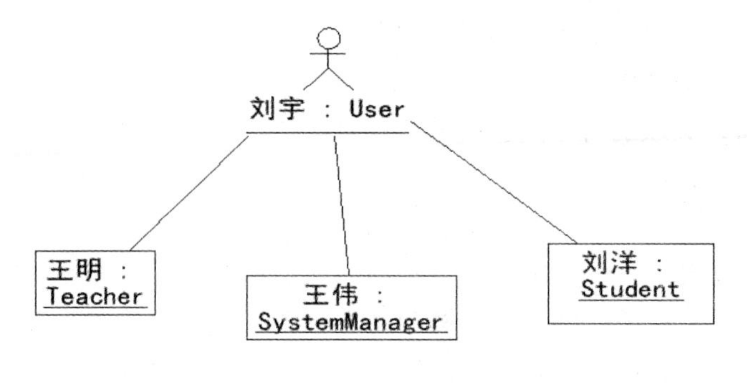

图 7-29　对象图

为软件系统开发合适的抽象模型，可能是软件工程中最困难的工作，主要体现在两个方面：一是由于观察者视角的不同，几乎总是会造出彼此不同的模型；二是对于将来的复杂情况，永远不存在“最好”或“正确”的模型，只存在“较好”或“较差”的模型。同一种情况可以有多种功效相同的建模方式，创建一个合适的抽象模型往往依赖系统设计者的经验。

【本章小结】

UML 中的类图和对象图是面向对象设计建模的基础，只有把握了类和对象清晰而明确的描述，才能成功地建立后续的动态结构模型。因此，本章详细地介绍了类图和对象图的基本概念及它们的作用。同时还讲解了类图的组成元素和如何创建这些模型元素，包括类、接口及它们之间的 4 种关系。在此基础上，根据用例图使用 Rational Rose 建模工具创建完整的类图和对象图。

习题 7

1. 填空题

(1) 对象图中的______是类的特定实例，______是类之间关系的实例，表示对象之间的特定关系。

(2) 类之间的关系包括______关系、______关系、______关系和______关系。

(3) 在 UML 的图形表示中，______的表示法是一个矩形，这个矩形由 3 个部分构成。

(4) UML 中类元的类型有______、______、______和______。

(5) 类中方法的可见性包含 3 种，分别是______、______和______。

2. 选择题

(1) 类图应该画在 Rose 的(　　)视图中。

A. Use Case View　　B. Logical View

C. Component View　　D. Deployment View

(2) 类通常可以分为实体类、(　　)和边界类。

A. 父类　　B. 子类

C. 控制类　　D. 祖先类

(3) 对象特性的要素是(　　)。

A. 状态　　B. 行为

C. 标识　　D. 属性

(4) 下列关于接口的关系说法，不正确的是(　　)。

A. 接口是一种特殊的类

B. 所有接口都是有构造型<<interface>>的类

C. 一个类可以通过实现接口支持接口所指定的行为

D. 在程序运行的时候，其他对象不仅需要依赖于此接口，还需要知道该类关于接口实现的其他信息

(5) 下列关于类方法的声明，不正确的是(　　)。

A. 方法定义了类所许可的行动

B. 从一个类创建的所有对象可以使用同一组属性和方法

C. 每个方法应该有一个参数

D. 如果在同一个类中定义了类似的操作，则它们的行为也应该是类似的

3. 简答题

(1) 类图的组成元素有哪些？

(2) 对象图有哪些组成部分？

(3) 简述使用类图和对象图的原因。

(4) 请简要说明类图和对象图的关系和异同。

4. 上机题

在“图书管理系统”中，系统的参与者为借阅者、图书管理员和系统管理员。借阅者包括编号、姓名、地址、最多可借书本数、可借阅天数等属性。图书管理员包含自己的登录名称、登录密码等属性。系统管理员包含系统管理员用户名、系统管理员密码等属性。根据这些信息，创建系统的类图，如图 7-30 所示。

借阅者
name : String
id : Integer
address : Single
books : Integer
days : Integer

图书管理员
name : String
password : String

系统管理员
name : String
password : String

图 7-30　图书管理系统

第8章 序列图

在前面的章节中，我们学习了UML中的静态结构模型，它只能对类和对象进行概念性的描述，但是对于对象的活动和对象与对象之间彼此交互的表示就无能为力了。因此，在软件系统设计阶段，我们必须借助于UML中的动态结构模型，根据客户的需求分析，大体构想出本系统要实现的具体功能，将这种构想一步步地通过各种模型元素予以实现。

根据面向对象编程思想中一切都是对象的原理可知，对象之间的操作和彼此作用及交互的实现都是通过消息来实现的。每个对象都有自己的“生命”，如果每个对象只关心自己的事情，而不考虑与其他对象的交互，那么将会产生混乱。系统动态模型的其中一种就是交互视图，它描述了执行系统功能的各个角色之间相互传递消息的顺序关系。本章将要介绍的序列图就是动态结构模型中很重要的一种模型元素。

8.1 序列图的基本概念

序列图是对象之间基于时间顺序的动态交互，它显示出了随着时间的变化对象之间是如何进行通信的。序列图的主要用途之一是从一定程度上更加详细地描述用例表达的需求，并将其转化为进一步的更加正式层次的精细表达。

8.1.1 序列图的含义

序列图(Sequence Diagram)和下一章要讲到的协作图(Collaboration Diagram)都是交互图，并彼此等价。序列图用于表现一个交互，该交互是一个协作中各种类元角色间的一组消息交换，侧重于强调时间顺序。

所谓交互(Interaction)，是指在具体语境中由为实现某个目标的一组对象之间进行交互的一组消息所构成的行为。一个结构良好的交互过程类似于算法——简单、易于理解和修改。UML 提供的交互机制通常被用来对两种情况进行建模，分别是为系统的动态方面进行建模和为系统的控制过程进行建模。面向动态行为方面进行建模时，该机制通过描述一组相关联、彼此相互作用的对象之间的动作序列和配合关系，以及这些对象之间传递、接收的消息来描述系统为实现自身的某个功能而展开的一组动态行为。面向控制流进行建模时，可以针对一个用例、一个业务操作过程或系统操作过程，也可以针对整个系统。描述这类控制问题的着眼点是消息在系统内如何按照时间顺序被发送、接收和处理。

在UML的表示中，序列图将交互关系表示为一个二维图。其中，纵向是时间轴，时间沿竖线向下延伸。横向代表了在协作中各独立对象的角色。角色使用生命线表示，当对象存在时，生命线用一条虚线表示，此时对象不处于激活状态；当对象的过程处于激活状态时，生命线是一个双道线。序列图中的消息使用从一个对象的生命线到另一个对象生命线的箭头表示，箭头以时间顺序在图中从上到下排列，如图 8-1 所示。

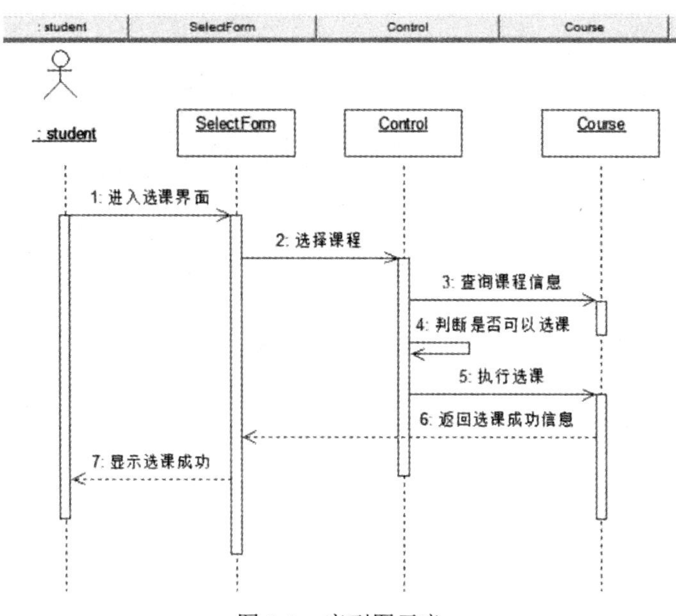

图 8-1　序列图示意

此图表示的是学生选课的序列图，共涉及 4 个对象的交互，分别是学生、选课界面、控制对象和选课记录，整个过程共有以下 5 个步骤。

(1) 学生进入选修课程界面 SelectForm，在界面中确定选修的课程并提交请求。

(2) 选修课程界面SelectForm将学生所选课程的信息传递到控制对象Control，控制对象将课程信息与数据库中的课程信息进行比较，判断是否可以选课。

(3) 如果可以，则执行选课操作，将选课结果保存到数据库中。

(4) 控制对象返回选课成功信息到选修课程界面 SelectForm。

(5) 学生从界面得到选课成功的信息。

8.1.2　序列图在项目开发中的作用

序列图作为一种描述在给定语境中消息是如何在对象间传递的图形化方式，在使用其进行建模时，主要可以将其用途分为以下 3 个方面。

- 确认和丰富一个使用语境的逻辑表达。一个系统的使用情境就是系统潜在的使用方式的描述，也就是它的名称所要描述的。一个使用情境的逻辑可能是一个用例的一部分或是一条控制流。
- 细化用例的表达。我们前面已经提到，序列图的主要用途之一，就是把用例表达的需求转化为进一步的、更加正式层次的精细表达。用例常被细化为一个或多个的序列图。
- 有效地描述如何分配各个类的职责及各类具有相应职责的原因。我们可以根据对象之间的交互关系来定义类的职责。各个类之间的交互关系构成一个特定的用例，例如，“Customer 对象向 Address 对象请求其街道名称”指出“Customer 对象”应该具有“知道其街道名”这个职责。

一般认为，序列图只对开发者有意义。然而，一个组织的业务人员也会发现，序列图显示不同的业务对象的交互方式，对于交流当前业务的进行很有用。除记录组织的当前事件外，一个业务级的序列图能被当作一个需求文件使用，为实现一个未来系统传递需求。在项目的需求阶段，分析师能通过提供一个更加正式层次的表达，把用例带入下一层次，此时，用例常被细化为一个或多个的序列图。组织的技术人员也能通过序列图记录一个未来系统的行为应该如何表现。在设计阶段，架构师和开发者能使用该图挖掘出系统对象间的交互，这样可充实整个系统设计。

8.2 序列图的组成

要掌握好序列图，首先需要了解序列图是由哪些对象构成的，以及这些对象的具体作用。序列图(Sequence Diagram)是由对象(Object)、生命线(Lifeline)、激活(Activation)和消息(Message)等构成的。

8.2.1 对象

序列图中的对象和对象图中对象的概念一样，都是类的实例。序列图中的对象可以是系统的参与者或任何有效的系统对象。对象的表示形式也与对象图中对象的表示方式一样，使用包围名称的矩形框来标记，所显示的对象及其类的名称带有下画线，两者用冒号隔开，使用“对象名 : 类名”的形式，对象的下部有一条被称为“生命线”的垂直虚线，如图 8-2 所示。

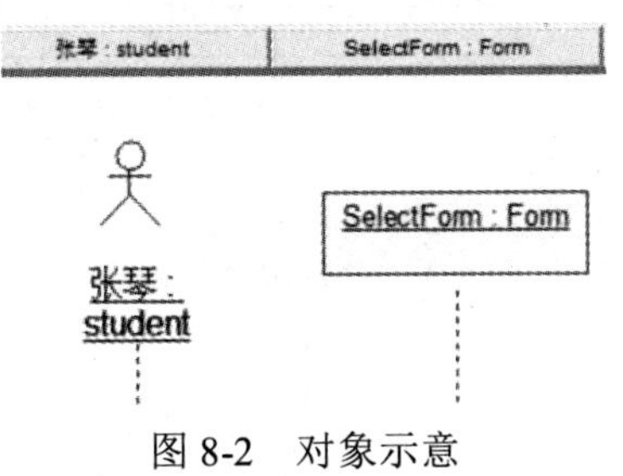

图 8-2 对象示意

如果对象的开始位置位于序列图的顶部，则意味着序列图在开始交互的时候该对象就已经存在了，如果对象的位置不在顶部，则表明对象在交互的过程中将被创建。

在序列图中，我们可以通过以下几种方式使用对象。

- 使用对象生命线来建立类与对象行为的模型，这也是序列图的主要目的。
- 不指定对象的类，先用对象创建序列图，随后再指定它们所属的类，这样可以描述系统的一个场景。
- 区分同一个类的不同对象之间如何交互时，首先应给对象命名，然后描述同一类对象的交互。也就是说，同一序列图中的几条生命线可以表示同一个类的不同对象，两个对象是根据对象名称进行区分的。
- 表示类的生命线可以与表示该类对象的生命线平行存在。可以将表示类的生命线对象的名称设置为类的名称。

我们通常将一个交互的发起对象称为主角，对于大多数业务应用软件来讲，主角通常是一个人或一个组织。主角实例通常由序列图中的第一条(最左侧)生命线来表示，也就是把它们放在模型“可看见的开始之处”。如果在同一序列图中有多个主角实例，则应尽量使它们位于最左侧或最右侧。同样，那些与主角相交互的角色被称为反应系统角色，通常放在图的右边。在许多的业务应用软件中，这些角色经常被称为 backend entities(后台实体)，也就是系统通过存取技术交互的系统，如消息队列、Web Service 等。

8.2.2 生命线

生命线是一条垂直的虚线，用来表示序列图中的对象在一段时间内的存在。每个对象底部中心的位置都带有生命线。生命线是一个时间线，从序列图的顶部一直延伸到底部，所用时间取决于交互持续的时间，也就是说生命线表现了对象存在的时段。

对象与生命线结合在一起称为对象的生命线。对象存在的时段包括对象在拥有控制线程时或被动对象在控制线程通过时存在。当对象拥有控制线程时，对象被激活并作为线程的根。被动对象在控制线程通过时，也就是被动对象被外部调用时，通常称为活动，它的存在时间包括过程调用下层过程的时间。

对象的生命线包含矩形的对象图及图标下面的生命线，如图 8-3 所示。

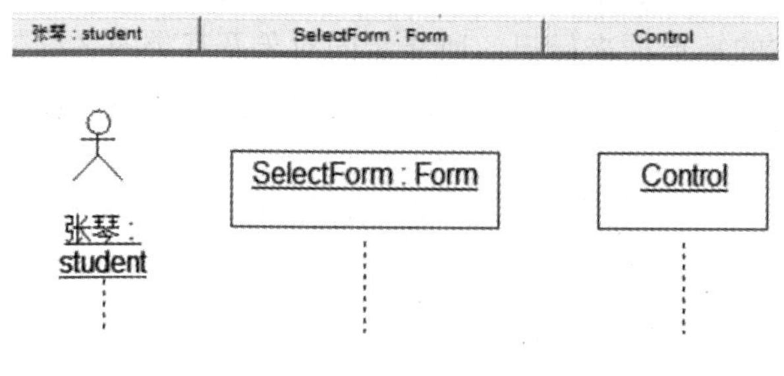

图 8-3　对象生命线示意

生命线间的箭头代表对象之间的消息传递，指向生命线的箭头表示对象接收信息，通常由一个操作来完成，箭尾表示对象发送信息，由一个操作激活。生命线之间箭头排列的几何顺序代表了消息的时间顺序。

8.2.3 激活

序列图可以描述对象的激活，激活是对象操作的执行，它表示一个对象直接或通过从属操作完成操作的过程。激活对执行的持续时间和执行与其调用者之间的控制关系进行建模。在传统的计算机和语言上，激活对应栈帧的值。激活是执行某个操作的实例，它包括这个操作调用其他从属操作的过程。

在序列图中，激活使用一个细长的矩形框表示，它的顶端与激活时间对齐，而底端与完成时间对齐。被执行的操作根据不同风格表示成一个附在激活符号旁或在左边空白处的文字标号。进入消息的符号也可表示操作。在这种情况下，激活上的标号可以被忽略。如果控制流是过程性的，那么激活符号的顶部位于用来激发活动的进入消息箭头的头部，而符号的底部位于返回消息箭头的尾部。如图 8-4 所示，图中包含一个递归调用和两个操作。

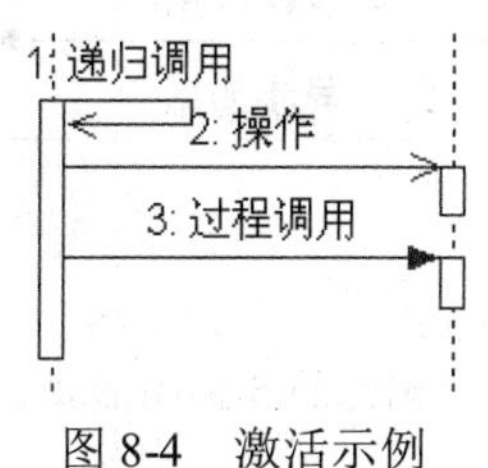

图 8-4　激活示例

8.2.4 消息

消息是从一个对象(发送者)向另一个或几个其他对象(接收者)发送信号，或者由一个对象(发送者或调用者)调用另一个对象(接收者)的操作。它可以有不同的实现方式，如过程调用、活动线程间的内部通信、事件的发生等。

从消息的定义可以看出，消息由 3 部分组成，分别是发送者、接收者和活动。发送者是发出消息的类元角色。接收者是接收到消息的类元角色，接收消息的一方也被认为是事件的实例。接收者有两种不同的调用处理方式可以选用，通常由接收者的模型决定：一种方式是操作作为方法实现，当信号到来时它将被激活。过程执行完后，调用者收回控制权，并可以收回返回值；另一种方式是主动对象，操作调用可能导致调用事件，它触发一个状态机转换。活动为调用、信号、发送者的局部操作或原始活动，如创建或销毁等。

在序列图中，消息的表示形式为从一个对象(发送者)的生命线指向另一个对象(目标)的生命线的箭头。在 Rational Rose 2003 序列图的图形编辑工具栏中，消息有下列几种形式，如表 8-1 所示。

表 8-1　序列图中消息符号的表示

符　号	名　称	含　义
→	Object Message	两个对象之间的普通消息，消息在单个控制线程中运行
⇄	Message to Self	对象的自身消息
⇢	Return Message	返回消息
→	Procedure Call	两个对象之间的过程调用
⇀	Asynchronous Message	两个对象之间的异步消息，也就是说客户发出消息后不管消息是否被接收，都继续别的事物

如图 8-5 所示，在序列图中显示了表 8-1 中 5 种消息的图形表示形式。

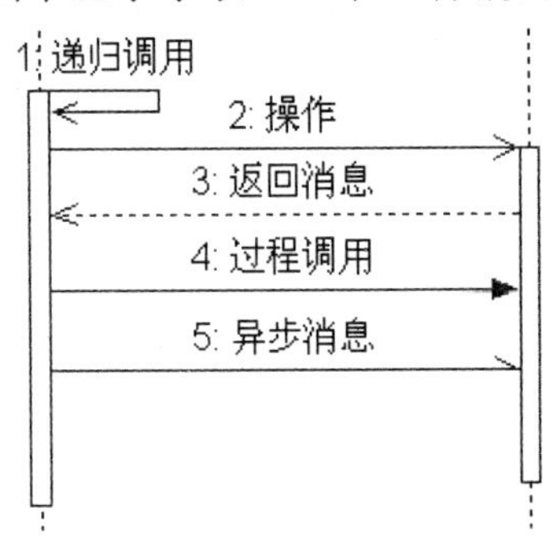

图 8-5　消息的 5 种图形表示示例

除此之外，我们还可以利用消息的规范设置消息的其他类型，如同步(Synchronous)消息、阻止(Balking)消息和超时(Timeout)消息等。同步消息表示发送者发出消息后等待接收者响应这个消息。阻止(Balking)消息表示发送者发出消息给接收者，如果接收者无法立即接收消息，则发送者放弃这个消息。超时(Timeout)消息表示发送者发出消息给接收者，如果接收者超过一定时间未响应，则发送者放弃这个消息。

在 Rational Rose 2003 中还可以设置消息的频率。消息的频率可以让消息按规定时间间隔发送，例如，每 10 秒发送一次消息。消息的频率主要包括两种设置：定期(Periodic)和不定期(Aperiodic)。定期消息按照固定的时间间隔发送；不定期消息只发送一次或在不规则时间发送。

消息按时间顺序从顶到底垂直排列。如果多条消息并行，则它们之间的顺序不重要。消息可以有序号，但因为顺序是用相对关系表示的，所以通常也可以省略序号。在 Rational Rose 2003 中，可以设置是否显示序号，步骤如下。

(1) 在菜单栏中选择 Tools(工具)下的 Options(选项)选项。

(2) 在弹出的对话框中选择 Diagram(图)选项卡，选择或取消选择 Sequence numbering 选项，如图 8-6 所示。

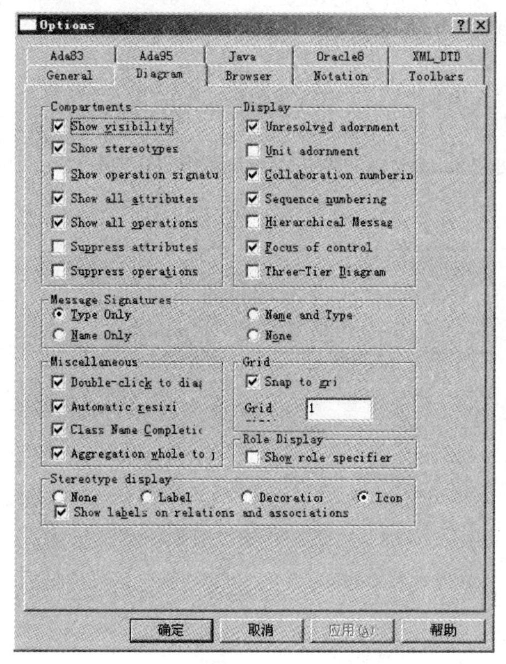

图 8-6　设置是否显示消息序号

8.3 序列图中项目的相关概念

下面我们将介绍序列图的一些与项目相关的概念。在标准的UML中，这些概念都是支持的，但可能对个别的UML建模工具不完全支持。

8.3.1　创建与销毁对象

创建一个对象指的是发送者发送一个实例化消息后实例化对象的结果。在创建对象的消息操作中，可以有参数，用于新生对象实例的初始化。类属性的初始值表达式通常是由创建操作计算的，其结果用于属性的初始化。当然也可以隐式取代这些值，因此初始值表达式是可重载的默认项。创建操作后，新的对象遵从其类的约束，并可以接收消息。

销毁对象指的是将对象销毁并回收其拥有的资源，它通常是一个明确的动作，也可以是其他动作、约束或垃圾回收机制的结果。销毁一个对象将导致对象的所有组成部分被销毁，但是不会销毁一般关联或聚集关系连接的对象，尽管它们之间包含的该对象的链接也将被消除。

在序列图中，创建对象操作的执行使用消息的箭头表示，箭头指向被创建对象的框。对象创建之后就会具有生命线，就像序列图中的任何其他对象一样。对象符号下方是对象的生命线，它持续到对象被销毁或图结束。

在序列图中，对象被销毁是通过在对象的生命线上画大“×”来表示的，在销毁新创建的对象或序列图中的任何其他对象时，都可以使用。它的位置是在导致对象被销毁的信息上，或者在对象自我终结的地方。

创建和销毁对象的示例如图 8-7 所示，在该例中创建了一个“对话框”对象并将其销毁。

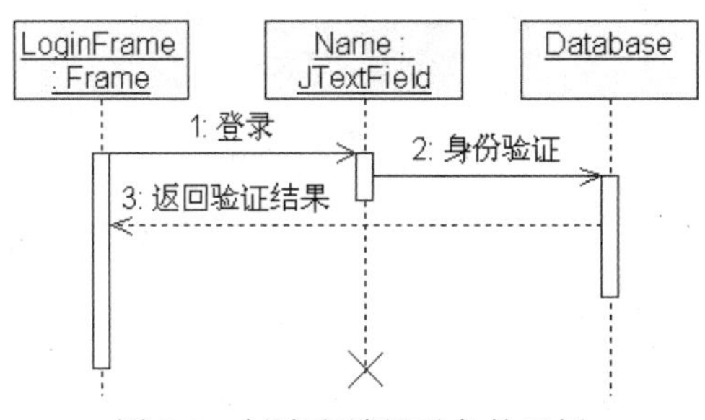

图 8-7　创建和销毁对象的示例

8.3.2　分支与从属流

在 UML 中，可以用两种方式来修改序列图中消息的控制流，分别是分支和从属流。分支指的是从同一点发出多个消息并指向不同的对象，根据条件是否互斥，可以有条件和并行两种结构。从属流指的是从同一点发出多个消息并指向同一个对象的不同生命线。

引起一个对象的消息产生分支可以有很多种情况，在复杂的业务处理过程中，要根据不同的条件进入不同的处理流程中，这通常被称作条件分支。还有一种情况是当执行到某一点的时候需要向两个或两个以上的对象发送消息，并且消息是并行的，被称为并行分支。

由于序列图只表示某一个活动按照时间顺序的经历过程，所以在Rational Rose 2003中，对序列图的画法没有明显的支持，但我们可以通过添加脚本的方式辅助实现。对于出现不同分支的情况，如果有必要，可以通过对每一个分支画出一个序列图的方式来实现。一般来说，在序列图中只要画出主要分支过程就足够了。

在 UML 2.0 中，可以使用两种方法来临时解决分支的问题。一种是在序列图中产生分支的地方插入一个引用的方式。对于每个分支，分别用一个单独的序列图来表示。这种方法要求分支后不再聚合，并且各分支间没有太多具体的关联。另一种方法是对于非常复杂的业务，可以采用协作图和序列图相辅助的方法表达完整的信息，另外还可以利用状态图和活动图，其中状态图对分支有良好的表达。

从属流是指从对象根据不同的条件执行了不同的生命线分支，如用户在保存或删除一个文件时，向文件系统发送一条消息，文件系统会根据保存或删除消息条件的不同执行不同的生命线。从属流在 Rational Rose 2003 中也不支持，因为添加从属流后会明显增加序列图的复杂度。

8.4 使用 Rose 创建序列图

学习了关于序列图的各种概念，下面介绍如何通过 Rational Rose 2003 创建序列图及序列图中的各种模型元素，包括创建对象、生命线及消息。

8.4.1 创建对象

在序列图的工具栏中，我们可以使用的工具按钮如表 8-2 所示，该表包含了所有 Rational Rose 2003 默认显示的 UML 模型元素。

表 8-2 序列图的图形编辑工具栏按钮

图 标	名 称	用 途
	Selection Tool	选择工具
	Text Box	创建文本框
	Note	创建注释
	Anchor Note to Item	将注释连接到序列图中的相关模型元素
	Object	序列图中的对象
	Object Message	两个对象之间的普通消息，消息在单个控制线程中运行
	Message to Self	对象的自身消息
	Return Message	返回消息
	Destruction Marker	销毁对象标记

同样，序列图的图形编辑工具栏也可以进行定制，其方式与在类图中定制类图的图形编辑工具栏的方式一样。将序列图的图形编辑工具栏完全添加后，将增加过程调用(Procedure Call)和异步消息(Asynchronous Message)的图标。

1. 创建和删除序列图

创建一个新的序列图，可以通过以下两种方式进行。

方式一：

(1) 右击浏览器中的 Use Case View(用例视图)、Logical View(逻辑视图)或位于这两种视图下的包。

(2) 在弹出的快捷菜单中，选中 New(新建)下的 Sequence Diagram(序列图)选项。

(3) 输入新的序列名称。

(4) 双击打开浏览器中的序列图。

方式二：

(1) 在菜单栏中，选择 Browse(浏览)下的 Interaction Diagram...(交互图)选项，或者在标准工具栏中选择图标，弹出如图 8-8 所示的对话框。

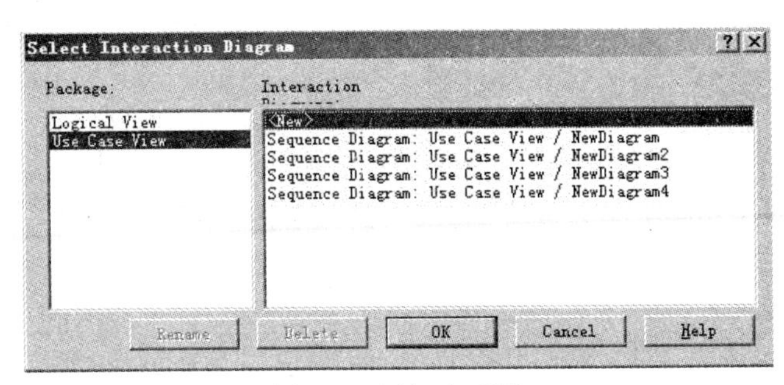

图 8-8　添加序列图

(2) 在左侧的关于包的列表框中，选择要创建的序列图的包的位置。

(3) 在右侧的 Interaction Diagram(交互图)列表框中，选择<New>(新建)选项。

(4) 单击OK按钮，在弹出的对话框中输入新的交互图的名称，并选择 Diagram Type(图的类型)为序列图。

如果需要在模型中删除一个序列图，则可以通过以下方式进行。

(1) 在浏览器中选中需要删除的序列图，右击。

(2) 在弹出的快捷菜单中选择 Delete。

2. 创建和删除序列图中的对象

如果需要在类图中增加一个标准类，则可以通过工具栏、菜单栏或浏览器 3 种方式添加。

通过图形编辑工具栏添加对象的步骤如下。

(1) 在图形编辑工具栏中，选择图标，此时光标变为“＋”号。

(2) 在序列图中单击，任意选择一个位置，系统在该位置创建一个新的对象，如图 8-9 所示。

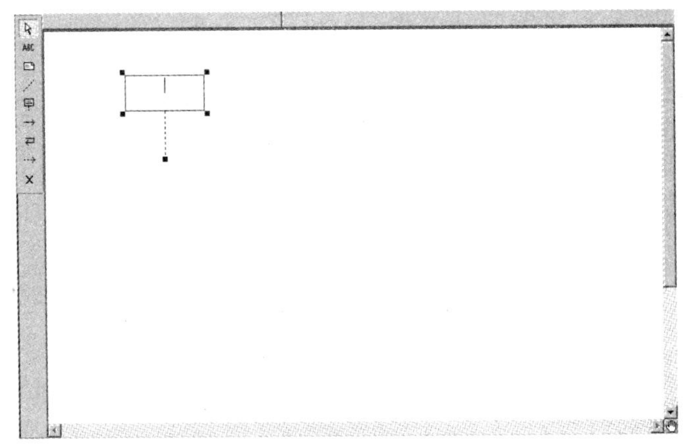

图 8-9　添加对象

(3) 在对象的名称栏中输入名称后，对象的名称会在对象上端的栏中显示。

使用菜单栏添加对象的步骤如下。

(1) 在菜单栏中选择 Tools(浏览)下的 Create(创建)选项，在 Create(创建)选项中选择 Object(对象)，此时光标变为“＋”号。

(2) 其余的步骤与使用工具栏添加对象的步骤类似，按照使用工具栏添加对象的步骤添加即可。

如果使用浏览器，则只需选择要添加对象的类，并将其拖动到编辑框中即可。

删除一个对象可以通过以下方式进行。

(1) 选中需要删除的对象，右击。

(2) 在弹出的快捷菜单中选择 Edit 选项下的 Delete from Model，或者按 Ctrl+Delete 快捷键。

3. 序列图中对象规范的设置

对于序列图中的对象，可以通过设置增加对象的细节。例如，设置对象名、对象的类、对象的持续性及对象是否有多个实例等。

打开对象规范窗口的步骤如下。

(1) 选中需要打开的对象，右击。

(2) 在弹出的快捷菜单中选择 Open Specification...(打开规范)选项，弹出如图 8-10 所示的对话框。

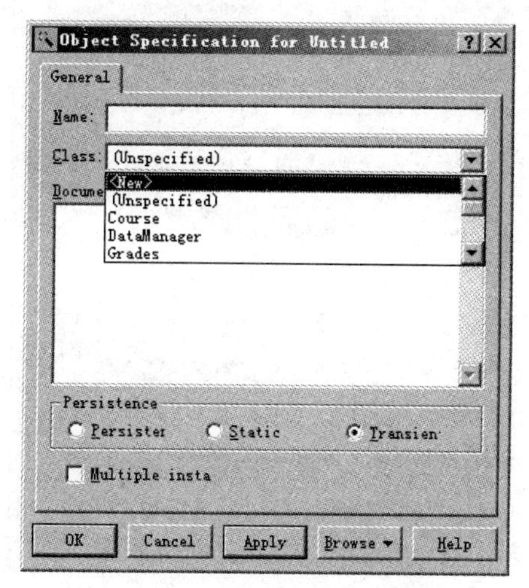

图 8-10　序列图中对象的设置

在对象规范窗口的 Name(名称)文本框中，可以设置对象的名称，规则与创建对象图的规则相同，在整个图中，对象具有唯一的名称。在 Class(类)下拉列表中，可以选择新建一个类或选择一个现有的类。新建一个类与在类图中创建一个类相似。选择完一个类后，对象便与类进行映射，也就是说，此时的对象是该类的实例。

在 Persistence(持续性)选项组中可以设置对象的持续型，有 Persister(持续)、Static(静态)和 Transient(临时)3 种选项。Persister 表示对象能够保存到数据库或其他的持续存储器中，如硬盘、光盘或软盘中。Static 表示对象是静态的，保存在内存中，直到程序终止才会销毁，不会保存在外部持续存储器中。Transient 表示对象是临时对象，只是短时间内保存在内存中。默认选项为 Transient。

如果对象实例是多对象实例，也可以通过选择 Multiple instances(多个实例)来设置。多对象实例在序列图中没有明显的表示，但是将序列图与协作图进行转换的时候，在协作图中就会明显地表现出来。

8.4.2 创建生命线

在序列图中，生命线(Lifeline)是一条位于对象下端的垂直虚线，表示对象在一段时间内存在。创建对象后，生命线便存在。激活对象后，生命线的一部分虚线变成细长的矩形框。在 Rational Rose 2003 中，是否将虚线变成矩形框是可选的，我们可以通过菜单栏设置是否显示对象生命线被激活时的矩形框。

设置是否显示对象生命线被激活时的矩形框的步骤如下。

(1) 在菜单栏中选择 Tools(工具)下的 Options(选项)选项。

(2) 在弹出的对话框中选择 Diagram(图)选项卡，选择或取消选择 Focus of control 选项，如图 8-11 所示。

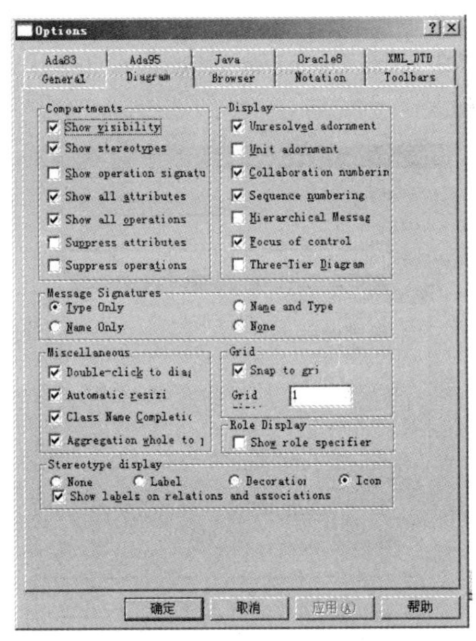

图 8-11　显示对象生命线的设置

8.4.3 创建消息

在序列图中添加对象与对象之间的简单消息的步骤如下。

(1) 选择序列图图形编辑工具栏中的→图标，或者选择菜单栏中的 Tools(工具) | Create (新建) | Object Message 选项，此时的光标变为“↑”符号。

(2) 单击需要发送消息的对象。

(3) 将消息的线段拖到接收消息的对象中，如图 8-12 所示。

(4) 在线段中输入消息的文本内容。

(5) 双击消息的线段，弹出设置消息规范的对话框，如图 8-13 所示。

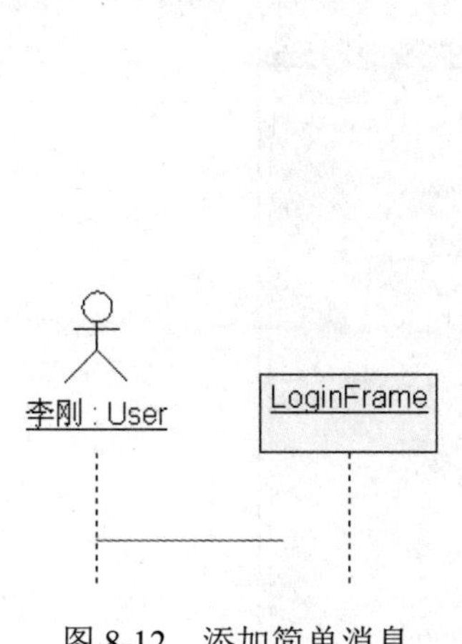

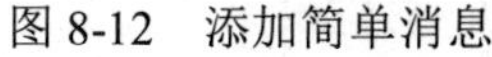

图 8-12 添加简单消息

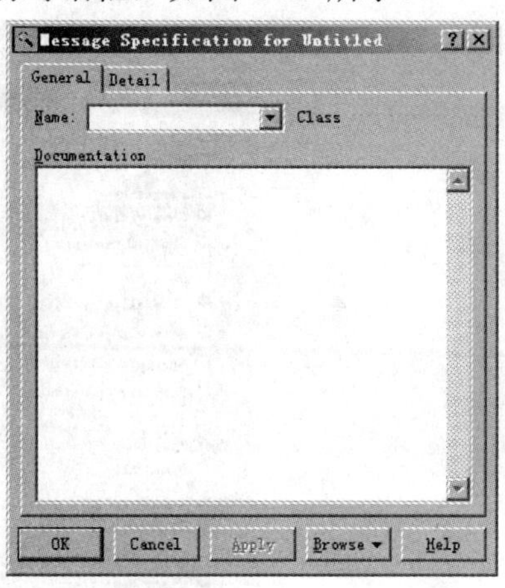

图 8-13 消息的常规设置

(6) 在弹出的对话框的 General 选项卡中可以设置消息的名称等。消息的名称也可以是消息接收对象的一个执行操作，在名称的下拉列表中选择一个或重新创建一个即可，我们称为消息的绑定操作。

(7) 如果需要设置消息的同步信息，也即设置消息为简单消息、同步消息、异步消息、返回消息、过程调用、阻止消息或超时消息等，则可以在 Detail 选项卡中进行设置；还可以设置消息的频率，主要包括定期(Periodic)和不定期(Aperiodic)两种设置，如图 8-14 所示。

消息的显示有时是具有层次结构的，例如，在创建一个自身的消息时，通常都会有层次结构。在 Rational Rose 2003 中，我们可以设置是否在序列图中显示消息的层次结构，如图 8-15 所示。

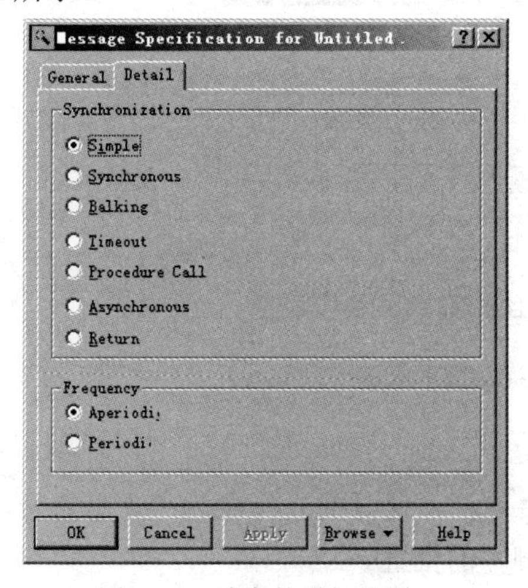

图 8-14 消息的详细设置

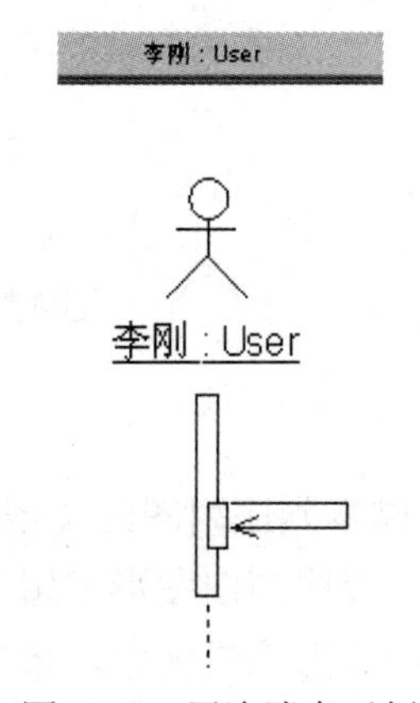

图 8-15 层次消息示例

设置是否显示消息的层次结构的步骤如下。

(1) 在菜单栏中选择 Tools(工具)下的 Options(选项)选项。

(2) 在弹出的对话框中选择 Diagram(图)选项卡，选择或取消选择 Hierarchical Message 选项，如图 8-16 所示。

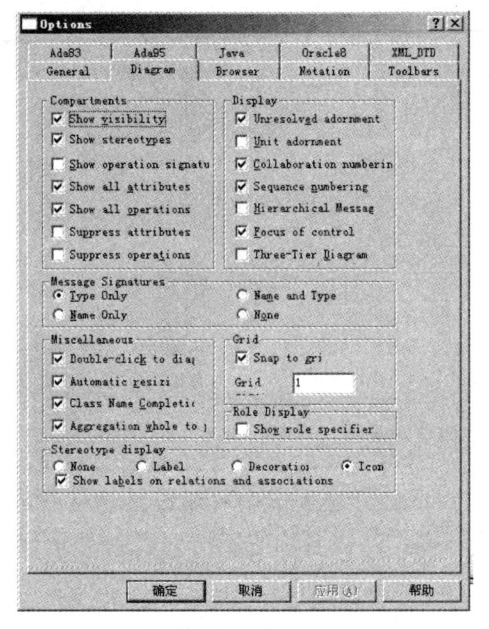

图 8-16　消息层次结构的设置

在序列图中，为了增强消息的表达内容，还可以增加一些脚本在消息中，例如，对消息“用户验证”，可以在脚本中添加消息以解释其含义：验证数据库中存在的且正确的用户编号和密码。添加完脚本后，如果移动消息的位置，则脚本会随消息一同移动，如图 8-17 所示。

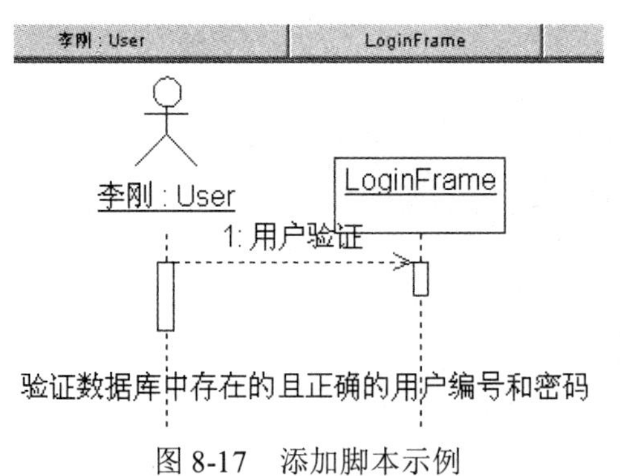

图 8-17　添加脚本示例

添加脚本到序列图的步骤如下。

(1) 选择序列图图形编辑工具栏中的ABC图标，此时的光标变为“↑”符号。

(2) 在图形编辑区中，单击需要放置脚本的位置。

(3) 在文本框中输入脚本的内容。

(4) 选中文本框，按住 Shift 键后选择消息。

(5) 在菜单栏中选择 Edit(编辑)下的 Attach Script(绑定脚本)选项。

如果要将脚本从消息中删除，则可以通过以下步骤操作。

(1) 选中消息时，默认选中消息绑定的脚本。

(2) 在菜单栏中选择 Edit(编辑)下的 Detach Script(分离脚本)选项即可。

8.4.4 创建对象与销毁对象

由于创建对象也是消息的一种操作，所以我们仍然可以通过发送消息的方式创建对象。在序列图的图形表示中，与其他对象不同的是，其他对象通常位于图的顶部，而被创建的对象通常位于图的中间部位。创建对象的消息通常位于被创建对象的水平位置，如图 8-18 所示。

销毁对象表示对象生命线的结束，在对象生命线中使用一个“×”来进行标识。给对象生命线中添加销毁标记的步骤如下。

(1) 在序列图的图形编辑工具栏中选择 × 图标，此时的光标变为“+”符号。

(2) 单击要销毁的对象的生命线，此时该标记在对象生命线中标识。该对象生命线自销毁标记以下的部分消失。

销毁一个对象的图示如图 8-19 所示，在该图中销毁了“对象 B”。

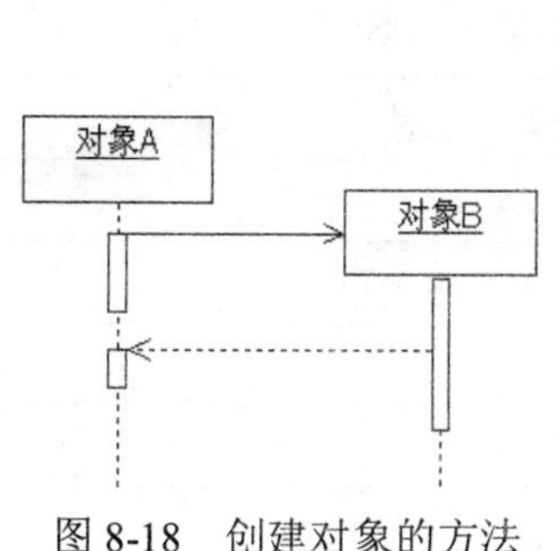

图 8-18 创建对象的方法

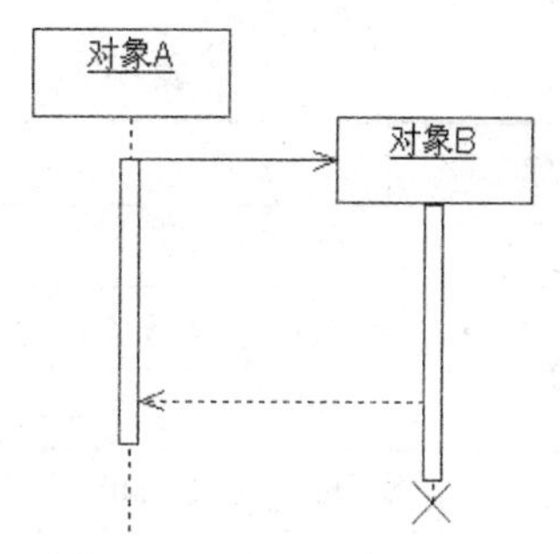

图 8-19 销毁对象的方法

8.5 使用 Rose 创建序列图及案例分析

下面将以教务管理系统的一个简单用例“教师打印授课班级学生名单”为例，介绍如何创建系统的序列图，如图 8-20 所示。

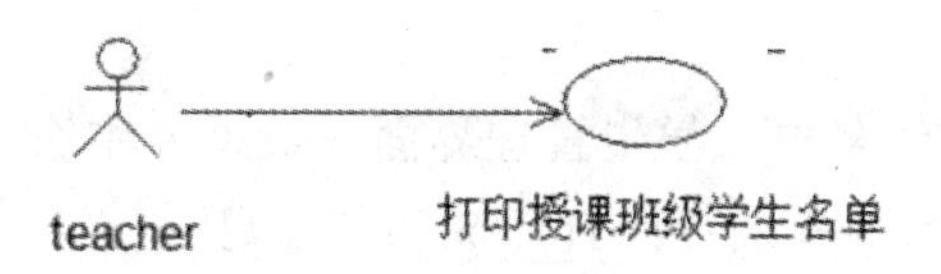

图 8-20 教师打印授课班级学生名单用例

8.5.1 需求分析

根据系统的用例或具体的场景，描绘出系统中的一组对象在时间上交互的整体行为，这是使用序列图进行建模的目标。一般情况下，系统的某个用例往往包含好几个工作流程，这时就需要创建几个序列图来进行描述。

我们可以使用下列步骤创建一个序列图。

(1) 根据系统的用例或具体的场景，确定角色的工作流程。

(2) 确定工作流程中涉及的对象，从左到右将这些对象顺序地放置在序列图的上方，其中重要的角色放置在左边。

(3) 为某一个工作流程进行建模，使用各种消息将这些对象连接起来。从系统中的某个角色开始，在各个对象的生命线之间从顶至底依次将消息画出。如果需要约束条件，则可以在合适的地方附上条件。

(4) 如果需要将这些为单个工作流程建模的序列图集成到一个序列图中，则可以通过相关脚本说明绘制出关于该用例的总图。通常一个完整的用例的序列图是复杂的，无须将其单个的工作流程集成到一个总图中，只需要绘制一个总图即可，甚至还需要将一张复杂的序列图分解成一些简单的序列图。

综上所述，我们可以将“教师打印授课班级学生名单”用例使用表8-3来描述。

表 8-3　教师打印授课班级学生名单

名　称	描　述
标识	UC 003
描述	教师通过教务管理系统打印授课班级学生名单
前提	教师已经登录系统
结果	授课班级学生名单被打印
扩展	N/A
包含	教师查询班级信息
继承自	N/A

我们可以通过更加具体的描述来确定教师打印授课班级学生名单的工作流程，具体如下。

(1) 教师进入学生管理界面 StudentManageForm，并在界面中选择打印名单的班级。

(2) 学生管理界面 StudentManageForm 查询数据库中的班级信息。若能查询到该班级，则返回查询成功。

(3) 教师选择打印班级名单，学生管理界面在数据库中查询学生名单并进行打印。

(4) StudentManageForm 界面返回打印成功的信息。

(5) 教师从 StudentManageForm 界面获得打印成功的提示。

8.5.2 确定序列图对象

建模序列图的下一步是从左到右布置在该工作流程中的所有参与者和对象，同时也包含要添加消息的对象生命线。我们可以从上面的需求分析中获得教师对象、学生信息管理界面和学生信息 3 个对象，如图 8-21 所示。

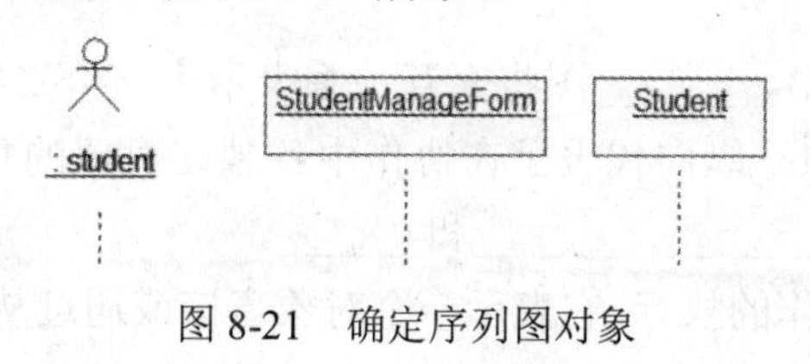

图 8-21 确定序列图对象

8.5.3 创建序列图

确定序列图对象后，我们对系统的仓库管理员处理产品入库的流程进行建模，按照消息的过程，一步一步地将消息绘制在序列图中，并添加适当的脚本绑定到消息中，基本工作流程的序列图如图 8-22 所示。

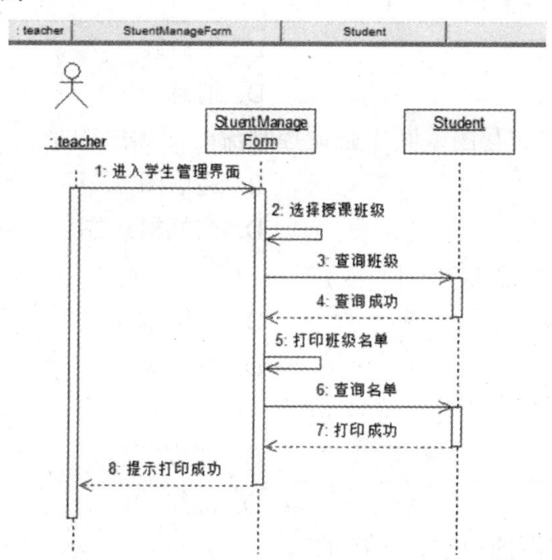

图 8-22 教师打印授课班级学生名单序列图

图 8-1 就是我们根据需求分析和基本的工作流程创建的完整的序列图。

【本章小结】

本章详细介绍了 UML 动态结构模型中的序列图，从序列图的基本概念、时序图的组成到如何使用 Rational Rose 建模工具来创建序列图，最后还展示了一个项目中简单序列图的实例。希望通过本章的学习，读者能够根据需求分析和用例描绘出一个简单的序列图。

习题 8

1. 填空题

(1) 在 UML 的表示中，______图将交互关系表示为一个二维图。其中，横向是时间轴，时间沿竖线向下延伸；纵向代表了在协作中各独立对象的角色。

(2) 消息的组成包括______、______和______。

(3) ______是对象操作的执行，它表示一个对象直接或通过从属操作完成操作的过程。

(4) ______是一条垂直的虚线，用来表示序列图中的对象在一段时间内的存在。

(5) 序列图中对象的表示形式使用包围名称的______来标记，所显示的对象及其类的名称带有______，两者用冒号隔开。

2. 选择题

(1) 序列图的构成对象有(　　)。

A. 对象　　B. 生命线

C. 激活　　D. 消息

(2) UML 中有四种交互图，其中强调控制流时间顺序的是(　　)。

A. 序列图　　B. 通信图

C. 定时图　　D. 交互概述图

(3) 在序列图中，消息编号有(　　)。

A. 无层次编号　　B. 多层次编号

C. 嵌套编号　　D. 顺序编号

(4) 在序列图中，返回消息的符号是(　　)。

A. 直线箭头　　B. 虚线箭头

C. 直线　　D. 虚线

(5) 下列关于序列图的说法，正确的是(　　)。

A. 序列图是对对象之间传送消息的时间顺序的可视化表示

B. 序列图从一定程度上更加详细地描述了用例表达的需求，并将其转化为进一步的、更加正式层次的精细表达

C. 序列图的目的在于描述系统中各个对象按照时间顺序的交互过程

D. 在UML的表示中，序列图将交互关系表示为一个二维图。其中，横向是时间轴，时间沿竖线向下延伸；纵向代表了在协作中各独立对象的角色

3. 简答题

(1) 请简述序列图的用途。

(2) 请描述序列图的创建步骤。

(3) 简述在项目开发中使用序列图的原因及其作用。

(4) 请说明序列图中销毁对象的方法。

4. 上机题

(1) 以“学生管理系统”为例，在该系统中，系统管理员在添加学生信息界面添加新入学学生的信息，根据系统管理员添加学生信息用例，创建相关序列图，如图 8-23 所示。

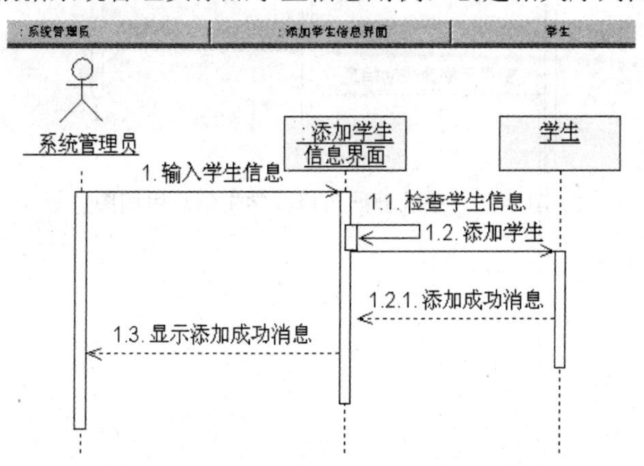

图 8-23 系统管理员添加学生信息用例图 1

(2) 在“学生管理系统”中，如果单独抽象出一个数据访问类来进行数据访问，那么，根据系统管理员添加学生信息用例，重新创建相关序列图，如图 8-24 所示。

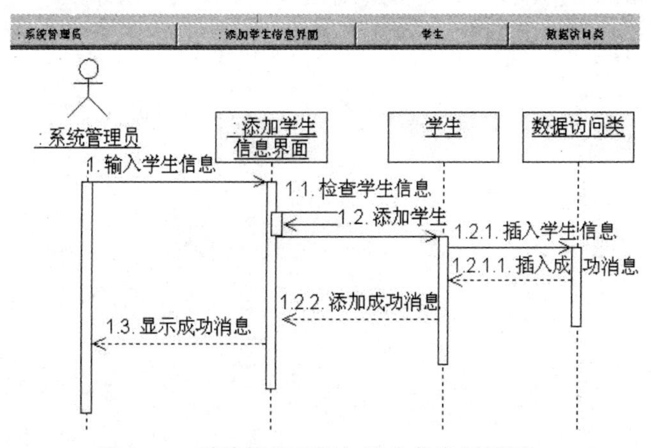

图 8-24 系统管理员添加学生信息用例图 2

(3) 在“学生管理系统”中，系统管理员在修改学生信息界面修改某个学生的个人信息，根据系统管理员修改学生信息的用例，创建相关序列图，如图 8-25 所示。

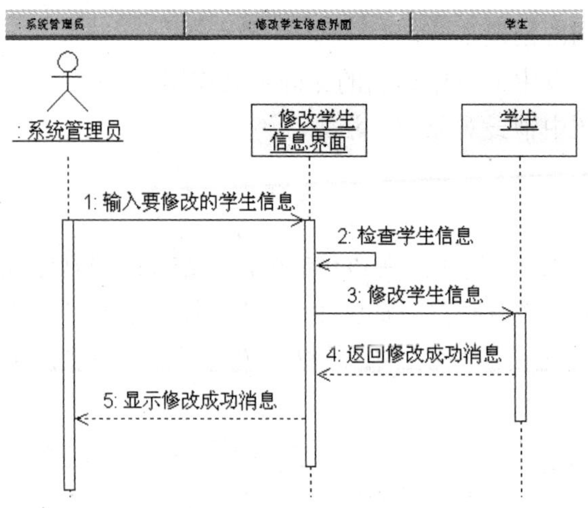

图 8-25　系统管理员修改学生信息用例图

第9章

协 作 图

UML 中的交互图有两种类型，一种是上一章介绍的序列图，另一种就是本章要学习的协作图(Collaboration Diagram)，它们都是用来对系统的行为进行建模的，但是协作图着重于对系统成分如何协同工作进行描述。这两种交互图从不同的角度表达系统中的各种交互情况和系统行为，可以相互转化。本章将对协作图的基本概念及它们的使用方法进行详细介绍。

9.1 协作图的基本概念

协作图包含一组对象和以消息交互为联系的关联，用于描述系统的行为是如何由系统的成分合作实现的。在协作图中，类元角色描述了一个对象，关联角色描述了协作关系中的链，并通过几何排列表现交互作用中的各个角色。

9.1.1 协作图的含义

要理解协作图，首先要了解什么是协作。所谓协作，是指在一定的语境中一组对象及用以实现某些行为的这些对象间的相互作用，它描述了一组对象为实现某种目的而组成相互合作的“对象社会”。在协作中同时包含了运行时的类元角色(Classifier Roles)和关联角色(Association Roles)。类元角色表示参与协作执行的对象的描述，系统中的对象可以参与一个或多个协作；关联角色表示参与协作执行的关联的描述。

协作图就是表现对象协作关系的图，它表示了协作中作为各种类元角色的对象所处的位置，在图中主要显示了类元角色和关联角色。类元角色和关联角色描述了对象的配置和当一个协作的实例执行时可能出现的连接。当协作被实例化时，对象受限于类元角色，连接受限于关联角色。

现在从结构和行为两个方面分析协作图。从结构方面来讲，协作图与对象图一样，包含了一个角色集合和它们之间定义行为方面的内容的关系，从这个角度来说，协作图也是类图的一种，但是协作图与类图这种静态视图不同的是，静态视图描述了类固有的内在属性，而协作图则描述了类实例的特性，因为只有对象的实例才能在协作中扮演自己的角色，它在协作中起特殊的作用。从行为方面来讲，协作图与序列图一样，包含了一系列的消息集合，这些消息在具有某一角色的各对象间进行传递交换，完成协作中的对象则为达到的目标。可以说在协作图的一个协作中描述了该协作所有对象组成的网络结构及相互发送消息的整体行为，表示潜藏于计算过程中的3个主要结构的统一，即数据结构、控制流和数据流的统一。

在一张协作图中，只有涉及协作的对象才会被表示出来，即协作图只对相互间具有交互作用的对象和对象间的关联建模，而忽略了其他对象和关联。根据这些，可以将协作图中的对象标识成4个组：存在于整个交互作用中的对象；在交互作用中创建的对象；在交互作用中销毁的对象；在交互作用中创建并销毁的对象。在设计时要区别这些对象，首先要表示操作开始时可得到的对象和连接，然后决定如何控制流程图中正确的对象以实现操作。

在UML的表示中，协作图将类元角色表示为类的符号(矩形)，将关联角色表示为实线的关联路径，关联路径上带有消息符号。通常，不带有消息的协作图标明了交互作用发生的上下文，而不表示交互，它可以用来表示单一操作的上下文，甚至可以表示一个或一组类中所有操作的上下文。如果关联线上标有消息，则图形就可以表示一个交互。典型地，一个交互用来代表一个操作或用例的实现。

如图9-1所示，显示的是学生选课过程的协作图。在该图中，涉及3个对象之间的交互，分别是学生、选课管理界面和管理员，消息的编号显示了对象交互的步骤，该图与前一章节介绍的序列图中的示例相似。

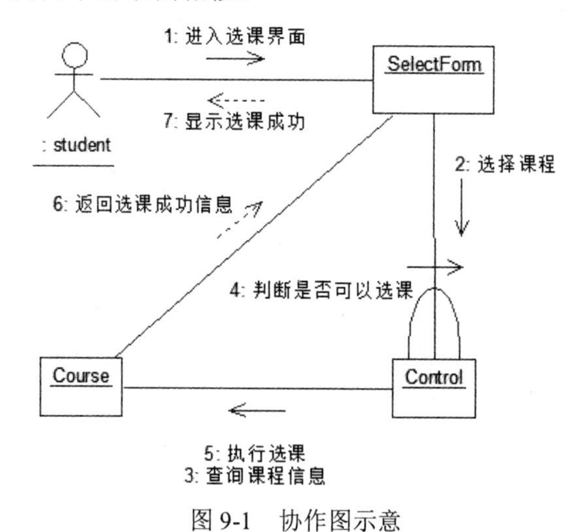

图9-1　协作图示意

协作图中包含了3个基本的模型元素，分别是对象(Object)、消息(Message)和链(Link)。

9.1.2　协作图的作用

协作图作为一种在给定语境中描述协作中各个对象之间组织交互关系的空间组织结构的图形化方式，在使用其建模时，可以将其作用分为以下3个方面。

- 通过描绘对象间消息的传递情况来反映具体的使用语境的逻辑表达。一个使用情境的逻辑可能是一个用例的一部分或是一条控制流，这与序列图的作用类似。
- 显示对象及其交互关系的空间组织结构。协作图显示了在交互过程中各个对象之间的组织交互关系及对象彼此之间的连接。与序列图不同，协作图显示的是对象之间的关系，并不侧重交互的顺序，它没有将时间作为一个单独的维度，而是使用序列号来确定消息及并发线程的顺序。
- 表现一个类操作的实现。协作图可以说明类操作中使用到的参数、局部变量及返回值等。当使用协作图表现一个系统行为时，消息编号对应了程序中的嵌套调用结构和信号传递过程。

协作图和序列图虽然都表示出了对象间的交互作用，但是它们的侧重点不同。序列图注重表达交互作用中的时间顺序，但没有明确表示对象间的关系。而协作图却不同，它注重表示对象间的关系，但时间顺序可以从对象流经的顺序编号中获得。序列图常被用于表示方案，而协作图则被用于过程的详细设计。

9.2 组成协作图的元素

协作图由对象(Object)、消息(Message)和链(Link)3个元素构成，其通过各个对象之间的组织交互关系及对象彼此之间的连接表达对象之间的交互。

9.2.1 对象

协作图中的对象和序列图中的对象的概念相同，同样都是类的实例。我们在前面已经介绍过，一个协作代表为了完成某个目标而共同工作的一组对象。对象的角色表示一个或一组对象在完成目标的过程中所起的作用。对象是角色所属类的直接或间接实例。在协作图中，不需要关于某个类的所有对象都出现，同一个类的对象在一个协作图中也可能要充当多个角色。

协作图中对象的表示方式也与序列图中对象的表示方式一样，使用包围名称的矩形框来标记，所显示的对象及其类的名称带有下画线，两者用冒号隔开，使用“对象名:类名”的形式，与序列图不同的是，对象的下部没有一条被称为“生命线”的垂直虚线，并且对象存在多对象的形式，如图 9-2 所示。

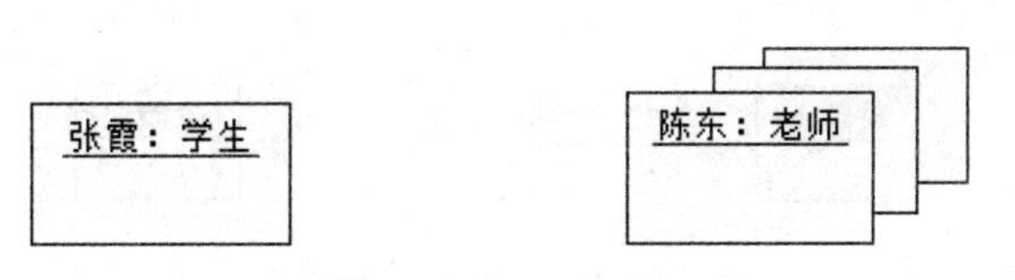

图 9-2 协作图对象示例

9.2.2 消息

在协作图中，可以通过一系列的消息来描述系统的动态行为。与序列图中的消息概念相同，都是从一个对象(发送者)向另一个或几个其他对象(接收者)发送信号，或者由一个对象(发送者或调用者)调用另一个对象(接收者)的操作，并且都由三部分组成，分别是发送者、接收者和活动。

与序列图中的消息不同的是，在协作图中消息的表示方式使用带有标签的箭头表示，它附在连接发送者和接收者的链上，箭头指向接收者。消息也可以通过发送给对象本身的方式，依附在连接自身的链上。在一个连接上可以有多个消息，它们沿相同或不同的路径传递。每个消息包括一个顺序号及消息的名称。消息标签中的顺序号标识了消息的相关顺序，同一个线程内的所有消息按照顺序排列，除非有一个明显的顺序依赖关系，否则不同线程内的消息是并行的。消息的名称可以是一个方法，包含一个名字、参数表和可选的返回值表。消息的各种实现的细节也可以被加入，如同步与异步等。

协作图中的消息如图 9-3 所示，显示了两个对象之间的消息通信，包含“提交综合总评”和“发布最终成绩”两步。

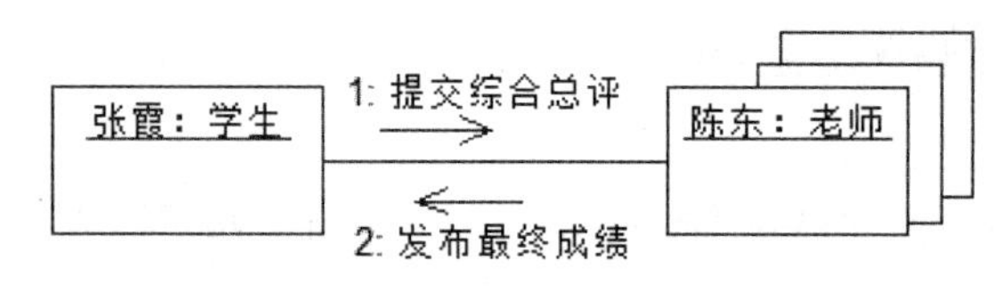

图 9-3　协作图中的消息示例

9.2.3 链

协作图中的链与对象图中的链的概念和表示形式都相同，都是两个或多个对象之间的独立连接，是对象引用元组(有序表)，也是关联的实例。在协作图中，关联角色是与具体语境有关的暂时的类元之间的关系，关联角色的实例也是链，其寿命受限于协作的长短，就如同序列图中对象的生命线一样。

在协作图中，链的表示形式为一个或多个相连的线或弧。在自身相关联的类中，链是两端指向同一对象的回路，是一条弧。为了说明对象是如何与另外一个对象进行连接的，我们还可以在链的两端添加上提供者和客户端的可见性修饰。如图 9-4 所示，是链的普通和自身关联的表示形式。

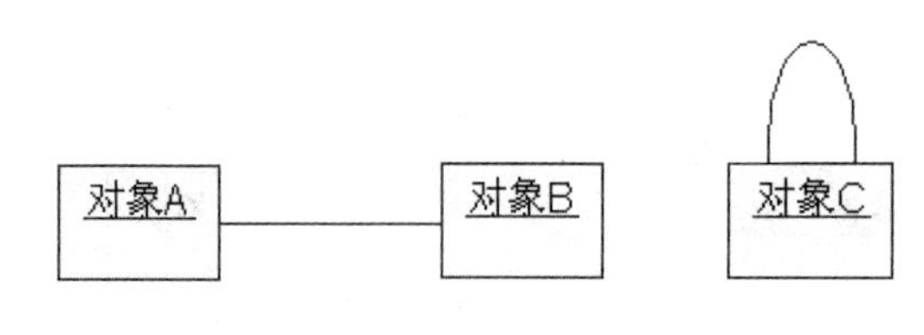

图 9-4　协作图中链的示例

9.3 使用 Rose 创建协作图

了解了协作图中的各种基本概念，就可以开始学习如何使用 Rational Rose 2003 创建协作图及协作图中的各种模型元素。

9.3.1 创建对象

在协作图的图形编辑工具栏中，我们可以使用的工具按钮如表 9-1 所示，在该表中包含了所有 Rational Rose 2003 默认显示的 UML 模型元素。

表 9-1 协作图图形编辑工具栏中的图标

图 标	名 称	用 途
	Selection Tool	选择工具
	Text Box	创建文本框
	Note	创建注释
	Anchor Note to Item	将注释连接到协作图中的相关模型元素
	Object	协作图中的对象
	Class Instance	类的实例
	Object Link	对象之间的连接
	Link to Self	对象自身连接
	Link Message	连接消息
	Reverse Link Message	相反方向的连接消息
	Data Token	数据流
	Reverse Data Token	相反方向的数据流

1. 创建和删除协作图

创建一个新的协作图，可以通过以下两种方式进行。

方式一：

(1) 右击浏览器中的 Use Case View(用例视图)、Logical View(逻辑视图)或位于这两种视图下的包。

(2) 在弹出的快捷菜单中，选中 New(新建)下的 Collaboration Diagram(协作图)选项。

(3) 输入新的协作图名称。

(4) 双击打开浏览器中的协作图。

方式二：

(1) 在菜单栏中，选择 Browse(浏览)下的 Interaction Diagram...(交互图)选项，或者在标准工具栏中选择图标，弹出如图 9-5 所示的对话框。

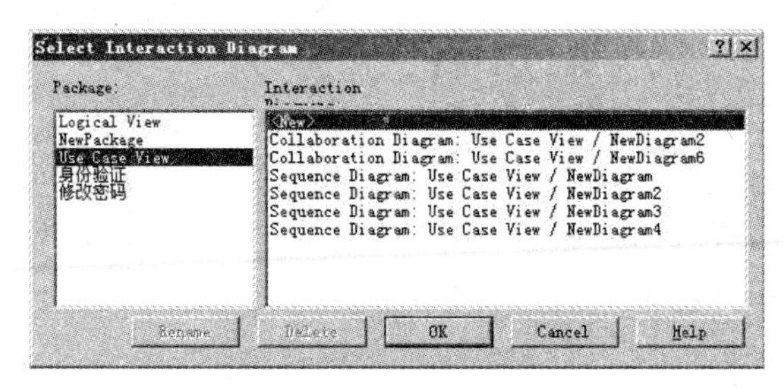

图 9-5　创建协作图

(2) 在左侧的关于包的列表框中，选择要创建的协作图的包的位置。

(3) 在右侧的 Interaction Diagram(交互图)列表框中，选择<New>(新建)选项。

(4) 单击 OK 按钮，在弹出的对话框中输入新的交互图的名称，并选择 Diagram Type(图的类型)为协作图。

如果需要在模型中删除一个协作图，则可以通过以下方式完成。

(1) 在浏览器中选中需要删除的协作图，右击。

(2) 在弹出的快捷菜单中选择 Delete 选项。

或者通过下面的方式实现。

(1) 在菜单栏中，选择 Browse(浏览)下的 Interaction Diagram...(交互图)选项，或者在标准工具栏中选择图标，弹出如图 9-5 所示的对话框。

(2) 在左侧的关于包的列表框中，选择要删除的协作图的包的位置。

(3) 在右侧的 Interaction Diagram(交互图)列表框中，选中该协作图。

(4) 单击 Delete 按钮，在弹出的对话框中确认。

2. 创建和删除协作图中的对象

如果需要在协作图中增加一个对象，则可以通过工具栏、浏览器和菜单栏 3 种方式进行添加。

通过图形编辑工具栏添加对象的步骤如下。

(1) 在图形编辑工具栏中，选择图标，此时光标变为“＋”号。

(2) 在协作图中单击，任意选择一个位置，系统便在该位置创建一个新的对象，如图 9-6 所示。

图 9-6　在协作图中添加对象

(3) 在对象的名称栏中输入对象的名称时，会在对象上端的栏中显示。

使用菜单栏添加对象的步骤如下。

(1) 在菜单栏中，选择 Tools(浏览)下的 Create(创建)选项，在 Create(创建)选项中选择 Object(对象)，此时光标变为“＋”号。

(2) 其余的步骤与使用工具栏添加对象的步骤类似，按照使用工具栏添加对象的步骤添加即可。

如果使用浏览器，则只需要选择需要添加对象的类，并将其拖动到编辑框中即可。

在 Rational Rose 2003 的协作图中，对象还可以通过设置显示其全部或部分属性信息。设置的步骤如下。

(1) 选中需要显示其属性的对象。

(2) 右击该对象，在弹出的快捷菜单中选择 Edit Compartment 选项，弹出如图 9-7 所示的对话框。

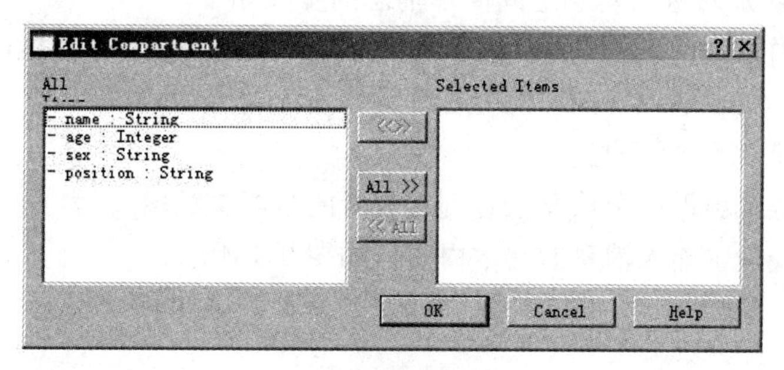

图 9-7　添加对象属性

(3) 在对话框的左侧选择需要显示的属性并添加到右边的栏中。

(4) 单击 OK 按钮，显示了一个带有自身属性的对象，如图 9-8 所示。

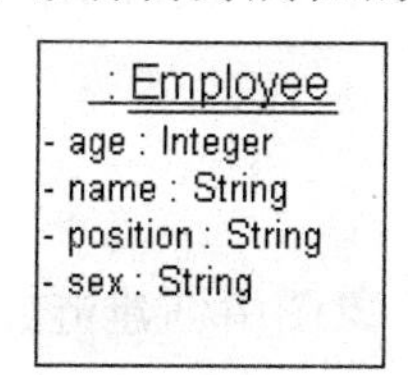

图 9-8　显示属性的对象

3. 对象图和协作图之间的切换

在 Rational Rose 2003 中，我们可以很轻松地从序列图中创建协作图或从协作图中创建序列图。一旦拥有序列图或协作图，就很容易在两种图之间进行切换了。

从序列图中创建协作图的步骤如下。

(1) 在浏览器中选中该序列图，双击打开。

(2) 选择菜单栏中 Browse(浏览)下的 Create Collaboration Diagram(创建协作图)选项，或者按 F5 键。

(3) 在浏览器中创建一个与序列图同名的协作图，双击打开即可。

从协作图中创建序列图的步骤如下。

(1) 在浏览器中选中该协作图，双击打开。

(2) 选择菜单栏中 Browse(浏览)下的 Create Sequence Diagram(创建序列图)选项，或者按 F5 键。

(3) 在浏览器中创建一个与协作图同名的序列图，双击打开即可。

如果需要在创建好的协作图和序列图之间进行切换，则可以选择菜单栏中 Browse(浏览)下的 Go to Sequence Diagram(转向序列图)或 Go to Collaboration Diagram(转向协作图)选项进行切换，也可以按 F5 键进行切换。

9.3.2 创建消息

在协作图中添加对象与对象之间简单消息的步骤如下。

(1) 选择协作图图形编辑工具栏中的图标，或者选择菜单栏中 Tools(工具) | Create(新建) | Message 选项，此时的光标变为“＋”符号。

(2) 单击连接对象之间的链。

(3) 此时在链上出现一个从发送者到接收者的带箭头线段。

(4) 在消息线段上输入消息的文本内容，如图 9-9 所示。

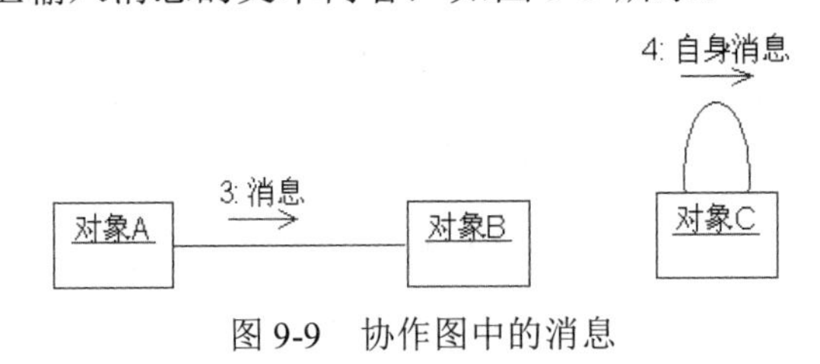

图 9-9 协作图中的消息

9.3.3 创建链

在协作图中创建链的操作与在对象图中创建链的操作相同，可以按照在对象图中创建链的方式进行创建，同样也可以在链的设置对话框的 General 选项卡中设置链的名称、关联、角色及可见性等。链的可见性是指一个对象是否能够对另一个对象可见的机制。链的可见性类型及用途如表 9-2 所示。

表 9-2 链的可见性类型及用途

可见性类型	用 途
Unspecified	默认设置，对象的可见性没有被设置
Field	提供者是客户的一部分
Parameter	提供者是客户一个或一些操作的参数
Local	提供者对客户来讲是一个本地声明对象
Global	提供者对客户来讲是一个全局对象

对于使用自身链连接的对象，则没有提供者和客户，因为它本身既是提供者又是客户，我们只需要选择一种可见性即可，如图 9-10 所示。

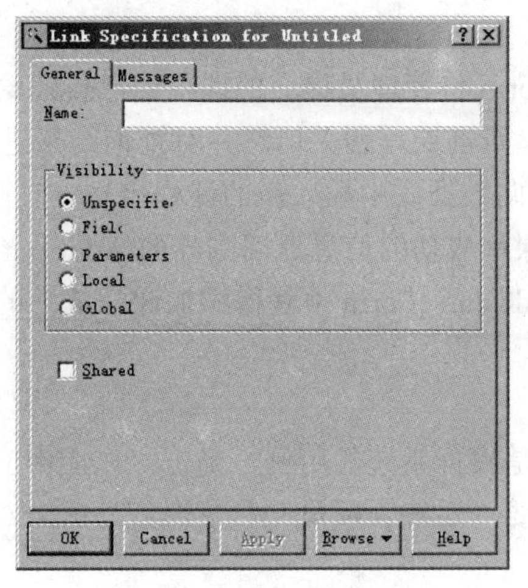

图 9-10　自身链的规范设置

9.4 在项目中创建协作图及案例分析

有了对协作图基本概念的认识后，下面就可以通过对“企业进存销管理系统”中某个协作图的创建来掌握如何在项目中使用协作图。

我们使用下列步骤创建协作图。

(1) 根据系统的用例或具体场景，确定协作图中应当包含的元素。

(2) 确定这些元素之间的关系，可以着手建立早期的协作图，在元素之间添加链接和关联角色等。

(3) 将早期的协作图进行细化，把类角色修改为对象实例，并且在链上添加消息及指定消息的序列。

协作图仍然是为某一个工作流程进行建模，并使用链和消息将工作流程涉及的对象连接起来。从系统中的某个角色开始，在各个对象之间按通过消息的序号依次将消息画出。如果需要约束条件，则可以在合适的地方附上条件。

下面将以在序列图中已经介绍过的“教务管理系统”的一个简单用例“成绩管理员产品入库”为例，介绍如何创建系统的协作图，如图 9-11 所示。

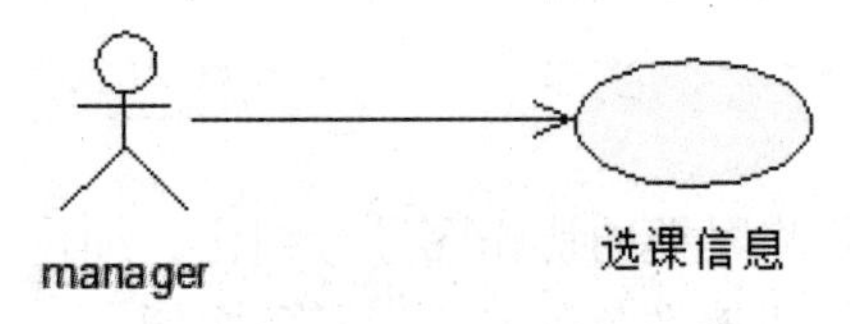

图 9-11　系统管理员选课入库用例

管理员添加课程信息的工作流程(添加教师、学生信息类似)如下。

(1) 系统管理员进入添加课程界面 AddCourseForm，并在界面中提交添加课程的信息。

(2) 界面 AddCourseForm 将管理员提交的课程信息传递给控制对象 Control。

(3) 控制对象向数据库查询课程相关信息并对查询结果进行判断。

(4) 控制对象 Control 向数据库中插入新的课程信息。

(5) 控制对象将添加课程成功的信息返回到界面 AddCourseForm。

(6) 管理员在界面 AddCourseForm 中获得添加课程成功的信息。

1. 确定协作图元素

创建协作图的第一步是根据系统的用例，确定协作图中应当包含的元素。从已经描述的用例中可以确定，需要“系统管理员”和“课程”两个对象，其他对象暂时还不能够很明确地判断。

对于本系统来说，我们需要一个提供系统管理员与系统交互的场所，也就是说需要一个“界面”对象。系统管理员通过“控制界面”这个对象才能将选课结果放进数据库中，并将这些对象列举到协作图中，如图 9-12 所示。

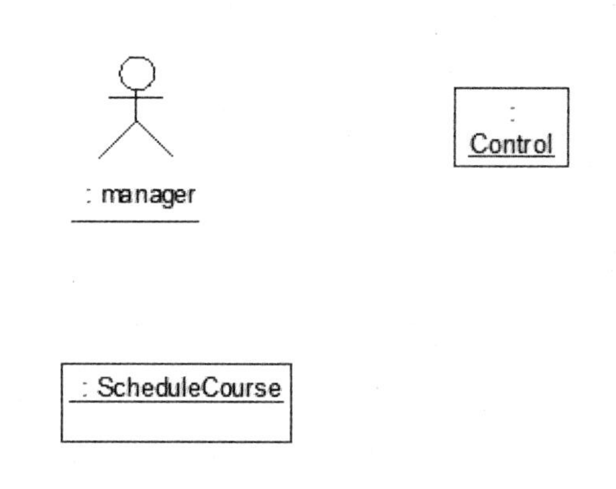

图 9-12　确定协作图中的对象

2. 确定元素之间的关系

创建协作图的第二步是确定对象之间的连接关系，使用链和角色将对象连接起来。在该步中，我们基本上可以建立早期的协作图，表达出协作图中的元素如何在空间进行交互。图 9-13 显示了该用例中各元素之间的基本交互。

3. 细化协作图

创建协作图的第三步是将早期的协作图进行细化。细化的过程可以根据一个交互流程，在实例层创建协作图，即把类角色修改为对象实例，在链上添加消息并指定消息的序列，然后指定对象、链和消息的规范，如图 9-14 所示。

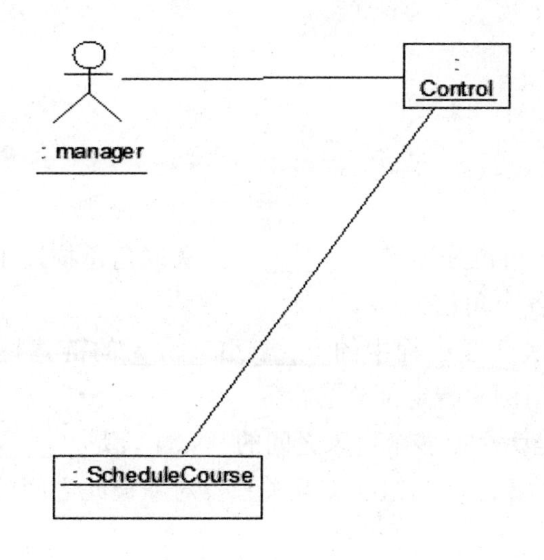

图 9-13 在协作图中添加交互

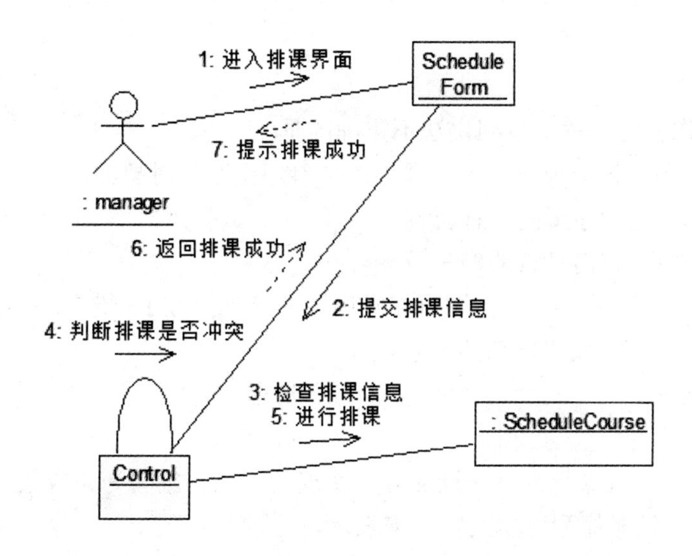

图 9-14 添加消息到协作图

【本章小结】

协作图和序列图都是交互图，它们既等价，又有所区别。顺序图表示了时间消息序列，但没有表示静态对象关系，其可以有效地帮助我们观察系统的顺序行为。而协作图用于表示一个协同中对象之间的关系和消息，以及描述一个操作或分类符的实现。在对系统进行行为建模时，通常是用顺序图按时间顺序对控制流建模，用协作图按对象组织对控制流建模。

习题 9

1. 填空题

(1) 在协作图中，类元角色描述了一个______，关联角色描述了______，并通过几何排列表现交互作用中的各个角色。

(2) 交互图是对在一次交互过程中的______和______的链建模，显示了对象之间______以执行特定用例或用例中特定部分的行为。

(3) 在协作图中的链是两个或多个对象之间的______，是______的实例。

(4) ______通过各个对象之间的组织交互关系及对象彼此之间的连接，表达对象之间的交互。

(5) 在协作图中，______使用带有标签的箭头来表示，它附在连接发送者和接收者的链上。

2. 选择题

(1) 关于协作图的描述，下列说法不正确的是(　　)。

A. 协作图作为一种交互图，强调的是参加交互的对象的组织

B. 协作图是顺序图的一种特例

C. 协作图中有消息流的顺序号

D. 在 Rose 工具中，协作图可在顺序图的基础上按 F5 键自动生成

(2) 在 UML 中，组成协作图的元素包括(　　)。

A. 对象　　　　B. 消息

C. 发送者　　　D. 链

(3) 在 UML 中，对象行为是通过交互来实现的，是对象间为完成某一目的而进行的一系列消息交换。消息序列可用两种类来表示，分别是(　　)。

A. 状态图和顺序图　　　　B. 活动图和协作图

C. 状态图和活动图　　　　D. 顺序图和协作图

(4) 协作图的作用体现在(　　)。

A. 显示对象及其交互关系的空间组织结构

B. 表现一个类操作的实现

C. 通过描绘对象之间消息的传递情况来反映具体使用语境的逻辑表达

D. 可以描述对象行为的时间顺序

(5) 在 UML 的交互图中，强调对象之间关系和消息传递的是(　　)。

A. 顺序图　　　　B. 交互图

C. 定时图　　　　D. 通信图

3. 简答题

(1) 请简述使用协作图的原因。
(2) 请简述构成协作图的元素和它们各自的作用。
(3) 请简述协作图中消息的种类及分别使用在哪种场合。
(4) 请说明顺序图和协作图的异同。

4. 上机题

(1) 在“学生管理系统”中，系统管理员需要登录系统才能进行系统维护工作，如添加学生信息、删除学生信息等。根据系统管理员添加学生信息用例，创建相关协作图，如图 9-15 所示。

(2) 在“学生管理系统”中，单独抽象出一个数据访问类来进行数据访问。要求：根据系统管理员添加学生信息用例，重新创建相关协作图，并与第 8 章中的序列图进行对比，指出不同点，如图 9-16 所示。

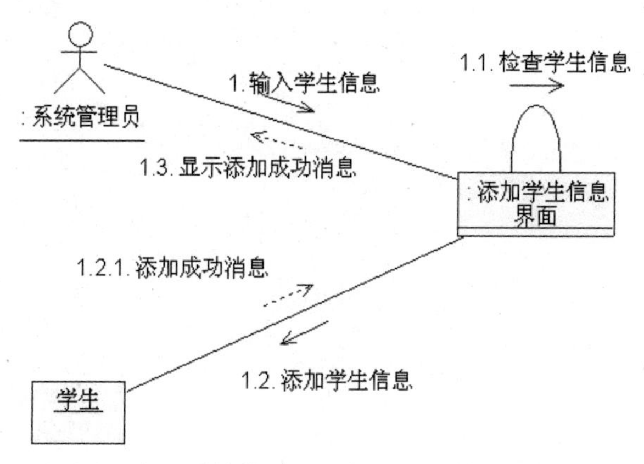

图 9-15　系统管理员添加学生信息协作图 1

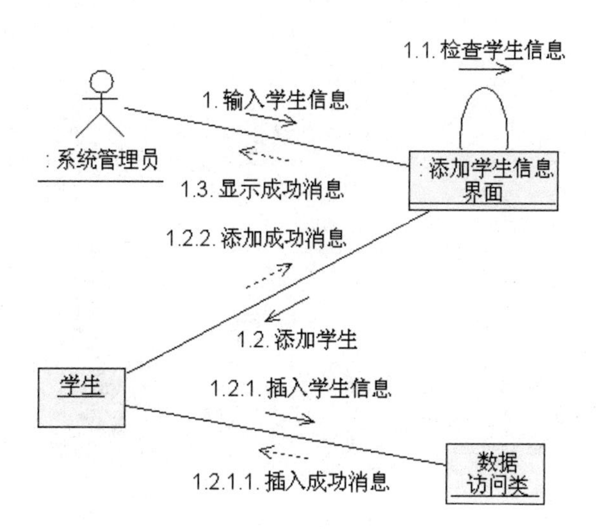

图 9-16　系统管理员添加学生信息协作图 2

(3) 在“学生管理系统”中，系统管理员在修改学生信息界面，修改某个学生的个人信息，根据系统管理员修改学生信息的用例，创建相关协作图，如图 9-17 所示。

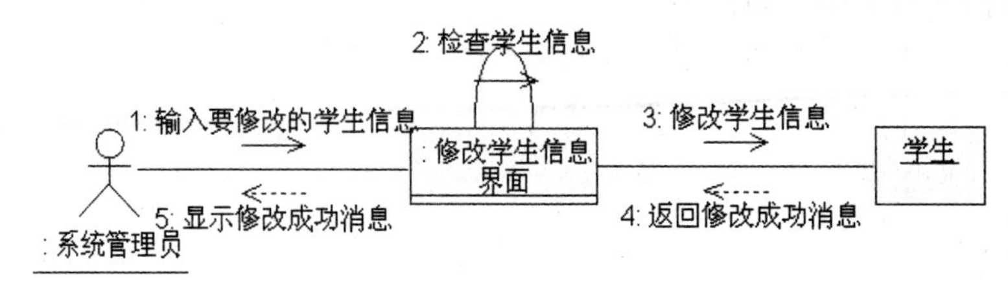

图 9-17　系统管理员修改学生信息协作图

第 10 章

活 动 图

活动图(Activity Diagram)是 UML 用于对系统的动态行为建模的图形工具之一。活动图实质上也是一种流程图，只不过表现的是从一个活动到另一个活动的控制流。活动图描述活动的序列，并且支持对带条件的行为和并发行为的表达。本章首先给出活动图的基本概念和组成元素，然后介绍活动图的应用。

10.1 活动图的基本概念

活动图是状态机的一个特殊例子，它强调计算过程中的顺序和并发步骤。活动图所有或多数状态都是活动状态或动作状态，所有或大部分的转换都由源状态中完成的活动触发。

10.1.1 活动图的含义

活动图是一种用于描述系统行为的模型视图，它可用来描述动作和动作导致对象状态改变的结果，而不用考虑引发状态改变的事件。通常，活动图记录单个操作或方法的逻辑、单个用例或商业过程的逻辑流程。

在UML中，活动的起点用来描述活动图的开始状态，用黑的实心圆表示。活动的终止点描述活动图的终止状态，用一个含有实心圆的空心圆表示。活动图中的活动既可以是手动执行的任务，也可以是自动执行的任务，用圆角矩形表示。状态图中的状态也是用矩形表示，不过与状态的矩形比较起来，活动的矩形更加柔和，更加接近椭圆。活动图中的转换描述了一个活动转向另一个活动，用带箭头的实线段表示，箭头指向转向的活动，可以在转换上用文字标识转换发生的条件。活动图中还包括分支与合并、分叉与汇合等模型元素，分支与合并的图标和状态图中判定的图标相同，分叉与汇合则用一条加粗的线段表示。如图 10-1 所示为一个简单的活动图模型。

活动图是状态图的一个延伸，因此活动图的符号与状态图的符号非常相似，有时会让人混淆，所以读者要注意活动图与状态图的区别。活动图的主要目的是描述动作及对象的改变结果，而状态图则是以状态的概念描述对象、子系统、系统在生命周期中的各种行为。不像正常的状态图，活动图中的状态转换不需要任何触发事件。活动图中的动作可以放在泳道中，而状态图则不可以。泳道可以将模型中的活动按照职责组织起来。

活动图还与传统的流程图很相似，往往流程图所能表达的内容，活动图也可以表达。不过两者之间还是有明显的区别：首先，活动图是面向对象的，而流程图是面向过程的；其次，活动图不仅能够表达顺序流程控制，还能够表达并发流程控制。

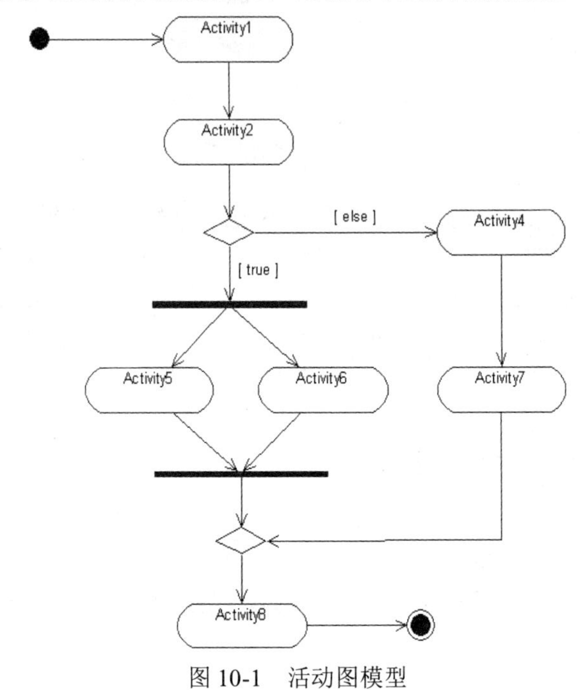

图 10-1　活动图模型

10.1.2　活动图的作用

活动图是模型中的完整单元，表示一个程序或工作流，常用于计算流程和工作流程的建模。活动图着重描述用例实例或对象的活动，以及操作实现中所完成的工作。活动图通常出现在设计的前期，即在所有实现决定前出现，特别是在对象被指定执行所有活动前。

活动图的作用主要体现在以下几点。

- 描述一个操作执行过程中所完成的工作。说明角色、工作流、组织和对象是如何工作的。
- 活动图对用例描述尤其有用，它可对用例的工作流建模，显示用例内部和用例之间的路径。它可以说明用例的实例是如何执行动作及如何改变对象状态的。
- 显示如何执行一组相关的动作，以及这些动作如何影响它们周围的对象。
- 活动图对理解业务处理过程十分有用。活动图可以画出工作流用以描述业务，有利于与领域专家进行交流。通过活动图可以明确业务处理操作是如何进行的，以及可能产生的变化。

- 描述复杂过程的算法，在这种情况下使用的活动图和传统的程序流程图的功能是差不多的。

需要注意的是，通常活动图假定在整个计算机处理的过程中，没有外部事件引起中断，否则普通的状态图更适合描述此种情况。

10.2 活动图的组成

10.1 节介绍了活动图的概念和作用，为了让大家进一步了解活动图，本节将重点介绍活动图的组成元素。UML 活动图中包含的图形元素有动作状态、活动状态、组合活动、分叉与结合、分支与合并、泳道、对象流。

10.2.1 动作状态

动作状态(Action State)是原子性的动作或操作的执行状态，它不能被外部事件的转换中断。动作状态的原子性决定了动作状态要么不执行，要么就完全执行，不能中断，例如，发送一个信号，设置某个属性值等。动作状态不可以分解成更小的部分，它是构造活动图的最小单位。

从理论上讲，动作状态所占用的处理时间极短，甚至可以忽略不计。而实际上，它需要时间来执行，但是时间要比可能发生事件需要的时间短得多。动作状态没有子结构、内部转换或内部活动，它不能有由事件触发的转换，但可以有转入，转入可以是对象流或动作流。动作状态通常有一个输出来完成转换的过程，如果有监护条件，也可以有多个输出来完成转换。

动作状态通常用于对工作流执行过程中的步骤进行建模。在一张活动图中，动作状态允许在多处出现。但动作状态与状态图中的状态不同，它不能有入口动作和出口动作，也不能有内部转移。

在UML 中，动作状态使用平滑的圆角矩形表示，动作状态表示的动作写在矩形内部，如图 10-2 所示。

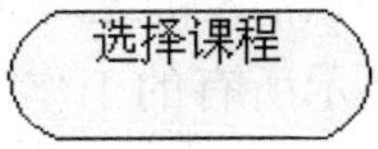

选择课程

图 10-2 动作状态示意图

10.2.2 活动状态

活动状态是非原子性的，用来表示一个具有子结构的纯粹计算的执行。活动状态可以分解成其他子活动或动作状态，也可以被使转换离开状态的事件从外部中断。活动状态可以有内部转换，也可以有入口动作和出口动作。活动状态具有至少一个输出完成转换，当状态中的活动完成时该转换被激发。

活动状态可以用另一个活动图来描述自己的内部活动。

需要注意的是，活动状态是一个程序执行过程的状态，而不是一个普通对象的状态。离开一个活动状态的转换通常不包括事件触发器。转换可以包括动作和监护条件，如果有多个监护条件赋值为真，那么将无法预料最终的选择结果。

动作状态是一种特殊的活动状态，我们可以把动作状态理解为一种原子的活动状态，即它只有一个入口动作，并且它活动时不会被转换所中断。动作状态一般用于描述简短的操作，而活动状态用于描述持续事件或复杂性的计算。一般来说，活动状态可以活动多长时间是没有限制的。

活动状态和动作状态的表示图标相同，都是平滑的圆角矩形，不同的是，活动状态可以在图标中给出入口动作和出口动作等信息，如图 10-3 所示。

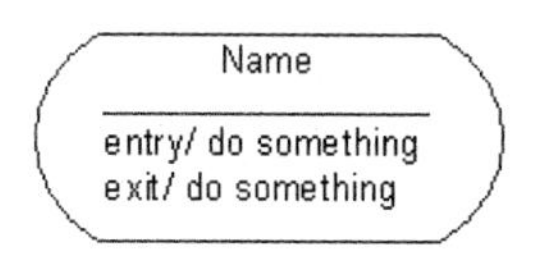

图 10-3　活动状态示意图

10.2.3　组合活动

组合活动是一种内嵌活动图的状态。我们把不含内嵌活动或动作的活动称为简单活动，把嵌套了若干活动或动作的活动称为组合活动。

一个组合活动在表面上看是一个状态，但其本质却是一组子活动的概括。一个组合活动可以分解为多个活动或动作的组合。每个组合活动都有自己的名字和相应的子活动图。一旦进入组合活动，嵌套在其中的子活动图就开始执行，直到到达子活动图的最后一个状态，组合活动才结束。与一般的活动状态一样，组合活动不具备原子性，它可以在执行的过程中被中断。

如果一些活动状态比较复杂，就会用到组合活动，例如，我们去购物，当选购完商品后就需要付款。虽然付款只是一个活动状态，但是付款却可以包括不同的情况：对于会员来说，一般是打折后付款，而一般的顾客就要全额付款。这样，在付款这个活动状态中，就又内嵌了两个活动，所以付款活动状态就是一个组合活动。

使用组合活动可以在一幅图中展示所有的工作流程细节，但是如果所展示的工作流程较为复杂，就会使活动图难以理解。因此，当流程复杂时也可将子图单独放在一个图中，然后让活动状态引用它。如图 10-4 所示是一个组合活动的示例。

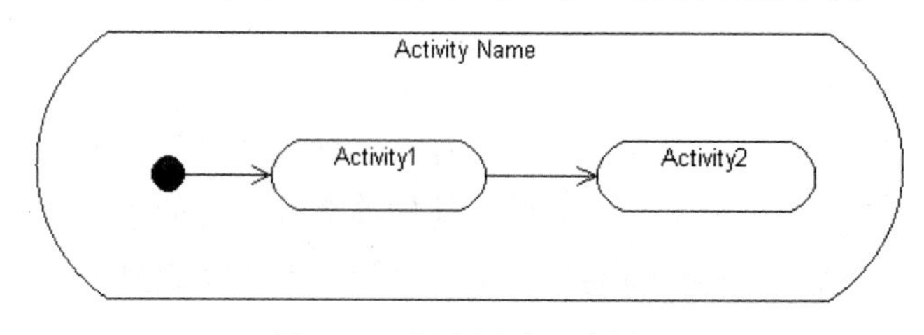

图 10-4　组合活动示意图

10.2.4　分叉与结合

并发(Concurrency)指的是在同一时间间隔内，有两个或两个以上的活动执行。对于一些复杂的大型系统而言，对象在运行时往往不止一个控制流，而是存在两个或多个并发运行的控制流。为了对并发的控制流建模，在 UML 中引入了分叉和结合的概念。分叉用来表示将一个控制流分成两个或多个并发运行的分支，结合用来表示并行分支在此得到同步。

分叉和结合在 UML 中的表示方法相似，都用粗黑线表示。分叉具有一个输入转换，两个或多个输出转换，每个转换都可以是独立的控制流。如图 10-5 所示为一个简单的分叉示意图。

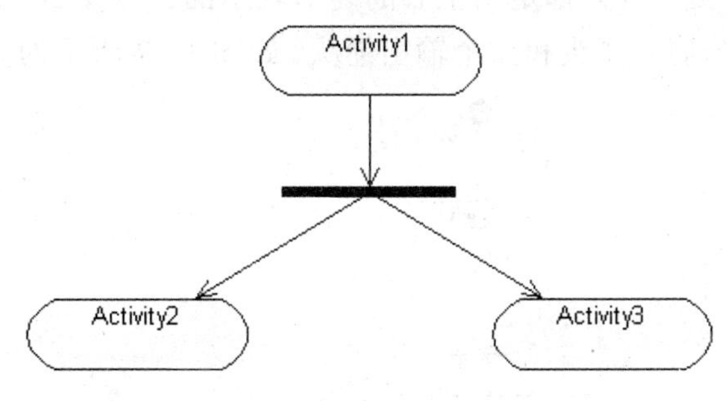

图 10-5　分叉示意图

结合与分叉相反，结合具有两个或多个输入转换，只有一个输出转换，先完成的控制流需要在此等待，只有当所有的控制流都到达结合点时，控制才能继续进行。如图 10-6 所示为一个简单的结合示意图。

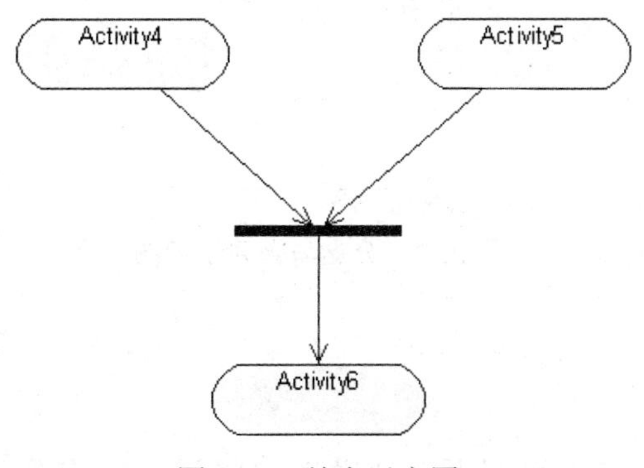

图 10-6　结合示意图

10.2.5　分支与合并

分支在活动图中很常见，它是转换的一部分，将转换路径分成多个部分，每一部分都有单独的监护条件和不同的结果。当动作流遇到分支时，会根据监护条件(布尔值)的真假来判定动作的流向。分支的每个路径的监护条件应该都是互斥的，这样可以保证只有一条路径的转换被激发。在活动图中，离开一个活动状态的分支通常是完成转换，它们是在状态内活动完成时隐含触发的。需要注意的是，分支应该尽可能地包含所有的可能，否则会有一些转换无法被激发，这样最终会因为输出转换不再重新激发而使活动图冻结。

合并指的是两个或多个控制路径在此汇合的情况，其是一种便利的表示法，省略它不会丢失信息。合并和分支常成对使用，合并表示从对应分支开始的条件行为的结束。

我们要注意区分合并和结合：合并汇合了两个以上的控制路径，在任何执行中，每次只走一条，不同路径之间是互斥的关系；而结合则汇合了两条或两条以上的并行控制路径，在执行过程中，所有路径都要走过，先到的控制流要等其他路径的控制流都到后，才能继续运行。

在活动图中，分支与合并都是用空心的菱形表示的。分支有一个输入箭头和两个输出箭头，而合并有两个输入箭头和一个输出箭头。如图 10-7 所示为分支与合并的示意图。

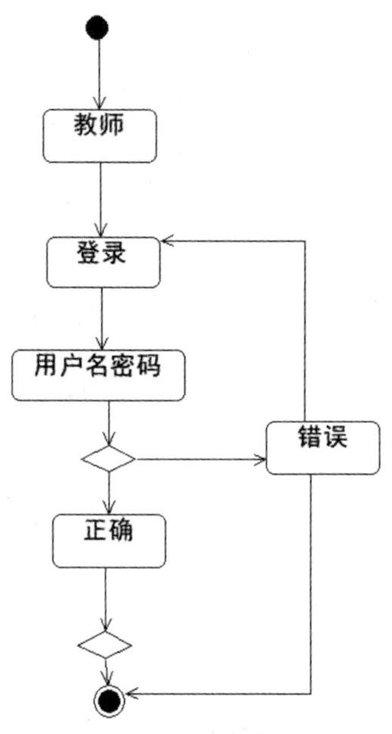

图 10-7　分支与合并示意图

10.2.5　泳道

为了对活动的职责进行组织而在活动图中将活动状态分为不同的组，称为泳道(Swimlane)。每个泳道代表了特定含义的状态职责的部分。在活动图中，每个活动只能明确地属于一个泳道，泳道明确地表示了哪些活动是由哪些对象进行的。每个泳道都有一个与其他泳道不同的名称。

每个泳道都可能由一个或多个类实施，类所执行的动作或拥有的状态按照发生的事件顺序自上而下地排列在泳道内。而泳道的排列顺序并不重要，只要布局合理、减少线条交叉即可。

在活动图中，每个泳道通过垂直实线与它的邻居泳道相分离。在泳道的上方是泳道的名称，不同泳道中的活动既可以顺序进行，也可以并发进行。虽然每个活动状态都指派了一条泳道，但是转移则可能跨越数条泳道。

如图 10-8 所示为泳道示意图。

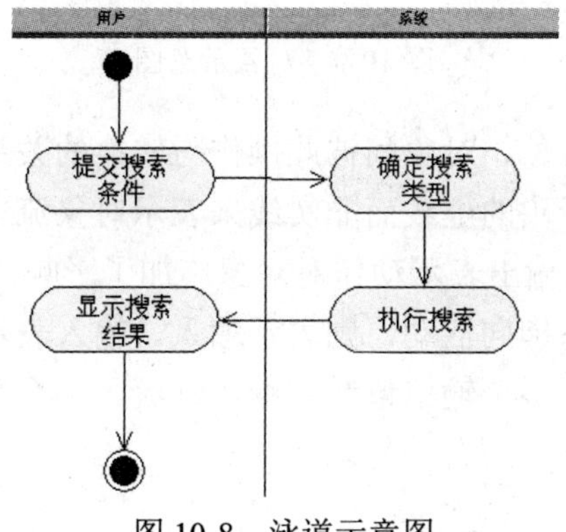

图 10-8　泳道示意图

10.2.7　对象流

活动图中交互的简单元素是活动和对象，控制流(Control Flow)就是对活动和对象之间的关系的描述。详细地说，控制流表示动作与其参与者和后继动作之间及动作与其输入和输出对象之间的关系，而对象流就是一种特殊的控制流。

对象流(Object Flow)是将对象流状态作为输入或输出的控制流。在活动图中，对象流描述了动作状态或活动状态与对象之间的关系，表示动作使用对象及动作对对象的影响。

关于对象流的几个重要概念如下。

- 动作状态。
- 活动状态。
- 对象流状态。

在前面的章节中，我们已经介绍了动作状态和活动状态，这里不再详述。下面重点介绍对象流中的对象。

对象是类的实例，用来封装状态和行为。对象流中的对象表示的不仅是对象自身，还表示了对象作为过程中的一个状态存在，因此也可以将这种对象称为对象流状态(Object Flow State)，用以与普通对象区别。

在活动图中，一个对象可以由多个动作操作。对象可以是一个转换的目的，以及一个活动完成转换的源。当前转换激发，对象流状态变成活动的。同一个对象可以不止一次地出现，它的每一次出现都表明该对象处于生存期的不同时间点。

一个对象流状态必须与它所表示的参数和结果的类型匹配。如果它是一个操作的输入，则必须与参数的类型匹配。反之，如果它是一个操作的输出，则必须与结果的类型匹配。

活动图中的对象用矩形表示，其中包含带下画线的类名，在类名下方的中括号中则是状态名，表明对象此时的状态。如图 10-9 所示为对象示意图。

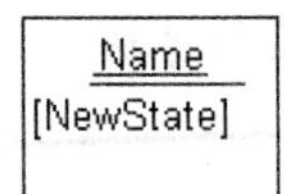

图 10-9　对象示意图

对象流表示了对象与对象、对象间彼此操作与转换的关系。为了在活动图中把它们与普通转换区分开，用带箭头的虚线而非实线来表示对象流。如果虚线箭头从活动指向对象流状态，则表示输出。输出表示动作对对象施加了影响，包括创建、修改、撤销等。如果虚线箭头从对象流状态指向活动，则表示输入。输入表示动作使用了对象流所指向的对象流状态。如果活动有多个输出值或后继控制流，那么箭头背向分叉符号。反之，如果有多个输入箭头，则指向结合符号。

10.3　使用 Rose 创建活动图

了解了什么是状态图和状态图中的各个要素后，接下来了解如何使用Rational Rose画出状态图。

10.3.1　创建活动图

要创建活动图，首先展开 Logical View 菜单项，然后在 Logical View 图标上右击，在弹出的快捷菜单中选择 New 下的 Activity Diagram 选项，建立新的活动图，如图 10-10 所示。

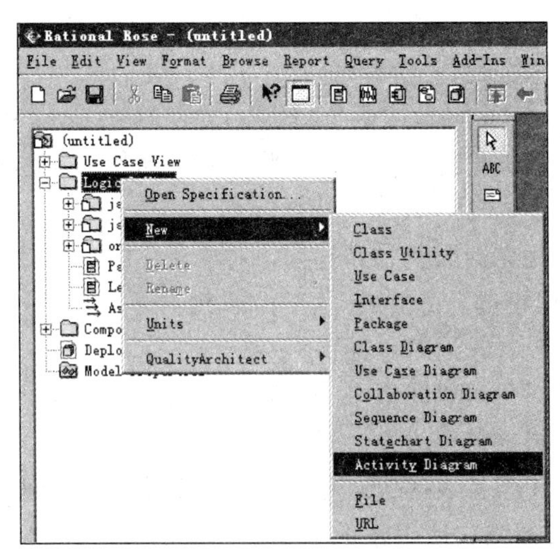

图 10-10　创建活动图

选择之后，Rose 在 Logical View 目录下创建了 State/Activity Model 子目录，目录下是新建的活动图 New Diagram，右击活动图图标，在弹出的快捷菜单中选择 Rename 修改新创建的活动图的名字，如图 10-11 所示。

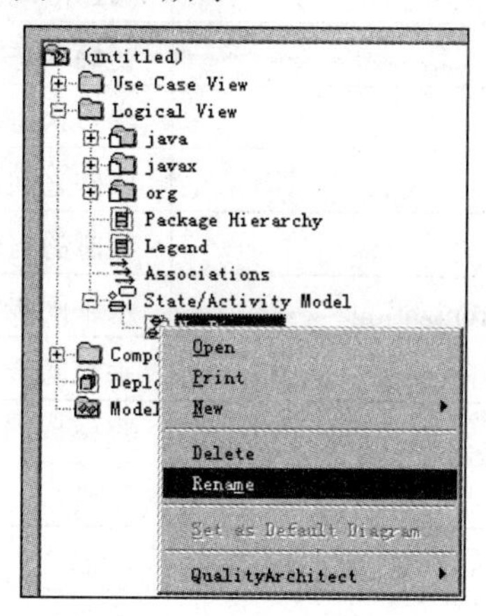

图 10-11 修改活动图名称

在状态图建立以后，双击状态图图标，会出现状态图绘制区域，如图 10-12 所示。

图 10-12 状态图绘制区域

在绘制区域的左侧为状态图工具栏，如表 10-1 列出了状态图工具栏中各个图标的名称及用途。

表 10-1 状态图工具栏中各个图标的名称及用途

图 标	名 称	用 途
	Selection Tool	选择一个项目
	Text Box	将文本框加进框图
	Note	添加注释
	Anchor Note to Item	将图中的注释与用例或角色相连
	State	添加状态

(续表)

图　标	名　称	用　途
	Activity	添加活动
	Start State	初始状态
	End State	终止状态
	State Transition	状态之间的转换
	Transition to self	状态的自转换
	Horizontal Synchronization	水平同步
	Vertical Synchronization	垂直同步
	Decision	判定
	Swimlane	泳道
	Object	对象
	Object Flow	对象流

10.3.2　创建初始和终止状态

与状态图一样，活动图也有初始和终止状态。初始状态在活动图中用实心圆表示，终止状态在活动图中用含有实心圆的空心圆表示。单击活动图工具栏中的初始状态图标，然后在绘制区域要绘制的地方单击即可创建初始状态。终止状态的创建方法与初始状态相同，如图 10-13 所示。

图 10-13　创建初始和终止状态

10.3.3　创建动作状态

要创建动作状态，首先单击活动图工具栏中的 Activity 图标，然后在绘制区域要绘制动作状态的地方单击即可，如图 10-14 所示为新创建的动作状态。

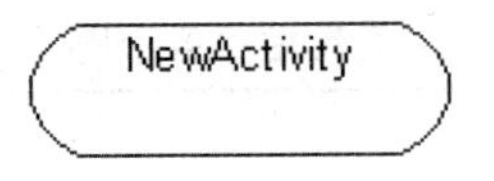

图 10-14　创建动作状态

接下来要修改动作状态的属性信息。首先双击动作状态图标，在弹出的对话框中的 General 选项卡中进行如名称 Name 和文档说明 Documentation 等属性的设置，如图 10-15 所示。

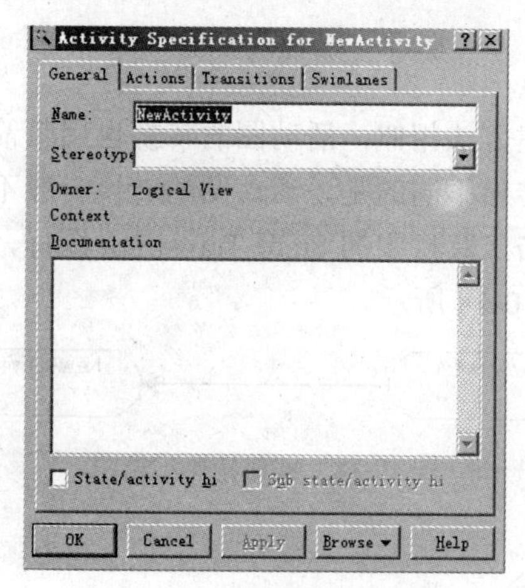

图 10-15 修改动作状态属性

10.3.4 创建活动状态

活动状态的创建方法与动作状态类似，区别在于活动状态能够添加动作。活动状态的创建方法可以参考动作状态，下面我们介绍创建一个活动状态后，如何添加动作。

(1) 双击活动图图标，在弹出的对话框中选择 Actions 选项卡，在空白处右击，在弹出的快捷菜单中选择 Insert 选项，如图 10-16 所示。

(2) 双击列表中出现的默认动作 Entry/，在弹出的对话框的 When 下拉列表中有 On Entry、On Exit、Do 和 On Event 等动作选项，用户可以根据自己的需求选择需要的动作。Name 字段要求用户输入动作的名称，如果选择 On Event，则要求在相应的字段中输入事件的名称 Event、参数 Arguments 和事件发生条件 Condition 等。如果选择的是其他三项中的一项，则这几个字段不可填写信息，如图 10-17 所示。

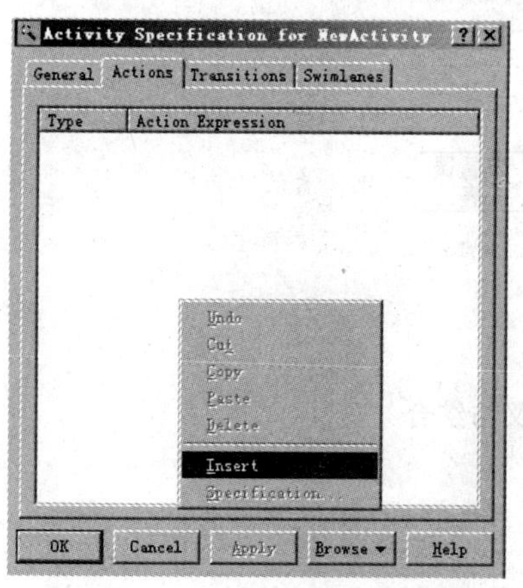

图 10-16 创建活动状态示意图 1

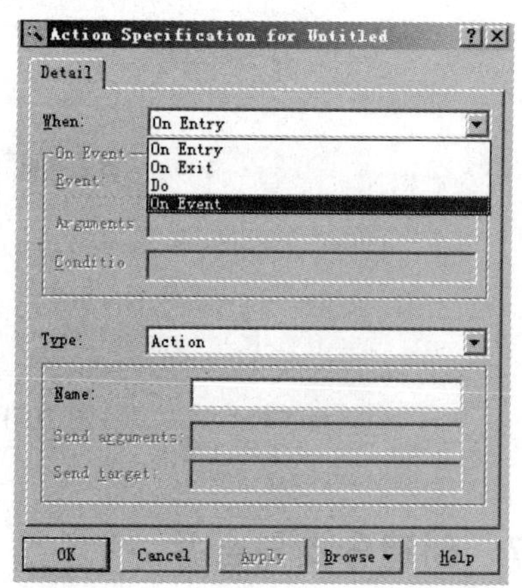

图 10-17 创建活动状态示意图 2

(3) 选好动作之后，单击 OK 按钮，退出当前对话框，然后再单击属性设置对话框中的 OK 按钮，活动状态的动作就添加完成了。

10.3.5 创建转换

与状态图中转换的创建方法相似，活动图的转换也用带箭头的直线表示，箭头指向转入的方向。与状态图的转换不同的是，活动图的转换一般不需要特定事件的触发。

要创建转换，首先单击工具栏中的 State Transition 图标，然后在两个要转换的动作状态之间拖动鼠标，如图 10-18 所示。

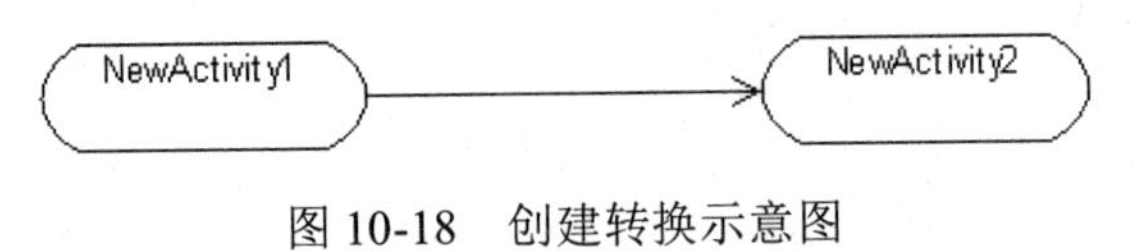

图 10-18　创建转换示意图

10.3.6 创建分叉与结合

分叉可以分为水平分叉与垂直分叉，两者在语义上是一样的，用户可以根据自己画图的需要选择不同的分叉。要创建分叉与结合，首先单击工具栏中的 Horizontal Synchronization 图标，然后在绘制区域要创建分叉与结合的地方单击即可，如图 10-19 所示为分叉与结合的示意图。

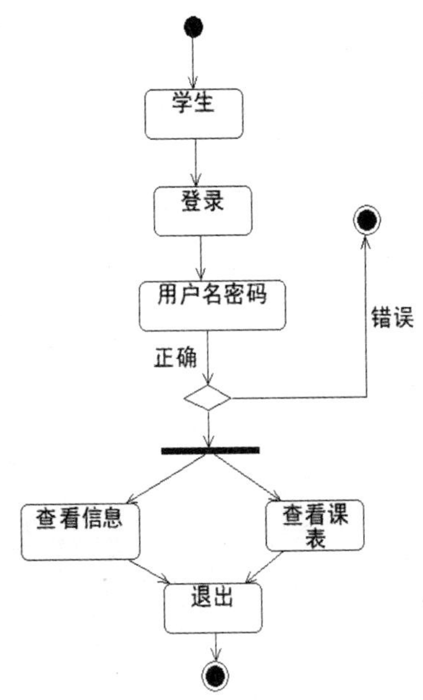

图 10-19　创建分叉与结合

10.3.7 创建分支与合并

分支与合并的创建方法和分叉与结合的创建方法相似，首先单击工具栏中的 Decision 图标，然后在绘制区域要创建分支与合并的地方单击即可，如图 10-20 所示为分支与合并的示意图。

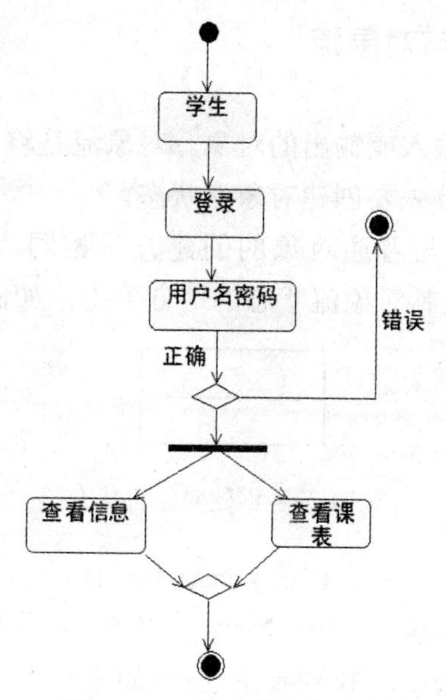

图 10-20 创建分支与合并

10.3.8 创建泳道

泳道用于将活动按照职责进行分组。要创建泳道，首先单击工具栏中的Swimlane 图标，然后在绘制区域单击，就可以创建新的泳道了，如图 10-21 所示。

图 10-21 创建泳道

接下来可以修改泳道的名字等属性。选中需要修改的泳道，右击，在弹出的快捷菜单中选择 Open Specification 选项。通过弹出的对话框中的 Name 字段可以修改泳道的名字，如图 10-22 所示。

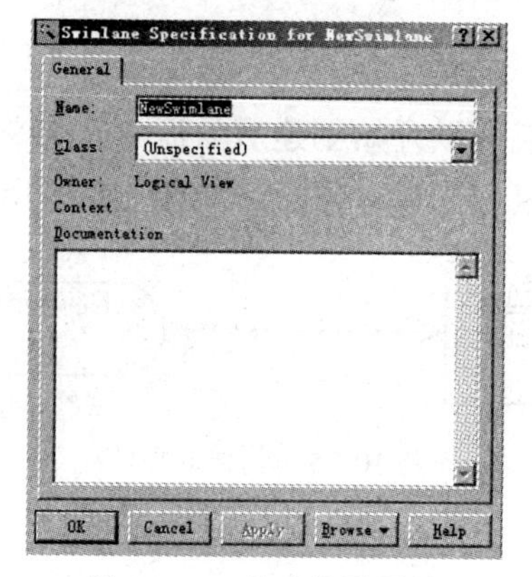

图 10-22 修改泳道属性

10.3.9 创建对象流状态与对象流

对象流状态表示活动中输入或输出的对象。对象流是将对象流状态作为输入或输出的控制流。要创建对象流，首先要创建对象流状态。

对象流状态的创建方法与普通对象的创建方法相同，首先单击工具栏中的图标 Object，然后在绘制区域要绘制对象流状态的地方单击，如图 10-23 所示。

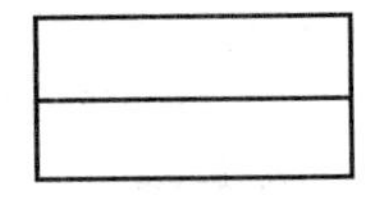

图 10-23 创建对象流状态

接下来双击对象，在弹出的对话框的 General 选项卡中，可以设置对象的名称，标出对象的状态，增加对象的说明等。其中在 Name 文本框中可以输入对象的名字。如果建立了相应的对象类，则可以在 Class 下拉列表中选择；如果建立了相应的状态，则可以在 State 下拉列表中选择。如果没有状态或需要添加状态，则选择 New，然后在弹出的对话框中输入名字，再单击 OK 按钮。在 Documentation 文本框中输入对象说明，如图 10-24 所示。

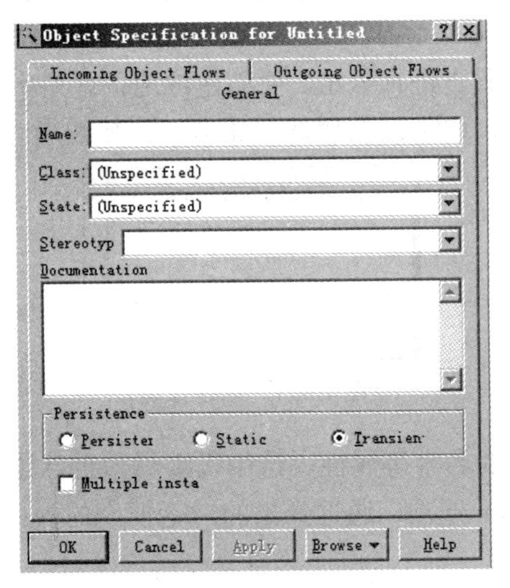

图 10-24 修改对象流属性

创建好对象流状态后，就可以开始创建对象流。首先单击工具栏中的图标，然后在活动和对象流状态之间拖动鼠标创建对象流，如图 10-25 所示。

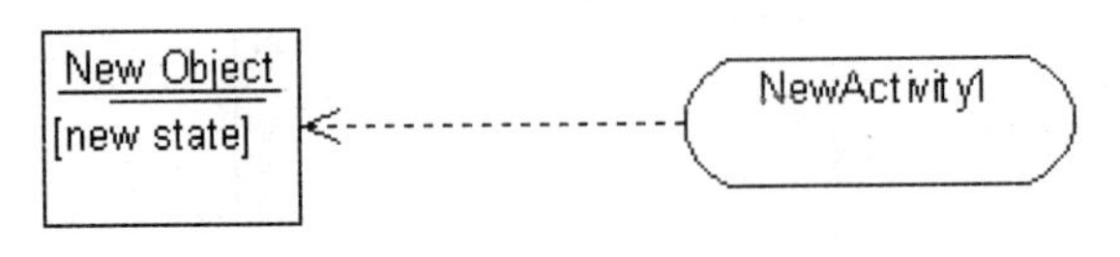

图 10-25 创建对象流

10.4 用 Rose 创建活动图的案例

使用活动图进行建模是为了根据系统的用例或具体的场景，描绘出系统中的两个或更多类对象之间的过程控制流。在一般情况下，一个完整的系统往往包含很多的类和控制流，这就需要我们通过创建活动图来进行描述。

使用下列步骤可以创建一个活动图。

(1) 确定需求用例。

(2) 确定用例的路径。

(3) 创建活动图。

以下将以企业进存销系统的“系统管理员查看、修改学生信息”为例，介绍如何创建系统的活动图。

1. 确定需求用例

在使用活动图进行建模之前，需要首先确定要为哪个对象建模，明确所要建立模型的核心问题。这就要求我们确定需要建模的系统的用例，以及用例的参与者。对于“系统管理员查看、修改学生信息”来说，参与者是系统管理员。系统管理员在查看、修改学生信息的活动中，有以下 3 个用例。

- 登录：要进入系统，首先要登录。
- 查询学生信息：进入系统后可以选择查询不同学生的信息。
- 修改学生信息：需要修改某些学生的部分信息，如学生转专业后的系别、班级信息。

如图 10-26 所示为系统用例图。

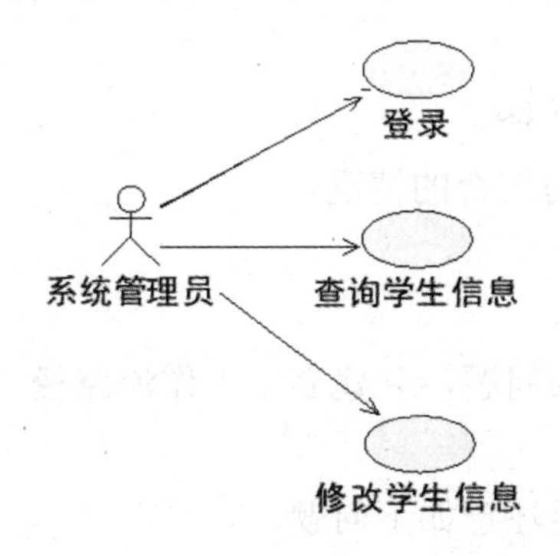

图 10-26　系统用例图

2. 确定用例路径

在开始创建用例的活动图时，往往要先建立一条明显的路径执行工作流，然后从该路径进行扩展，如图 10-27 所示为“系统管理员查看修改学生信息”的工作流示意图。

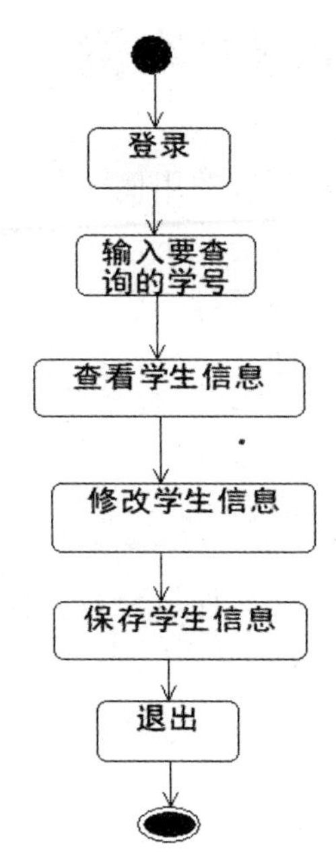

图 10-27　用例流程示意图

系统管理员登录后，首先选择要查看哪位学生的信息，查看之后修改该学生的信息，修改完成后保存修改过的信息，最后退出系统。该路径仅考虑用例的正常活动路径，没有考虑任何错误和判断的路径。

在建立工作流的时候，要注意以下几点。

- 识别出工作流的边界，也就是要识别出工作流的初始状态和终止状态，以及相应的前置条件和后置条件。
- 识别出工作流中有意义的对象，可以是具体的某个类的实例，也可以是具有一定抽象意义的组合对象。
- 识别出各种状态之间的转换。
- 考虑分支与合并、分叉与结合的情况。

3. 创建活动图

了解了系统要处理什么样的问题，并建立了工作流路径后，我们就可以开始正式创建活动图了。

在创建活动图的过程中，要注意如下问题。

- 考虑用例其他可能的工作流情况，如执行过程中可能出现的错误，或者是可能执行的其他活动。
- 细化活动图，使用泳道。
- 按照时间顺序自上而下地排列泳道内的动作或状态。

● 使用并发时，不要漏掉任何的分支，尤其是当分支比较多的时候。

如图 10-28 所示为“系统管理员查看、修改学生信息”用例的活动图。

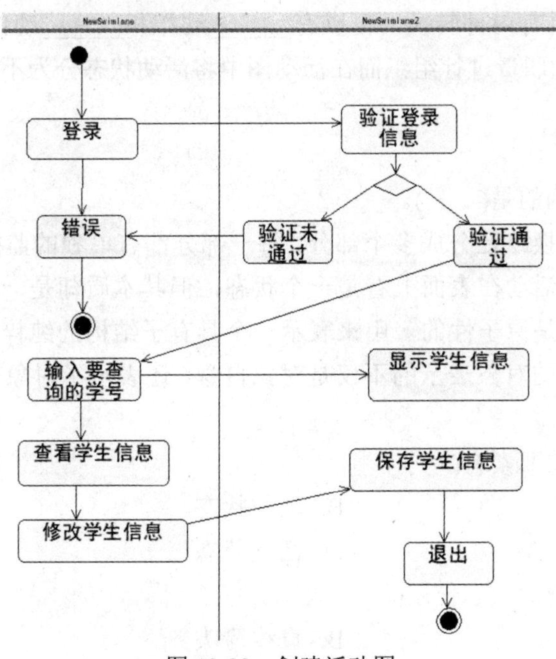

图 10-28　创建活动图

系统管理员在登录时，系统会验证管理员输入的账号、密码、动态码等登录信息，如果验证未通过，则登录失败；如果验证通过，则管理员登录成功并输入要查询的学生学号，系统会显示查询的学生的信息。管理员查看信息后，修改学生信息，修改完成后保存学生信息，这时系统会将修改后的信息存入数据库，最后，管理员退出系统。

【本章小结】

活动图是一种用于系统行为的建模工具，它能支持对并发行为的描述，使其成为对工作流(业务流)建立模型的强大工具，尤其适合于多线程的程序建模。活动图的一个主要缺点是动作与对象之间的连接关系不够清晰，因此，活动图最好与其他的行为建模工具一起使用。

习题 10

1. 填空题

(1) ______的所有或多数状态都是动作状态或活动状态。

(2) ______的状态必须与它所表示的参数和结果的类型匹配。

(3) ______是原子性的动作或操作的执行状态，它不能被外部事件的转换中断。

(4) 活动状态可以有内部转换，可以有______动作和______动作。

(5) 为了对活动的职责进行组织而在活动图中将活动状态分为不同的组，称为______。

2. 选择题

(1) 下列说法正确的是(　　)。

A. 分支将转换路径分成多个部分，每一部分都有单独的监护条件和不同的结果

B. 一个组合活动在表面上看是一个状态，但其本质却是一组子活动的概括

C. 活动状态是原子性的，用来表示一个具有子结构的纯粹计算的执行

D. 对象流中的对象表示的不仅是对象自身，还表示了对象作为过程中的一个状态而存在

(2) 组成活动图的要素有(　　)。

A. 泳道　　B. 动作状态

C. 对象　　D. 活动状态

(3) 活动图中的开始状态使用(　　)表示。

A. 菱形　　B. 直线箭头

C. 黑色实心圆　　D. 空心圆

(4) UML 中的(　　)用来描述过程或操作的工作步骤。

A. 状态图　　B. 活动图

C. 用例图　　D. 部署图

(5) (　　)技术是将一个活动图中的活动状态进行分组，每一组表示一个特定的类、人或部门，它们负责完成组内的活动。

A. 泳道　　B. 分支

C. 分叉汇合　　D. 转移

3. 简答题

(1) 试述活动图在软件系统开发中起到的作用。

(2) 请说出活动图是由哪些基本元素组成的。

(3) 请简要说明分叉和分支的区别。

(4) 请简要阐述活动状态和动作状态的异同点。

4. 上机题

(1) 在“学生管理系统”的学生登录系统中，登录时需要验证用户的登录信息。如果验证失败，则登录失败；如果验证通过，则学生可以进入查询界面，请画出该过程的活动图，如图 10-29 所示。

(2) 使用泳道，对上一题的学生登录系统的用例进行活动图的绘制，如图 10-30 所示。

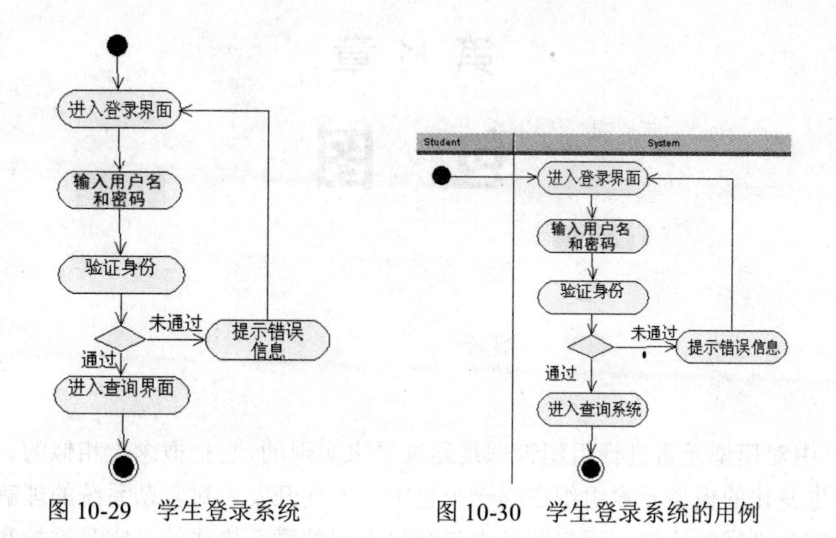

图 10-29　学生登录系统　　　　图 10-30　学生登录系统的用例

(3) 在“学生管理系统”系统管理员登录系统中，选择需要查询信息的学生，系统会显示选中的学生的信息。系统管理员查看信息后，删除学生信息，系统将修改后的信息存进数据库后，系统管理员退出系统。根据以上需求，绘制出相应的活动图，如图 10-31 和图 10-32 所示。

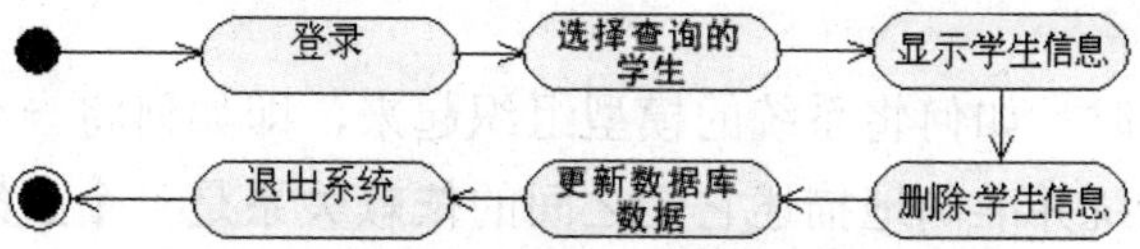

图 10-31　系统管理员登录系统

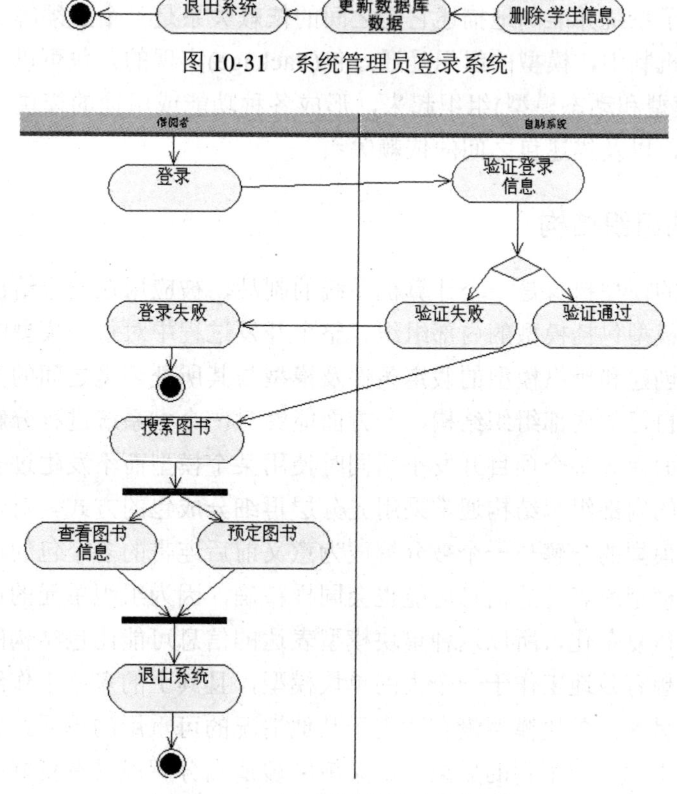

图 10-32　系统管理员登录系统用例

第 11 章 包图

UML 中对模型元素进行组织管理是通过包来实现的，它把概念上相似的、有关联的、会一起产生变化的模型元素组织在同一个包中，方便开发者对复杂系统的理解，控制系统结构各部分之间的连接。而包图是由包和包之间的联系构成的，它是维护和控制系统总体结构的重要工具。

11.1 包图的基本概念

在开发软件系统时，如何将系统的模型组织起来，即如何将一个大系统有效地分解成若干个较小的子系统并准确地描述它们之间的依赖关系是一个必须解决的重要问题。在 UML 的建模机制中，模型的组织是通过包(Package)实现的。包可以把所建立的各种模型(包括静态模型和动态模型)组织起来，形成各种功能或用途的模块，并可以控制包中元素的可见性，以及描述包之间的依赖关系。

11.1.1 模型的组织结构

计算机系统的模型自身是一个计算机系统的制品，被应用在一个给出了模型含义的大型语境中。该模型包括模型的内部组织、整个开发过程中对每个模型的注释说明、一个缺省值集合、创建和操纵模型的假定条件及模型与其所处环境之间的关系等。

模型需要有自己的内部组织结构，一方面能够对一个大系统进行分解，降低系统的复杂度；另一方面允许多个项目开发小组同时使用某个模型而不发生过多的相互牵涉。我们对系统模型的内部组织结构通常采用先分层再细分成包的方式。对于系统的分层，我们认为这种对模型的分解与一个被分解成为意义前后连贯的多个包的模型相比，一个大的单块结构的模型所表达的信息可能也会同样精确，因为组织单元的边界确定会使准确定义语义的工作复杂化，所以这种单块模型表达的信息可能比包结构的模型表达得更精确。但其实要想有效地工作于一个大的单块模型，且其上的多个工作组彼此不相互妨害是不可能的。另外，单块模型没有适用于其他情况的可重用的单元，并且对大模型的某些修改往往会引起意想不到的后果。如果模型被适当分解成具有良好接口的小的子系统，那么对其中一个小的独立的单元所进行的修改所造成的后果可以跟踪确定。正如Bertrand Meyer所说："严格的软件系统即使是按照今天的标准的小系统，也会涉及非常多的领域，所以无法在一个层上处理所有的组件和属性，从而保证其正确性。需要一种多层方法，每一层都依赖其下的层。"不管怎样，将大系统分解成由精心挑选的单元所构成的层次组织结构，是人类千百年来所发明的设计大系统的方法中最可靠的方法。

系统分层很常用的一种方式是将系统分为三层结构，也就是用户界面层、业务逻辑层和数据访问层，如图11-1所示。

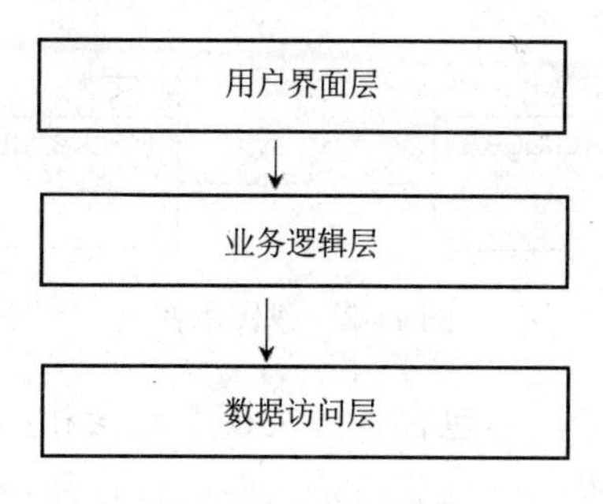

图11-1 系统分层

- 用户界面层代表与用户进行交互的界面，既可以是Form窗口，也可以是Web的界面形式。随着应用的复杂性和规模性，界面的处理也变得具有挑战性。一个应用可能有很多不同的界面表示形式，通过对界面中数据的采集、处理和响应用户的请求与业务逻辑层进行交换。
- 业务逻辑层用来处理系统的业务流程，它接受用户界面请求的数据，并根据系统的业务规则返回最终的处理结果。业务逻辑层将系统的业务规则抽象出来，按照一定的规则形成在一个应用层上。对开发者来讲，这样可以专注于业务模型的设计。把系统业务模型按一定的规则抽取出来，抽取的层次很重要，这也是判断开发人员是否优秀的依据。
- 数据访问层是程序中和数据库进行交互的层。手写数据访问层的代码是非常枯燥无味的，浪费时间地重复活动，还有可能在编译程序的时候出现很多漏洞。通常我们可以利用一些工具创建数据访问层，减少数据访问层代码的编写。

模型和模型内的各个组成部分都不是被孤立地建造和使用的，它们都是模型所处的大环境中的一部分，这个大环境包括建模工具、建模语言和语言编译器、操作系统、计算机网络环境、系统具体实现方面的限制条件等。在构建一个系统的时候，系统信息应该包括环境所有方面的信息，并且系统信息的一部分应被保存在模型中，如项目管理注释、代码生成提示、模型的打包、编辑工具缺省命令的设置。其他方面的信息应分别保存，如程序源代码和操作系统配置命令。即使是模型中的信息，对这些信息的解释也可以位于多个不同的地方，包括建模语言、建模工具、代码生成器、编译器或命令语言等。模型内的各个组成部分也通过各种关系相互连接，表现为层与层之间的关系、包之间的关系及类与类之间的关系等。

如果包的规划比较合理，那么它们能够反映系统的高层架构，有关系统由子系统和它们之间的依赖关系组合而成。包之间的依赖关系概述了包的内容之间的依赖关系。

11.1.2 包的命名和可见性

包图(Package Diagram)是一种维护和描述系统总体结构模型的重要建模工具，通过对图中各个包及包之间关系的描述，展现出系统的模块与模块之间的依赖关系。如图 11-2 所示是一个简单的包图模型。

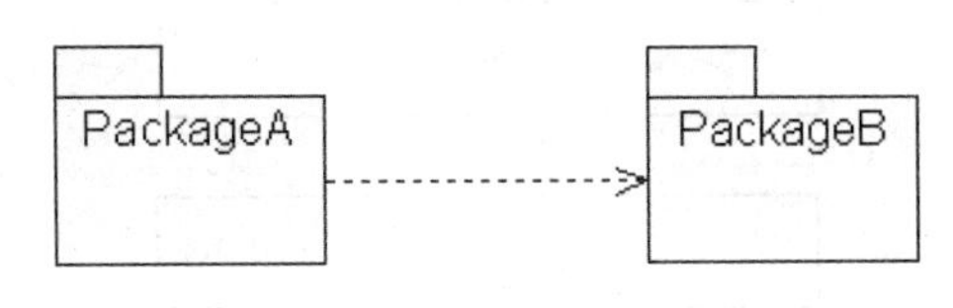

图 11-2 包图示例

包是包图中最重要的概念，它包含了一组模型元素和图。对于系统中的每个模型元素，如果它不是其他模型元素的一部分，那么它必须在系统中唯一的命名空间内进行声明。包含一个元素声明的命名空间被称为拥有这个元素。包是一个可以拥有任何种类模型元素的通用的命名空间。可以这样说，如果将整个系统描述为一个高层的包，那么它就直接或间接地包含了所有的模型元素。在系统模型中，每个图必须被一个唯一确定的包所有，同样这个包可能被另一个包所包含。包是构成进行配置控制、存储和访问控制的基础。所有的 UML 模型元素都能用包来进行组织。每一个模型元素或为一个包所有，或者自己作为一个独立的包，模型元素的所有关系组成了一个具有等级关系的树状图。然而，模型元素(包括包)可以引用其他包中的元素，所以包的使用关系组成了一个网状结构。

在 UML 中，包图的标准形式是使用一个小矩形(标签)和一个大矩形进行表示的，小矩形紧连接在大矩形的左上角，包的名称位于大矩形的中间，如图 11-3 所示。

同其他模型元素的名称一样，每个包都必须有一个与其他包相区别的名称。包的名称是一个字符串，有简单名(Simple Name)和路径名(Path Name)两种形式。其中，简单名仅包含一个名称字符串，而路径名是以包处于的外围包的名字作为前缀并加上名称字符串。但是在 Rational Rose 2003 中，使用简单名称后加上“(from 外围包)”的形式，如图 11-4 所示，PackageA 包拥有 InPackageA 包。

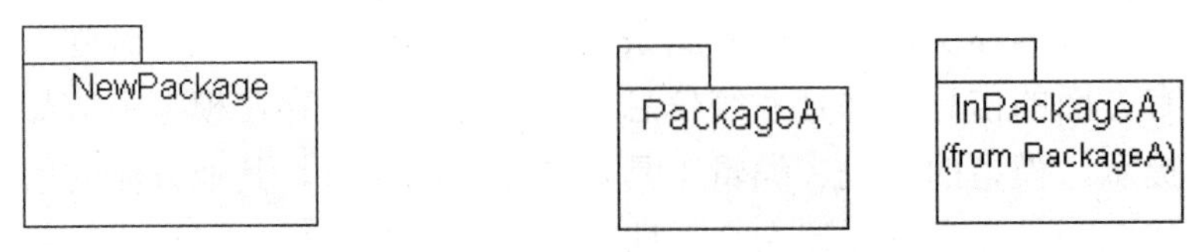

图 11-3 包的图形表示形式　　　图 11-4 包的命名示例

在包下可以创建各种模型元素，如类、接口、构件、节点、用例、图及其他包等。在包图下允许创建的各种模型元素都是根据各种视图下所允许创建的内容决定的，例如，在用例视图下的包中，只允许创建包、角色、用例、类、用例图、类图、活动图、状态图、序列图和协作图等。

包对自身所包含的内部元素的可见性也有定义，使用关键字private、protected或public来表示。private定义的私有元素对包外部元素完全不可见；protected定义的被保护的元素只对与包含这些元素的包有泛化关系的包可见；public定义的公共元素对所有引入的包及它们的后代都可见。在这里涉及一个概念：一个包对另一个包具有访问与引入的依赖关系。这三个关键字在Rational Rose 2003 中的表示如图 11-5 所示。

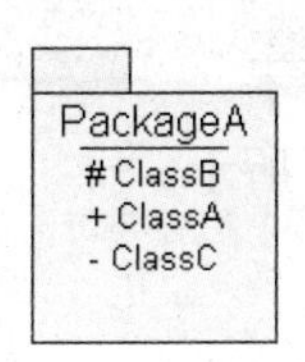

图 11-5　包中元素的可见性示例

图 11-5 的包中包含了 ClassA、ClassB 和 ClassC 3 个类，分别是用 public、protected 和 private 关键字修饰的。

通常，一个包不能访问另一个包的内容。包是不透明的，除非它们被访问或引入依赖关系才能打开。访问依赖关系直接应用到包和其他包容器中。在包层，访问依赖关系表示提供者包的内容可被客户包中的元素或嵌入于客户包中的子包引用。提供者包中的元素在它的包中要有足够的可见性，使客户可以看到它。通常，一个包只能看到其他包中被指定为具有公共可见性的元素。具有受保护可见性的元素只对包含它的包的后代包具有可见性。可见性也可用于类的内容(属性和操作)。一个类的后代可以看到它的祖先中具有公共或受保护可见性的成员，而其他的类则只能看到具有公共可见性的成员。对于引用一个元素而言，访问许可和正确的可见性都是必需的。所以，如果一个包中的元素要看到不相关的另一个包的元素，则第一个包必须访问或引入第二个包，且目标元素在第二个包中必须有公共可见性。

若要引用包中的内容，则使用 PackageName::PackageElement 的形式，这种形式叫作全限定名(Fully Qualified Name)。

11.1.3　包的构造型和子系统

包也有不同的构造型，表现为不同的特殊类型的包，如模型、子系统和系统等。在Rational Rose 2003 中创建包时不仅可以使用内部支持一些构造型，也可以自己创建一些构造型，用户自定义的构造型也标记为关键字，但是不能与 UML 预定义的关键字相冲突。

模型是从某一个视角观察到的对系统完全描述的包，它从一个视点提供一个系统的封闭的描述，对其他包没有很强的依赖关系，如实现依赖或继承依赖。跟踪关系表示某些连接的存在，是不同模型的元素之间的一种较弱形式的依赖关系，它不用特殊的语义说明。通常，模型为树形结构。根包包含了存在于它体内的嵌套包，嵌套包组成了从给定观点出发的系统的所有细节。在 Rational Rose 2003 中，支持如下 4 种包的构造型。

- 业务分析模型包，如图 11-6 所示。
- 业务设计包，如图 11-7 所示。

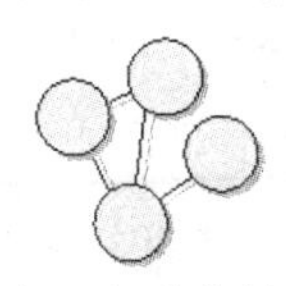

图 11-6　业务分析模型包

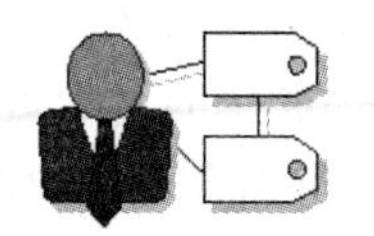

图 11-7　业务设计包

- 业务用例模型包，如图 11-8 所示。
- CORBA Module 包，如图 11-9 所示。

图 11-8　业务用例模型包

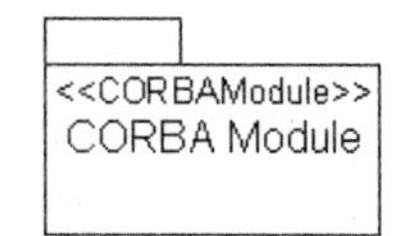

图 11-9　CORBA Module 包

子系统是有单独的说明和实现部分的包，它表示具有对系统其他部分存在接口的模型单元，子系统使用具有构造型关键字 subsystem 的包表示。在 Rational Rose 2003 中，子系统的表示形式如图 11-10 所示。

系统是组织起来以完成一定目的的连接单元的集合，由一个高级子系统建模，该子系统间接包含共同完成现实世界目的的模型元素的集合。一个系统通常可以用一个或多个视点不同的模型描述。系统使用一个带有构造型 system 的包表示，在 Rational Rose 2003 中，内部支持如下两种系统。

- 程序系统，如图 11-11 所示。
- 业务系统，如图 11-12 所示。

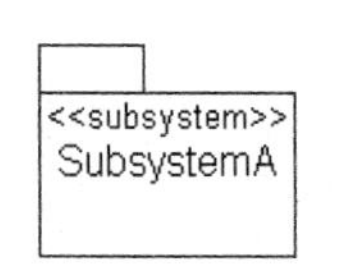

图 11-10　子系统示例

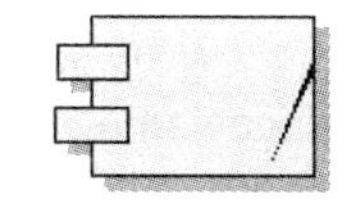

图 11-11　程序系统

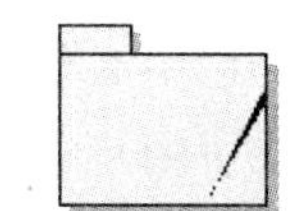

图 11-12　业务系统

11.1.4　包的嵌套

包可以拥有其他包作为包内的元素，子包又可以拥有自己的子包，这样可以构成一个系统的嵌套结构，以表达系统模型元素的静态结构关系。

包的嵌套可以清晰地表现系统模型元素之间的关系，但是在建立模型时包的嵌套不宜过深，包嵌套的层数一般以二到三层为宜。如图 11-13 所示就是一个包嵌套的示例。

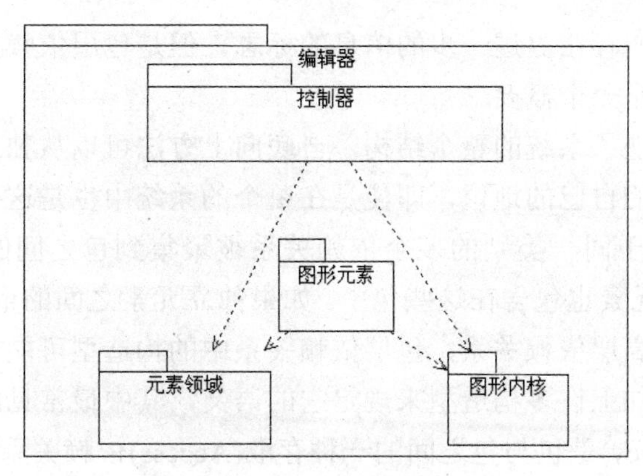

图 11-13 包的嵌套

图 11-13 表示一个通用图形编辑器的组织结构，在编辑器包中嵌套了控制器包、领域元素包和图形内核包等，这些子包之间存在着依赖关系。在建立模型时，为了简化也可以只绘出子包，不绘出子包间的结构关系。

11.1.5 包的关系

包之间的关系总的来讲可以概括为依赖关系和泛化关系。两个包之间存在着依赖关系通常是指这两个包所包含的模型元素之间存在着一个和多个依赖。对于由对象类组成的包，如果两个包的任何对象类之间存在着一种依赖，则这两个包之间就存在着依赖。包的依赖关系同样是使用一根虚箭线表示的，虚箭线从依赖源指向独立目的包，如图 11-14 所示。

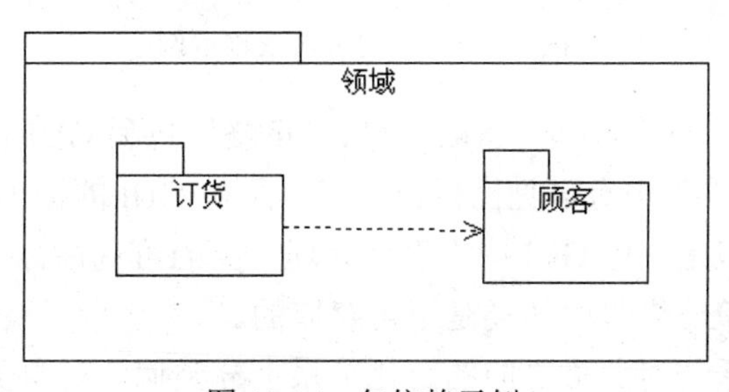

图 11-14 包依赖示例

图中，“订货”包和“顾客”包之间存在着依赖，因为“订货”包所包含的任何类依赖于“顾客”包所包含的任何类，没有顾客就没有订货，这是非常明显的道理。

依赖关系在独立元素之间出现，但是在任何规模的系统中，应从更高的层次观察它们。包之间的依赖关系概述了包中元素的依赖关系，即包之间的依赖关系可从独立元素间的依赖关系导出。包之间的依赖关系可以分为很多种，如实现依赖、继承依赖、访问和引入依赖等。实现依赖也被称为细化关系，继承依赖也被称为泛化关系。

包之间依赖关系的存在表示存在一个自底向上的方法(一个存在声明)，或者存在于一个自顶向下的方法(限制其他任何关系的约束)，对应的包中至少有一个给定种类的依赖关系的关系元素。这是一个“存在声明”，并不意味着包中的所有元素都有依赖关系，这对建模者来说是表明存在更进一步的信息的标志，但是包层依赖关系本身并不包含任何更深的信息，它仅是一个概要。

自顶向下方法反映了系统的整个结构，自底向上方法可以从独立元素自动生成。在建模中两种方法有它们自己的地位，即使是在单个的系统中也是这样的。

独立元素之间属于同一类别的多个依赖关系被聚集到包之间的一个独立的包层依赖关系中，并且独立元素也包含在这些包中。如果独立元素之间的依赖关系包含构造型，那么为了产生单一的高层依赖关系，包层依赖关系中的构造型可能被忽略。

包的依赖性可以加上许多构造型来规定它的语义，其中最常见的是引入依赖。引入依赖(Import Dependency)是包与包之间的一种存取(Access)依赖关系。引入是指允许一个包中的元素存取另一个包中的元素。引入依赖是单向的，其表示方法是在虚箭线上标明构造型“《import》”，箭头从引入方的包指向输出方的包。引入依赖没有传递性，一个包的输出不能通过中间的包被其他的包引入。如图 11-15 所示就是一个引入依赖的示例。

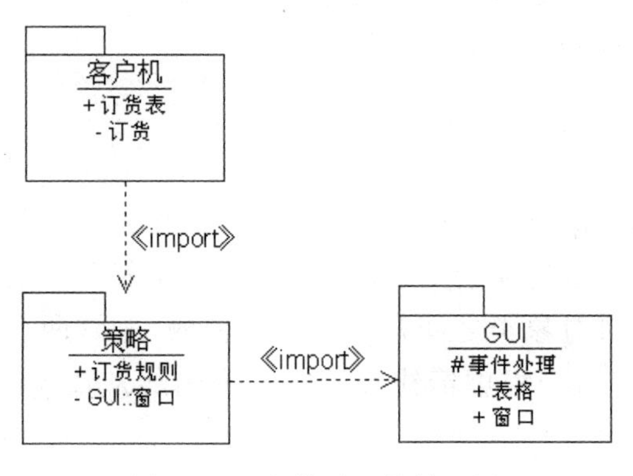

图 11-15　包的引入依赖示例

图 11-15 中，“客户机”包和“策略”包、“策略”包和 GUI 包之间存在引入依赖关系。“窗口”类和“表格”类有可见性标记“+”，是包 GUI 的输出类，它们对于“策略”包中的类是可见的，但是，包 GUI 中“事件处理”类的可视性标记是“#”，它不是 GUI 包的输出类，对于“策略”包中的类是不可存取的。

包之间的泛化联系与对象类之间的泛化关系十分类似，对象类之间泛化的概念和表示在此大都可以使用。泛化联系表达事物的一般和特殊关系。如果两个包之间存在泛化关系，就是指其中的特殊性包必须遵循一般性包的接口。实际上，对于一般性包可以加上一个性质说明，表明它只不过是定义了一个接口，该接口可以由多个特殊包实现。

严格意义上来讲，包图并非是正式的UML图，但实际上它们是很有用的，我们创建一个包图是为了如下几点。

- 描述需求的高阶概况。我们在前面介绍过有关包的两种特殊形式，分别是业务分析模型和业务用例模型，通过包可以描述系统的业务需求，但是业务需求的描述不如用例等细化，只能是高级概况。

- 描述设计的高级概况。设计也是同样，可以通过业务设计包来组织业务设计模型，描述设计的高级概况。
- 在逻辑上把一个复杂的系统模块化。包图的基本功能就是通过合理规划自身功能，反映系统的高层架构，在逻辑上对系统进行模块化分解。
- 组织源代码。从实际应用中来讲，包最终还是组织源代码的方式而已。

11.2 使用 Rose 创建包图

有了对包和包图的基本认识之后，再来学习如何使用 Rational Rose 2003 绘制包图，就会感到简单多了。

11.2.1 创建、删除包图

如果要创建一个新的包，则可以通过工具栏、菜单栏和浏览器 3 种方式进行添加。

通过工具栏或菜单栏添加包的步骤如下。

(1) 在类图的图形编辑工具栏中，选择用于创建包的图标，或者在菜单栏中选择 Tools(工具) | Create(新建) | Package 选项，此时的光标变为“＋”符号。

(2) 单击类图中任意一个空白处，系统会在该位置创建一个包图，如图 11-16 所示，系统产生的默认名称为 NewPackage。

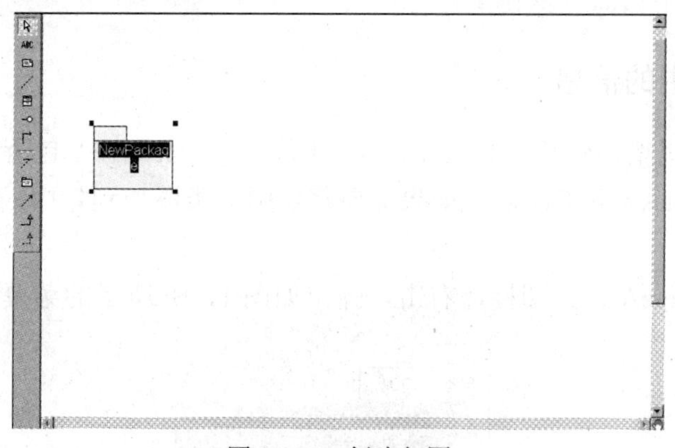

图 11-16 创建包图

(3) 将 NewPackage 命名成新的名称即可。

通过浏览器添加包的步骤如下。

(1) 在浏览器中选择需要将包添加的目录，右击。

(2) 在弹出的快捷菜单中选择 New(新建)下的 Package 选项。

(3) 输入包的名称。如果需要将包添加进类图中，则将该包拖入类图即可。

如果需要对包设置不同的构造型，则可以选中已经创建好的包，右击并选择 Open specification ...选项，在弹出的设置规范的对话框中，选择 General 选项卡，在 Stereotype

下拉列表框中，输入或选择一个构造型，在 Detail 选项卡中，可以设置包中包含元素的内容，如图 11-17 所示。

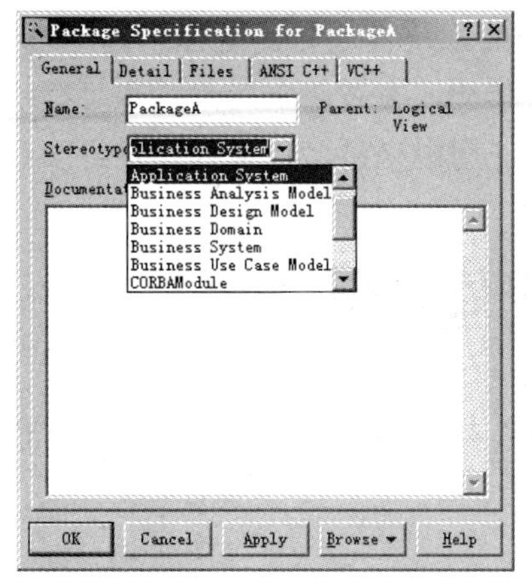

图 11-17　设置包的构造型

如果需要在模型中删除一个包，则可以通过以下方式进行。

(1) 在浏览器中选择需要删除的包，右击。

(2) 在弹出的快捷菜单中选择 Delete 选项。

这种方式是将包从模型中永久删除，包及其包中内容都将被删除。如果需要将包仅从类图中移除，则只需要选择类图中的包，按 Delete 键，此时包仅从该类图中移除，在浏览器和其他类图中仍然可以存在。

11.2.2　添加包中的信息

在包图中，可以增加包所在目录下的类。例如，在 PackageA 包所在的目录下创建了两个类，分别是 ClassA 和 ClassB。如果需要将这两个类添加到包中，需要通过以下步骤进行。

(1) 选中 PackageA 包的图标，右击，弹出如图 11-18 所示的菜单选项。

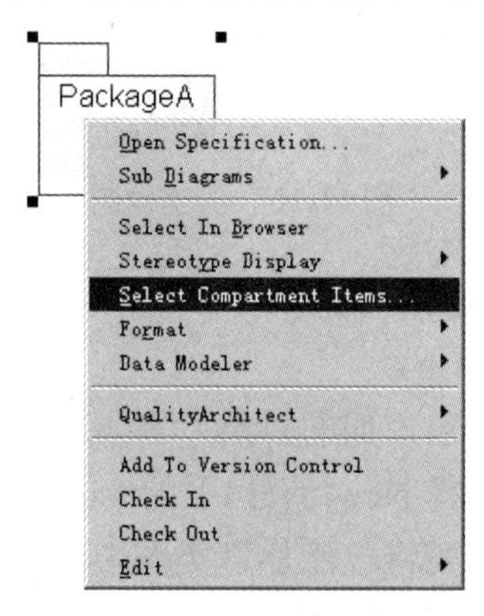

图 11-18　添加类到包中

(2) 在菜单选项中选择 Select Compartment Items ...选项，弹出如图 11-19 所示的对话框。

(3) 在弹出的对话框的左侧，显示了在该包目录下的所有类，选中类，通过对话框中间的按钮将 ClassA 和 ClassB 添加到右侧的框中。

(4) 添加完毕以后，单击 OK 按钮即可，生成的包的图形表示形式如图 11-20 所示。

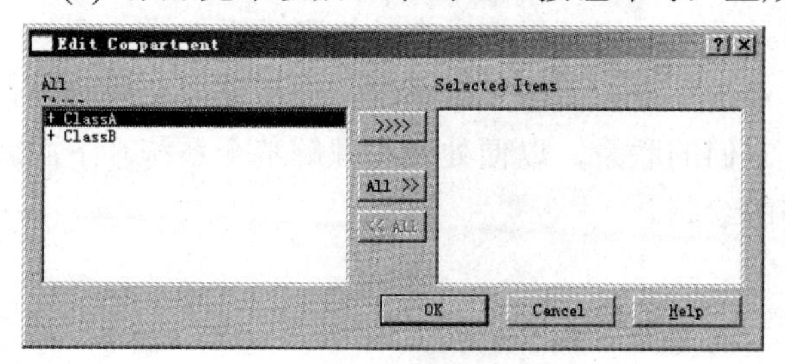

图 11-19 添加类

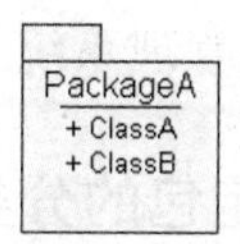

图 11-20 添加类后包的图形表示形式

11.2.3 创建包的依赖关系

包和包之间与类和类之间一样，也可以有依赖关系，并且包的依赖关系也与类的依赖关系的表示形式一样，使用依赖关系的图标进行表示。如图 11-21 所示，表示从 PackageA 包到 PackageB 包的依赖关系，此种依赖关系是一种单向依赖，PackageA 中的类需要知道 PackageB 中的某些类。

在创建包的依赖关系时，尽量避免循环依赖，循环依赖关系如图 11-22 所示。

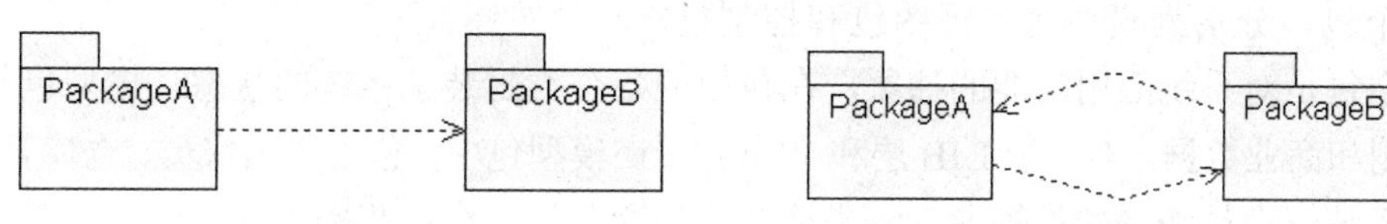

图 11-21 包的依赖关系示例　　图 11-22 包的循环依赖关系示例

通常为解决循环依赖关系，需要将 PackageA 包或 PackageB 包中的内容进行分解，将依赖于另一个包中的内容转移到另外一个包中，如图 11-23 所示，代表将 PackageA 中依赖 PackageB 的类转移到 PackageC 包中。

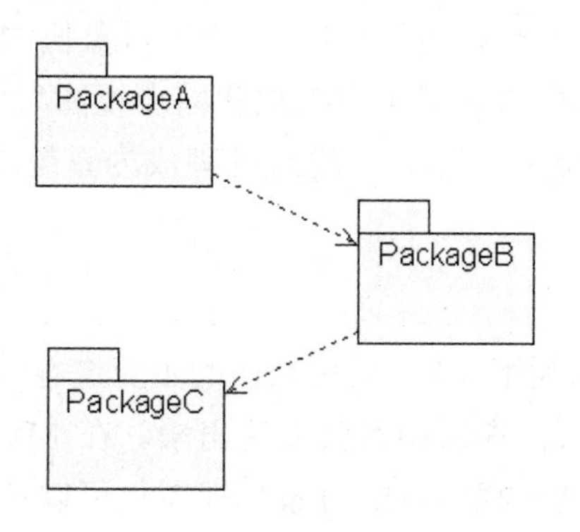

图 11-23 循环依赖分解示例

11.3 在项目中使用包图

使用包的目的是把模型元素组织成组，并为它命名，以便作为整体处理。如果开发的是一个小型系统，涉及的模型元素不是太多，则可以把所有的模型元素组成一个包。使用包和不使用包的区别不大，但是，对于一个大型的复杂系统，通常需要把系统设计模型中大量的模型元素组织成包，给出它们的联系，以便处理和理解整个系统。下面就以企业进存销管理系统为例，进行包图的绘制。

11.3.1 确定包的分类

包是维护和描述系统结构模型的一种重要建模方式。我们可以根据系统的相关分类准则，如功能、类型等，将系统的各种构成文件放置在不同的包中，并通过对各个包之间关系的描述，展现出系统的模块与模块之间的依赖关系。一般情况下，系统的包的划分往往包含很多划分的准则，但是这些准则通常需要满足系统架构设计的需要。

我们使用下列步骤创建系统的包图。

(1) 根据系统的架构需求，确定包的分类准则。

(2) 在系统中创建相关包，在包中添加各种文件，确定包之间的依赖关系。

分析企业进存销管理系统，我们采用 MVC 架构进行包的划分，可以在逻辑视图下确定 3 个包，分别为模型包、视图包和控制包。

模型包是对系统应用功能的抽象，在包中的各个类封装了系统的状态。模型包代表了商业规则和商业数据，存在于 EJB 层和 Web 层。在模型包中，包含了销售员、仓库管理员、会计、系统管理员和采购员等参与者类或其他的业务类，在这些类中，其中一些类需要对数据库进行存储和访问，这个时候我们通常提取出一些单独用于数据库访问的类。

视图包是对系统数据表达的抽象，在包中各个类对用户的数据进行表达，并维护与模型中各个类的数据的一致性。视图代表系统界面内容的显示，它完全存在于 Web 层。

控制包是对用户与系统交互事件的抽象，它对于用户操作编程系统的事件，根据用户的操作和系统的上下文来调用不同的数据。控制对象协调模型与视图，把用户请求翻译成系统能够识别的事件，用来接受用户请求和同步视图与模型之间的数据。在 Web 层，通常有一些 Servlet 来接受这些请求，并通过处理成为系统的事件。

11.3.2 创建包和关系

根据上面的分析，我们利用 MVC 架构创建的企业进存销管理系统的包如图 11-24 所示。接着根据包之间的关系，在图中将其表达出来。在 MVC 架构中，控制包可以对模型包修改状态，并且可以选择视图包的对象；视图包可以使用模型包中的类进行状态查询。根据这些内容，我们创建的包图如图 11-25 所示。

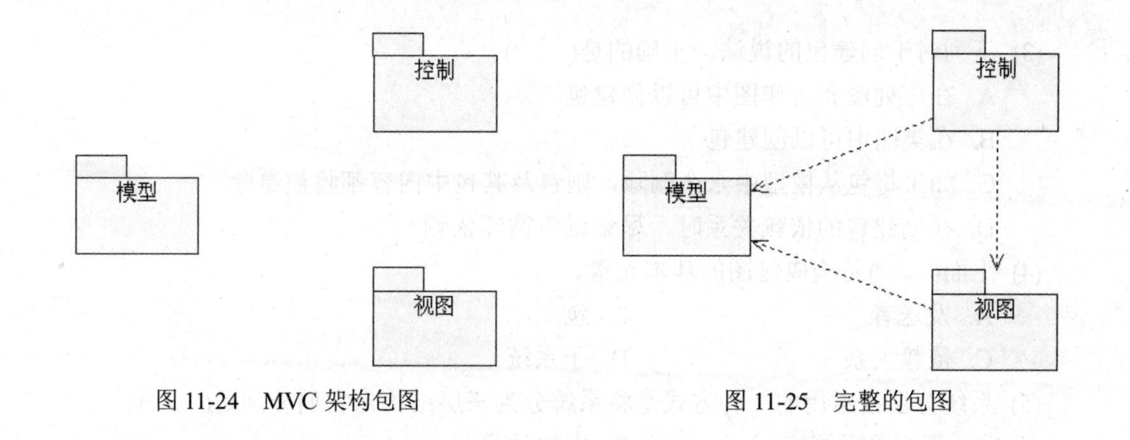

图 11-24 MVC 架构包图　　　　图 11-25 完整的包图

【本章小结】

包是一种概念性的管理模型的图形工具，只在软件开发的过程中存在。包可以用于组织一个系统模型，一个系统的框架、模型和子系统等也可以看作特殊的包。通过对包的合理规划，系统模型的实现者能够在高层(按照模块的方式)把握系统的结构，反映出系统的高层次架构。

习题 11

1. 填空题

(1) 组成包图的元素有______、______和______。

(2) 包的可见性关键字包括______、______和______。

(3) 包是包图中最重要的概念，它包含了一组______和______。

(4) ______是一种维护和描述系统总体结构的模型重要建模工具。

(5) 在 UML 的建模机制中，______的组织是通过包图来实现的。

2. 选择题

(1) (　　)是用于把元素组织成组的通用机制。

A. 包　　B. 类

C. 接口　　D. 组件

(2) 包之间的关系总的来讲可以概括为(　　)。

A. 泛化关系　　B. 依赖关系

C. 聚集关系　　D. 组合关系

(3) 下列对于创建包的说法，正确的是(　　)。

A. 在序列图和协作图中可以创建包

B. 在类图中可以创建包

C. 如果将包从模型中永久删除，则包及其包中内容都将被删除

D. 在创建包的依赖关系时，尽量避免循环依赖

(4) 下面(　　)是构成包图的基本元素。

A. 发送者　　B. 包

C. 依赖关系　　D. 子系统

(5) 系统分层很常用的一种方式是将系统分为三层结构，它们分别是(　　)。

A. 用户界面层　　B. 数据访问层

C. 业务逻辑层　　D. 视图层

3. 简答题

(1) 试述包与包之间有哪些主要的关系。

(2) 简述包图的概念和作用。

(3) 简要说明构成包图的基本元素和各自的作用。

(4) 请简要阐述包和包图之间的关系。

4. 上机题

在学生管理系统中，系统的结构设计为三层架构，其中用户服务包中的类为获取数据、显示信息提供了可视化接口。数据服务包中的类负责对数据的存取、更新和维护等。业务服务包是用户服务包和数据服务包的桥梁，业务服务包中的类负责处理用户的请求，执行业务任务。用户服务包和业务服务包之间，业务服务包和数据服务包之间存在着引入依赖关系，用构造型“《import》”标识。根据以上要求，请画出系统的包图，如图 11-26 所示。

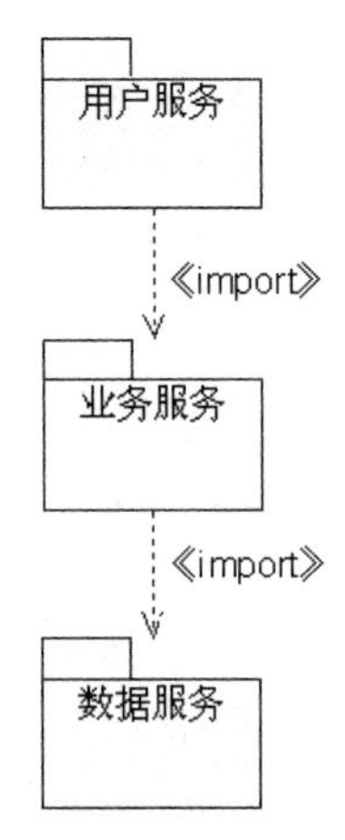

图 11-26　学生管理系统的包图

第12章

构件图和部署图

在构造一个面向对象的软件系统时，不光要考虑系统的逻辑部分，也要考虑系统的物理部分。逻辑部分需要描述对象类、接口、交互和状态机等，物理部分要定义构件和节点。在UML中，使用构件图和部署图来表示物理图形，这两种图用于建立系统的实现模型，使用构件图描述业务过程，使用部署图描述业务过程中的组织机构和资源。本章主要介绍构件图和部署图的基本概念和在实际中的运用。

12.1 构件图与部署图的基本概念

在UML中是通过构件图和部署图来表示单元的，它们描述了系统实现方面的信息，使系统具有可重用性和可操作性。

12.1.1 构件

在构件图中，将系统中可重用的模块封装为具有可替代性的物理单元，我们称之为构件，它是独立的，是在一个系统或子系统中的封装单位，提供一个或多个接口，是系统高层的可重用的部件。构件作为系统中的一个物理实现单元，包括软件代码(包括源代码、二进制代码和可执行文件等)或相应组成部分，如脚本或命令行文件等，还包括带有身份标识并有物理实体的文件，如运行时的对象、文档、数据库等。

构件作为系统定义良好接口的物理实现单元，它能够不直接依赖于其他构件而仅依赖于构件所支持的接口。通过使用被软件或硬件所支持的一个操作集——接口，构件可以避免在系统中与其他构件之间直接发生依赖关系。在这种情况下，系统中的一个构件可以被支持正确接口的其他构件替代。

一个构件实例用于表示运行时存在的实现物理单元和在实例节点中的定位，它有两个特征，分别是代码特征和身份特征。构件的代码特征是指它包含和封装了实现系统功能的类或其他元素的实现代码，以及某些构成系统状态的实例对象。构件的身份特征是指构件拥有身份和状态，用于定位在其上的物理对象。由于构件的实例包含有身份和状态，所以我们称之为有身份的构件。一个有身份的构件是物理实体的物理包容器，在 UML

中，标准构件使用一个左边有两个小矩形的长方形表示，构件的名称位于矩形的内部，如图 12-1 所示。

构件也有不同的类型，在 Rational Rose 2003 中，还可以使用不同的图标表示不同类型的构件。

有一些构件的图标表示形式与标准构件的图形表示形式相同，它们包括ActiveX、Applet、Application、DLL、EXE及自定义构造型的构件。构件的表示形式是在构件上添加相关的构造型，如图 12-2 所示是一个构造型为Applet的构件。

图 12-1　构件示例　　图 12-2　Applet 构件

在 Rational Rose 2003 中，数据库也被认为是一种构件，它的图形表示形式如图 12-3 所示。

虚包是一种只包含对其他包所具有的元素的构件。它被用来提供一个包中某些内容的公共视图。虚包不包含任何自己的模型元素，它的图形表示形式如图 12-4 所示。

图 12-3　数据库　　图 12-4　虚包

系统是指组织起来以完成一定目的的连接单元的集合。在系统中，有一个文件用来指定系统的入口，也就是系统程序的根文件，该文件被称为主程序，它的图形表示形式如图 12-5 所示。

子程序规范和子程序体是用来显示子程序的规范和实现体的。子程序是一个单独处理的元素的包，我们通常用它代指一组子程序集。子程序规范和子程序体的图形表示形式如图 12-6 所示。

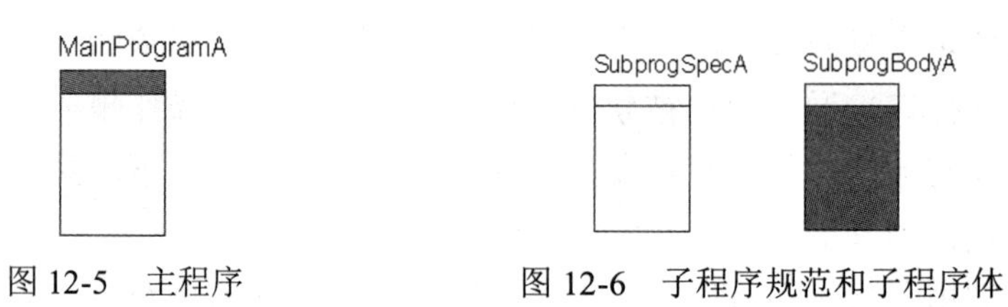

图 12-5　主程序　　图 12-6　子程序规范和子程序体

在具体的实现中，有时将源文件中的声明文件和实现文件分离开来，例如，在 C++ 语言中，我们往往将.h 文件和.cpp 文件分离开来。在 Rational Rose 2003 中，将包规范和包体分别放置在这两种文件中，在包规范中放置.h 文件，在包体中放置.cpp 文件，它们的图形表示形式如图 12-7 所示。

任务规范和任务体用来表示拥有独立控制线程的构件的规范和实现体，它们的图形表示形式如图 12-8 所示。

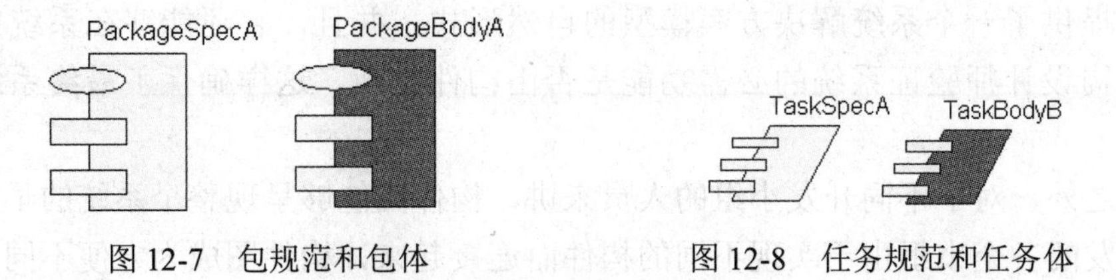

图 12-7　包规范和包体　　　　图 12-8　任务规范和任务体

在系统实现过程中，构件之所以非常重要，是因为它在功能和概念上都比一个类或一行代码强。典型地，构件拥有类的一个协作的结构和行为。在一个构件中支持了一系列的实现元素，如实现类，即构件提供元素所需的源代码。构件的操作和接口都是由实现元素实现的，当然一个实现元素可能被多个构件支持。每个构件通常都具有明确的功能，它们通常在逻辑上和物理上有黏聚性，能够表示一个更大系统的结构或行为块。

12.1.2　构件图的含义

构件图是用来表示系统中构件与构件之间，以及定义的类或接口与构件之间关系的图。在构件图中，构件和构件之间的关系表现为依赖关系，定义的类或接口与类之间的关系表现为依赖关系或实现关系。

在UML中，构件与构件之间依赖关系的表示方式与类图中类与类之间依赖关系的表示方式相同，都是使用一个从用户构件指向它所依赖的服务构件的带箭头的虚线表示。如图 12-9 所示，其中，ComponentA为一个用户构件，ComponentB为它所依赖的服务构件。

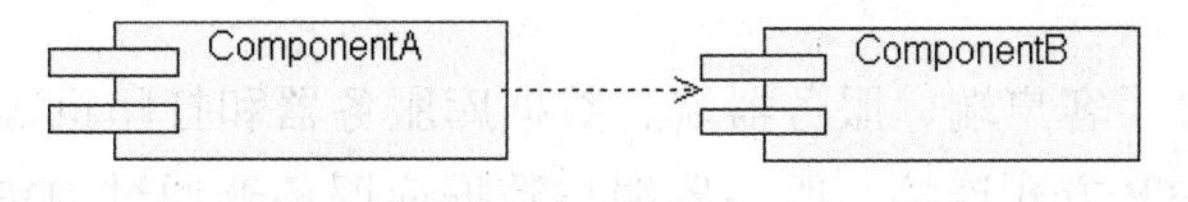

图 12-9　构件之间的依赖关系

在构件图中，如果一个构件是某一个或一些接口的实现，则可以使用一条实线将接口连接到构件，如图 12-10 所示。实现一个接口意味着构件中的实现元素支持接口中的所有操作。

构件和接口之间的依赖关系是指一个构件使用了其他元素的接口，依赖关系可以用带箭头的虚线表示，箭头指向接口符号，如图 12-11 所示。使用一个接口说明构件的实现元素只需要服务者提供接口所列出的操作。

图 12-10　构件和接口的实现关系　　　　图 12-11　构件与接口的依赖关系

构件图通过显示系统的构件及接口等之间的接口关系，形成系统的更大的一个设计单元。在以构件为基础的开发(Component Based Development，CBD)中，构件图为架构设计师提供了一个系统解决方案模型的自然形式，并且，它还能够在系统完成后允许一个架构设计师验证系统的必需功能是否由构件实现，这样确保了最终系统将会被接受。

除此之外，对于不同开发小组的人员来讲，构件图能够呈现整个系统的早期设计，使系统开发的各个小组由于实现不同的构件而连接起来，构件图成为方便不同开发小组的有用交流工具。系统的开发者通过构件图呈现将要建立的系统的高层次架构视图，并开始建立系统的各个里程碑，决定开发的任务分配及需求分析。系统管理员也通过构件图获得将运行于它们系统上的逻辑构件的早期视图，及早地提供关于组件及其关系的信息。

12.1.3　部署图的含义

部署图(Deployment Diagram)描述了一个系统运行时的硬件节点，以及在这些节点上运行的软件构件将在何处物理地运行和它们将如何彼此通信的静态视图。在一个部署图中，包含了两种基本的模型元素：节点(Node)和节点之间的连接(Connection)。在每一个模型中仅包含一个部署图。如图 12-12 所示是一个系统的部署图。

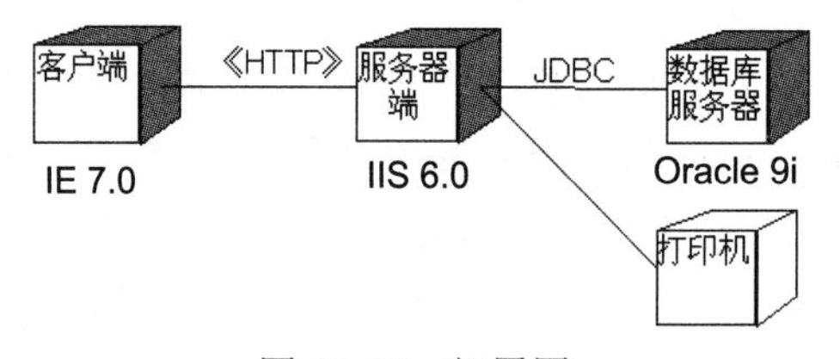

图 12-12　部署图

图 12-12 中包含了客户端、服务器端、数据库服务器和打印机等节点，其中客户端和服务器端通过 HTTP 方式连接，服务器端与数据库服务器通过 JDBC 方式连接，客户端中拥有 IE 7.0 进程，服务器端中拥有 IIS 6.0 进程，数据库服务器为 Oracle 9i。

在 Rational Rose 2003 中可以表示的节点类型有两种，分别是处理器(Processor)节点和设备(Device)节点。

处理器节点是指本身具有计算能力，能够执行各种软件的节点，如服务器、工作站等都是具有处理能力的机器。在 UML 中，处理器的表示形式如图 12-13 所示。

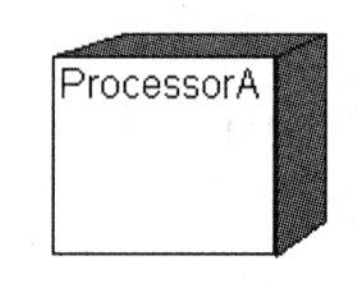

图 12-13　处理器示例

在处理器的命名方面，每一个处理器都有一个与其他处理器相区别的名称，处理器的命名没有任何限制，因为处理器通常表示一个硬件设备而不是软件实体。

由于处理器是具有处理能力的机器，所以在描述处理器方面应当包含处理器的调度(Scheduling)和进程(Process)。调度是指在处理器处理其进程中为实现一定的目的而对共同使用的资源进行时间分配。有时候我们需要指定该处理器的调度方式，从而使处理达到最优或比较优的效果。在 Rational Rose 2003 中，对处理器的调度方式如表 12-1 所示。

表 12-1　处理器的调度方式

名　称	含　义
Preemptive	抢占式，高优先级的进程可以抢占低优先级的进程。默认选项
Nonpreemptive	无优先方式，进程没有优先级，当前进程在执行完以后再执行下一个进程
Cyclic	循环调度，进程循环控制，每一个进程都有一定的时间，超过时间或执行完后交给下一个进程执行
Executive	使用某种计算算法控制进程调度
Manual	用户手动计划进程调度

进程表示一个单独的控制线程，是系统中一个重量级的并发和执行单元，例如，一个构件图中的主程序和一个协作图中的主动对象都是一个进程。在一个处理器中可以包含许多个进程，要使用特定的调度方式执行这些进程，一个显示调度方式和进程内容的处理器如图 12-14 所示。

在图 12-14 中，处理器的进程调度方式为 Nonpreemptive，包含的进程为 ProcessA 和 ProcessB。

设备节点是指本身不具备处理能力的节点，通常情况下都是通过其接口为外部提供某些服务，如打印机、扫描仪等。每一个设备如同处理器一样都要有一个与其他设备相区别的名称，当然有时设备的命名可以相对抽象一些，如调节器或终端等。在 UML 中，设备的表示形式如图 12-15 所示。

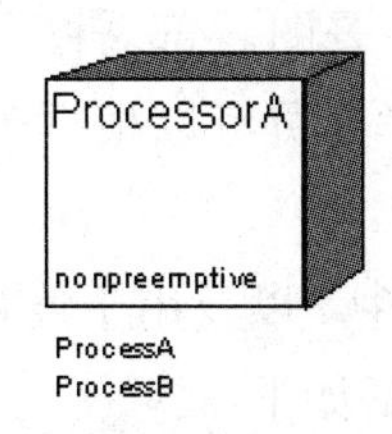

图 12-14　包含进程和调度方式的处理器示例

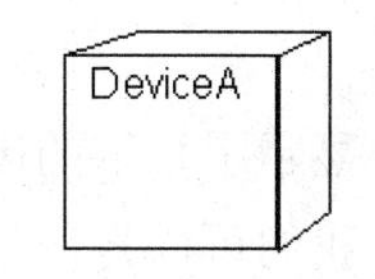

图 12-15　设备示例

连接用来表示两个节点之间的硬件连接。节点之间的连接可以通过光缆等方式直接连接，或者通过卫星等方式非直接连接，但是通常连接都是双向的。在UML中，连接使用一条实线表示，在实线上可以添加连接的名称和构造型。连接的名称和构造型都是可选的。如图 12-16 所示，节点客户端和服务器通过HTTP方式进行通信。

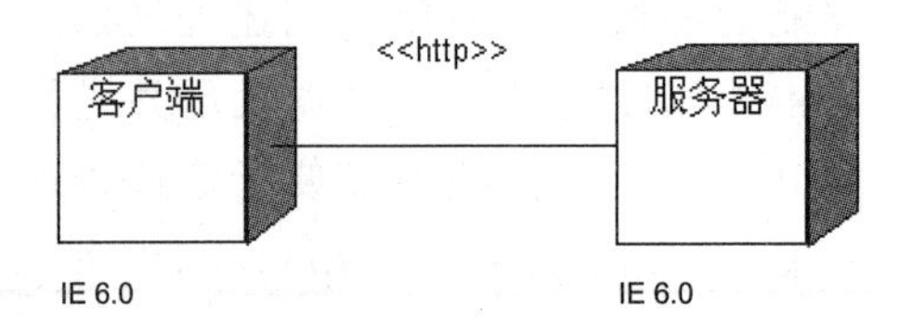

图 12-16　连接示例

在连接中支持一个或多个通信协议，它们每一个都可以使用一个关于连接的构造型来描述，例如，图 12-12 的部署图中包含了 HTTP 和 JDBC 等协议。如表 12-2 所示，包含了常用的一些通信协议。

表 12-2　常用通信协议

名　称	含　义
HTTP	超文本传输协议
JDBC	Java 数据库连接，一套为数据库存取编写的 Java API
ODBC	开放式数据库连接，一套微软的数据库存取应用编程接口
RMI	远程通信协议，一个 Java 的远程调用通信协议
RPC	远程过程调用通信协议
同步	同步连接，发送方必须等到接收方的反馈信息后才能再发送消息
异步	异步连接，发送方不需要等待接收方的反馈信息就能再发送消息
Web Services	经由诸如 SOAP 和 UDDI 的 Web Services 协议的通信

部署图表示该软件系统是如何部署到硬件环境中的，显示了该系统不同的构件将在何处物理地运行，以及它们将如何彼此通信。系统的开发人员和部署人员可以很好地利用这种图去了解系统的物理运行情况。其实在一些情况下，例如，我们开发的软件系统只需要运行在一台计算机上，并且这台计算机使用的是标准设备，不需要其他的辅助设备，这个时候甚至不需要去为它画出系统的部署图。部署图只需要给复杂的物理运行情况进行建模，如分布式系统等。系统的部署人员可以根据部署图了解系统的部署情况。

在部署图中显示了系统的硬件、安装在硬件上的软件，以及用于连接硬件的各种协议和中间件等。我们可以将创建一个部署模型的目的概括如下。

- 描述一个具体应用的主要部署结构。通过对各种硬件和在硬件中的软件，以及各种连接协议的显示，可以很好地描述系统是如何部署的。
- 平衡系统运行时的计算资源分布。运行时，在节点中包含的各个构件和对象是可以静态分配的，也可以在节点间迁移。如果含有依赖关系的构件实例放置在不同节点上，则通过部署图可以展示出在执行过程中的瓶颈。

- 部署图也可以通过连接描述组织的硬件网络结构或者是嵌入式系统等具有多种相关硬件和软件的系统运行模型。

12.2 使用 Rose 创建构件图与部署图

了解了构件图和部署图的各种基本概念后，我们将介绍如何创建构件图和部署图及它们的一些基本模型元素，如构件、节点和设备等。

12.2.1 创建构件图

在构件图的工具栏中，可以使用的工具如表 12-3 所示，在该表中包含了所有 Rational Rose 2003 默认显示的 UML 模型元素。

表 12-3 构件图的图形编辑工具栏

图 标	名 称	用 途
	Selection Tool	光标返回箭头，选择工具
	Text Box	创建文本框
	Note	创建注释
	Anchor Note to Item	将注释连接到序列图中的相关模型元素
	Component	创建构件
	Package	创建包
	Dependency	创建依赖关系
	Subprogram Specification	创建子程序规范
	Subprogram Body	创建子程序体
	Main Program	创建主程序
	Package Specification	创建包规范
	Package Body	创建包体
	Task Specification	创建任务规范
	Task Body	创建任务体

同样，构件图的图形编辑工具栏也可以进行定制，其方式与在类图中定制类图的图形编辑工具栏的方式一样。将构件图的图形编辑工具栏完全添加后，将增加虚子程序(Generic Subprogram)、虚包(Generic Package)和数据库(Database)等图标。

1. 创建和删除构件图

创建一个新的构件图，可以通过以下两种方式进行。

方式一：

(1) 右击浏览器中的 Component View(构件视图)或位于构件视图下的包。

(2) 在弹出的快捷菜单中，选中 New(新建)下的 Component Diagram(构件图)选项。

(3) 输入新的构件图名称。

(4) 双击打开浏览器中的构件图。

方式二：

(1) 在菜单栏中，选择 Browse(浏览)下的 Component Diagram ...(构件图)选项，或者在标准工具栏中选择图标，弹出如图 12-17 所示的对话框。

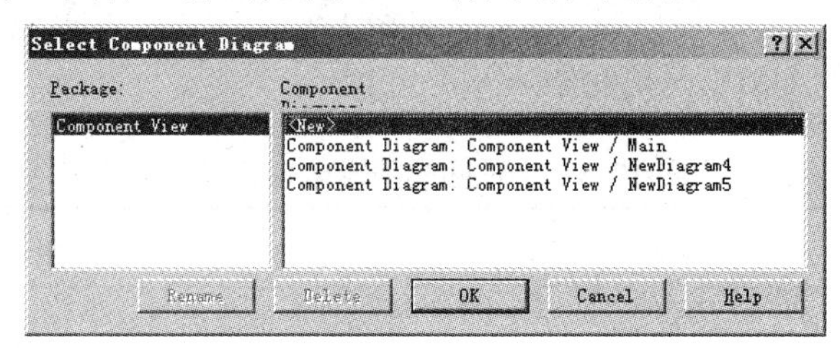

图 12-17　添加构件图

(2) 在左侧关于包的列表框中，选择要创建构件图的包的位置。

(3) 在右侧的 Component Diagram(构件图)列表框中，选择<New>(新建)选项。

(4) 单击 OK 按钮，在弹出的对话框中输入新构件图的名称。

在Rational Rose 2003 中，可以在每一个包中设置一个默认的构件图。在创建一个新的空白解决方案时，Component View(构件视图)下会自动出现一个名称为Main的构件图，此图即为Component View(构件视图)下的默认构件图。当然，我们也可以使用其他构件图作为默认构件图。在浏览器中，右击要作为默认形式的构件图，出现如图 12-18 所示的快捷菜单，在快捷菜单中选择Set as Default Diagram选项即可把该图作为默认的构件图。

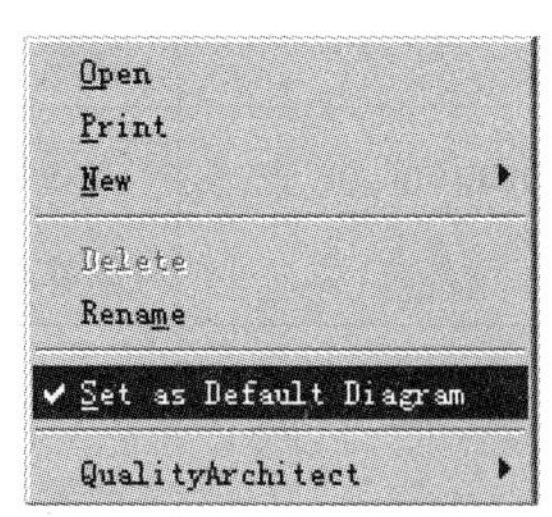

图 12-18　设置默认构件图

如果需要在模型中删除一个构件图，则可以通过以下方式完成。

(1) 在浏览器中选中需要删除的构件图，右击。

(2) 在弹出的快捷菜单中选择 Delete 选项。

或者通过下面的方式完成。

(1) 在菜单栏中，选择 Browse(浏览)下的 Component Diagram ...(构件图)选项，或者在标准工具栏中选择图标，弹出如图 12-17 所示对话框。

(2) 在左侧关于包的列表框中，选择要删除构件图的包的位置。

(3) 在右侧的 Component Diagram(构件图)列表框中，选中该构件图。

(4) 单击 Delete 按钮，在弹出的对话框中确认。

2. 创建和删除构件

如果需要在构件图中增加一个构件，则可以通过工具栏、浏览器或菜单栏 3 种方式进行添加。

通过构件图的图形编辑工具栏添加对象的步骤如下。

(1) 在构件图的图形编辑工具栏中，选择图标，此时光标变为“＋”号。

(2) 在构件图的图形编辑区内任意选择一个位置，然后单击，系统便在该位置创建一个新的构件，如图 12-19 所示。

(3) 在构件的名称栏中，输入构件的名称。

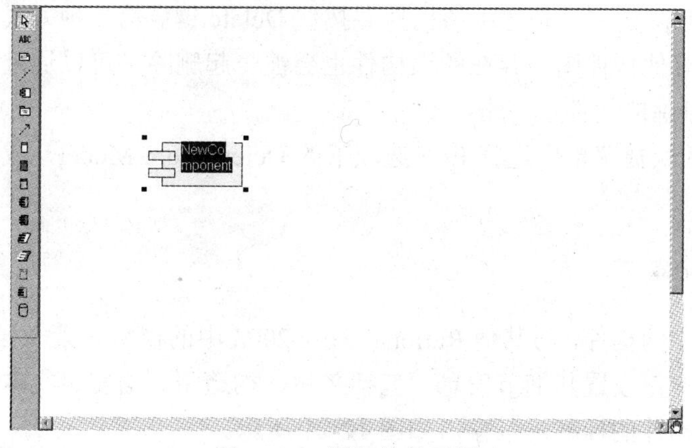

图 12-19　添加构件示例

使用菜单栏或浏览器添加构件的步骤如下。

(1) 在菜单栏中，选择 Tools(浏览)下的 Create(创建)选项，在 Create(创建)选项中选择 Component(构件)，此时光标变为“＋”号。如果使用浏览器，则选择需要添加的包，右击，在弹出的快捷菜单中选择 New(新建)选项下的 Component(构件)选项，此时光标也变为“＋”号。

(2) 余下的步骤与使用工具栏添加构件的步骤类似，按照前面使用工具栏添加构件的步骤添加即可。

如果需要将现有的构件添加到构件图中，则可以通过两种方式进行。第一种方式是选中该类，直接将其拖动到打开的类图中。第二种方式的步骤如下。

(1) 选择 Query(查询)下的 Add Component(添加构件)选项，弹出如图 12-20 所示的对话框。

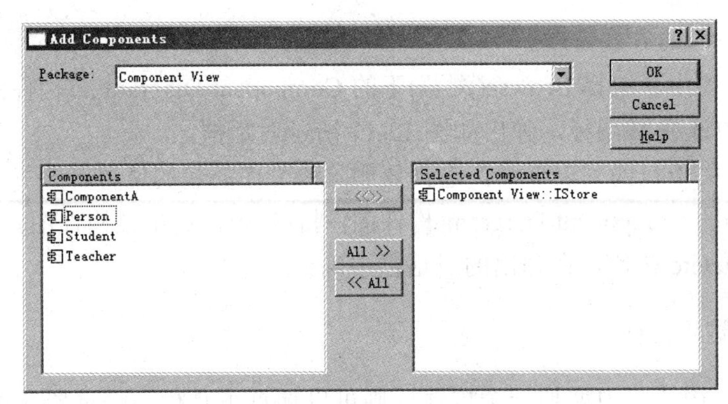

图 12-20　添加构件对话框

(2) 在对话框的 Package 下拉列表中选择需要添加构件的位置。

(3) 在 Components 列表框中选择待添加的构件，添加到右侧的列表框中。

(4) 单击 OK 按钮。

删除一个构件的方式同样分为两种，一种是将构件从构件图中移除，另一种是将构件永久地从模型中移除。第一种方式该构件还存在模型中，如果再用只需要将该构件添加到构件图中，删除的方式是选中该构件并按住 Delete 键。第二种方式是将构件永久地从模型中移除，其他构件图中存在的该构件也会被一起删除，可以通过以下方式进行。

(1) 选中待删除的构件，右击。

(2) 在弹出的快捷菜单中选择 Edit 选项下的 Delete from Model，或者按 Ctrl+Delete 快捷键。

3. 设置构件

对于构件图中的构件，与其他 Rational Rose 2003 中的模型元素一样，我们可以通过构件的标准规范窗口设置其细节信息，包括名称、构造型、语言、文本、声明、实现类和关联文件等。构件的标准规范窗口如图 12-21 所示。

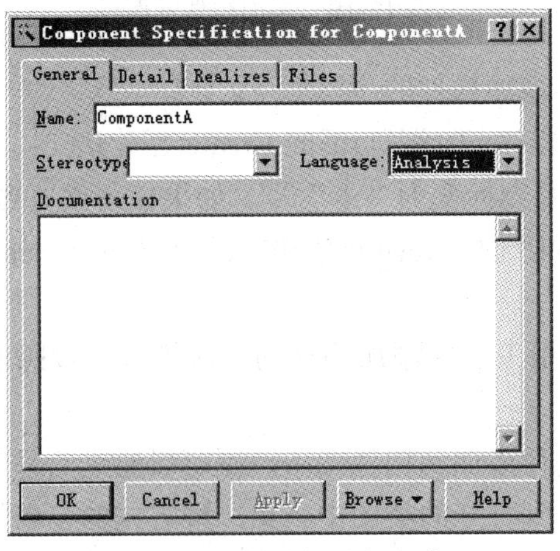

图 12-21　构件的标准规范窗口

一个构件在该构件位于的包或是 Component View(构件视图)下有唯一的名称，并且它的命名方式与类的命名方式相同。

12.2.2　创建部署图

在部署图的工具栏中，我们可以使用的工具图标如表12-4所示，该表中包含了所有 Rational Rose 2003默认显示的 UML 模型元素。

同样部署图的图形编辑工具栏也可以进行定制，其方式与在类图中定制类图的图形编辑工具栏的方式一样。

表 12-4　部署图的图形编辑工具栏图标

图　标	名　称	用　途
	Selection Tool	光标返回箭头，选择工具
	Text Box	创建文本框
	Note	创建注释
	Anchor Note to Item	将注释连接到序列图中的相关模型元素
	Processor	创建处理器
	Connection	创建连接
	Device	创建设备

在每一个系统模型中只存在一个部署图。在使用 Rational Rose 2003 创建系统模型时，就已经创建完毕，即为 Deployment View(部署视图)。如果要访问部署图，则在浏览器中双击该部署视图即可。

1. 创建和删除节点

如果需要在部署图中增加一个节点，也可以通过工具栏、浏览器和菜单栏 3 种方式进行添加。

通过部署图的图形编辑工具栏添加一个处理器节点的步骤如下。

(1) 在部署图的图形编辑工具栏中，选择图标，此时光标变为“＋”号。

(2) 在部署图的图形编辑区内任意选择一个位置，然后单击，系统便在该位置创建一个新的处理器节点，如图 12-22 所示。

(3) 在处理器节点的名称栏中，输入节点的名称。

使用菜单栏或浏览器添加处理器节点的步骤如下。

(1) 在菜单栏中，选择 Tools(浏览)下的 Create(创建)选项，在 Create(创建)选项中选择 Processor(处理器)，此时光标变为“＋”号。如果使用浏览器，则选择 Deployment View(部署视图)，右击，在弹出的快捷菜单中选择 New(新建)选项下的 Processor(处理器)选项，此时光标也变为“＋”号。

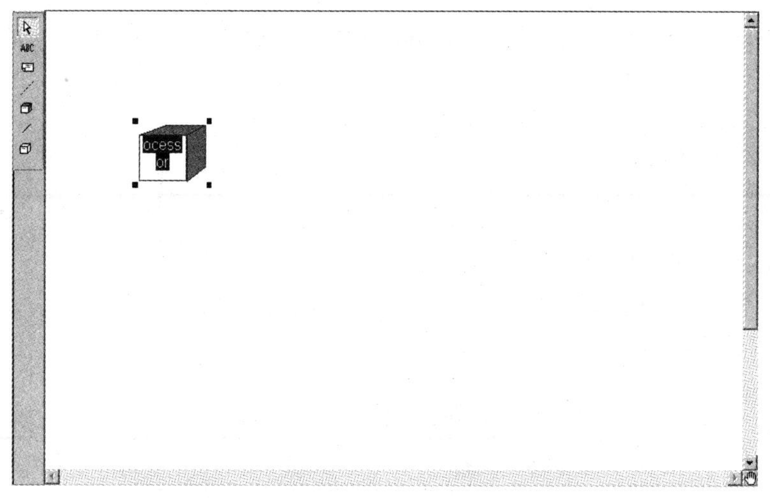

图 12-22　添加处理器节点

(2) 余下的步骤与使用工具栏添加处理器节点的步骤类似，按照前面使用工具栏添加处理器节点的步骤添加即可。

删除一个节点同样有两种方式，一种是将节点从部署图中移除，另一种是将节点永久地从模型中移除。第一种方式该节点还存在模型中，如果再用只需要将该节点添加到部署图中，删除它的方式只需要选中该节点并按 Delete 键即可。第二种方式将节点永久地从模型中移除，可以通过以下方式进行。

(1) 选中待删除的节点，右击。

(2) 在弹出的快捷菜单中选择 Edit 选项下的 Delete from Model，或者按 Ctrl+Delete 快捷键。

2. 设置节点

对于部署图中的节点，和其他 Rational Rose 2003 中的模型元素一样，我们可以通过节点的标准规范窗口设置其细节信息。对处理器的设置与对设备的设置略微有一些差别，在处理器中，可以设置的内容包括名称、构造型、文本、特征、进程及进程的调度方式等；在设备中，可以设置的内容包括名称、构造型、文本和特征等。

处理器的标准规范窗口如图 12-23 所示。

一个节点在该部署图中有唯一的名称，并且它的命名方式与其他模型元素，如类、构件等的命名方式相同。

我们也可以在处理器的标准规范窗口中指定不同类型的处理器。在Rational Rose 2003 中，处理器的构造型没有默认的选项，如果要指定节点的构造型，则需要在构造型右方的下拉列表框中手动输入构造型的名称。

在设置处理器构造型的下方，可以在Documentation列表框中添加文本信息以对处理器进行说明。

在处理器的规范中，还可以在 Detail 选项卡中通过 Characterist 文本框添加硬件的物理描述信息，如图 12-24 所示。

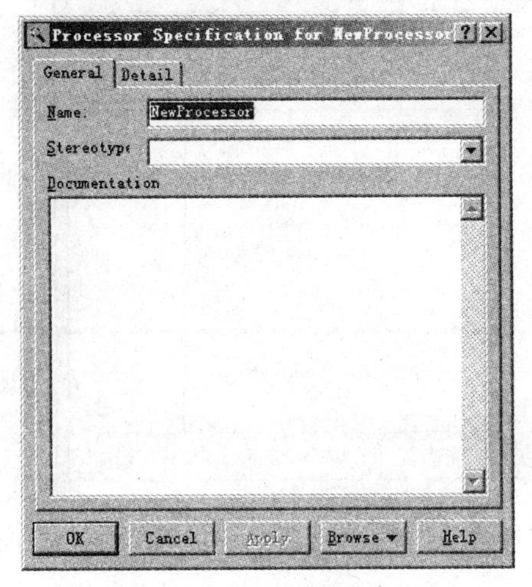

图 12-23　处理器的规范窗口 1

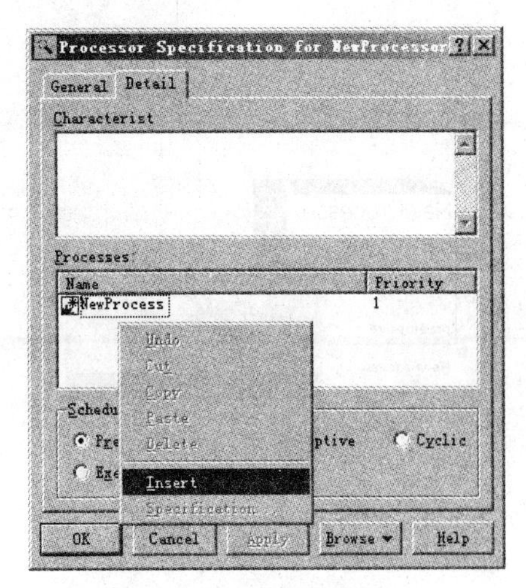

图 12-24　处理器的规范窗口 2

这些物理描述信息包括硬件的连接类型、通信的带宽、内存大小、磁盘大小或设备大小等。这些信息只能通过规范进行设置，并且在部署图中是不显示的。

在 Characterist 文本框的下方是关于处理器进程的信息。我们可以在 Processes 下添加处理器的各个进程，在处理器中添加一个进程的步骤如下。

(1) 打开处理器的标准规范窗口并选择 Detail 选项卡。

(2) 在 Processes 下的列表框中，选择一个空白区域，右击。

(3) 在弹出的快捷菜单中选择 Insert 选项。

(4) 输入一个进程的名称或从下拉列表框中选择一个当前系统的主程序构件。

还可以通过双击该进程的方式设置进程的规范。在进程的规范中，可以指定进程的名称、优先级及描述进程的文本信息。

在 Scheduling 选项组中，可以指定进程的调度方式，共有 5 种调度方式，任意选择其中一种如 Preemptive(抢占式)即可。

在默认的设置中，一个处理器是不显示该处理器包含的进程及对这些进程的调度方式的。我们可以通过设置来显示这些信息，设置显示处理器进程和进程调度方式的步骤如下。

(1) 选中该处理器节点，右击。

(2) 在弹出的快捷菜单中选择 Show Processes 和 Show Scheduling 选项，如图 12-25 所示。

在部署图中，创建一个设备和创建一个处理器没有太大的差别，它们之间不同的是，在设备规范设置的 Detail 选项卡中仅包含设备的物理描述信息，没有进程和进程的调度信息，如图 12-26 所示。

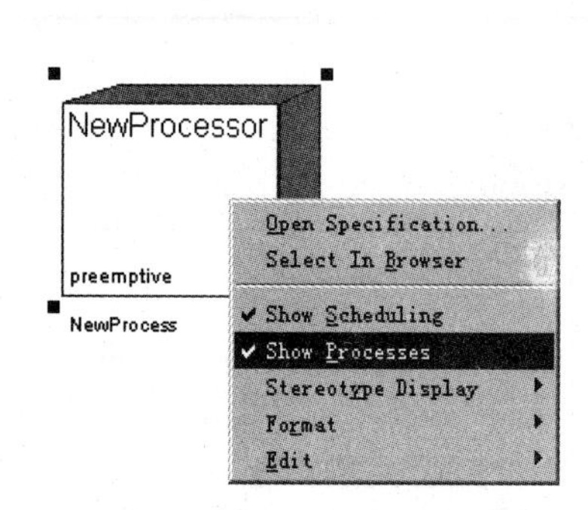

图 12-25　设置显示进程和调度方式

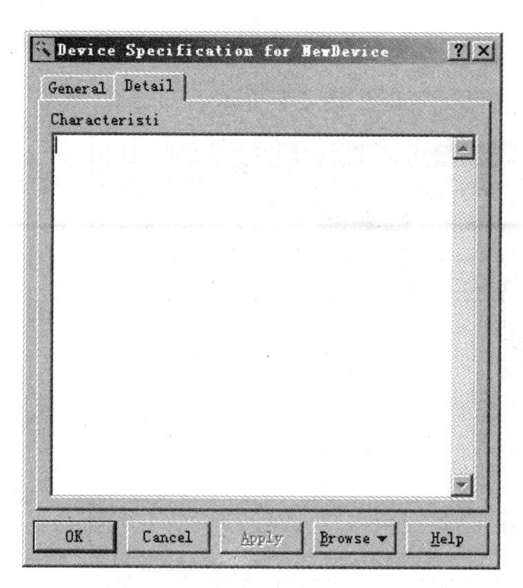

图 12-26　设备的规范设置

3. 添加和删除节点之间的连接

在部署图中添加节点之间的连接的步骤如下。

(1) 选择部署图图形编辑工具栏中的图标，或者选择菜单 Tools(工具)中 Create(新建)下的 Connection(连接)选项，此时的光标变为“↑”符号。

(2) 单击需要连接的两个节点中的任意一个节点。

(3) 将连接的线段拖动到另一个节点，如图 12-27 所示。

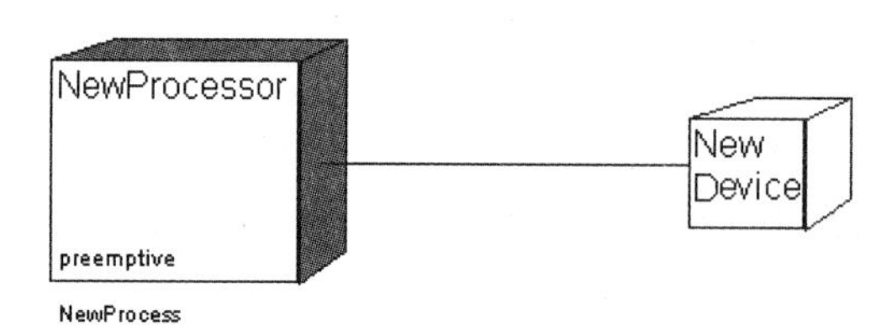

图 12-27　连接示例

如果要将连接从节点中删除，则可以通过以下步骤完成。

(1) 选中该连接。

(2) 按 Delete 键或右击，在弹出的快捷菜单中选择 Edit(编辑)下的 Delete 选项。

4. 设置连接规范

在部署中，也可以与其他元素一样，通过设置连接的规范增加连接的细节信息。例如，我们可以设置连接的名称、构造型、文本和特征等信息。

打开连接规范窗口的步骤如下。

(1) 选中需要打开的连接，右击。

(2) 在弹出的快捷菜单中选择 Open Specification ...(打开规范)选项，弹出如图 12-28 所示的对话框。

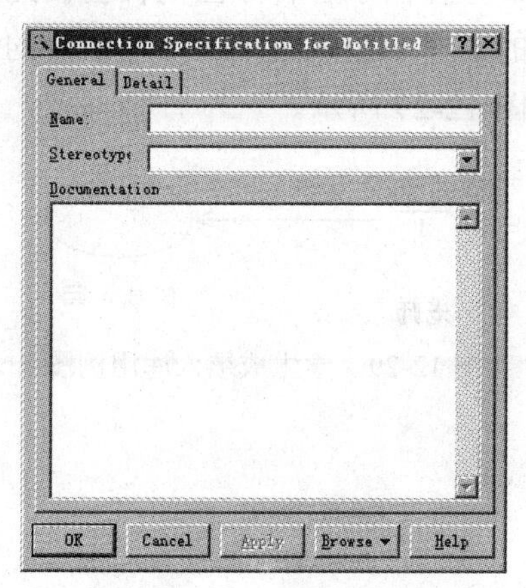

图 12-28　连接的规范窗口

在连接规范对话框的 General 选项卡中，我们可以在 Name(名称)文本框中设置连接的名称，连接的名称是可选的，并且多个节点之间有可能拥有名称相同的连接。在 Stereotype(构造型)下拉列表中，可以设置连接的构造型，手动输入构造型的名称或从下拉列表中选择以前设置过的构造型名称均可。在 Documentation(文档)文本框中，可以添加对该连接的说明信息。在连接规范对话框的 Detail 选项卡中，可以设置连接的特征信息，如使用的光缆的类型、网络的传播速度等。

12.3　用 Rose 部署一个实际的项目

下面通过“教务管理系统”中的教师将成绩放入系统的用例，来讲解如何使用 Rational Rose 2003 创建构件图和部署图。在构件图示例中，将介绍如何创建该用例的构件图。在部署图示例中，则以一些系统的需求为基础，创建系统的部署图。

12.3.1　确定需求用例

系统的构件图文档化了系统的架构，能够有效地帮助系统的开发者和管理员理解系统的概况。构件通过实现某些接口和类，能够通过它们直接将这些类或接口转换成相关编程语言代码，简化了系统代码的编写。

我们使用下列步骤创建构件图。

(1) 根据用例或场景确定需求，确定系统的构件。

(2) 将系统中的类、接口等逻辑元素映射到构件中。

(3) 确定构件之间的依赖关系，并对构件进行细化。

这个步骤只是创建构件图的一个常用的普通步骤，可以根据创建系统架构的方法的不同而有所不同，例如，如果我们是根据 MVC 架构创建的系统模型，则需要按照一定的职责确定顶层的包，然后在包中创建各种构件并映射到相关类中。构件之间的依赖关系也是一个不好确定的因素，往往由于各种原因构件会彼此依赖起来。

下面以在序列图中介绍的一个学校成绩录入管理系统的简单用例为例，介绍如何创建系统的构件图，该用例如图 12-29 所示。

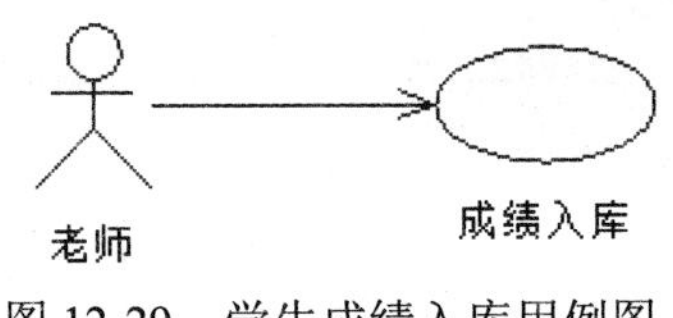

图 12-29　学生成绩入库用例图

12.3.2　创建构件图

1. 确定系统构件

在教务管理系统中，可以对系统的主要参与者和主要的业务实体类分别创建对应的构件并进行映射。前面在类图中创建了 student 类、manager 类、teacher 类、Grade 类、Classroom 类、Proctor 类、ScheduleCourse 类、Control 类、Form 类和 Course 类，所以可以映射出相同的构件，包括学生构件、管理员构件、教师构件、课程构件、教室构件、成绩构件、排课构件、业务逻辑构件、页面构件和监考构件。该主程序通常不会被其他构件依赖，只会依赖其他构件。

综上所述，该用例所需的构件如图 12-30 所示。

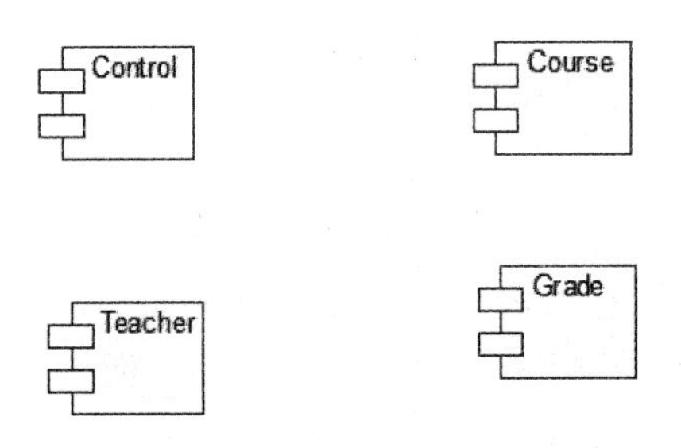

图 12-30　确定用例涉及的构件

2. 将系统中的类和接口等映射到构件中

我们将系统中的类、接口等逻辑元素映射到构件中，一个构件不仅包含一个类或接口，还可以包含几个类或接口。

3. 确定构件之间的依赖关系

确定构件之间的依赖关系并对构件进行细化。细化的内容包括指定构件的实现语言、构件的构造型、编程语言的设置及针对某种编程语言的特殊设置，如 Java 语言中的导入文件、标准、版权和文档等。

如图 12-31 所示，显示了该用例中构件之间的依赖关系。

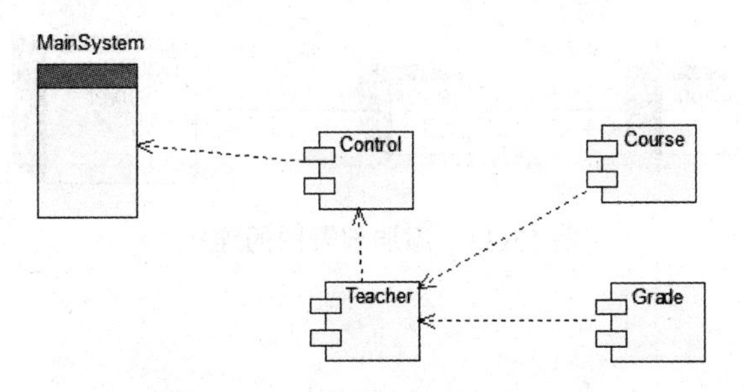

图 12-31　构件之间的依赖关系

12.3.3　创建部署图

通过显示系统中不同的构件将在何处物理地运行，以及它们是如何彼此通信的，部署图表示了该软件系统是如何部署到硬件环境中的。因为部署图是对物理运行情况进行建模，所以在分布式系统中，常被人们认为是一个系统的技术架构图或网络部署图。

我们可以使用下列步骤创建部署图。

(1) 根据系统的物理需求，确定系统的节点。

(2) 根据节点之间的物理连接，将节点连接起来。

(3) 通过添加处理器的进程、描述连接的类型等细化对部署图的表示。

对一个教务管理系统进行建模，该系统的需求如下。

(1) 管理员、老师和学生可以在客户端的 PC 机上通过浏览器，如 IE 7.0 等，查看系统页面，与 Web 服务器通信。

(2) 在 Web 服务器安装 Web 服务器软件，如 Tomcat 等，通过 JDBC 与数据库服务器连接。

(3) 在数据库服务器中安装 Oracle 9i，提供数据服务功能。

1. 确定系统节点

根据上面的需求可以获得系统的节点信息，如图 12-32 所示。

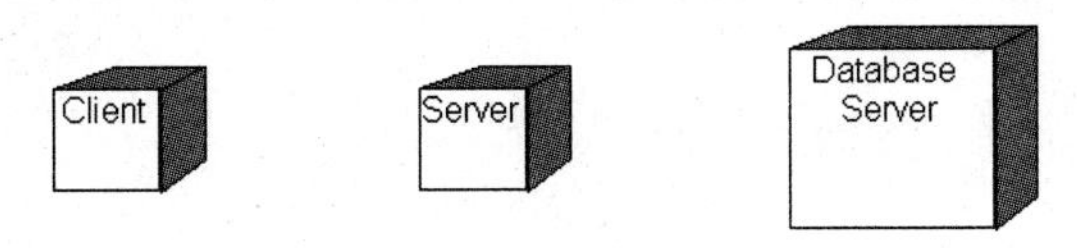

图 12-32　部署图节点

2. 添加节点连接

从上面的需求中可以获取下列连接信息。

(1) 客户端的 PC 机上通过 HTTP 协议与 Web 服务器通信。

(2) Web 服务器通过 JDBC 与数据库服务器连接。

将上面的节点连接起来，得到的部署图如图 12-33 所示。

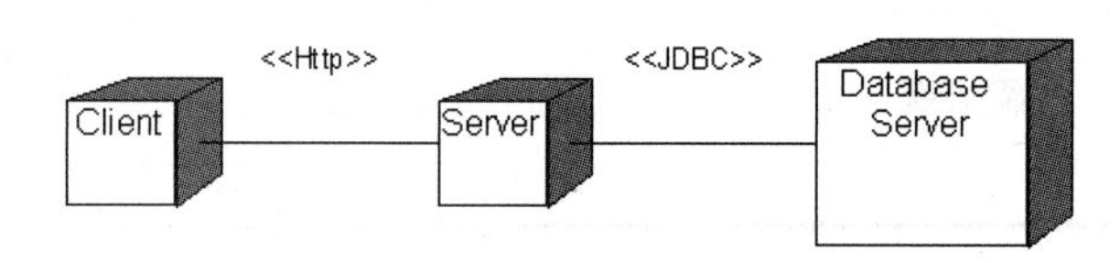

图 12-33　添加部署图的连接

3. 细化部署图

接下来需要确定各个处理器中的主程序及其他的内容，如构造型、说明型文档和特征描述等。

确定各个处理器中的主程序后，得到的部署图如图 12-34 所示。

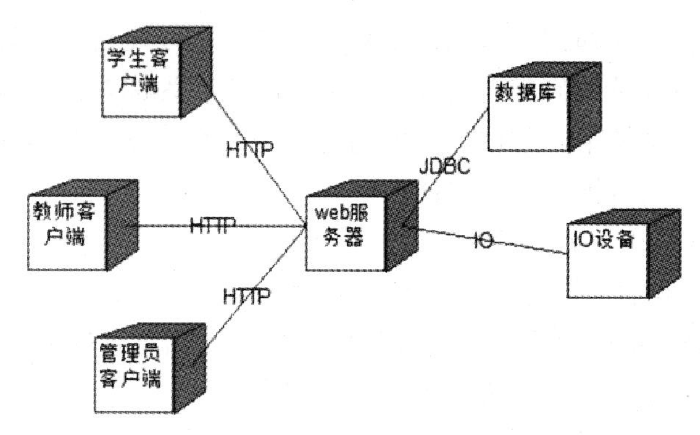

图 12-34　添加部署图中的主程序

【本章小结】

UML 提供了两种物理表示图形：构件图和部署图。构件图表示系统中的不同物理构件及联系，它表达的是系统代码本身的结构。部署图由节点构成，节点代表系统的硬件，构件在节点上驻留并执行。配置图表示的是系统软件构件和硬件之间的关系，它表达的是运行系统的结构。

习题 12

1. 填空题

(1) 一个构件实例用于表示运行时存在的实现物理单元和在实例节点中的定位，它有两个特征，分别是______和______。

(2) 在______中，将系统中可重用的模块封装为具有可替代性的物理单元，我们称之为构件。

(3) 构件图是用来表示系统中______与______之间，以及定义的______与构件之间的关系的图。

(4) ______是一种只包含从其他包中引入的元素的构件，它被用来提供一个包中某些内容的公共视图。

(5) ______描述了一个系统运行时的硬件节点，以及在这些节点上运行的软件构件将在何处物理地运行及它们将如何彼此通信的静态视图。

2. 选择题

(1) 下面是构件图的组成元素的是(　　)。

A. 接口　　B. 构件

C. 发送者　　D. 依赖关系

(2) (　　)是系统中遵从一组接口且提供实现的一个物理部件，通常指开发和运行时类的物理实现。

A. 部署图　　B. 构件

C. 类　　D. 接口

(3) 部署图的组成元素包括(　　)。

A. 处理器　　B. 设备

C. 构件　　D. 连接

(4) 在 UML 中表示单元的实现是通过(　　)和(　　)，它们描述了系统实现方面的信息，使系统具有可重用性和可操作性。

A. 包图　　B. 状态图

C. 构件图　　D. 部署图

(5) 在 UML 中，提供了两种物理表示图形：(　　)和(　　)。

A. 构件图　　B. 对象图

C. 类图　　D. 部署图

3. 简答题

(1) 请简要说明构件图适用于哪些建模需求。

(2) 请阐述类和构件之间的异同点。

(3) 在一张基本构件图中，构件之间最常见的关系是什么？

(4) 请说出在 UML 中主要包括哪三种构件。

4. 上机题

(1) 在“学生管理系统”中，以系统管理员添加学生信息为例，可以确定“系统管理员类 System Manager”“学生类 Student”“界面类 Form”3 个主要的实体类，根据这些类创建关于系统管理员添加学生信息的相关构件图，如图 12-35 所示。

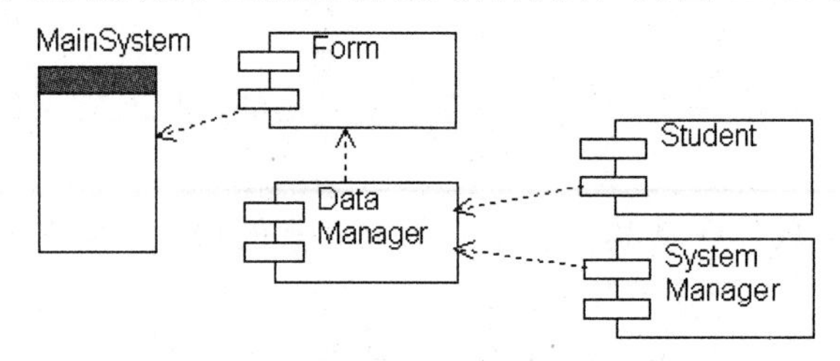

图 12-35　系统管理员添加学生信息的构件图

(2) 在“学生管理系统”中，系统包括 3 种节点，分别是：数据库服务器节点，负责数据的存储、处理等；系统服务器节点，执行系统的业务逻辑；客户端节点，使用者通过该节点进行具体操作。根据以上的系统需求，创建系统的部署图，如图 12-36 所示。

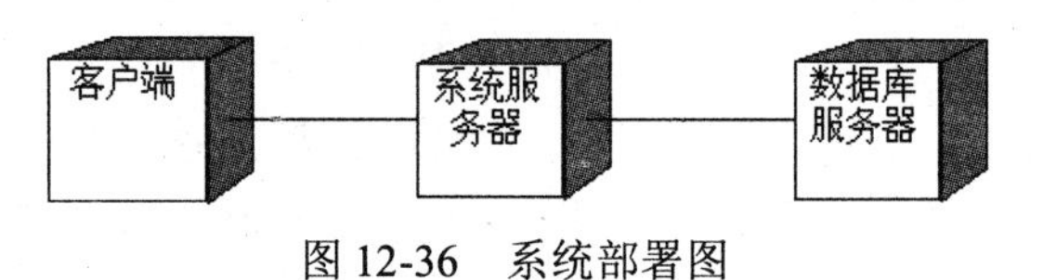

图 12-36　系统部署图

第 13 章

状 态 图

状态图(Statechart Diagram)是系统分析的一种常用的建模元素，用来表示系统的行为。在面向对象技术中状态图又被称为状态迁移图，它是有限状态机的图形表示，用于描述对象类的一个对象在其生存期间的行为。本章先给出状态图的基本概念与表示法，然后讲解在实际中的应用。

13.1 状态图的基本概念

在日常生活中，事物状态的变化是无时不在的。例如，我们打电话，当一部电话没有人使用时其处于闲置状态；当有人拿起听筒拨号时，电话机处于拨号状态；电话拨通后，就转为通话状态；通话结束，挂断电话，电话机又回到了闲置状态。使用状态图就可以描述电话机整个状态的变化过程。

13.1.1 状态图的含义

在介绍状态图之前，有必要让大家先了解一下状态机的含义。

1. 状态机

状态机是一种记录下给定时刻状态的设备，它可以根据各种不同的输入对每个给定的变化改变其状态或引发一个动作。例如，计算机操作系统中的进程调度和缓冲区调度都是一个状态机。

在 UML 中，状态机由对象的各个状态和连接这些状态的转换组成，是展示状态与状态转换的图。在面向对象的软件系统中，一个对象无论多么简单或复杂，都必然会经历一个从开始创建到最终消亡的完整过程，这个过程通常被称为对象的生命周期。一般来说，对象在其生命周期内是不可能完全孤立的，它必然会接收消息来改变自身，或者发送消息来影响其他对象。而状态机就是用于说明对象在其生命周期中响应事件所经历的状态序列及其对这些事件的响应。在状态机的语境中，一个事件就是一次激发的产生，每个激发都可以触发一个状态转换。

状态机由状态、转换、事件、活动和动作五部分组成。

- 状态指的是对象在其生命周期中的一种状况，处于某个特定状态中的对象必然会满足某些条件、执行某些动作或是等待某些事件。一个状态的生命周期是一个有限的时间阶段。
- 转换指的是两个不同状态之间的一种关系，表明对象将在第一个状态中执行一定的动作，并且在满足某个特定条件下由某个事件触发进入第二个状态。
- 事件指的是发生在时间和空间上的对状态机来讲有意义的事情。事件通常会引起状态的变迁，促使状态机从一种状态切换到另一种状态，如信号、对象额度创建和销毁等。
- 活动指的是状态机中进行的非原子操作。
- 动作指的是状态机中可以执行的原子操作。所谓原子操作，指的是它们在运行的过程中不能被其他消息中断，必须一直执行下去，最终导致状态的变更或返回一个值。

通常一个状态机依附于一个类，并且描述该类的实例(即对象)对接收到的事件的响应。除此之外，状态机还可以依附于用例、操作等，用于描述它们的动态执行过程。在依附于某个类的状态机中，总是将对象孤立地从系统中抽象出来进行观察，而来自外部的影响都抽象为事件。

在UML中，状态机常用于对模型元素的动态行为进行建模，更具体地说，就是对系统行为中受事件驱动的方面进行建模。不过状态机总是一个对象、协作或用例的局部视图。由于它考虑问题时将实体与外部世界相互分离，所以适用于对局部、细节进行建模。

2. 状态图

一个状态图(Statechart Diagram)本质上就是一个状态机，或者是状态机的特殊情况，它基本上是一个状态机中元素的一个投影，这也就意味着状态图包括状态机的所有特征。状态图描述了一个实体基于事件反应的动态行为，显示了该实体是如何根据当前所处的状态对不同的事件做出反应的。

在UML中，状态图由表示状态的节点和表示状态之间转换的带箭头的直线组成。状态的转换由事件触发，状态和状态之间由转换箭头连接。每一个状态图都有一个初始状态(实心圆)，用来表示状态机的开始，还有一个终止状态(半实心圆)，用来表示状态机的终止。状态图主要由元素状态、转换、初始状态、终止状态和判定等组成，一个简单的状态图如图13-1所示。

1) 状态

状态用于对实体在其生命周期中的各种状况进行建模，一个实体总是在有限的一段时间内保持一个状态。状态由一个带圆角的矩形表示，状态的描述包括名称、入口和出口动作、内部转换和嵌套状态。如图13-2所示为一个简单的状态。

事件1
状态1
entry/ do something
exit/ do something
事件2[监护条件1]
[监护条件为真]
[监护条件为假]
状态2
状态3
事件3
状态4

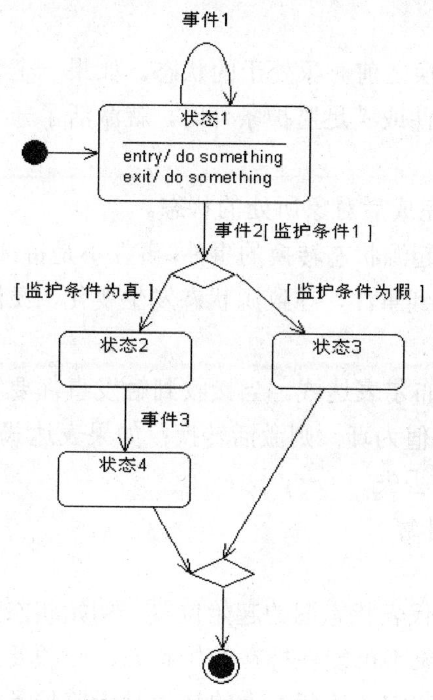

图 13-1 状态图示意

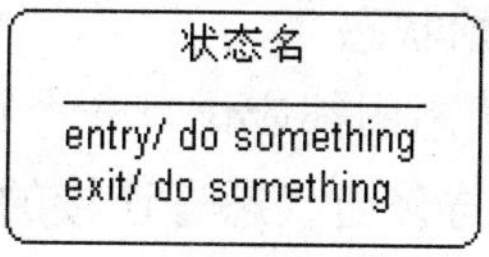

状态名
entry/ do something
exit/ do something

图 13-2 简单的状态

- 状态名：指的是状态的名字，通常用字符串表示，其中每个单词的首字母大写。状态名可以包含任意数量的字母、数字和除冒号“：”以外的一些符号，可以较长，甚至连续几行。但要注意的是，一个状态的名称在状态图所在的上下文中应该是唯一的，能够把该状态和其他状态区分开。
- 入口和出口动作：一个状态可以具有或没有入口和出口动作。入口和出口动作分别指的是进入和退出一个状态时所执行的“边界”动作。
- 内部转换：指的是不导致状态改变的转换。内部转换中可以包含进入或退出该状态应该执行的活动或动作。
- 嵌套状态：状态分为简单状态(Simple State)和组成状态(Composite State)。简单状态是指在语义上不可分解的、对象保持一定属性值的状况，其不包含其他状态；而组成状态是指内部嵌套有子状态的状态，在组成状态的嵌套状态图部分包含的就是此状态的子状态。

2) 转换

在UML的状态建模机制中，转换用带箭头的直线表示，一端连接源状态，箭头指向目标状态。转换还可以标注与此转换相关的选项，如事件、监护条件和动作等，如图 13-3 所示。需要注意的是，如果转换上没有标注触发转换的事件，则表示此转换自动进行。

源状态
事件(监护条件) / 动作
目标状态

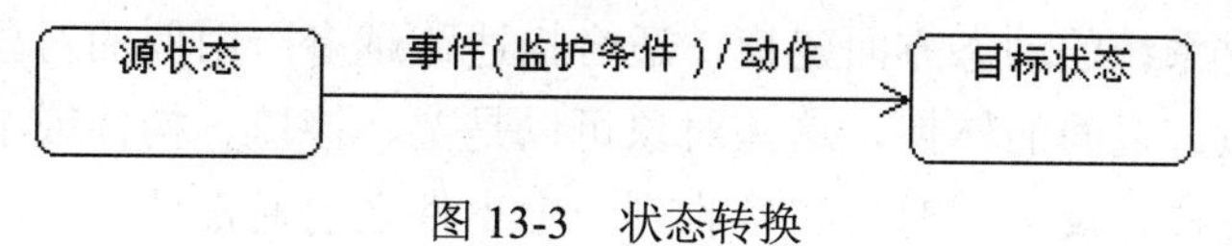

图 13-3 状态转换

在状态转换中需要注意的 5 个概念如下。

- 源状态(Source State)：指的是激活转换之前对象处于的状态。如果一个状态处于源状态，则当它接收到转换的触发事件或满足监护条件时，就激活了一个离开的转换。
- 目标状态(Target State)：指的是转换完成后对象所处的状态。
- 事件触发器(Event Trigger)：指的是引起源状态转换的事件。事件不是持续发生的，它只发生在时间的一点上，对象接收到事件，导致源状态发生变化，激活转换并使监护条件得到满足。
- 监护条件(Guard Condition)：是一个布尔表达式。当接收到触发事件要触发转换时，要对该表达式求值。如果表达式值为真，则激活转换；如果表达式值为假，则不激活转换，所接收到的触发事件丢失。
- 动作(Action)：是一个可执行的原子计算。

3) 初始状态

每个状态图都应该有一个初始状态，它代表状态图的起始位置。初始状态是一个伪状态(一个与普通状态有连接的假状态)，对象不可能保持在初始状态，必须要有一个输出的无触发转换(没有事件触发器的转换)。通常初始状态上的转换是无监护条件的，并且初始状态只能作为转换的源，而不能作为转换的目标。在UML中，一个状态图只能有一个初始状态，用一个实心的圆表示，如图 13-4 所示。

4) 终止状态

终止状态是一个状态图的终点，一个状态图可以拥有一个或多个终止状态。对象可以保持在终止状态，但是终止状态不可能有任何形式的触发转换，它的目的就是激发封装状态上的转换过程的结束，因此，终止状态只能作为转换的目标而不能作为转换的源。在 UML 中，终止状态用一个含有实心圆的空心圆表示，如图 13-5 所示。

5) 判定

活动图和状态图中都有需要根据给定条件进行判断，然后根据不同的判断结果进行不同转换的情况，实际就是工作流在此处按监护条件的取值发生分支。在 UML 中，判定用空心菱形表示，如图 13-6 所示。

图 13-4　初始状态

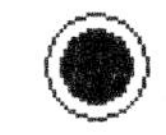

图 13-5　终止状态

图 13-6　判定

13.1.2　状态图的作用

状态图用于对系统的动态方面建模，适合描述跨越多个用例的对象在其生命周期中的各种状态及其状态之间的转换，这些对象可以是类、接口、构件或节点。状态图常用于对反应型对象建模，反应型对象在接收到一个事件之前通常处于空闲状态，当该对象对当前事件做出反应后又处于空闲状态，等待下一个事件。

如果一个系统的事件个数比较少且事件的合法顺序比较简单，那么状态图的作用看起来就没有那么明显。但是对于一个有很多事件并且事件顺序复杂的系统来说，如果没有一个好的状态图，就很难保证程序没有错误。

状态图的作用主要体现在以下几个方面。

- 状态图清晰地描述了状态之间的转换顺序，通过状态的转换顺序可以清晰地看出事件的执行顺序。如果没有状态图，我们就不可避免地要使用大量的文字来描述外部事件的合法顺序。
- 清晰的事件顺序有利于程序员在开发程序时避免出现事件顺序错误的情况。例如，对于一个网上销售系统，在用户处于登录状态前是不允许购买商品的，这就需要程序员在开发程序的过程中加以限制。
- 状态图清晰地描述了状态转换时所必需的触发事件、监护条件和动作等影响转换的因素，有利于程序员避免程序中非法事件的进入。例如，飞机起飞前半小时不允许售票，在状态图中就可以清晰地看到，可以提醒程序员不要遗漏这些限制条件。
- 状态图通过判定可以更好地描述工作流因为不同的条件发生的分支。例如，当一个班的人数少于10人时需要与其他班合为一班上课，大于10人时则单独上课，在状态图中就可以很明确地表达出来。

总之，一个简洁完整的状态图可以帮助一个设计者不遗漏任何事情，最大限度地避免程序中错误的发生。

13.2 构成状态图的元素

本节将对构成状态图的元素进行逐一介绍，其中重点介绍状态、转换、判定、同步和事件5个元素。

13.2.1 状态

状态是状态图的重要组成部分，它描述了一个类对象生命周期中的一个时间段。详细地说就是，在某些方面相似的一组对象值；对象执行持续活动时的一段事件；一个对象等待事件发生时的一段事件。

因为状态图中的状态一般是给定类的对象的一组属性值，并且这组属性值对所发生的事件具有相同性质的反应。所以，处于相同状态的对象对同一事件的反应方式往往是一样的，当给定状态下的多个对象接收到相同事件时会执行相同的动作。但是，如果对象处于不同状态，则会通过不同的动作对同一事件做出不同的反应。

需要注意的是，不是任何一个状态都是值得关注的。在系统建模时，我们只关注明显影响对象行为的属性，以及由它们表达的对象状态。对于对对象行为没有什么影响额度的状态，我们可以不用理睬。

状态可以分为简单状态和组成状态。简单状态指的是不包含其他状态的状态，其没有子结构，但是可以具有内部转换、进入退出动作等。组成状态包含嵌套的子状态，我们将在下一节中重点介绍组成状态，这里不再详述。

除了简单状态和组成状态，状态还包括状态名、内部活动、内部转换、入口和出口动作等，下面分别介绍。

1. 状态名

在上一节介绍状态图时，已经介绍了状态名可以把一个状态和其他状态区分开来。在实际使用中，状态名通常是直观、易懂、能充分表达语义的名词短语，其中每个单词的首字母要大写。状态还可以匿名，但是为了方便起见，最好为状态取一个有意义的名字，状态名通常放在状态图标的顶部。

2. 内部活动

状态可以包含描述为表达式的内部活动。当状态进入时，活动在进入动作完成后就开始。如果活动结束，则状态完成，然后一个从这个状态出发的转换被触发；否则，状态等待触发转换以引起状态本身的改变。如果在活动正在执行时转换触发，那么活动被迫结束并且退出动作被执行。

3. 内部转换

状态可能包含一系列的内部转换，内部转换因为只有源状态而没有目标状态，所以内部转换的结果并不改变状态本身。如果对象的事件在对象正处于拥有转换的状态时发生，那么内部转换上的动作也会被执行。激发一个内部转换和激发一个外部转换的条件是相同的，但是，在顺序区域里的每个事件只激发一个转换，而内部转换的优先级大于外部转换。

内部转换与自转换不同，自转换在作用时首先将当前状态下正在执行的动作全部中止，然后执行该状态的出口动作，接着执行引起转换事件的相关动作。总之，自转换会触发入口动作和出口动作，而内部转换却不会。

4. 入口和出口动作

状态具有入口和出口动作，这些动作的目的是封装该状态，这样就可以不必知道状态的内部状态而在外部使用它。入口动作和出口动作原则上依附于进入和出去的转换，但是将它们声明为特殊的动作可以使状态的定义不依赖于状态的转换，因此起到封装的作用。

当进入状态时，进入动作被执行，它在任何附加在进入转换上的动作之后且任何状态的内部活动之前执行。入口动作通常用来进行状态所需要的内部初始化，因为不能回避一个入口动作，所以任何状态内的动作在执行前都可以假定状态的初始化工作已经完成，不需要考虑如何进入这个状态。

状态退出时执行退出动作，它在任何内部活动完成之后且任何附在离开转换上的动作之前执行。无论何时从一个状态离开都要执行一个出口动作来进行后处理工作。当出现代表错误情况的高层转换使嵌套状态异常终止时，出口动作可以处理这种情况以使对象的状态保持前后一致。

5. 历史状态

组成状态可能包含历史状态(History State)，历史状态本身是一个伪状态，用来说明组成状态记得它曾经有的子状态。

一般情况下，当状态机通过转换进入组成状态嵌套的子状态时，被嵌套的子状态要从子初始状态进行。但是如果一个被继承的转换引起从复合状态的自动退出，则状态会记住当强制性退出发生的时候处于的状态。这种情况下，就可以直接进入上次离开组成状态时的最后一个子状态，而不必从它的子初始状态开始执行。

历史状态可以有来自外部状态或初始状态的转换，也可以有一个没有监护条件的出发完成转换。转换的目标是缺省的历史状态。如果状态区域从来没有进入或已经退出，那么历史状态的转换会到达缺省的历史状态。

历史状态虽然有很多优点，但是过于复杂，而且不是一种好的实现机制，尤其是深历史状态更容易出问题。在建模的过程中，应该尽量避免历史机制，使用更易于实现的机制。

13.2.2 转换

转换用于表示一个状态机的两个状态之间的一种关系，即一个在某初始状态的对象通过执行指定的动作并符合一定的条件下进入第二种状态。在这个状态的变化中，转换被称作激发，在激发之前的状态叫作源状态，在激发之后的状态叫作目标状态。简单转换只有一个源状态和一个目标状态，复杂转换有不止一个源状态和(或)不止一个目标状态。

除了源状态和目标状态，转换还包括事件触发器、监护条件和动作。在转换中，这五部分信息并不一定都同时存在，有一些可能会缺少。

1. 外部转换

外部转换是一种改变状态的转换，也是最普通、最常见的一种转换。在UML中，外部转换用从源状态到目标状态的带箭头的线段表示，其他属性以文字串附加在箭头旁，如图 13-7 所示。

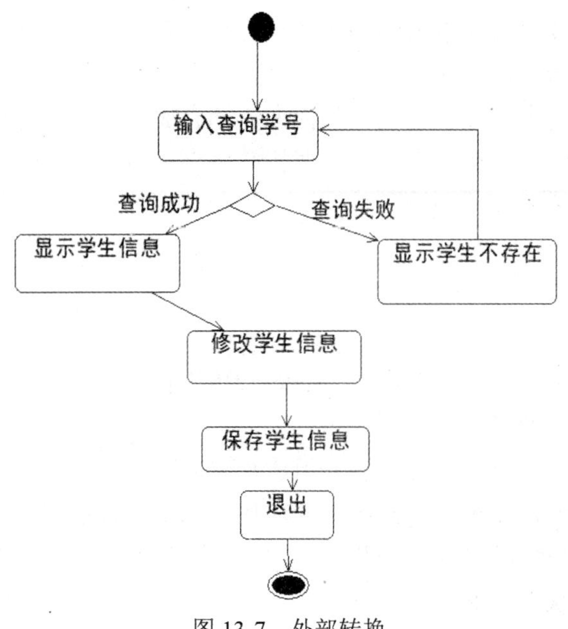

图 13-7　外部转换

注意，只有内部状态上没有转换时，外部状态上的转换才有资格激发。否则，外部转换会被内部转换掩盖。

2. 内部转换

内部转换只有源状态，没有目标状态，不会激发入口和出口动作，因此内部转换激发的结果不改变本来的状态。如果一个内部转换带有动作，那么它也要被执行。内部转换常用于对不改变状态的插入动作建立模型。需要注意的是，内部转换的激发可能会掩盖使用相同事件的外部转换。

内部转换的表示法与入口动作和出口动作的表示法很相似，它们的区别主要在于，入口和出口动作使用了保留字 entry 和 exit，其他部分两者的表示法相同。

3. 完成转换

完成转换没有明确标明触发器事件的转换是由状态中活动的完成引起的。完成转换也可以带一个监护条件，这个监护条件在状态中的活动完成时被赋值，而不是活动完成后被赋值。

4. 监护条件

转换可能具有一个监护条件，监护条件是一个布尔表达式，它是触发转换必须满足的条件。当一个触发器事件被触发时，监护条件被赋值。如果表达式的值为真，则转换可以激发；如果表达式的值为假，则转换不能激发；如果没有转换适合激发，则事件会被忽略，这种情况并非出现错误。如果转换没有监护条件，那么监护条件就被认为是真，而且一旦触发器事件发生，转换就被激活。

从一个状态引出的多个转换可以有同样的触发器事件。若此事件发生，则所有监护条件都被测试，测试的结果如果有超过一个的值为真，那么也只有一个转换会激发。如果没有给定优先权，则选择哪个转换来激发是不确定的。

注意，监护条件的值只在事件被处理时计算一次。如果其值开始为假，以后又为真，则因为赋值太迟转换不会被激发。除非有另一个事件发生，且令这次的监护条件为真。监护条件的设置一定要考虑各种情况，要确保一个触发器事件的发生能够引起某些转换。如果某些情况没有考虑到，则很可能一个触发器事件不会引起任何转换，那么在状态图中将忽略这个事件。

5. 触发器事件

触发器事件就是能够引起状态转换的事件。如果此事件有参数，则这些参数可以被转换所用，也可以被监护条件和动作的表达式所用。触发器事件可以是信号、调用和时间段等。

对应于触发器事件，没有明确的触发器事件的转换称作结束转换(或无触发器转换)，是在结束时被状态中的任一内部活动隐式触发的。

注意，当一个对象接收到一个事件的时候，如果它没有时间来处理事件，就会将事件保存起来。如果有两个事件同时发生，则对象每次也只处理一个事件，两个事件并不会同时被处理，并且在处理事件的时候，转换必须激活。另外，要完成转换，就必须满足监护条件，如果完成转换时监护条件不成立，则隐含的完成事件会被消耗掉，并且以后即使监护条件再成立，转换也不会被激发。

6. 动作

动作(Action)通常是一个简短的计算处理过程或一组可执行语句。动作也可以是一个动作序列，即一系列简单的动作。动作可以给另一个对象发送消息、调用一个操作、设置返回值、创建和销毁对象。

动作是原子性的，所以是不可中断的，即动作和动作序列的执行不会被同时发生的其他动作影响或终止。因为动作的执行时间非常短，所以动作的执行过程不能再插入其他事件。如果在动作的执行期间接收到事件，那么这些事件都会被保存，直到动作结束，这时事件一般已经得到值。

整个系统可以在同一时间执行多个动作，但是动作的执行应该是独立的。一旦动作开始执行，它必须执行到底并且不能与同时处于活动状态的其他动作发生交互作用。动作不能用于表达处理过程很长的事物。与系统处理外部事件所需要的时间相比，动作的执行过程应该很简洁，以使系统的反应时间不会减少，做到实时响应。

动作可以附属于转换，当转换被激发时动作被执行。它们还可以作为状态的入口动作和出口动作出现，由进入或离开状态的转换触发。活动不同于动作，它可以有内部结构，并且活动可以被外部事件的转换中断，所以活动只能附属于状态中，而不能附属于转换。常用动作的种类及描述如表13-1所示。

表 13-1　常用动作的种类及描述

动作种类	描　　述	语　　法
赋值	对一个变量赋值	target:=expression
调用	调用对目标对象的一个操作，等待操作执行结束，并且可能有一个返回值	opname(arg,arg)
创建	创建一个新对象	new Cname(arg,arg)
销毁	销毁一个对象	object.destroy()
返回	为调用者制定返回值	return value
发送	创建一个信号实例并将其发送到目标对象或一组目标对象	sname(arg,arg)
终止	对象的自我销毁	Terminate
不可中断	用语言说明的动作，如条件和迭代	[语言说明]

13.2.3　判定

判定用来表示一个事件依据不同的监护条件有不同的影响。在实际建模的过程中，如果遇到需要使用判定的情况，通常用监护条件来覆盖每种可能，使得一个事件的发生能保证触发一个转换。判定将转换路径分为多个部分，每一个部分都是一个分支，都有单独的监护条件。这样，几个共享同一触发器事件却有着不同监护条件的转换能够在模型中被分在同一组中，以避免监护条件的相同部分被重复。

判定在活动图和状态图中都有很重要的作用。转换路径因为判定而分为多个分支，可以将一个分支的输出部分与另外一个分支的输入部分连接而组成一棵树，树的每个路径代表一个不同的转换，这为建模提供了很大的方便。在活动图中，判定可以覆盖所有的可能，保证一些转换被激发，否则，活动图就会因为输出转换不再重新激发而被冻结。

通常情况下判定有一个转入和两个转出，根据监护条件的真假可以触发不同的分支转换，使用判定仅是一种表示上的方便，不会影响转换的语义。如图 13-8 和图 13-9 所示分别为使用判定和未使用判定的示意图。

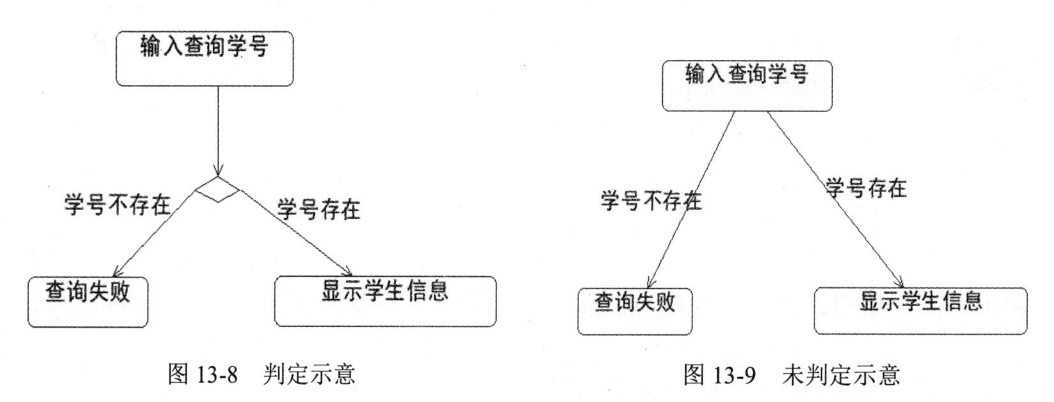

图 13-8　判定示意　　　　图 13-9　未判定示意

13.2.4　同步

同步是为了说明并发工作流的分支与汇合。状态图和活动图中都可能用到同步。在 UML 中，同步用一条线段来表示，如图 13-10 所示。

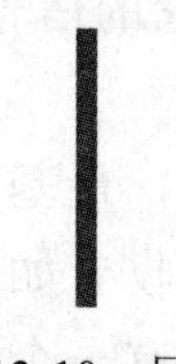

图 13-10　同步

并发分支表示把一个单独的工作流分成两个或多个工作流，几个分支的工作流并行地进行。并发汇合表示两个或多个并发的工作流在此得到同步，这意味着先完成的工作流需要在此等待，直到所有的工作流到达后，才能继续执行后面的工作流。同步在转换激发后立即初始化，每个分支点之后都要有相应的汇合点。如图 13-11 所示为同步示例图。

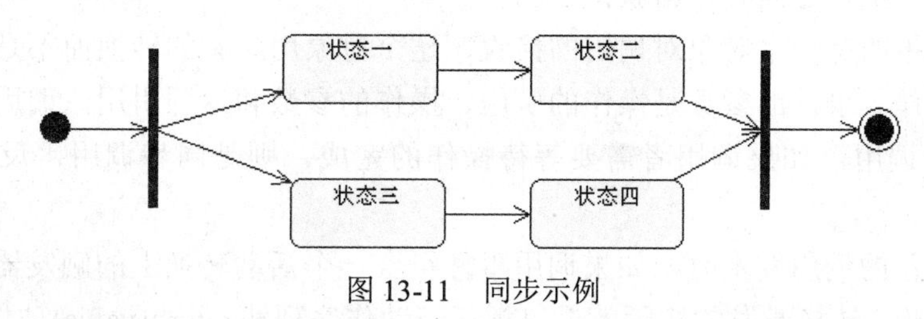

图 13-11　同步示例

同步和判定都会造成工作流的分支，初学者很容易将两者混淆。它们的区别是：判定是根据监护条件使工作流分支，监护条件的取值最终只会触发一个分支的执行。例如，如果有分支 A 和分支 B，假设监护条件为真时执行分支 A，那么分支 B 就不可能被执行，反之，则执行分支 B，分支 A 不可能被执行。而同步的不同分支是并发执行的，并不会因为一个分支的执行造成其他分支的中断。

13.2.5　事件

在状态机中，一个事件的出现可以触发状态的改变。事件发生在时间和空间上的一点，没有持续时间，如接收到从一个对象到另一个对象的调用或信号、某些值的改变或一个时间段的终结。

事件可以分成明确或隐含的几种，主要包括信号事件、调用事件、改变事件和时间事件等。

1. 信号事件(Signal Event)

信号(Signal)是作为两个对象之间通信媒介的命名的实体，它以对象之间显式通信为目的，发送对象明确地创建并初始化一个信号实例，并把它发送到一个对象或对象的集合。信号有明确的参数列表，发送者在发信号时明确了信号的变元，发给对象的信号可能触发它们零个或一个转换。信号是可泛化的，子信号除了继承父亲的属性外，也可以增加它自己的属性。子信号可以激发声明为使用它的祖先信号的转换。

信号事件指的是一个对象对发送给它的信号的接收事件，它可能会在接收对象的状态机内触发转换。

信号分为异步单路通信和双路通信，最基本的信号是异步单路通信。在异步单路通信中，发送者是独立的，不用等待接收者如何处理信号。在双路通信模型中，需要用到多路信号，即至少要在每个方向上有一个信号。注意，发送者和接收者可以是同一个对象。

2. 调用事件(Call Event)

调用(Call)是在一个过程的执行点上激发一个操作，它将一个控制线程暂时从调用过程转换到被调用过程。调用发生时，调用过程的执行被阻断，并且在操作执行中调用者放弃控制，直到操作返回时重新获得控制。

调用事件指的是一个对象对调用的接收，这个对象用状态的转换而不是用固定的处理过程实现操作。事件的参数是操作的引用、操作的参数和返回引用。调用事件分为同步调用和异步调用，如果调用者需要等待操作的完成，则是同步调用，反之则是异步调用。

当一个操作的调用发生时，如果调用事件符合一个活动转换上的触发器事件，那么它就触发该转换。转换激发的实际效果包括任何动作序列和return(value)动作，其目的是将值返回给调用者。当转换执行结束时，调用者重新获得控制并且可以继续执行。如果调用失败而没有进行任何状态的转换，则控制立即返回到调用者。

3. 改变事件(Change Event)

改变事件指的是依赖于特定属性值的布尔表达式所表示的条件满足时，事件发生改变。修改事件包含由一个布尔表达式指定的条件，事件没有参数，这种事件隐含一个对条件的连续测试：当布尔表达式的值从假变到真时，事件就发生。若想事件再次发生，则必须先将值变成假，否则，事件不会再发生。

我们要小心使用改变事件，因为它表示了一种具有事件持续性并且可能涉及全局的计算过程，它使修改系统潜在值和最终效果的活动之间的因果关系变得模糊。我们可能要花费很大的代价测试改变事件，因为原则上改变时间是持续不断的，所以，改变事件往往用于当一个具有更明确表达式的通信形式显得不自然时。

要注意改变事件与监护条件的区别。监护条件仅在引起转换的触发器事件触发时或事件接收者对事件进行处理时被赋值一次。如果为假，那么转换不激发并且事件被遗失，条件也不会再被赋值。而改变事件隐含连续计算，因此可以对改变事件连续赋值，直到条件为真时激发转换。

4. 时间事件(Time Event)

时间(Time)表示一个绝对或相对时刻的值。

时间表达式(Time Expression)指的是计算结果为一个相对或绝对时间值的表达式。

时间事件表示时间表达式被满足的事件，它代表时间的流逝，其是一个依赖于时间包因而依赖于时钟的存在的事件。而现实世界的时钟或虚拟内部时钟可以定义为绝对时间或流逝时间，因此时间事件既可以被指定为绝对形式(天数)，也可以被指定为相对形式(从某一指定事件发生开始所经历的时间)。时间事件不像信号那样被声明为一个命名事件，时间事件仅用作转换的触发。

13.3 状态的组成

组成状态(Composite State)是内部嵌套有子状态的状态。一个组成状态包括一系列子状态。组成状态可以使用“与”关系分解为并行子状态，或者通过“或”关系分解为互相排斥的互斥子状态。因此，组成状态可以是并发或顺序的。如果一个顺序组成状态是活动的，则只有一个子状态是活动的；如果一个并发组成状态是活动的，则与它正交的所有子状态都是活动的。

一个系统在同一时刻可以包含多个状态。如果一个嵌套状态是活动的，则所有包含它的组成状态都是活动的。进入或离开组成状态的转换会引起入口动作或出口动作的执行。如果转换带有动作，那么这个动作在入口动作执行后、出口动作执行前执行。

为了促进封装，组成状态可以具有初始状态和终止状态，它们都是伪状态，目的是优化状态机的结构。到组成状态的转换代表初始状态的转换，到组成状态的终止状态的转换代表在这个封闭状态里活动的完成。封闭状态里活动的完成会激发活动事件的完成，最终引发封闭状态上的完成转换。

1. 顺序组成状态

如果一个组成状态的多个子状态之间是互斥的，不能同时存在的，那么这种组成状态称为顺序组成状态。

一个顺序组成状态最多可以有一个初始状态和一个终止状态，同时也最多可以由一个浅(Shallow)历史状态和一个深(Deep)历史状态。

当状态机通过转换进入组成状态时，一个转换可以组成状态为目标，也可以它的一个子状态为目标，如果它的目标是一个组成状态，那么进入组成状态后先执行其入口动作，然后再将控制传递给初态。如果它的目标是一个子状态，那么在执行组成状态的入口动作和子状态的入口动作后将控制传递给嵌套状态。

图 13-12 所示为身份登录系统的工作过程得到的组成状态。

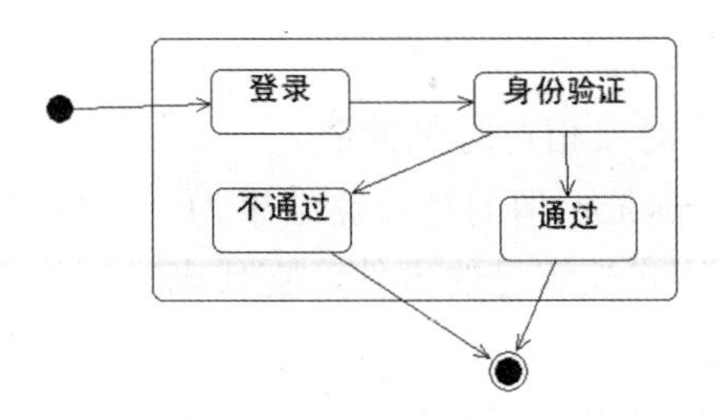

图 13-12　顺序组成状态

2. 并发组成状态

在一个组成状态中，可能有两个或多个并发的子状态机，我们称这样的组成状态为并发组成状态。每个并发子状态还可以进一步分解为顺序组成状态。

一个并发组成状态可能没有初始状态、终止状态或历史状态。但是嵌套在它们里的任何顺序组成状态可包含这些伪状态。

如果一个状态机被分解成多个并发的子状态，那么代表着它的控制流也被分解成与并发子状态数目一样的并发流。当进入一个并发组成状态时，控制线程数目增加；当离开一个并发组成状态时，控制线程数目减少。只有所有的并发子状态都到达它们的终止状态，或者有一个离开组成状态的显式转换时，控制才能重新汇合成一个流。

如图 13-13 所示为教务管理系统中“成绩打印”对象的并发组成状态。首先教师登录系统，当教师选择打印成绩时，打印是否成功取决于两个因素：是否授任了该课程和成绩是否录入，只有两者都确认无误，成绩才能被打印。

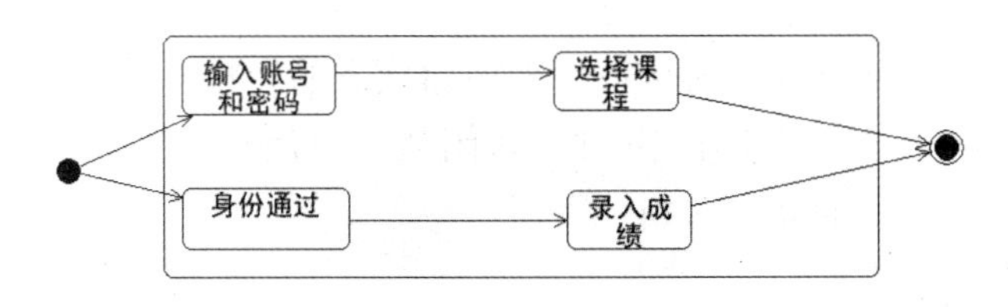

图 13-13　并发组成状态

13.4 使用 Rose 创建状态图

上面详细地介绍了状态图的概念和组成的元素，接下来学习如何使用 Rose 绘制出状态图，包括其中的各种元素。

13.4.1 创建状态图

在 Rational Rose 中，可以为每个类创建一个或多个状态图，对象的各种状态都可以在状态图中体现。首先，展开 Logical View 选项，然后在 Logical View 图标上右击，在弹出的快捷菜单中选择 New 下的 Statechart Diagram 选项，建立新的状态图，如图 13-14 所示。

在状态图建立以后，双击状态图图标，会出现状态图绘制区域，如图 13-15 所示。

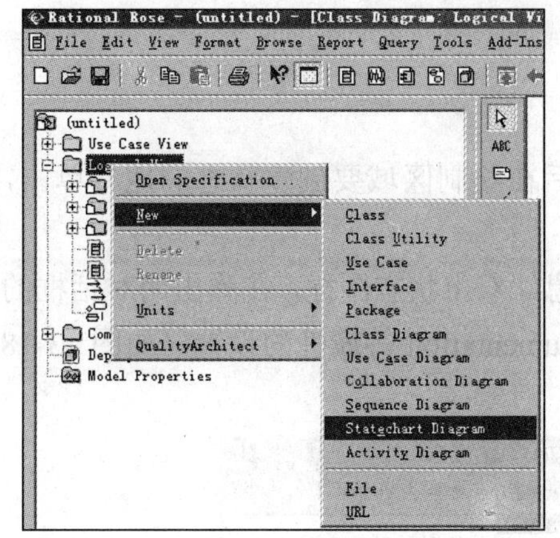

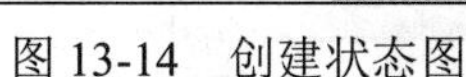
图 13-14 创建状态图

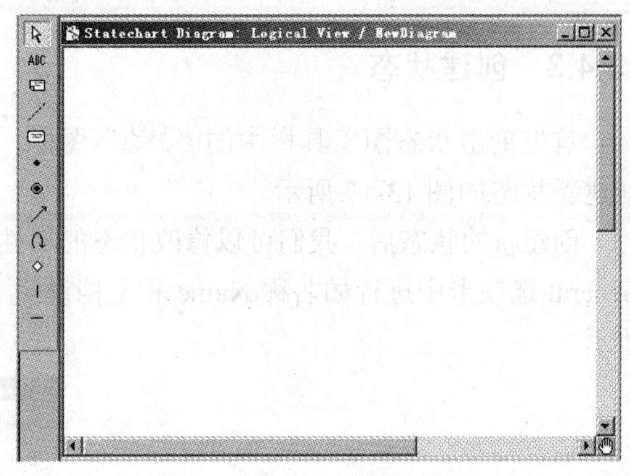

图 13-15 状态图绘制区域

在绘制区域的左侧为状态图工具栏，各个图标、名称及图标的用途，如表 13-2 所示。

表 13-2 状态图工具栏

图　标	名　称	用　途
	Selection Tool	选择一个项目
	Text Box	将文本框加进框图
	Note	添加注释
	Anchor Note to Item	将图中的注释与用例或角色相连
	State	添加状态
	Start State	初始状态
	End State	终止状态
	State Transition	状态之间的转换
	Transition to self	状态的自转换
	Decision	判定

13.4.2 创建初始和终止状态

初始状态和终止状态是状态图中的两个特殊状态。初始状态代表状态图的起点，终止状态代表状态图的终点。对象不可能保持在初始状态，但是可以保持在终止状态。

初始状态在状态图中用实心圆表示，终止状态在状态图中用含有实心圆的空心圆表示。单击状态图工具栏中的“•”图标，然后在绘制区域要绘制的地方单击即可创建初始状态。终止状态的创建方法与初始状态相同，如图 13-16 所示。

图 13-16　创建初始和终止状态

13.4.3　创建状态

首先单击状态图工具栏中的“ ”图标，然后在绘制区域要创建状态的地方单击，创建新状态如图 13-17 所示。

创建新的状态后，我们可以修改状态的属性信息。双击状态图标，在弹出的对话框的 General 选项卡中进行如名称 Name 和文档说明 Documentation 等属性的设置，如图 13-18 所示。

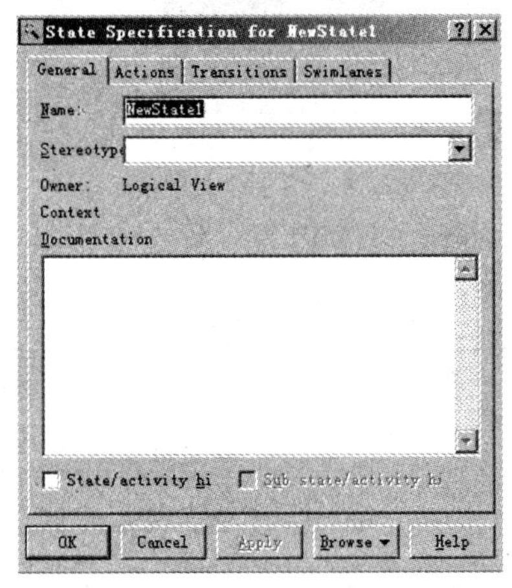

图 13-17　创建新状态　　图 13-18　修改状态属性

13.4.4　创建状态之间的转换

转换是两个状态之间的一种关系，代表了一种状态到另一种状态的过度，在 UML 中，转换用一条带箭头的直线表示。

要增加转换，首先单击状态工具栏中的“ ”图标，然后再单击转换的源状态，接着向目标状态拖动一条直线，效果如图 13-19 所示。

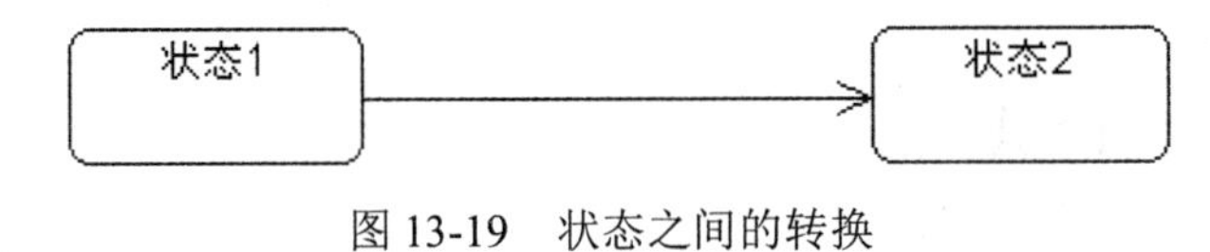

图 13-19　状态之间的转换

13.4.5　创建事件

一个事件可以触发状态的转换。要增加事件，先双击转换图标，在出现的对话框的 General 选项卡中增加事件，如图 13-20 所示。

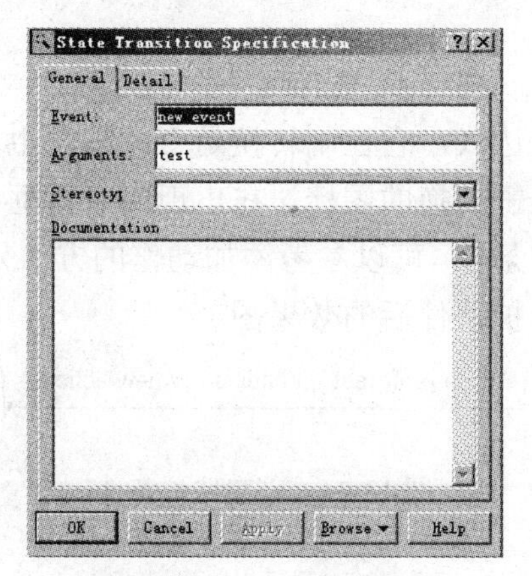

图 13-20　创建事件

接下来，在 Event 选项中添加触发转换的事件，在 Arguments 选项中添加事件的参数，还可以在 Documentation 选项中添加对事件的描述。添加后的效果如图 13-21 所示。

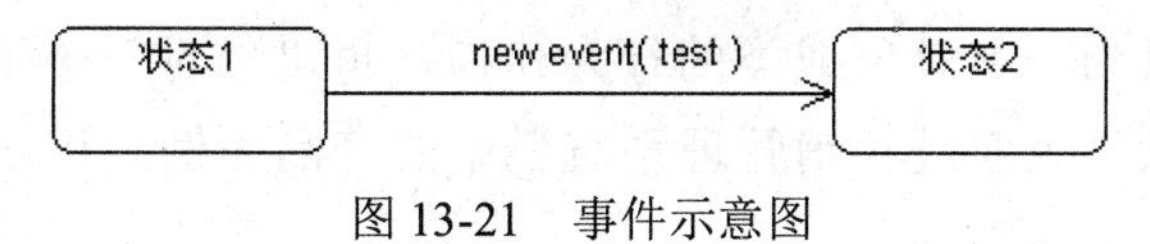

图 13-21　事件示意图

13.4.6　创建动作

动作是可执行的原子计算，它不会从外界中断，其可以附属于转换，当转换激发时动作被执行。要创建新的动作，先双击转换的图标，在出现的对话框中的 Detail 选项卡的 Action 选项中，填入要发生的动作，如图 13-22 所示。

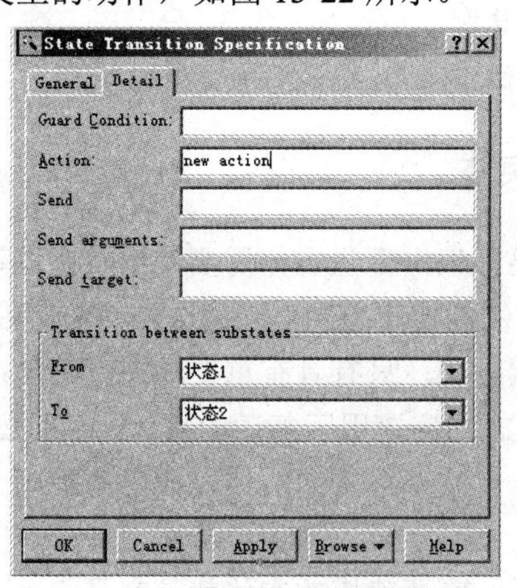

图 13-22　创建动作

如图 13-23 所示为增加动作和事件后的效果图。

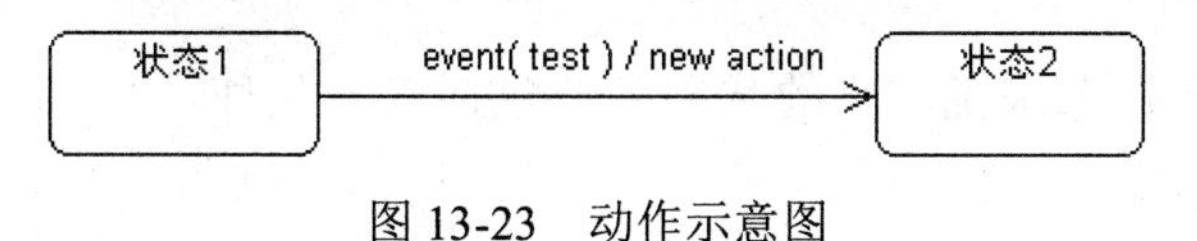

图 13-23　动作示意图

13.4.7　创建监护条件

监护条件是一个布尔表达式，它控制转换是否能够发生。

要添加监护条件，先双击转换的图标，在出现的对话框中的 Detail 选项卡的 Guard Condition 选项中，填入监护条件。可以参考添加动作的方法来添加监护条件。如图 13-24 所示为添加动作、事件、监护条件后的效果图。

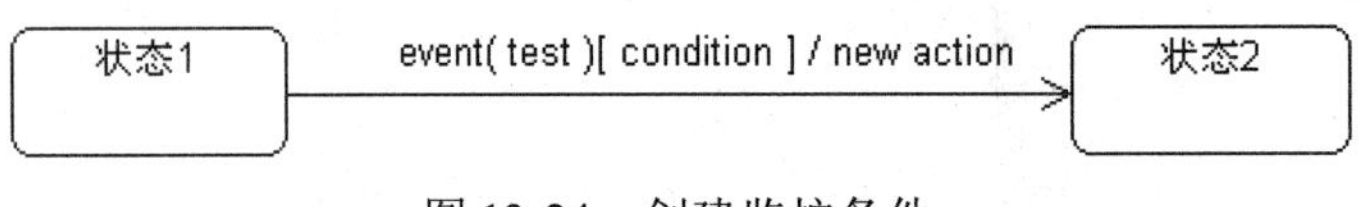

图 13-24　创建监护条件

13.5　创建项目中的状态图

使用状态图可以为一个对象或类的行为建模，也可以对一个子系统或整个系统的行为建模。下面将以“企业进存销管理系统”中的产品为例，讲解如何创建项目中的状态图。

我们使用状态图进行建模的目标是描述跨越多个用例的对象在其生命周期中的各种状态及其状态之间的转换。一般情况下，一个完整的系统往往包含很多的类和对象，这就需要创建足够的状态图来进行描述。

创建一个状态图的步骤如下。

(1) 标识出建模实体。

(2) 标识出实体的各种状态。

(3) 创建相关事件和转换。

13.5.1　确定状态图的实体

要创建状态图，首先要标识出哪些实体需要使用状态图进一步建模。虽然我们可以为每一个类、操作、包或用例创建状态图，但是这样做势必浪费很多的精力。一般来说，不需要给所有的类都创建状态图，只有具有重要动态行为的类才需要。

从另一个角度来看，状态图应该用于复杂的实体，而不必用于具有复杂行为的实体。使用活动图可能会更加适合有复杂行为的实体，而具有清晰、有序的状态的实体最适合使用状态图进一步建模。

对于产品出入仓库来说，需要建模的实体就是产品。

13.5.2　确定状态图中实体的状态

对于图书馆中的图书来说，它的状态主要包括以下几种。

● 未入库状态。

- 入库状态。
- 被预约状态。
- 已借出状态。

如图 13-25 所示为产品的各种状态。

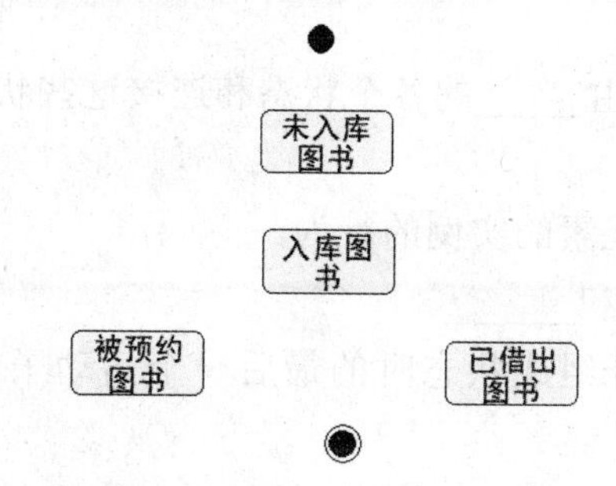

图 13-25 标识各种状态

13.5.3 创建相关事件，完成状态图

当确定了需要建模的实体，并找出了实体的初始状态和终止状态及其他相关状态后，就可以着手创建状态图。

我们可以找出相关的事件和转换，例如，对于图书馆来说，刚收购的图书可以通过图书管理员添加成为入库的图书。当入库图书被借出，产品处于借出状态。

当图书被借出并无库存时，图书可被预约，之后则处于被预约状态。根据图书的各种状态及转换规则，创建图书的状态图如图 13-26 所示。

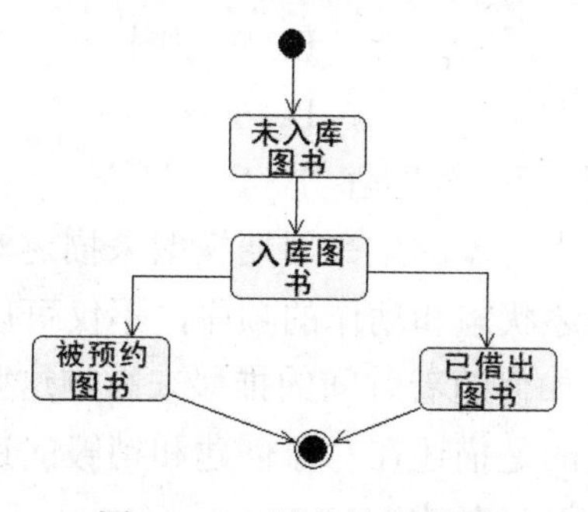

图 13-26 图书的状态图

【本章小结】

在UML中使用交互图、状态图和活动图来表示系统的动态行为。状态图和交互图在对系统行为进行建模时的侧重点不同。状态模型为一个对象的生命周期的情况建立模型，而交互模型表示多个对象在一起工作完成某一服务。状态图适合描述一个对象穿过多个用例的行为，但是状态图不适合描述多个对象的协调行为。

习题 13

1. 填空题

(1) 在 UML 中，状态机由_____的各个状态和连接这些状态的转换组成，是展示状态与状态转换的图。

(2) _____用于描述模型元素的实例的行为。

(3) 状态可以分为______和______。

(4) ______代表上次离开组成状态时的最后一个活动子状态，它用一个包含字母的小圆圈表示。

(5) 在状态机中，一个______的出现可以触发状态的改变。

2. 选择题

(1) 事件可以分成(　　)。

A. 信号事件　　B. 改变事件
C. 调用事件　　D. 时间事件

(2) 以下属于组成状态的有(　　)。

A. 顺序　　B. 并发
C. 同步　　D. 异步

(3) 对反应型对象建模一般使用(　　)。

A. 状态图　　B. 顺序图
C. 活动图　　D. 类图

(4) 下列对状态图的描述，正确的是(　　)。

A. 状态图通过建立类对象的生命周期模型来描述对象随时间变化的动态行为
B. 状态图适用于描述状态和动作的顺序，不仅可以展现一个对象拥有的状态，还可以说明事件如何随着时间的推移来影响这些状态
C. 状态图的主要目的是描述在对象创建和销毁的过程中资源的不同状态，有利于开发人员提高开发效率
D. 状态图描述了一个实体基于事件反应的动态行为，显示了该实体是如何根据当前所处的状态对不同的事件做出反应的

(5) 下列是构成状态图基本元素的是(　　)。

A. 状态　　B. 转换
C. 初始状态　　D. 链

3. 简答题

(1) 试述状态图是由哪些要素构成的。

(2) 请简要说明状态机和状态图的关系。

(3) 请回答在软件开发中使用状态图建模的好处。

(4) 简要回答顺序组成状态和并发组成状态的区别。

4. 上机题

(1) 在“学生管理系统”中，学生信息包含以下状态：刚被系统管理员添加到数据库的新建学生信息状态；学生个人信息发生变化时，被系统管理员修改过的学生信息状态；当学生信息不需要再保存时，系统管理员将学生信息从系统中删除后，该学生信息处于被删除的状态。根据以上描述，画出学生信息的状态图，如图13-27所示。

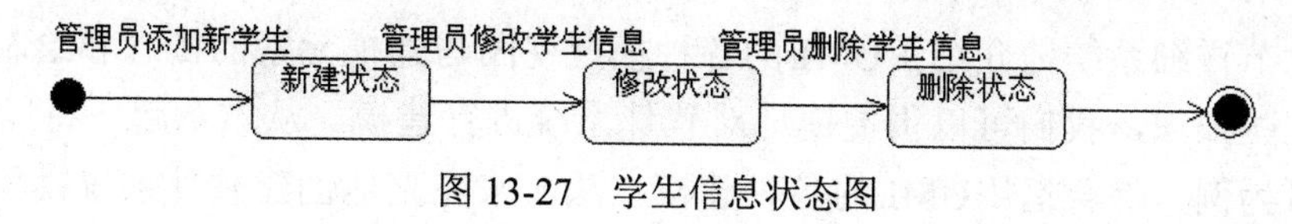

图13-27　学生信息状态图

(2) 在“学生管理系统”中，管理员包含以下状态：管理员未登录系统时，处于未登录状态；管理员登录系统进行操作时，处于操作状态；管理员操作结束，离开系统处于退出系统的状态。根据以上描述，画出管理员的状态图，如图13-28所示。

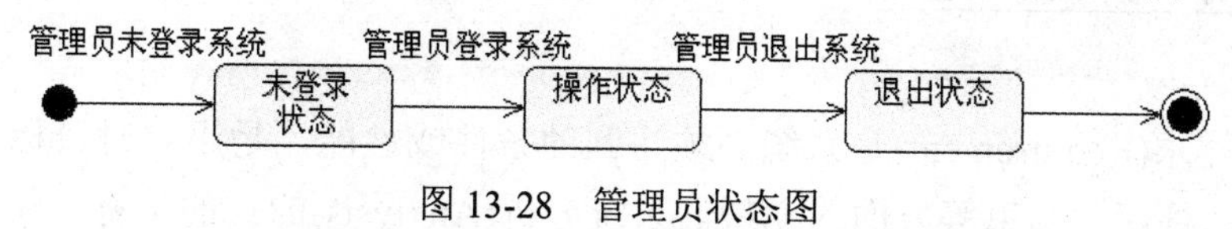

图13-28　管理员状态图

第 14 章 网上选课系统

前面章节详细系统地介绍了UML的各种模型视图与建模元素的概念和绘制方法。通过所学的这些知识，我们可以很便捷地对软件系统进行建模。从本章起，将以几个基本的实际项目为例，综合运用UML的各种建模方法，来完整地创建软件系统模型。

本章将使用UML的各种模型元素对一个网上选课系统进行建模。

14.1 需 求 分 析

软件的需求(Requirement)是系统必须达到的条件或性能，是用户对目标软件系统在功能、行为、性能、约束等方面的期望。系统分析(Analysis)的目的是将系统需求转化为能更好地将需求映射到软件设计师所关心的实现领域的形式，如通过分解将系统转化为一系列的类和子系统。通过对问题域及其环境的理解和分析，将系统的需求翻译成规格说明，为问题涉及的信息、功能及系统行为建立模型，描述如何实现系统。

软件的需求分析连接了系统分析和系统设计。一方面，为了描述系统实现，我们必须理解需求，完成系统的需求分析规格说明，并选择合适的策略将其转化为系统的设计；另一方面，系统的设计可以促进系统的一些需求塑造成形，完善软件的需求分析说明。良好的需求分析活动有助于避免或修正软件的早期错误，提高软件生产率，降低开发成本，改进软件质量。

我们可以将系统的需求分析划分为以下几个方面。

- 功能性需求。当考虑系统需求的时候，自然会想到用户希望系统为他们做什么事情，提供哪些服务。功能性需求是指系统需要完成的功能，它通过详细说明所期望的系统的输入和输出条件来描述系统的行为。
- 非功能性需求。为了使最终用户获得期望的系统质量，系统还必须对没有包含在功能性需求中的内容进行描述，如系统的使用性、可靠性、性能、可支持性等。系统的使用性(Usability)需求是指系统的一些人为因素，包括易学性、易用性等，以及和用户界面、用户文档等的一致性。可靠性(Reliability)需求是指系统能正常运行的概率，涉及系统的失败程度、系统的可恢复性、可预测性和准确性。性能

(Performance)需求是指在系统功能上施加的条件，如事件的响应时间、内存占有量等。可支持性(Supportability)需求是指易测试性、可维护性和其他在系统发布以后为此系统更新需要的质量。
- 设计约束条件。也称条件约束、补充规则，是指用户要安装系统时需要有什么样的必备条件，如对操作系统的要求、硬件网络的要求等。有时也可以将设计约束条件作为非功能性需求来看待。

网上选课系统的产生是因为目前高校扩招后，在校学生日益增多。如果仍然通过传统的纸上方式选课，既浪费大量的人力物力，又浪费时间。同时，在人为的统计过程中不可避免地出现错误。因此，通过借助网络系统，让学生在计算机中输入自己的个人选课信息来替代有纸化的手工操作成为高校管理的必然趋势。

网上选课系统是一个高等院校用来对学生选修课程进行管理的管理信息系统(Management Information System，MIS)。该信息系统能够为学生提供方便的选课功能，也能够提高高等院校对学生和教学管理的效率。

网上选课系统的功能性需求包括以下内容。

- 系统管理员负责系统的管理维护工作，维护工作包括课程的添加、删除和修改，对学生基本信息的添加、修改、查询和删除。
- 学生通过客户机浏览器根据学号和密码进入选课界面，在这里学生可以查询已选课程，指定自己的选修课程，查询自己的基本信息。

满足上述需求的系统主要包括以下几个小的系统模块。

- 基本业务处理模块。基本业务处理模块主要用于实现学生通过合法认证登录该系统中进行网上课程的选择和确定。
- 信息查询模块。信息查询模块主要用于实现学生对选课信息的查询和对自身信息的查询。
- 系统维护模块。系统维护模块主要用于实现系统管理员对系统的管理和对数据库的维护。系统的管理包括学生信息、课程信息等信息的维护；数据库的维护包括数据库的备份、恢复等数据库管理操作。

14.2 系统建模

下面将以网上选课系统为例，详细地讲解如何使用 Rational Rose 2003 对该系统进行建模。我们通过使用用例驱动创建系统用例模型，获取系统的需求，并使用系统的静态模型创建系统内容，然后通过动态模型对系统的内容进行补充和说明，最后通过部署模型完成系统的部署情况。

在系统建模以前，首先需要在 Rational Rose 2003 中创建一个模型。在 Rational Rose 2003 的打开环境中，选择菜单 File(文件)下的 New(新建)选项，弹出新建模型对话框。

在对话框中单击Cancel(取消)按钮，一个空白的模型被创建。此时，模型中包含有Use Case View(用例视图)、Logical View(逻辑视图)、Component View(构件视图)和Deployment View(部署视图)等文件夹。选择菜单File(文件)下的Save(保存)选项保存该模型，并命名为“网上选课系统”，该名称将会在Rational Rose 2003的顶端出现，如图14-1所示。

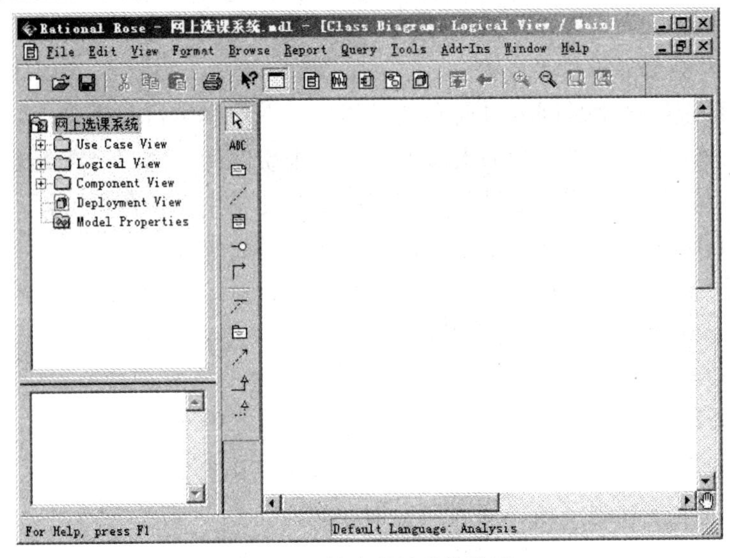

图14-1　创建项目系统模型

14.2.1　创建系统用例模型

若要进行系统分析和设计则要先创建系统的用例模型。作为描述系统的用户或参与者所能进行操作的图，它在需求分析阶段有着重要的作用，整个开发过程都是围绕系统的需求用例表述的问题和问题模型进行的。

创建系统用例首先要确定系统的参与者，网上选课系统的参与者包含以下两种。

- 学生。网上选课系统的服务对象首先是高等院校的学生，学生通过该系统选择所修的课程，查询课程和个人的基本信息。
- 系统管理员。系统管理员负责信息和数据库的维护。

由上可以得出，系统的参与者包含两种，分别是Student(学生)和SystemManager(系统管理员)，如图14-2所示。

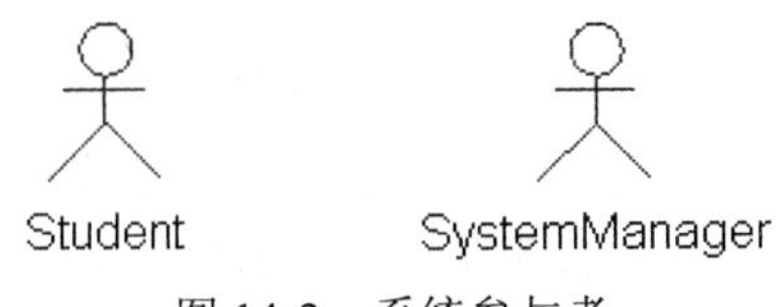

图14-2　系统参与者

然后根据参与者的不同分别画出各个参与者的用例图。

1. 学生用例图

如图 14-3 所示，学生能够通过该系统进行如下活动。

- 查询选课信息。学生可以在查询界面了解可供自己选择的各门课程的详细信息。
- 登录选课系统。学生能够根据自己的学号和密码登录选课系统，如果身份验证失败，则不得进行下一步操作。通过身份验证才能进入下一个操作界面。
- 选择所修课程。在选择课程的界面选择自己要选修的课程并确认提交。
- 查询个人信息。可以通过查询界面查询自己的基本信息。

2. 系统管理员用例图

如图 14-4 所示，系统管理员能够通过该系统进行如下活动。

- 登录选课系统。系统管理员使用账号和密码登录系统进行本系统的管理和维护工作。
- 添加学生信息。将新入校的新生的个人基本信息录入本系统，并在数据库中保存。
- 修改学生信息。对于个人基本信息发生变化的学生，修改数据库中相关学生的个人基本信息并保存。
- 删除学生信息。将不需要再保存的学生个人基本信息从数据库中删除。
- 查询学生信息。根据学生的学号和姓名对在校学生的个人基本信息进行相关的查询。
- 添加选修课程。将新的课程添加到选课系统中并保存到数据库。
- 修改选修课程。对数据库中原有的课程信息进行修改并保存到数据库中。
- 删除选修课程。将不再开设的选修课程从数据库中删除。

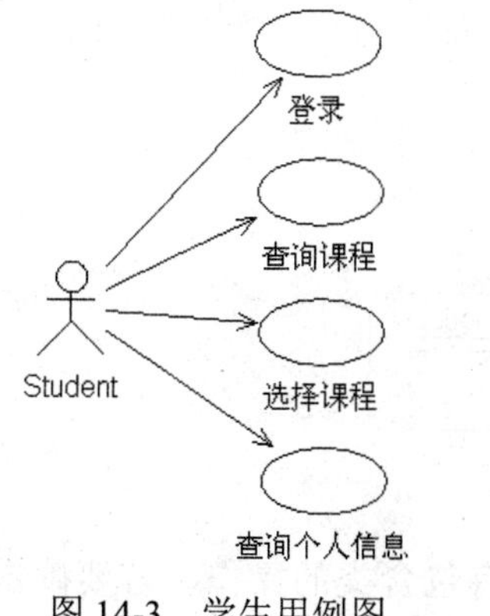

图 14-3　学生用例图

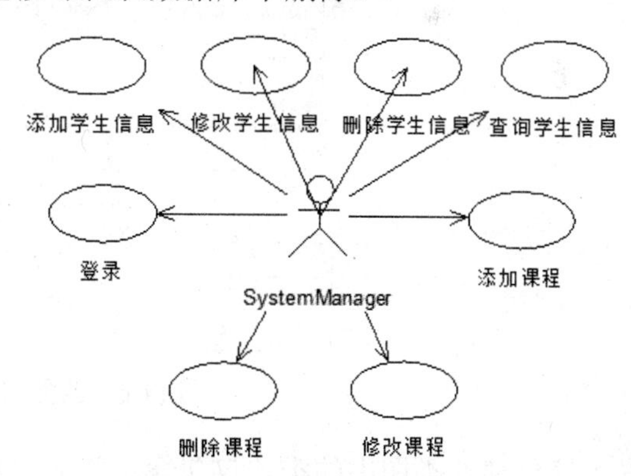

图 14-4　系统管理员用例图

14.2.2　创建系统的静态模型

在获得系统的基本需求用例模型以后，我们通过分析系统对象的各种属性，创建系统静态模型。

首先，确定系统参与者的属性。系统管理员登录系统，需要提供系统管理员的用户名和密码，因此每一个系统管理员应该拥有用户名称和密码属性，我们将其命名为

username 和 password。同样地，学生登录系统也需要用户名 username 和密码 password。对于每个学生还要录入他们的个人基本信息，如学号、姓名、年龄、性别、专业和家庭住址等。根据这些属性，可以建立参与者：系统管理员和学生的基本类图模型，如图 14-5 所示。

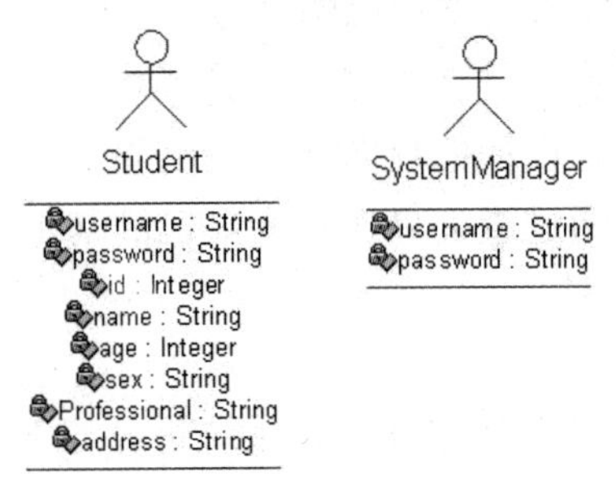

图 14-5　参与者的基本类图

其次，可以确定在系统中的主要业务实体类，这些类通常需要在数据库中进行存储。例如，学生需要选择选修课，因此需要一个课程类。同样，系统管理员要对数据库的数据进行添加、修改、查询和删除的操作，必须有一个和数据库中的数据进行交互通信的类来控制系统的业务逻辑，同时，还需要设计出处理业务的界面类。这些业务实体类的表示如图 14-6 所示。

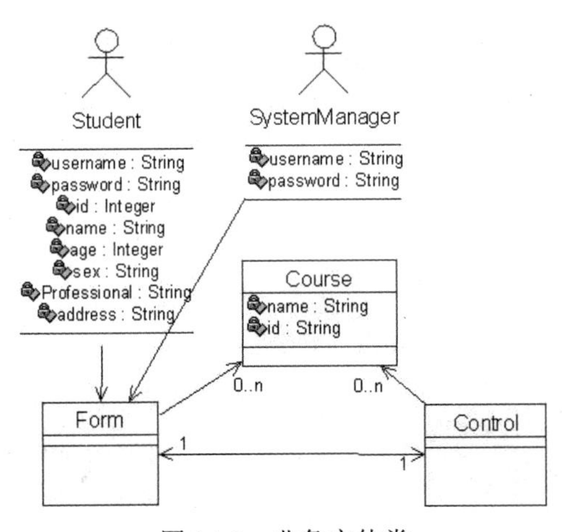

图 14-6　业务实体类

在上述创建的类图中的类，仅包含了类的属性，没有包含类的操作，若要确定类的操作，可以通过系统的动态模型来确定。

14.2.3　创建系统的动态模型

根据系统的用例模型，我们还可以通过对象之间的相互作用来考察系统对象的行为。这种交互作用可通过两种方式进行考察：一种是以相互作用的一组对象为中心考察，也就是通过交互图，包括序列图和协作图；另一种是以独立的对象为中心进行考察，包括活动图和状态图。对象之间的相互作用构成系统的动态模型。

1. 创建序列图和协作图

序列图描绘了系统中的一组对象在时间上交互的整体行为。协作图描绘了系统中的一组对象在几何排列上的交互行为。在网上选课系统中，通过上述用例，可以获得以下交互行为。

- 学生登录选课系统。
- 学生查询选课信息。
- 学生选择课程。
- 学生查询个人信息。
- 系统管理员登录选课系统。
- 系统管理员添加学生信息。
- 系统管理员修改学生信息。
- 系统管理员删除学生信息。
- 系统管理员查询学生信息。
- 系统管理员添加选修课程。
- 系统管理员修改选修课程。
- 系统管理员删除选修课程。

1) 学生登录选课系统的工作流程

(1) 学生通过网上选课系统进行某一项操作。

(2) 学生登录系统，在登录页面 LoginForm 输入自己的用户名和密码并提交。

(3) 系统将学生提交的用户名和密码传递到Control类中，检查用户的身份是否合法。将用户信息与数据库中的用户信息进行比较，检查用户信息中是否存在此学生的信息。

(4) 检查完毕后将验证结果返回到登录界面上显示。

(5) 学生在登录界面获得验证结果。如果身份验证未通过，则重新登录或退出；否则，继续选择下一步的操作。

根据基本流程，学生登录选课系统的序列图如图14-7所示。

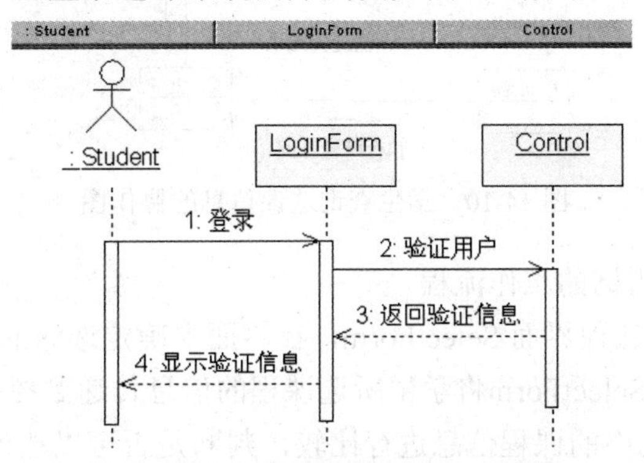

图 14-7　学生登录选课系统的序列图

与序列图等价的协作图如图 14-8 所示。

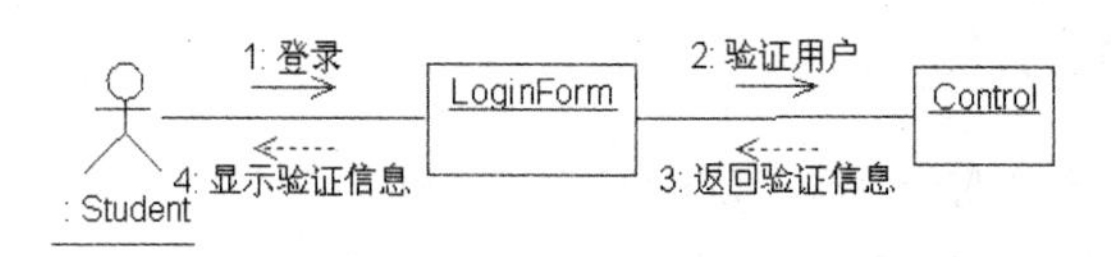

图 14-8　学生登录选课系统的协作图

2) 学生查询选课信息的工作流程

(1) 学生进入查询课程界面 Form，发送查询选修课程的请求。

(2) 界面 Form 向控制对象 Control 请求课程信息，控制对象到数据库查询课程信息。

(3) 选课界面对象从控制对象中取得所查询到的课程对象信息 Course，并返回到选课界面上显示所有的课程信息。

(4) 学生从 Form 中获得课程信息。

根据基本流程，学生查询选课信息的序列图，如图 14-9 所示。

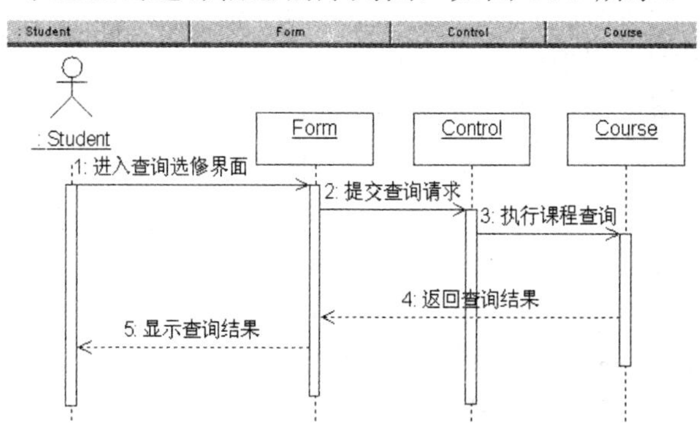

图 14-9　学生查询选课信息的序列图

与序列图等价的协作图如图14-10所示。

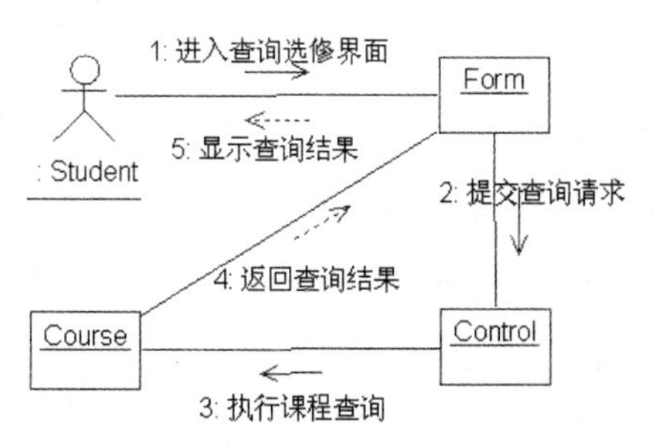

图 14-10　学生查询选课信息的协作图

3) 学生选择课程用例的工作流程

(1) 学生进入选修课程界面 SelectForm，在界面中确定选修的课程并提交请求。

(2) 选修课程界面SelectForm将学生所选课程的信息传递到控制对象Control，控制对象将课程信息与数据库中的课程信息进行比较，判断是否可以选课。

(3) 如果可以，则执行选课操作，将选课结果保存到数据库中。

(4) 控制对象返回选课成功信息到选修课程界面 SelectForm。

(5) 学生从界面得到选课成功的信息。

根据基本流程，学生选择选修课程的序列图如图14-11所示。

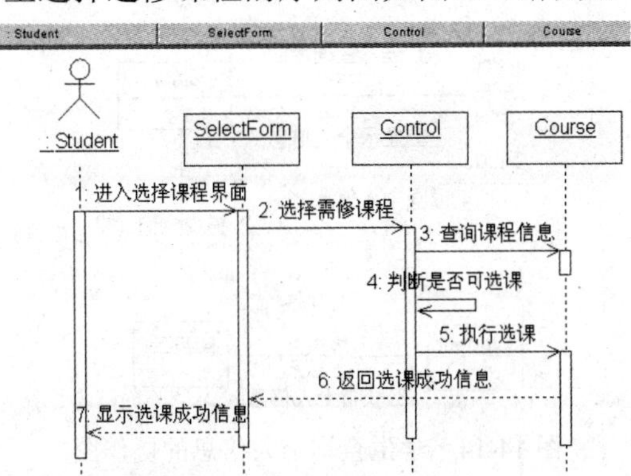

图 14-11　学生选择选修课程的序列图

与序列图等价的协作图如图 14-12 所示。

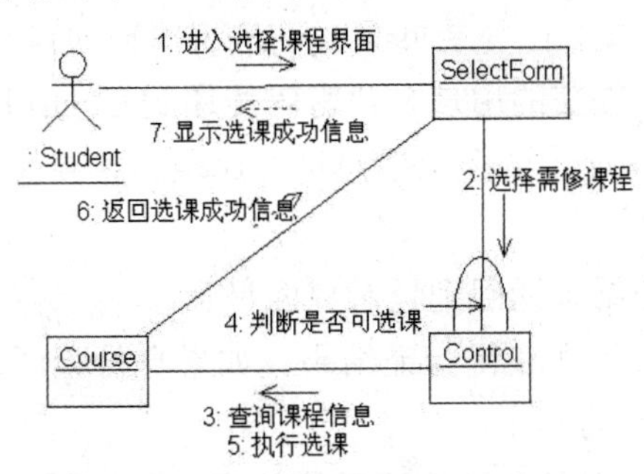

图 14-12　学生选择选修课程的协作图

4) 学生查询个人信息的工作流程

(1) 学生进入查询个人信息界面 QueryForm，并在界面中提交查询请求。

(2) 界面 QueryForm 将学生查询的信息传递到控制对象 Control。

(3) 控制对象从数据库中得到所查询的个人信息。

(4) 控制对象 Control 将得到的信息返回到界面 QueryForm 并显示。

(5) 学生从QueryForm上获得自己想要的个人信息。

根据基本流程，学生查询个人信息的序列图如图 14-13 所示。

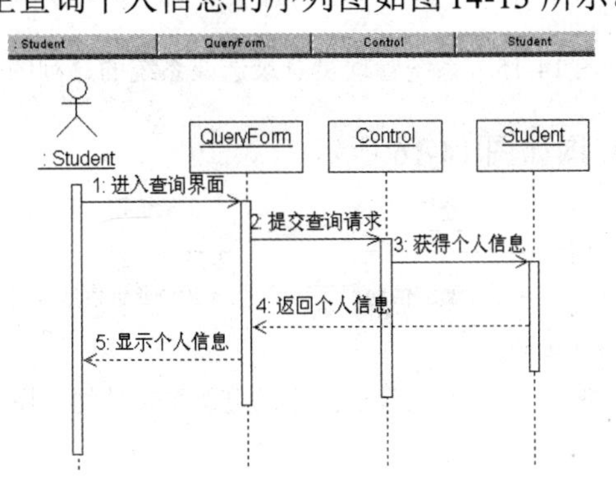

图 14-13　学生查询个人信息的序列图

与序列图等价的协作图如图 14-14 所示。

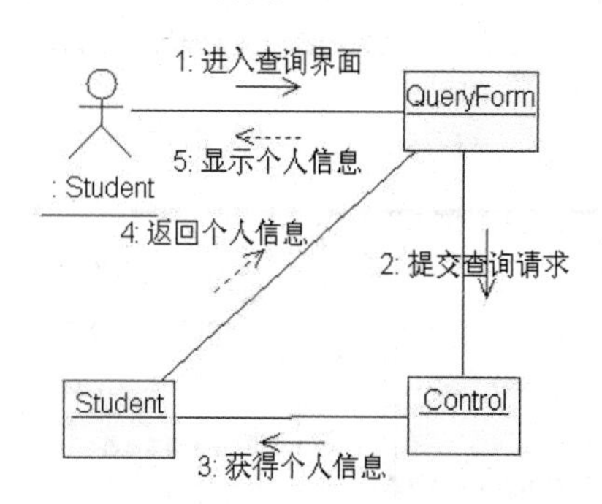

图 14-14　学生查询个人信息的协作图

5) 系统管理员登录选课系统的工作流程

(1) 系统管理员在网上选课系统进行某一项操作。

(2) 系统管理员登录系统，在登录页面 LoginForm 输入自己的用户名和密码并提交。

(3) 系统将系统管理员提交的用户名和密码传递到 Control 类中，检查用户的身份是否合法。将用户信息与数据库中的用户信息进行比较，检查用户信息中是否存在此管理员的信息。

(4) 检查完毕后将验证结果返回到登录界面显示。

(5) 系统管理员在登录界面获得验证结果。如果身份验证未通过，则重新登录或退出；否则，继续选择下一步的操作。

根据基本流程，系统管理员登录选课系统的序列图如图 14-15 所示。

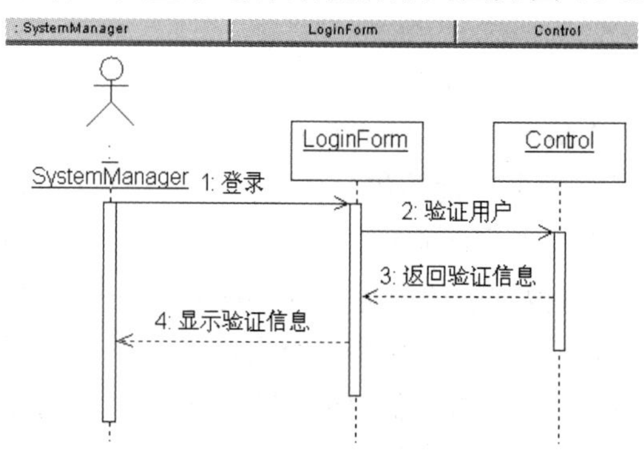

图 14-15　系统管理员登录选课系统的序列图

与序列图等价的协作图如图 14-16 所示。

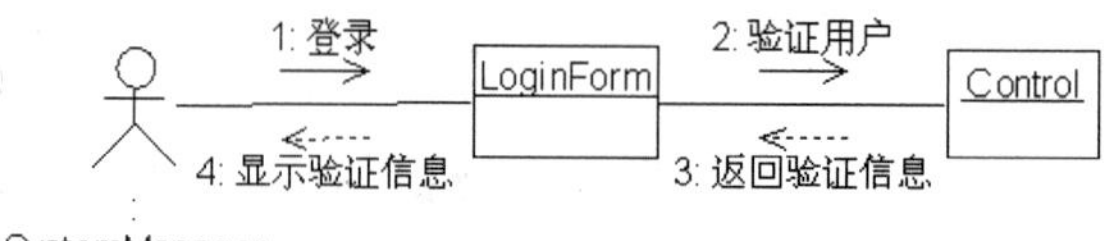

图 14-16　系统管理员登录选课系统的协作图

6) 系统管理员添加选修课程的工作流程

(1) 系统管理员进入添加课程界面 AddForm，并在界面中提交添加课程的信息。

(2) 界面 AddForm 将管理员提交的课程信息传递给控制对象 Control。

(3) 控制对象向数据库查询课程相关信息并对查询结果进行判断。

(4) 控制对象 Control 向数据库中插入新选修课程的数据。

(5) 控制对象将添加课程成功的信息返回到界面 AddForm。

(6) 系统管理员在界面 AddForm 中获得添加课程成功的信息。

根据基本流程，系统管理员添加选修课程的序列图如图 14-17 所示。

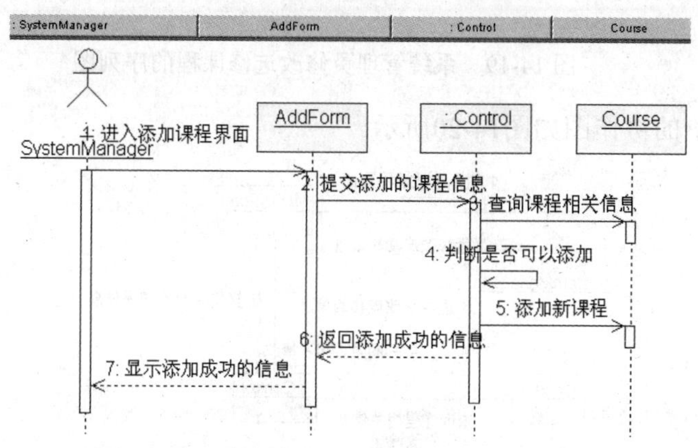

图 14-17　系统管理员添加选修课程的序列图

与序列图等价的协作图如图 14-18 所示。

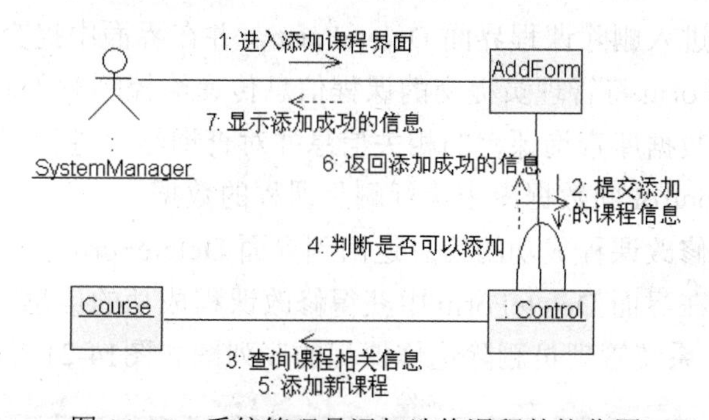

图 14-18　系统管理员添加选修课程的协作图

7) 系统管理员修改选修课程的工作流程

(1) 系统管理员进入修改课程界面 ModifyForm，并在界面中提交修改课程的信息。

(2) 界面 ModifyForm 将管理员提交的课程信息传递给控制对象 Control。

(3) 控制对象向数据库查询课程相关信息并对查询结果进行判断。

(4) 控制对象 Control 向数据库中插入修改课程后的数据。

(5) 控制对象将修改课程成功的信息返回到界面 AddForm。

(6) 系统管理员在界面 AddForm 中获得修改课程成功的信息。

根据基本流程，系统管理员修改选修课程的序列图如图 14-19 所示。

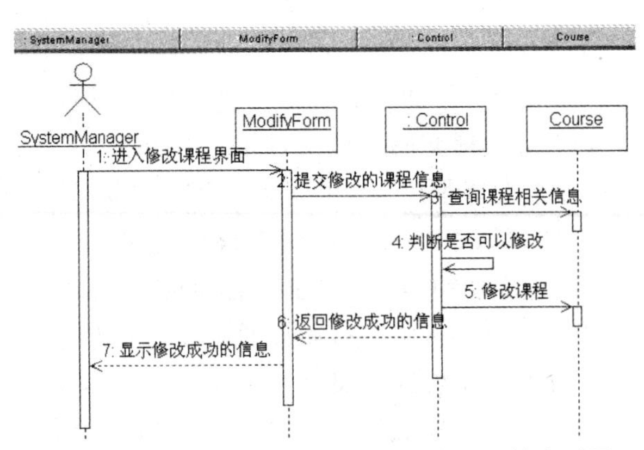

图 14-19　系统管理员修改选修课程的序列图

与序列图等价的协作图如图14-20所示。

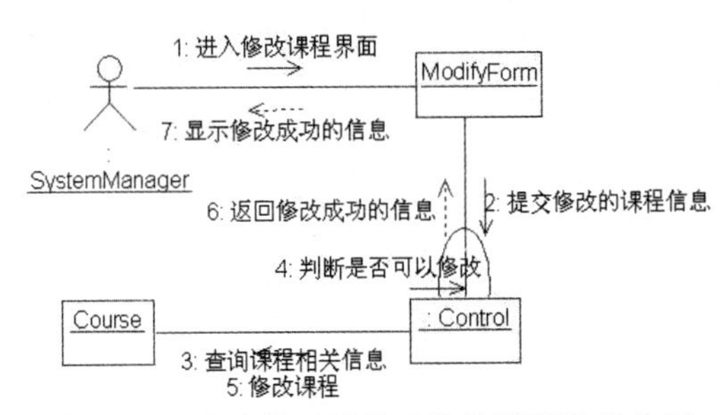

图 14-20　系统管理员修改选修课程的协作图

8) 系统管理员删除选修课程的工作流程

(1) 系统管理员进入删除课程界面 DeleteForm，并在界面中提交删除课程的信息。

(2) 界面 DeleteForm 将管理员提交的课程信息传递给控制对象 Control。

(3) 控制对象向数据库查询课程的相关信息并对查询结果进行判断。

(4) 控制对象 Control 向数据库中执行删除课程的数据。

(5) 控制对象将修改课程成功的信息返回到界面 DeleteForm。

(6) 系统管理员在界面 DeleteForm 中获得修改课程成功的信息。

根据基本流程，系统管理员删除选修课程的序列图如图14-21所示。

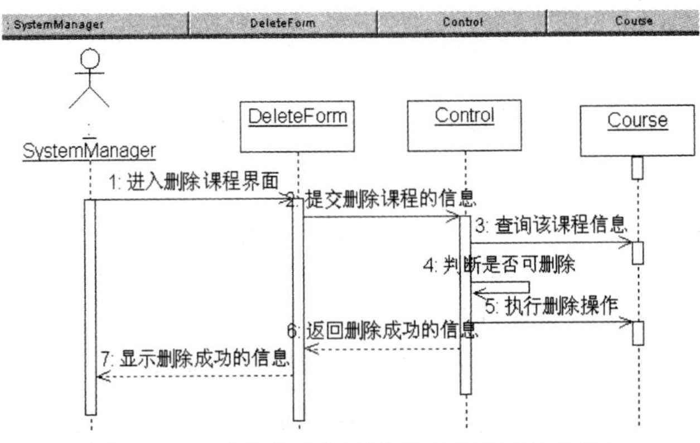

图 14-21　系统管理员删除选修课程的序列图

与序列图等价的协作图如图 14-22 所示。

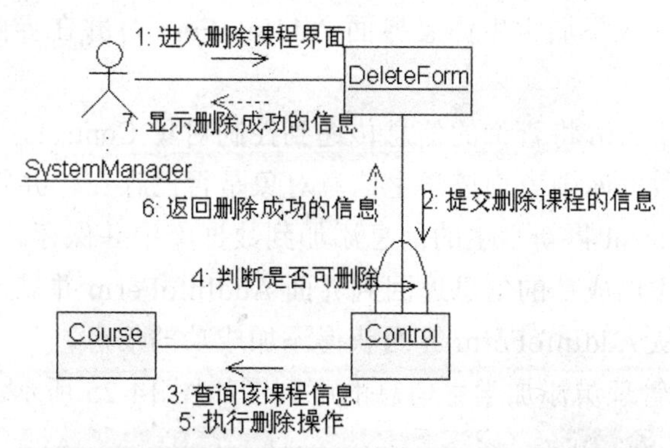

图 14-22　系统管理员删除选修课程的协作图

9) 系统管理员查询学生信息的工作流程

(1) 系统管理员进入查询信息界面 QueryForm，并在界面中提交查询请求。

(2) 界面 QueryFom 将查询的信息传递到控制对象 Control。

(3) 控制对象从数据库中得到所查询的学生信息。

(4) 控制对象 Control 将得到的信息返回到界面 QueryForm 并显示。

(5) 系统管理员从 QueryForm 界面中获得所查询学生的信息。

根据基本流程，系统管理员查询学生信息的序列图如图 14-23 所示。

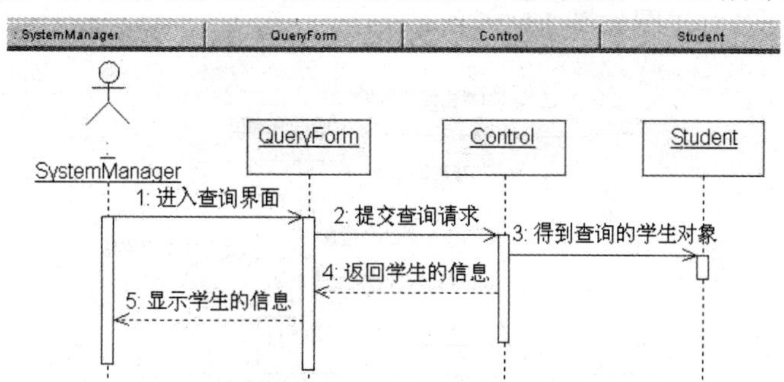

图 14-23　系统管理员查询学生信息的序列图

与序列图等价的协作图，如图 14-24 所示。

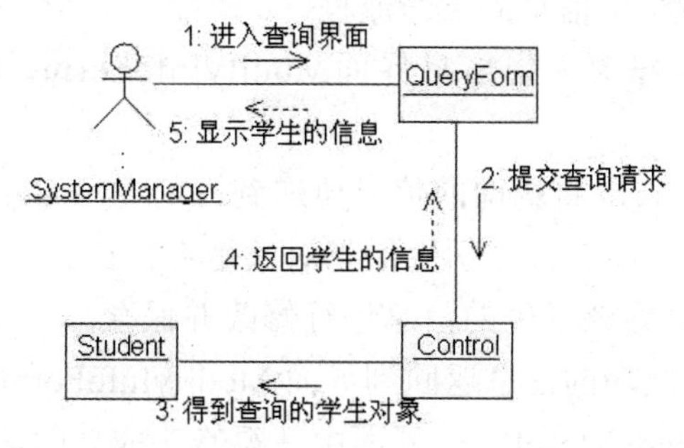

图 14-24　系统管理员查询学生信息的协作图

10) 系统管理员添加学生信息的工作流程

(1) 系统管理员进入添加学生信息界面 AddInfoForm，并在界面中提交添加学生的信息。

(2) 界面 AddInfoForm 将查询的信息传递到控制对象 Control。

(3) 控制对象到数据库中查询该学生信息对象是否已存在，并判断是否可以添加。

(4) 控制对象 Control 将新学生的信息添加到数据库中并保存。

(5) 控制对象将添加成功的信息返回到界面 AddInfoForm 并显示。

(6) 系统管理员从 AddInfoForm 界面获得添加成功的信息。

根据基本流程，管理员添加学生信息的序列图如图 14-25 所示。

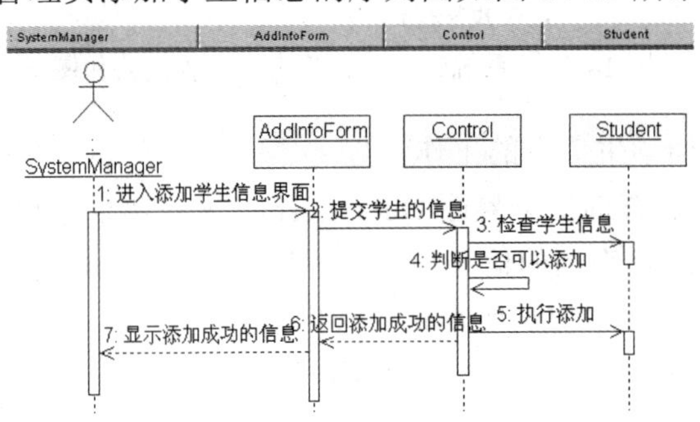

图 14-25　系统管理员添加学生信息的序列图

与序列图等价的协作图如图 14-26 所示。

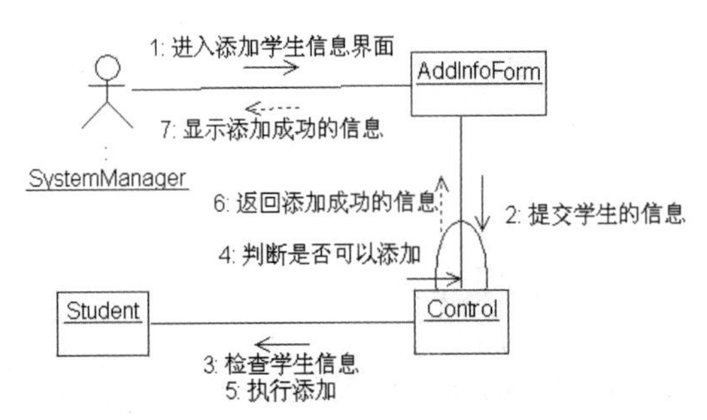

图 14-26　系统管理员添加学生信息的协作图

11) 系统管理员修改学生信息的工作流程

(1) 系统管理员进入修改学生信息界面ModifyInfoForm，并在界面中提交修改学生的信息。

(2) 界面 ModifyInfoForm 将查询的信息传递到控制对象 Control。

(3) 控制对象到数据库中查询该学生信息对象是否存在，并判断是否可以修改。

(4) 控制对象 Control 将该学生的信息进行修改并保存。

(5) 控制对象将修改成功的信息返回到界面 ModifyInfoForm 并显示。

(6) 系统管理员从 ModifyInfoForm 界面中获得修改成功的信息。

根据基本流程，系统管理员修改学生信息的序列图如图 14-27 所示。

与序列图等价的协作图如图 14-28 所示。

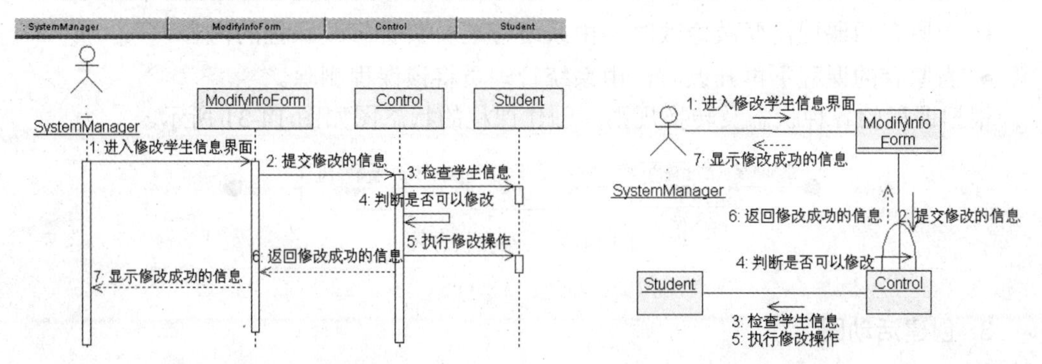

图 14-27　系统管理员修改学生信息的序列图　　　图 14-28　系统管理员修改学生信息的协作图

12) 系统管理员删除学生信息的工作流程

(1) 系统管理员进入删除学生信息界面 DeleteInfoForm，并在界面中提交删除学生的信息。

(2) 界面 DeleteInfoForm 将查询的信息传递到控制对象 Control。

(3) 控制对象到数据库中查询该学生信息对象是否存在，并判断是否可以删除。

(4) 控制对象 Control 将该学生的信息删除。

(5) 控制对象将删除成功的信息返回到界面 DeleteInfoForm 并显示。

(6) 系统管理员从 DeleteInfoForm 界面中获得删除成功的信息。

根据基本流程，系统管理员删除学生信息的序列图如图 14-29 所示。

与序列图等价的协作图如图 14-30 所示。

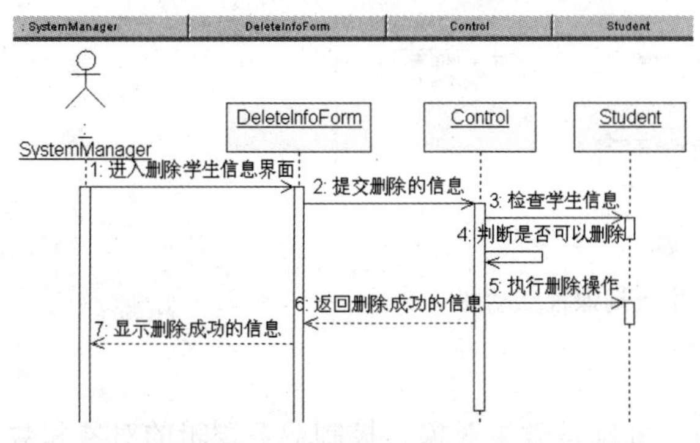

图 14-29　系统管理员删除学生信息的序列图

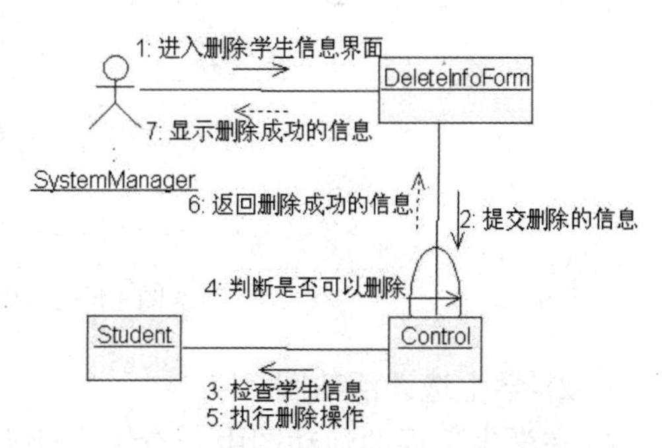

图 14-30　系统管理员删除学生信息的协作图

2. 创建状态图

上面描述了用例的活动状态，它们都是通过一组对象的交互活动来表达用例的行为。接着，需要对有明确状态转换的类进行建模。在网上选课系统中，有明确状态转换的类是课程。下面使用状态图进行描述。

课程包含 3 种状态：被添加的课程、被修改的课程和被删除的课程，它们之间的转化规则如下。

- 系统管理员添加新的选修课程时，添加的新课程能够被学生选择。
- 当原有的课程需要做修改时，由系统管理员负责修改课程的内容。
- 当原有的课程不再开课时，由系统管理员将该课程删除。

根据课程的各种状态及转换规则，创建课程的状态图如图 14-31 所示。

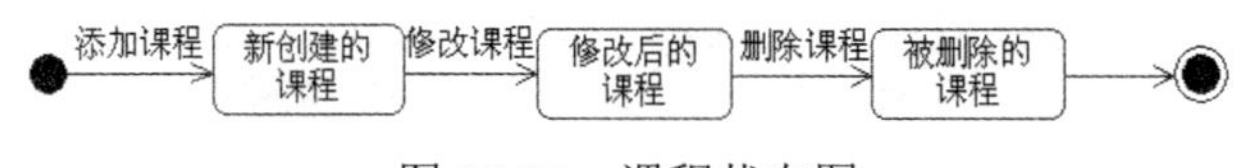

图 14-31　课程状态图

3. 创建活动图

我们还可以利用系统的活动图来描述系统的参与者是如何协同工作的。在网上选课系统中，可以创建学生和系统管理员的活动图。

1) 学生查看选修课程活动图

在学生查看选修课程的活动图中，创建了 3 个泳道，分别是学生对象、控制业务逻辑的对象和数据库对象，具体的活动过程描述如下。

(1) 学生在查询课程的界面中输入课程的信息。

(2) 界面将信息传递到控制业务逻辑的对象 Control，对课程进行验证，然后到数据库中查询所要查询的课程。

(3) Control 获得课程信息后通过界面显示课程的详细信息。

根据上述过程，创建的活动图如图 14-32 所示。

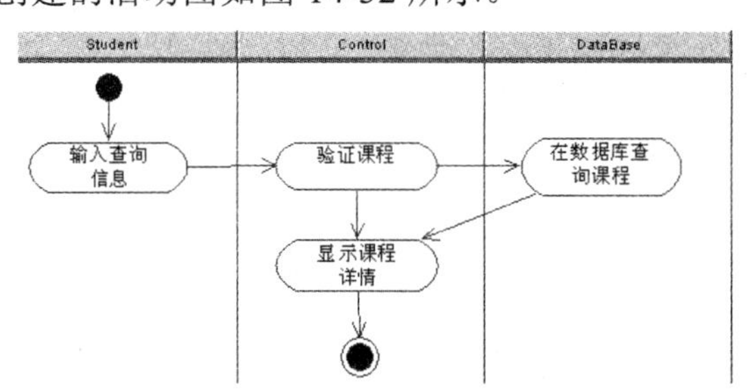

图 14-32　学生查询课程活动图

2) 学生选课活动图

在学生选课的活动图中，有 3 个泳道，分别是学生对象、控制业务逻辑的对象和数据库，具体的活动过程描述如下。

(1) 学生在选择课程的界面中输入选择的课程的信息。

(2) 界面将信息传递到控制业务逻辑的对象 Control，对课程进行验证，并到数据库中查询该课程是否存在。

(3) Control 根据查询结果判断课程是否存在。如果不存在，则将提示信息返回选择课程的界面予以显示；如果存在，则将选择课程的信息添加到数据库中保存。

(4) 控制业务逻辑的对象 Control 根据返回的选课结果，判断选课是否成功。如果成功，则在选课界面显示选课成功的信息；如果未成功，则显示选课失败的信息。

根据上述过程，创建的活动图如图 14-33 所示。

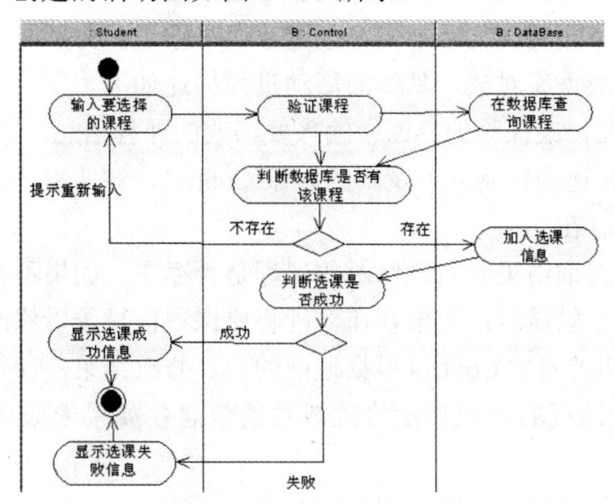

图 14-33　学生选课活动图

3) 系统管理员添加选修课程活动图

在系统管理员添加选修课程的活动图中有 3 个泳道，分别是系统管理员对象、控制业务逻辑的对象和数据库对象，具体的活动过程描述如下。

(1) 系统管理员在添加课程的界面中输入要添加的课程的信息。

(2) 界面将信息传递到控制业务逻辑的对象 Control，对课程进行验证，并到数据库中查询该课程是否已存在。

(3) Control 根据查询结果判断要添加的课程是否存在。如果不存在，则将提示信息返回添加课程的界面予以显示；如果存在，则将课程信息添加到数据库保存。

(4) 控制业务逻辑的对象 Control 根据返回的信息添加结果，判断添加课程是否成功。如果成功，则在添加课程的界面显示添加成功的信息；如果未成功，则显示添加失败的信息。

根据上述过程，创建的活动图如图 14-34 所示。

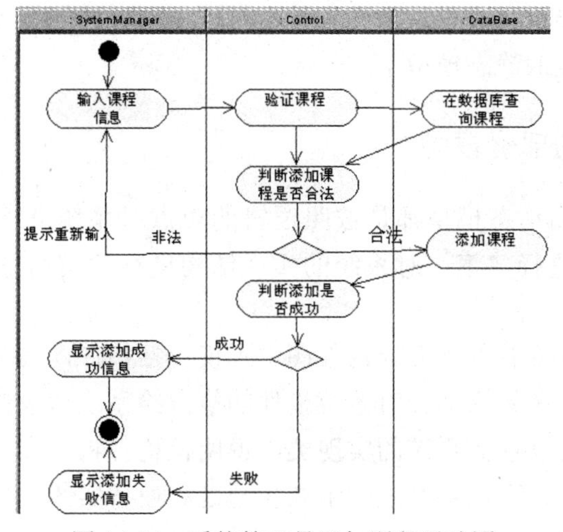

图 14-34　系统管理员添加课程活动图

4) 系统管理员修改课程活动图

对于系统管理员修改课程的活动图，创建了 3 个泳道，分别是系统管理员对象、控制业务逻辑的对象和数据库对象，具体的活动过程描述如下。

(1) 系统管理员在修改课程的界面中输入要修改的课程信息。

(2) 界面将信息传递到控制业务逻辑的对象 Control，对课程进行验证，并到数据库中查询该课程是否已存在。

(3) Control 根据查询结果判断要修改的课程是否存在。如果不存在，则将提示信息返回修改课程的界面予以显示；如果存在，则将原课程信息予以修改并保存。

(4) 控制业务逻辑的对象 Control 根据返回的信息修改结果，判断修改课程是否成功。如果成功，则在修改课程的界面显示修改成功的信息；如果未成功，则显示修改失败的信息。

根据上述过程，创建的活动图如图 14-35 所示。

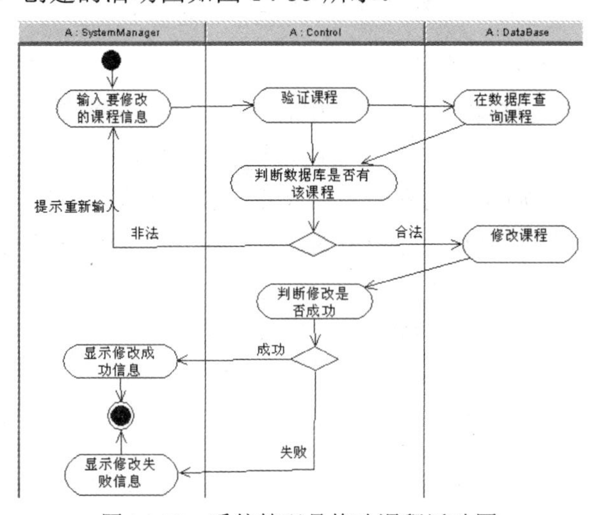

图 14-35　系统管理员修改课程活动图

在对系统的行为描述完成以后，读者基本可以根据上述的行为或操作建立各个类的操作，从而完善各个类的静态模型了。

14.2.4　创建系统的部署模型

前面的静态模型和动态模型都是按照逻辑的观点对系统进行概念建模，我们还需要对系统的实现结构进行建模。对系统的实现结构进行建模的方式包括两种，即构件图和部署图。

构件，即构造应用的软件单元。构件图中不仅包括构件，同时还包括构件之间的依赖关系，以便通过依赖关系来估计对系统构件的修改给系统造成的可能影响。在网上选课系统中，通过将构件映射到系统的实现类中说明该构件物理实现的逻辑类。

在网上选课系统中，可以对系统的主要参与者和业务实体类分别创建对应的构件并进行映射。前面在类图中创建了 Student 类、SystemManager 类、Control 类、Form 类和

Course 类，所以可以映射出相同的构件，包括学生构件、系统管理员构件、业务逻辑构件、页面构件和课程构件，除此之外，还必须有一个主程序构件。根据这些构件及其关系创建的构件图如图 14-36 所示。

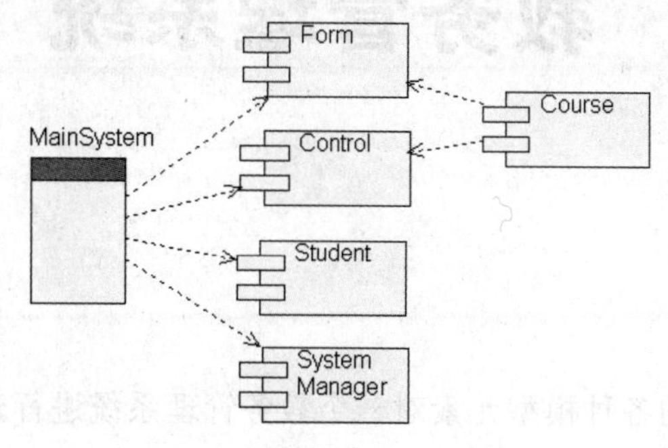

图 14-36　基本业务构件图

系统的部署图描绘的是系统节点上运行资源的安排。在网上选课系统中，系统包括 4 种节点，分别是：数据库服务器节点，由一台数据库服务器负责数据的存储、处理等；系统服务器节点，用于处理系统的业务逻辑；客户端浏览器节点，用户通过客户端登录系统并进行操作；打印机节点，用于打印数据报表。网上选课系统的部署图如图 14-37 所示。

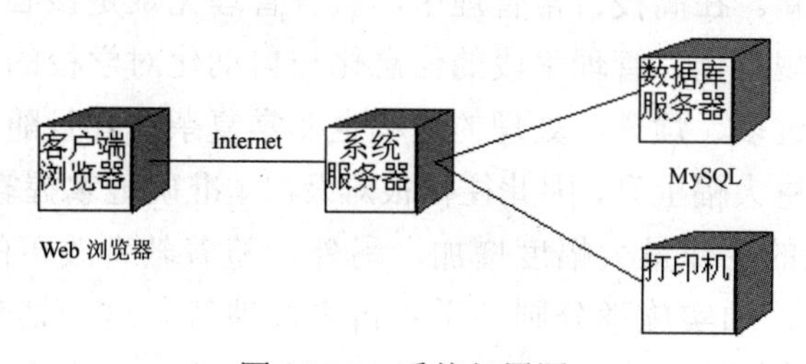

图 14-37　系统部署图

【本章小结】

本章以分析和设计一个简单的网上选课系统作为实例，说明UML在软件项目开发中的应用及如何使用Rational Rose 2003 进行UML系统建模。本章从系统的需求分析开始，介绍了需求分析的作用和如何进行正确的需求分析，然后对系统进行设计，通过创建系统的用例模型、静态模型、动态模型及部署模型一步步地完成了整个网上选课系统的建模工作。

希望读者通过本案例，能够对前面学习的UML的各个知识点有更进一步的理解和认识。

第15章

教务管理系统

本章将使用UML的各种模型元素对一个教务管理系统进行建模。

15.1 需求分析

教务管理是高校教学管理的一项重要工作，现代化的高校教务管理需要现代化的信息管理系统支持。新世纪背景下，高校教育体制进行了大规模的改革，招生人数逐年增加，教学计划不断更新。在高校日常管理中，教务管理无疑是核心工作，重中之重。其管理模式的科学化与规范化，管理手段的信息化与自动化对学校的总体发展产生深远的影响，由于管理内容过多、烦琐，处理的过程也非常复杂，并且随着学校人员的增加，教务管理系统的信息量大幅上升，因此往往很难及时、准确地掌握教务信息的运作状态，这使得高校教务管理的工作量大幅度增加，另外，随着教育改革的不断深化，教学管理模式也在发生变化，如实施学分制、学生自主选课等。这一切都有赖于计算机网络技术和数据库技术的支持，在这样的形势下建立和完善一个集成化的教务管理系统势在必行。

教务管理系统不仅可以降低工作量、提高办公效率，而且使分散的教务信息得到集中处理，对减轻教务工作负担、提高教务管理水平、实现教务管理的现代化具有重要意义。

教务管理系统的功能性需求包括以下内容。

- 管理员负责系统的管理维护工作，维护工作不仅包括对课程、学生、教师信息的添加、删除、查询和修改，还包括排课管理、监考管理和调停课安排。
- 教师根据教务管理系统的选课安排进行教学，将学生的考试成绩录入此系统。
- 学生通过客户机浏览器根据学号和密码进入教务管理系统，能够更改个人信息、查询空教室、进行选课、查询已选课程和考试成绩。

满足上述需求的系统主要包括以下几个小的系统模块。

- 基本业务处理模块。基本业务处理模块主要用于实现管理员、教师及学生通过合法认证登录该系统中执行相应的操作。

- 信息查询模块。信息查询模块主要用于实现管理员、教师及学生对相关信息的查询。
- 系统维护模块。系统维护模块主要用于实现管理员对系统的管理和对数据库的维护。系统的管理包括教师信息、学生信息、课程信息等信息的维护；数据库的维护包括数据库的备份、恢复等数据库管理操作。

15.2 系统建模

下面将以教务管理系统为例，详细地讲解如何使用 Rational Rose 2003 对该系统进行建模。我们通过使用用例驱动创建系统用例模型，获取系统的需求，并使用系统的静态模型创建系统内容，然后通过动态模型对系统的内容进行补充和说明，最后通过部署模型完成系统的部署情况。

在系统建模以前，首先需要在 Rational Rose 2003 中创建一个模型。在 Rational Rose 2003 的打开环境中，选择菜单 File(文件)下的 New(新建)选项，弹出新建模型对话框。

在对话框中单击 Cancel(取消)按钮，一个空白的模型被创建。此时，模型中包含有 Use Case View(用例视图)、Logical View(逻辑视图)、Component View(构件视图)和 Deployment View(部署视图)等文件夹。选择菜单 File(文件)下的 Save(保存)选项保存该模型，并命名为“教务管理系统”，该名称将会在 Rational Rose 2003 的顶端出现，如图 15-1 所示。

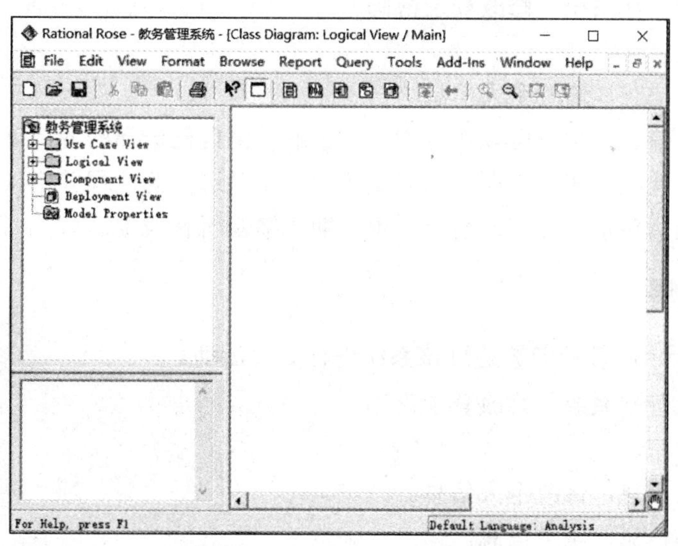

图 15-1　创建项目系统模型

15.2.1　创建系统用例模型

若要进行系统分析和设计，则要先创建系统的用例模型。作为描述系统的用户或参与者所能进行操作的图，它在需求分析阶段有着重要的作用，整个开发过程都是围绕系统的需求用例表述的问题和问题模型进行的。

创建系统用例首先要确定系统的参与者，教务管理系统的参与者包含以下 3 种。

- 学生。学生通过该系统进行个人信息的修改、选择所修的课程、查询已选课程、成绩、个人的基本信息及空教室等。
- 教师。教师主要负责学生成绩的录入，也可查询相关学生、相关课程信息。
- 管理员。管理员负责信息和数据库的维护。

由上可以得出，系统的参与者包含3种，分别是student(学生)、teacher(教师)和manager(系统管理员)，如图 15-2 所示。

图 15-2　系统参与者

然后根据参与者的不同分别画出各个参与者的用例图。

1. 学生用例图

如图 15-3 所示，学生能够通过该系统进行如下活动。

- 登录教务管理系统，修改登录密码。
- 查询空教室。
- 查询个人信息，修改个人信息。
- 查询课程信息。学生可以在查询界面了解可供自己选择的各门课程的详细信息。
- 选择所修课程。在选择课程的界面选择自己要选修的课程并确认提交。
- 查询成绩，包括学分获取情况、本学期成绩及所有成绩。

2. 教师用例图

如图 15-4 所示，教师能够通过该系统进行如下活动。

- 登录教务管理系统，修改登录密码。
- 查询空教室。
- 查询个人信息，修改个人信息。
- 查询课程信息、学生信息。
- 上传学生成绩，打印班级成绩单。
- 进行班级查询，打印授课班级学生名单。

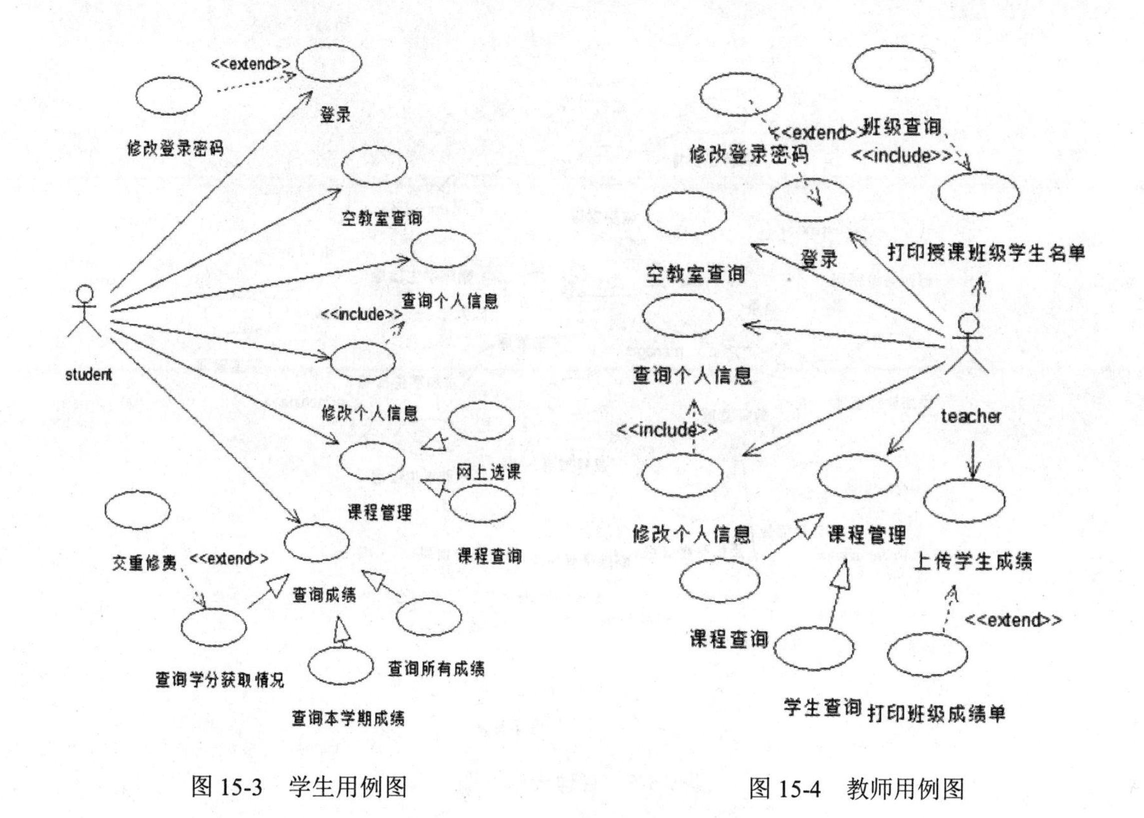

图 15-3　学生用例图　　　　图 15-4　教师用例图

3. 管理员用例图

如图 15-5 所示，管理员能够通过该系统进行如下活动。

- 登录教务管理系统。管理员使用账号和密码登录系统进行本系统的管理和维护工作。
- 添加学生信息。将新入校的新生的个人基本信息录入本系统，并在数据库中保存。
- 修改学生信息。对于个人基本信息发生变化的学生，修改数据库中相关学生的个人基本信息并保存。
- 删除学生信息。将不需要再保存的学生个人基本信息从数据库中删除。
- 添加教师信息。将新入职的教师的个人基本信息录入本系统，并在数据库中保存。
- 修改教师信息。对于个人基本信息发生变化的教师，修改数据库中相关教师的个人基本信息并保存。
- 删除教师信息。将不需要再保存的教师个人基本信息从数据库中删除
- 添加课程信息。将新的课程添加到选课系统中并保存到数据库。
- 修改课程信息。对数据库中原有的课程信息进行修改并保存到数据库中。
- 删除课程信息。将不再开设的选修课程从数据库中删除。
- 进行教学管理。包括排课管理、监考管理、调停课安排。

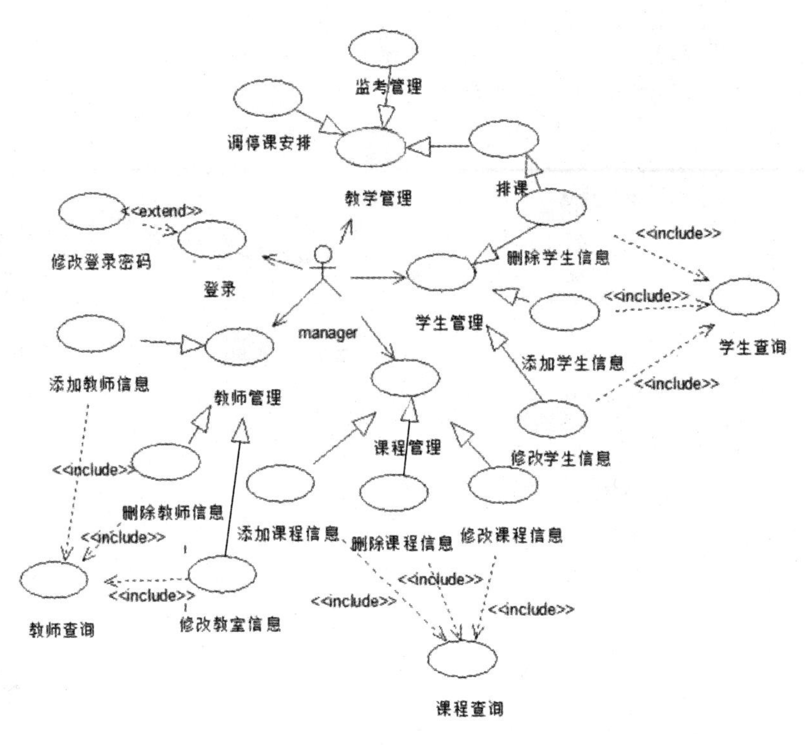

图 15-5　管理员用例图

15.2.2　创建系统的静态模型

在获得系统的基本需求用例模型以后，我们通过分析系统对象的各种属性，创建系统静态模型。

首先，确定系统参与者的属性。管理员登录系统，需要提供管理员的用户名和密码，因此每一个管理员应该拥有用户名称和密码属性，我们将其命名为 username 和 password。同样地，学生登录系统也需要用户名 username 和密码 password。对于每个学生还要录入他们的个人基本信息，如学号、姓名、年龄、性别、班级和家庭住址等。教师登录系统也需要用户名 username 和密码 password。对于每个教师也要录入他们的个人基本信息，如职工号、姓名、年龄、性别、职称和家庭住址等。根据这些属性，可以建立参与者：学生、教师和管理员的初步类图模型，如图 15-6 所示。

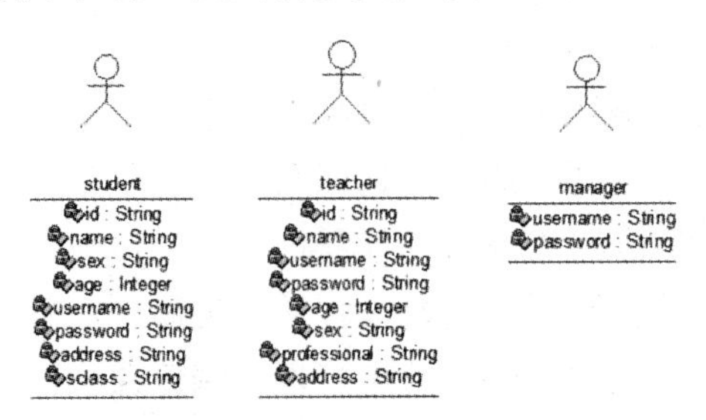

图 15-6　参与者的基本类图

其次，可以确定在系统中的主要业务实体类，这些类通常需要在数据库中进行存储。例如，学生需要选择选修课，因此需要一个课程类；学生需要查询成绩，教师需要录入成绩及打印授课班级成绩，因此需要一个成绩类；学生和教师需要对空闲教室进行查询，因此需要一个教室信息类；同样，管理员要对课程信息进行添加、修改、删除和查询操作，需要进行排课安排及监考安排，因此需要一个排课信息类和一个监考信息类。管理员对数据库的数据进行更新时，必须有一个与数据库中的数据进行交互通信的类来控制系统的业务逻辑，同时，还需要设计出处理业务的界面类。这些业务实体类的表示如图 15-7 所示。

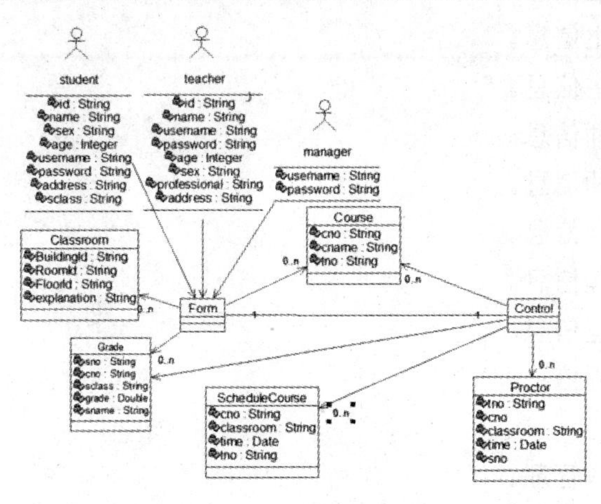

图 15-7　业务实体类

在上述创建的类图中的类，仅包含了类的属性，没有包含类的操作。为了确定类的操作，可以通过系统的动态模型来确定。

15.2.3　创建系统的动态模型

根据系统的用例模型，我们可以通过对象之间的相互作用来考察系统对象的行为。这种交互作用可通过两种方式进行考察：一种是以相互作用的一组对象为中心考察，也就是通过交互图，包括序列图和协作图；另一种是以独立的对象为中心进行考察，包括活动图和状态图。对象之间的相互作用构成系统的动态模型。

1. 创建序列图和协作图

序列图描绘了系统中的一组对象在时间上交互的整体行为。协作图描绘了系统中的一组对象在几何排列上的交互行为。在教务管理系统中，通过上述用例，可以获得以下交互行为。

- 学生登录教务管理系统。
- 学生查询课程信息。
- 学生查询成绩。
- 学生选课。
- 学生查询个人信息。

- 学生查询空教室。
- 教师登录教务管理系统。
- 教师查询学生信息。
- 教师打印班级成绩单。
- 教师打印授课班级名单。
- 管理员登录教务管理系统。
- 管理员添加学生信息。
- 管理员修改学生信息。
- 管理员删除学生信息。
- 管理员添加教师信息。
- 管理员修改教师信息。
- 管理员删除教师信息。
- 管理员添加课程信息。
- 管理员修改课程信息。
- 管理员删除课程信息。
- 管理员排课。
- 管理员进行监考管理。

1) 学生登录教务管理系统的工作流程

(1) 学生希望通过教务管理系统进行某一项操作。

(2) 学生登录系统，在登录页面 LoginForm 输入自己的用户名和密码并提交。

(3) 系统将学生提交的用户名和密码传递到Control类中，检查用户的身份是否合法。将用户信息与数据库中的用户信息进行比较，检查用户信息中是否存在此学生的信息。

(4) 检查完毕后将验证结果返回到登录界面上显示。

(5) 学生在登录界面获得验证结果。如果身份验证未通过，则重新登录或退出；否则，继续选择下一步的操作。

根据基本流程，学生登录教务管理系统的序列图如图15-8所示。

与序列图等价的协作图如图 15-9 所示。

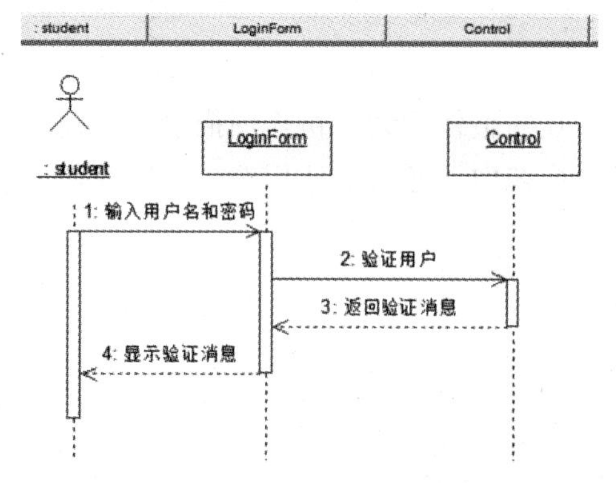

图 15-8　学生登录教务管理系统的序列图

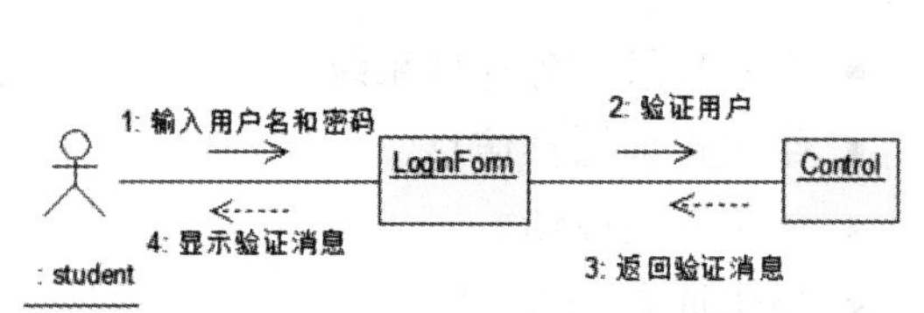

图 15-9　学生登录教务管理系统的协作图

2) 学生查询课程信息的工作流程

(1) 学生进入课程查询界面 SelectCourseForm，发送查询课程的请求。

(2) 界面 SelectCourseForm 向控制对象 Control 请求课程信息，控制对象到数据库查询课程信息。

(3) 选课界面对象从控制对象中取得所查询到的课程对象信息 Course，并返回课程查询界面上显示所有的课程信息。

(4) 学生从 SelectCourseForm 中获得课程信息。

根据基本流程，学生查询课程信息的序列图，如图 15-10 所示。

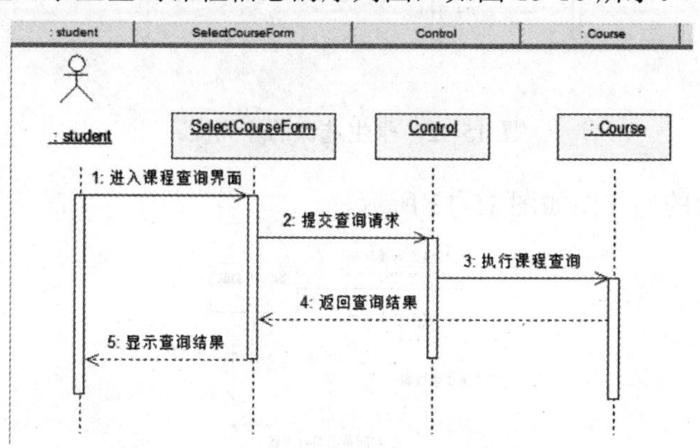

图 15-10　学生查询课程信息的序列图

与序列图等价的协作图如图 15-11 所示。

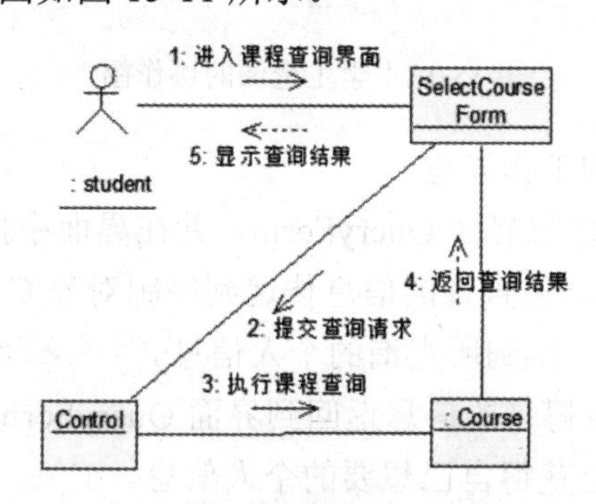

图 15-11　学生查询课程信息的协作图

3) 学生选课用例的工作流程

(1) 学生进入选修课程界面 SelectForm，在界面中确定选修的课程并提交请求。

(2) 选修课程界面SelectForm将学生所选课程的信息传递到控制对象Control，控制对象将课程信息与数据库中的课程信息进行比较，判断是否可以选课。

(3) 如果可以，则执行选课操作，将选课结果保存到数据库中。

(4) 控制对象返回选课成功信息到选修课程界面 SelectForm。

(5) 学生从界面得到选课成功的信息。

根据基本流程，学生选课的序列图如图15-12所示。

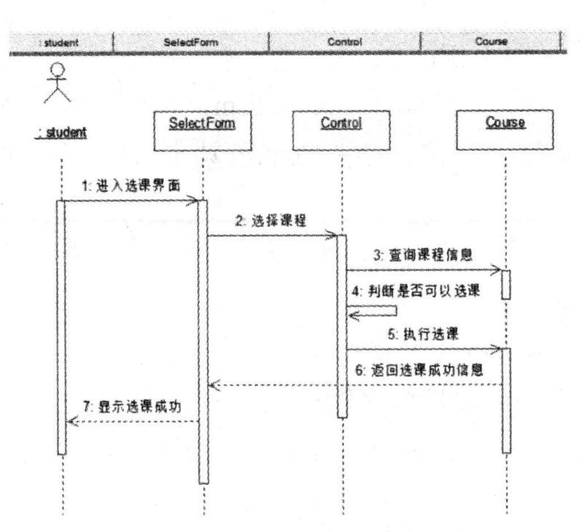

图 15-12　学生选课的序列图

与序列图等价的协作图如图 15-13 所示。

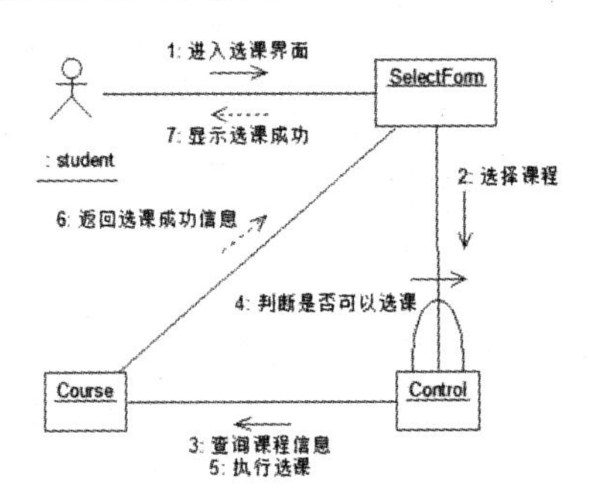

图 15-13　学生选课的协作图

4) 学生查询个人信息的工作流程

(1) 学生进入查询个人信息界面 QueryForm，并在界面中提交查询请求。

(2) 界面 QueryForm 将学生查询的信息传递到控制对象 Control。

(3) 控制对象从数据库中得到所查询的个人信息。

(4) 控制对象 Control 将得到的信息返回到界面 QueryForm 并显示。

(5) 学生从QueryForm上获得自己想要的个人信息。

根据基本流程，学生查询个人信息的序列图如图 15-14 所示。

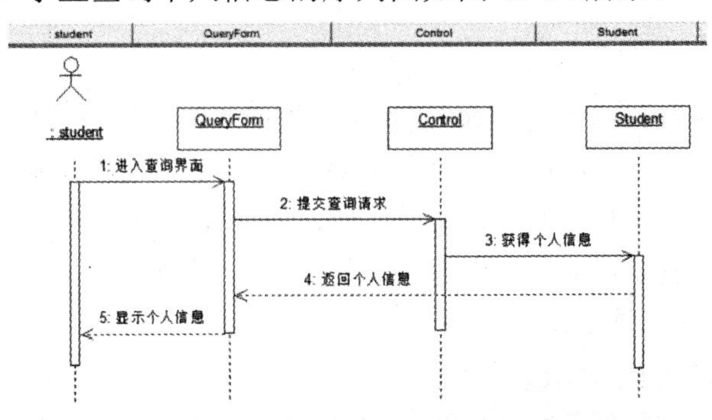

图 15-14　学生查询个人信息的序列图

与序列图等价的协作图如图15-15所示。

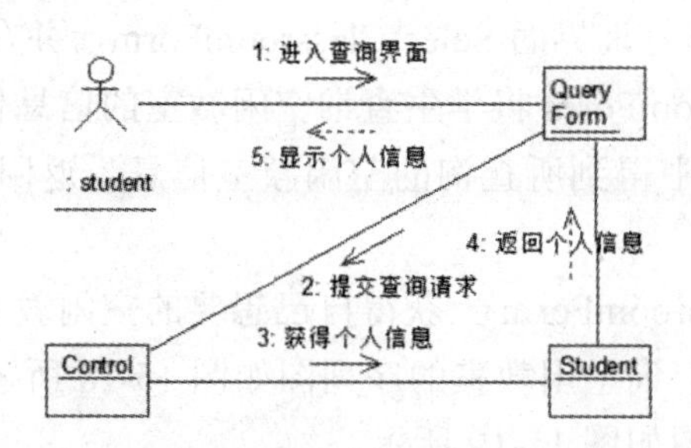

图 15-15　学生查询个人信息的协作图

5) 学生查询成绩的工作流程

(1) 学生进入成绩查询界面 SelectGradeForm，在界面中进行查询功能的选择，即是查学分获取情况还是查询本学期成绩或是查询所有学期成绩，并在界面中提交查询请求。

(2) 界面 SelectGradeForm 将学生查询成绩的信息传递到控制对象 Control。

(3) 控制对象从数据库中得到所查询的成绩信息。

(4) 控制对象 Control 将得到的信息返回到界面 SelectGradeForm 并显示。

(5) 学生从SelectGradeForm上获得自己想要的成绩信息。

根据基本流程，学生查询成绩的序列图如图 15-16 所示。

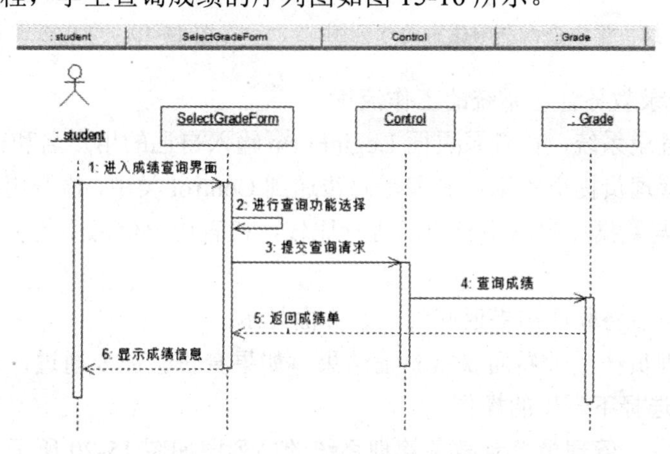

图 15-16　学生查询成绩的序列图

与序列图等价的协作图如图 15-17 所示。

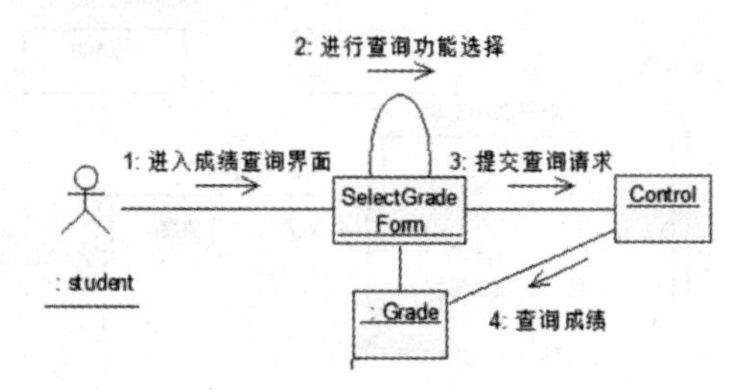

图 15-17　学生查询成绩的协作图

6) 学生查询空闲教室的工作流程

(1) 学生进入空闲教室查询界面 SelectClassroomForm，并在界面中提交查询请求。

(2) 界面 SelectClassroomForm 将学生查询空闲教室的信息传递到控制对象 Control。

(3) Control 从数据库中得到所查询的空闲教室信息，返回到 SelectClassroomForm 界面。

(4) 学生从 SelectClassroomForm 上获得自己想要的空闲教室信息。

根据基本流程，学生查询空闲教室的序列图如图 15-18 所示。

与序列图等价的协作图如图 15-19 所示。

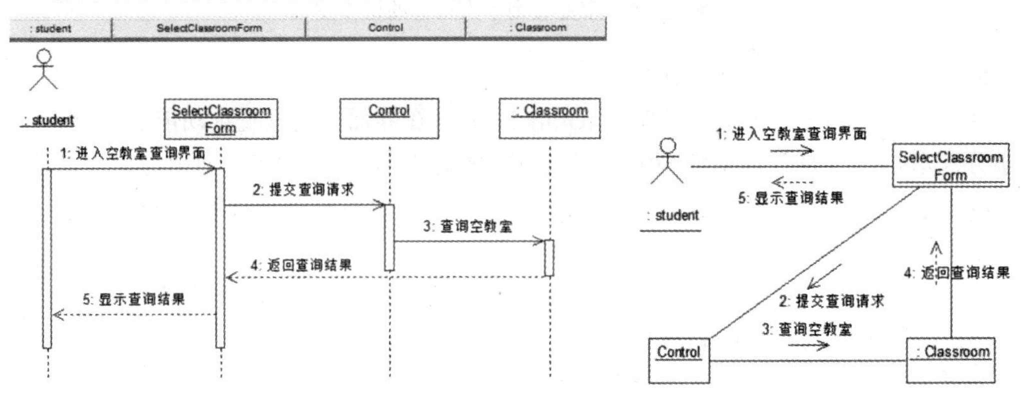

图 15-18　学生查询空闲教室的序列图　　　图 15-19　学生查询空闲教室的协作图

7) 管理员登录教务管理系统的工作流程

(1) 管理员登录系统，在登录页面 LoginForm 输入自己的用户名和密码并提交。

(2) 系统将管理员提交的用户名和密码传递到 Control 类中，检查用户的身份是否合法。将用户信息与数据库中的用户信息进行比较，检查用户信息中是否存在此管理员的信息。

(3) 检查完毕后将验证结果返回到登录界面显示。

(4) 系统管理员在登录界面获得验证结果。如果身份验证未通过，则重新登录或退出；否则，继续选择下一步的操作。

根据基本流程，管理员登录教务管理系统的序列图如图 15-20 所示。

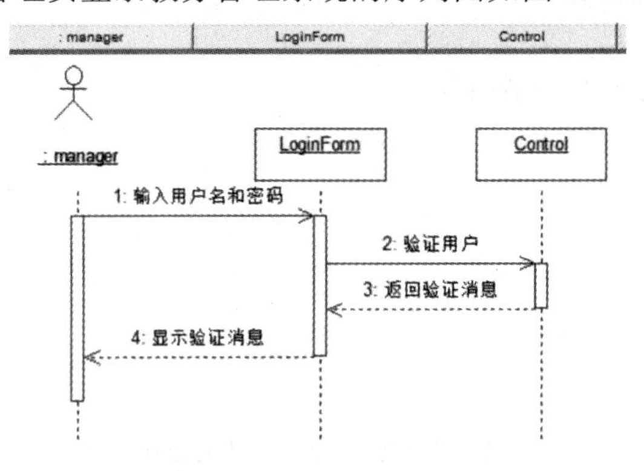

图 15-20　管理员登录教务管理系统的序列图

与序列图等价的协作图如图 15-21 所示。

图 15-21 管理员登录教务管理系统的协作图

8) 管理员添加课程信息的工作流程(添加教师、学生信息类似)

(1) 管理员进入添加课程界面 AddCourseForm，并在界面中提交添加课程的信息。

(2) 界面 AddCourseForm 将管理员提交的课程信息传递给控制对象 Control。

(3) 控制对象向数据库查询课程相关信息并对查询结果进行判断。

(4) 控制对象 Control 向数据库中插入新的课程信息。

(5) 控制对象将添加课程成功的信息返回到界面 AddCourseForm。

(6) 管理员在界面 AddCourseForm 中获得添加课程成功的信息。

根据基本流程，管理员添加课程信息的序列图如图 15-22 所示。

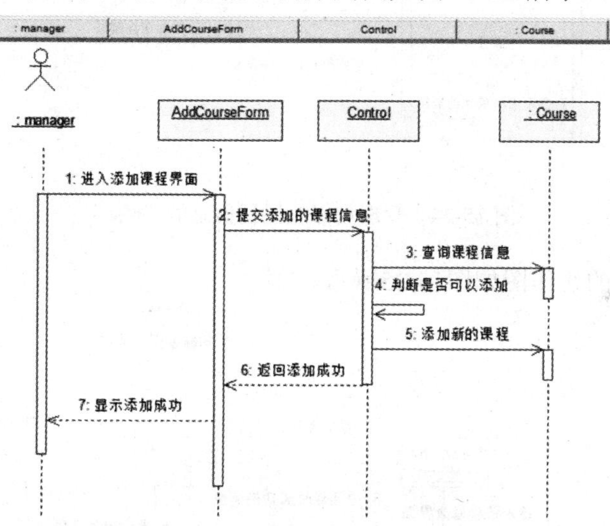

图 15-22 管理员添加课程信息的序列图

与序列图等价的协作图如图 15-23 所示。

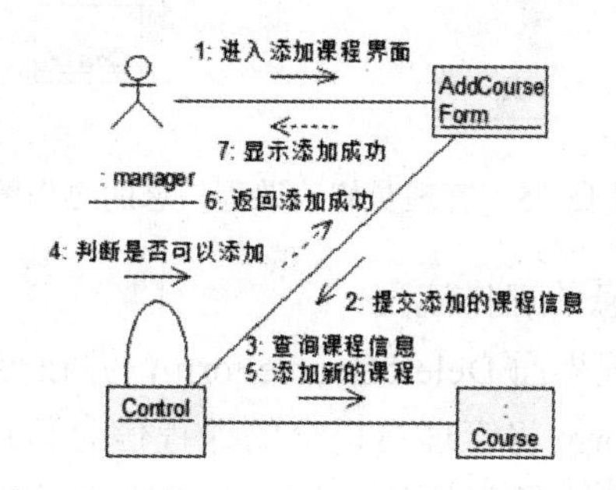

图 15-23 管理员添加课程信息的协作图

9) 管理员修改课程信息的工作流程(修改教师、学生信息类似)

(1) 管理员进入修改课程界面 ModifyCourseForm，并在界面中提交修改课程的信息。

(2) 界面 ModifyCourseForm 将管理员提交的课程信息传递给控制对象 Control。

(3) 控制对象向数据库查询课程相关信息并对查询结果进行判断。

(4) 控制对象 Control 向数据库中插入修改课程后的数据。

(5) 控制对象将修改课程成功的信息返回到界面 ModifyCourseForm。

(6) 系统管理员在界面 ModifyCourseForm 中获得修改课程成功的信息。

根据基本流程，管理员修改课程信息的序列图如图 15-24 所示。

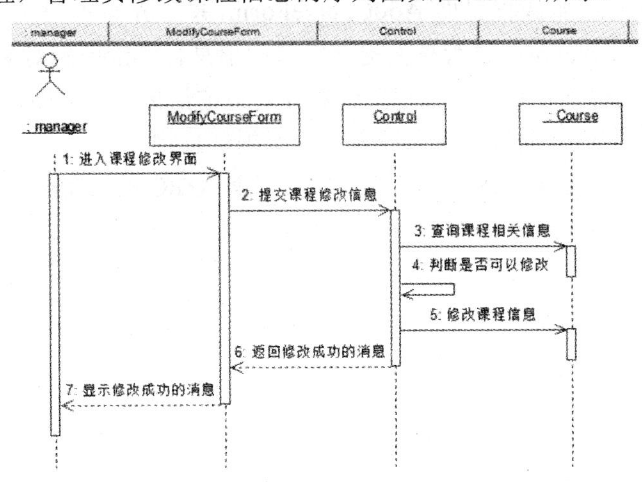

图 15-24　管理员修改课程信息的序列图

与序列图等价的协作图如图15-25所示。

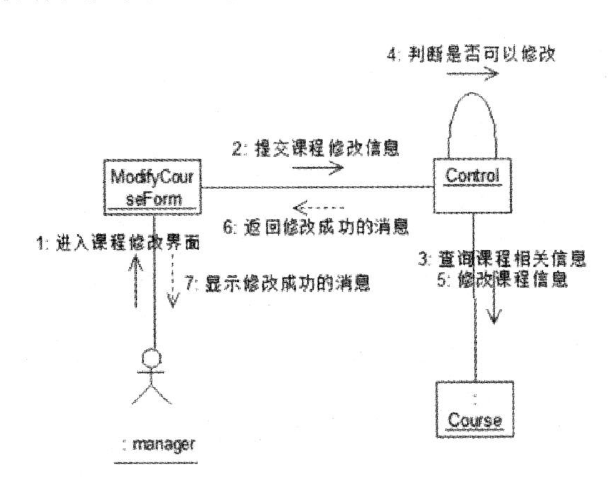

图 15-25　管理员修改课程信息的协作图

10) 管理员删除课程信息的工作流程

(1) 管理员进入删除课程界面 DeleteCourseForm，并在界面中提交删除课程的信息。

(2) 界面 DeleteCourseForm 将管理员提交的课程信息传递给控制对象 Control。

(3) 控制对象向数据库查询课程的相关信息并对查询结果进行判断。

(4) 控制对象 Control 向数据库中执行删除课程的数据。
(5) 控制对象将修改课程成功的信息返回到界面 DeleteCourseForm。
(6) 系统管理员在界面 DeleteCourseForm 中获得修改课程成功的信息。
根据基本流程，管理员删除课程信息的序列图如图15-26所示。

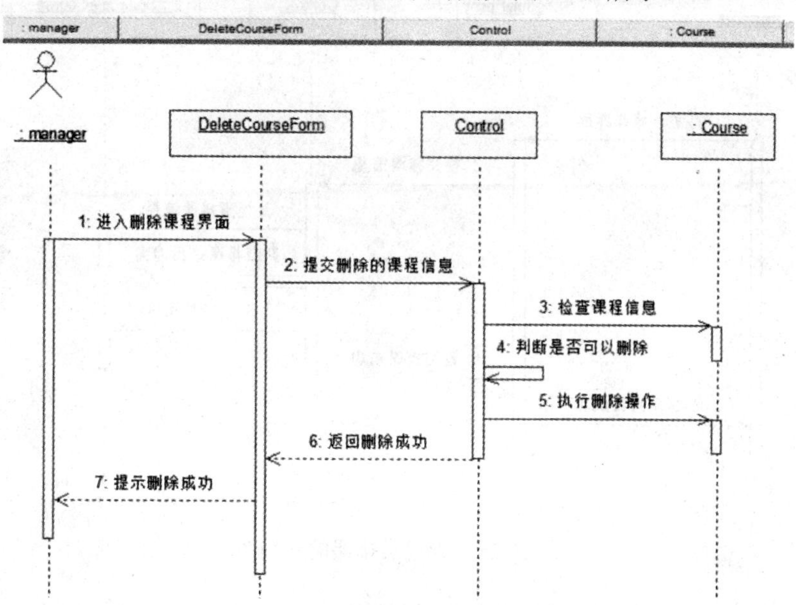

图 15-26　管理员删除课程信息的序列图

与序列图等价的协作图如图 15-27 所示。

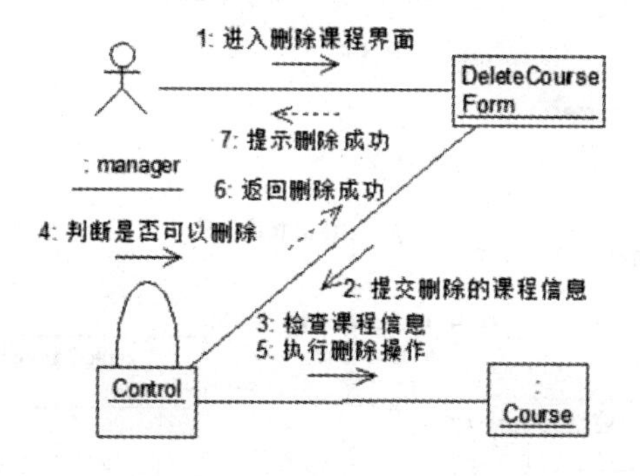

图 15-27　管理员删除课程信息的协作图

11) 管理员排课的工作流程
(1) 管理员进入排课界面 ScheduleForm，并在界面中提交排课信息。
(2) 界面 ScheduleForm 将排课信息传递到控制对象 Control。
(3) 控制对象向数据库查询排课的相关信息并对排课是否有冲突进行判断。
(4) 控制对象 Control 向数据库中执行更新排课信息的操作。
(5) 控制对象将排课成功的信息返回到界面 ScheduleForm。
(6) 管理员在界面 ScheduleForm 中获得排课成功的信息。

根据基本流程，管理员排课的序列图如图 15-28 所示。

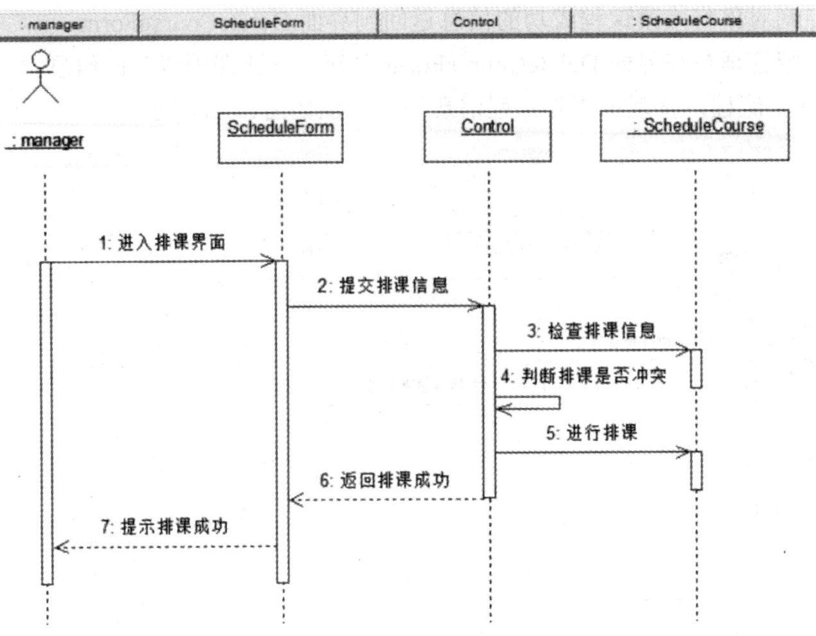

图 15-28　管理员排课的序列图

与序列图等价的协作图，如图 15-29 所示。

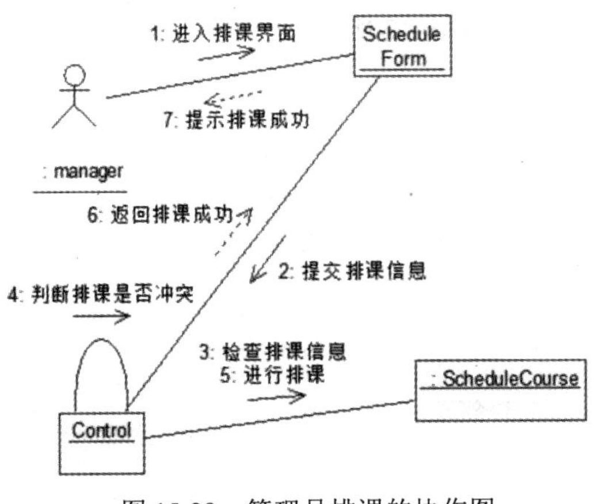

图 15-29　管理员排课的协作图

12) 管理员进行监考管理的工作流程

(1) 管理员进入监考管理界面 ProctorForm，并在界面中提交监考信息。

(2) 界面 ProctorForm 将监考信息传递到控制对象 Control。

(3) 控制对象到数据库中查询相应的监考信息，并判断监考是否有冲突。

(4) 控制对象 Control 将监考信息添加到数据库中并保存。

(5) 控制对象将更新成功的信息返回到界面 ProctorForm 并显示。

(6) 系统管理员从 ProctorForm 界面获得更新成功的信息。

根据基本流程，管理员进行监考管理的序列图如图 15-30 所示。

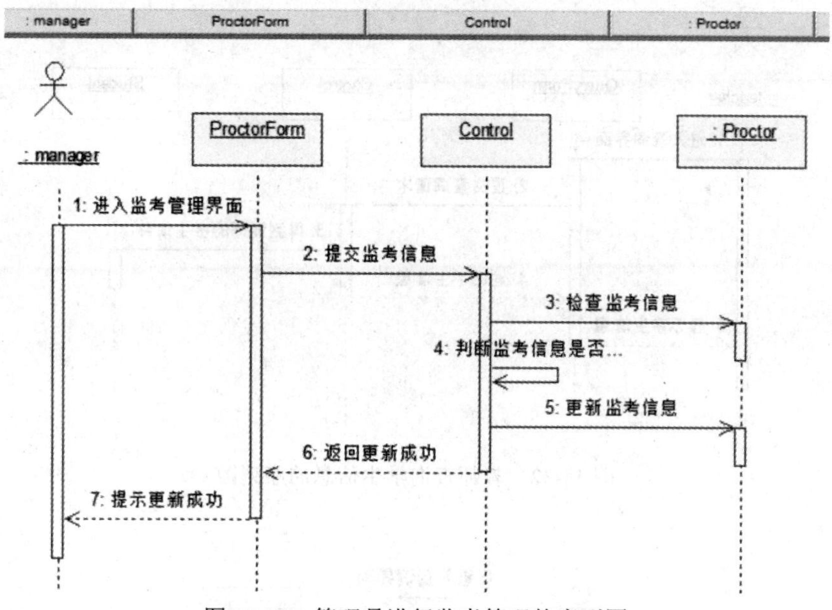

图 15-30　管理员进行监考管理的序列图

与序列图等价的协作图如图 15-31 所示。

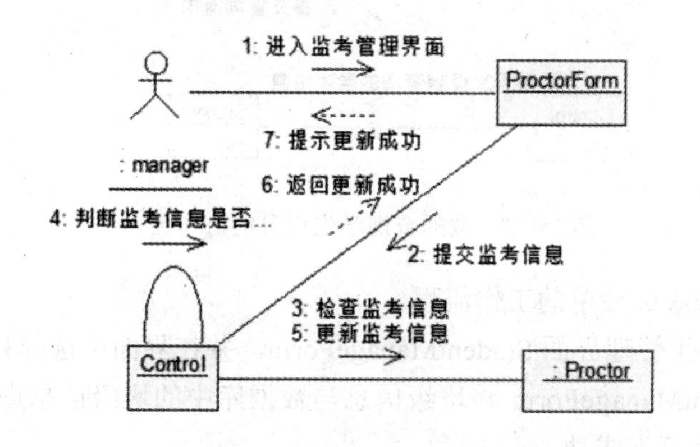

图 15-31　管理员进行监考管理的协作图

13) 教师查询学生信息工作流程

(1) 教师进入查询界面QueryForm，并在界面中提交查询请求。

(2) 界面 QueryForm 将查询请求传递到控制对象 Control。

(3) Control 从数据库中得到所查询的学生信息，返回到 QueryForm 界面。

(4) 教师从 QueryForm 上获得自己想要的学生信息。

根据基本流程，教师查询学生信息的序列图如图 15-32 所示。

与序列图等价的协作图如图 15-33 所示。

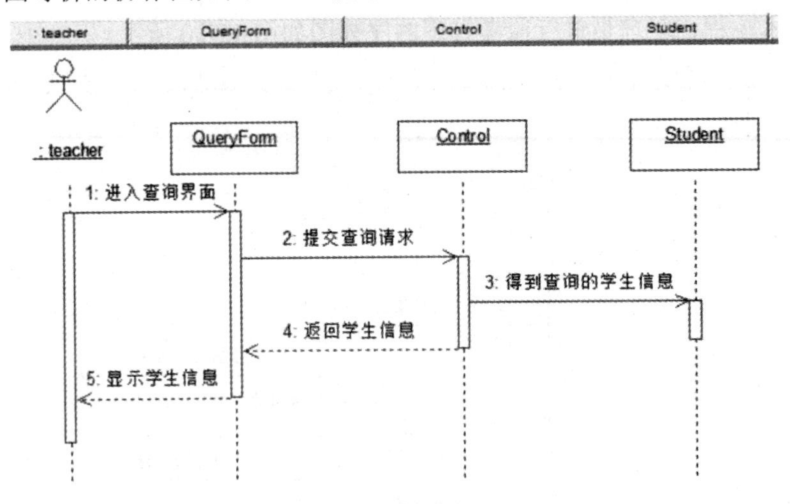

图 15-32　教师查询学生信息的序列图

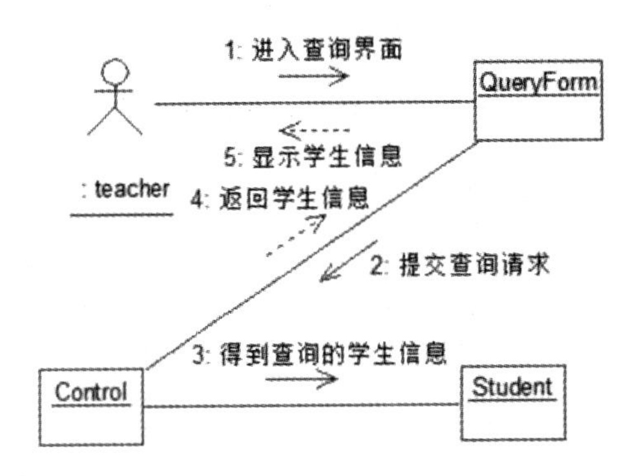

图 15-33　教师查询学生信息的协作图

14) 教师打印班级成绩单的工作流程

(1) 教师进入学生管理界面 StudentManageForm，并在界面中选择打印成绩的班级。

(2) 界面 StudentManageForm 将班级信息与数据库中的班级信息进行比较。若能查询到该班级，则返回查询成功。

(3) 教师选择打印学生成绩，StudentManageForm 界面在数据库中查询学生成绩并进行打印。

(4) StudentManageForm 界面返回打印成功的信息。

(5) 教师从 StudentManageForm 界面获得打印成功的提示。

根据基本流程，教师打印班级成绩单的序列图如图 15-34 所示。

与序列图等价的协作图如图 15-35 所示。

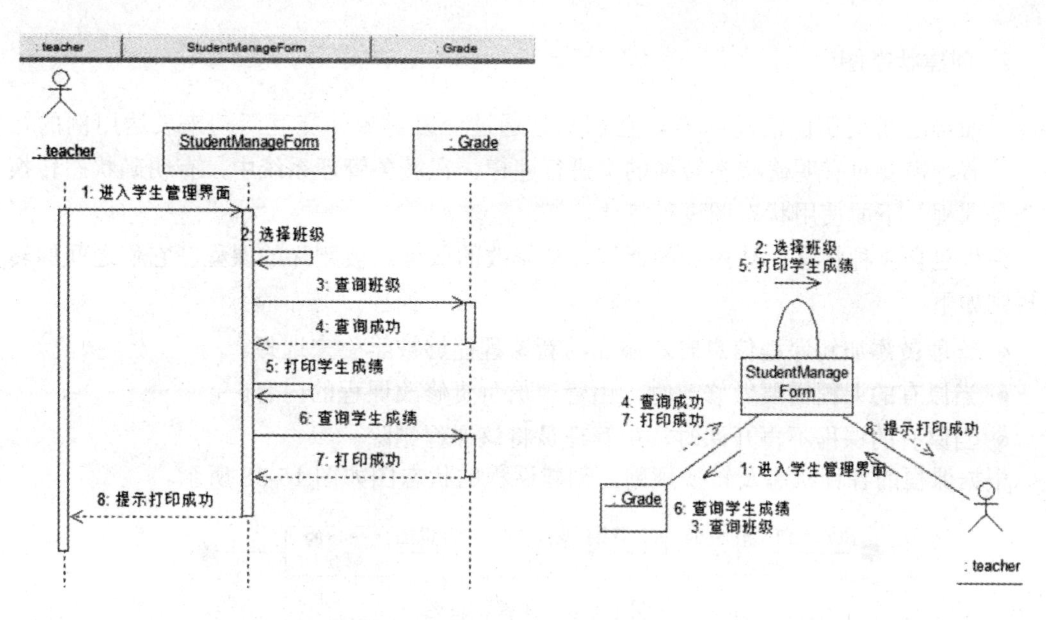

图 15-34　教师打印班级成绩单的序列图　　　　图 15-35　教师打印班级成绩单的协作图

15) 教师打印授课班级名单的工作流程

(1) 教师进入学生管理界面 StudentManageForm，并在界面中选择打印名单的班级。

(2) 学生管理界面查询数据库中的班级信息。若能查询到该班级，则返回查询成功。

(3) 教师选择打印班级名单，学生管理界面在数据库中查询学生名单并进行打印。

(4) StudentManageForm 界面返回打印成功的信息。

(5) 教师从 StudentManageForm 界面获得打印成功的提示。

根据基本流程，教师打印授课班级名单的序列图如图 15-36 所示。

与序列图等价的协作图如图 15-37 所示。

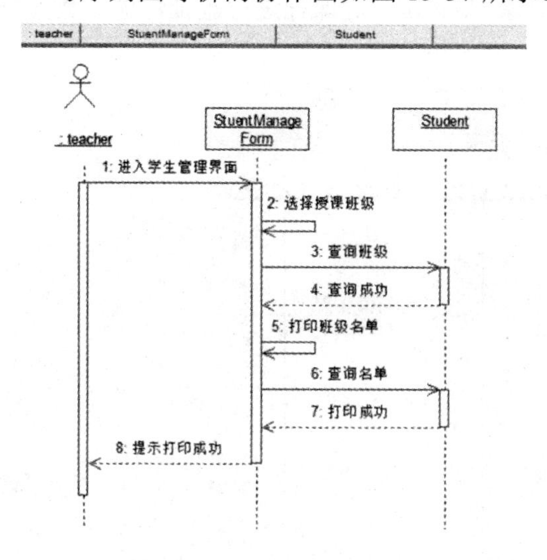

图 15-36　教师打印授课班级名单的序列图

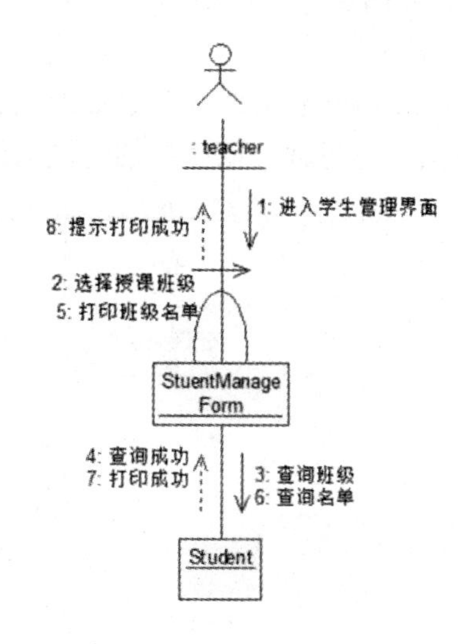

图 15-37　教师打印授课班级名单的协作图

2. 创建状态图

上面描述了用例的活动状态，它们都是通过一组对象的交互活动来表达用例的行为。接着，需要对有明确状态转换的类进行建模。在教务管理系统中，有明确状态转换的类是课程。下面使用状态图进行描述。

课程包含 3 种状态：被添加的课程、被修改的课程和被删除的课程，它们之间的转化规则如下。

- 管理员添加新课程信息时，添加的新课程能够被学生来选择。
- 当原有的课程需要做修改时，由管理员负责修改课程的内容。
- 当原有的课程不再开课时，由管理员将该课程删除。

根据课程的各种状态及转换规则，创建课程的状态图如图 15-38 所示。

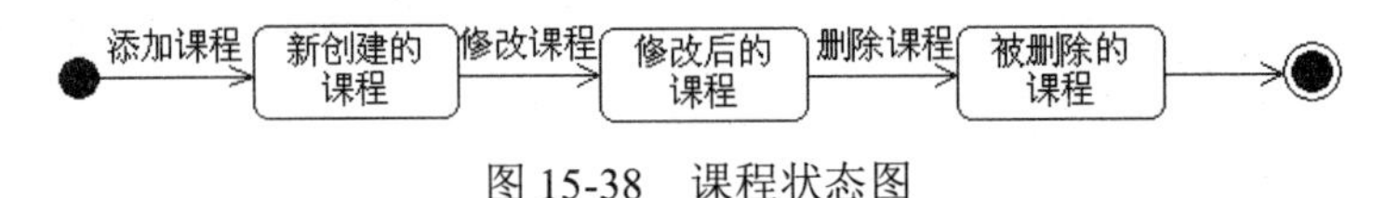

图 15-38　课程状态图

3. 创建活动图

我们还可以利用系统的活动图来描述系统的参与者是如何协同工作的。在教务管理系统中，可以创建学生、教师和管理员的活动图。

1) 学生查看选修课程活动图

在学生查询课程信息的活动图中，创建了 3 个泳道，分别是学生对象、控制业务逻辑的对象和数据库对象，具体的活动过程描述如下。

(1) 学生在查询课程的界面中输入课程的信息。

(2) 界面将信息传递到控制业务逻辑的对象 Control，对课程进行验证，然后到数据库中查询所要查询的课程。

(3) Control 获得课程信息后通过界面显示课程的详细信息。

根据上述过程，创建的活动图如图 15-39 所示。

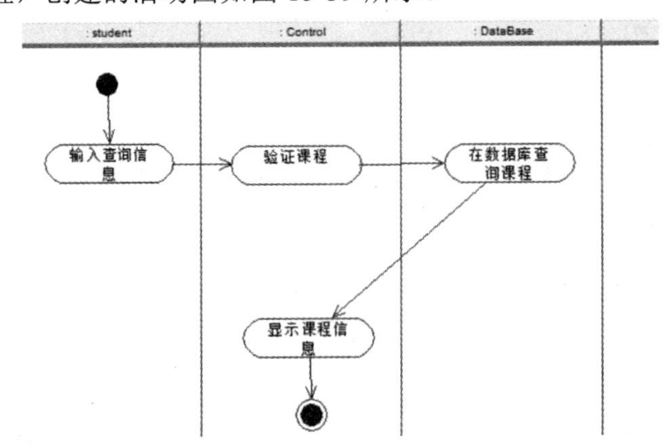

图 15-39　学生查询课程活动图

2) 学生选课活动图

在学生选课的活动图中，有 3 个泳道，分别是学生对象、控制业务逻辑的对象和数据库，具体的活动过程描述如下。

(1) 学生在选择课程的界面中输入选择的课程的信息。

(2) 界面将信息传递到控制业务逻辑的对象 Control，对课程进行验证，并到数据库中查询该课程是否存在。

(3) Control 根据查询结果判断课程是否存在。如果不存在，则将提示信息返回选择课程的界面予以显示；如果存在，则将选择课程的信息添加到数据库中保存。

(4) 控制业务逻辑的对象 Control 根据返回的选课结果，判断选课是否成功。如果成功，则在选课界面显示选课成功的信息；如果未成功，则显示选课失败的信息。

根据上述过程，创建的活动图如图 15-40 所示。

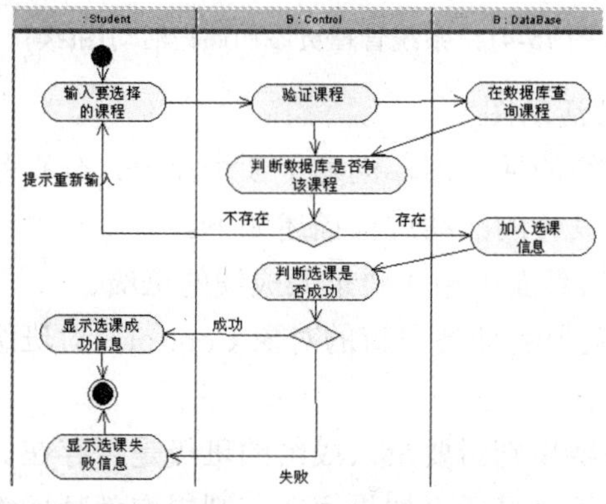

图 15-40　学生选课活动图

3) 管理员管理课程信息、教师信息、学生信息活动图

管理员通过输入用户名和密码登录教务管理系统，可选择进入课程管理界面、教师管理界面或学生管理界面，在相应的界面中又可进行不同的操作，创建的活动图分别如图 15-41(a)、(b)、(c)所示。

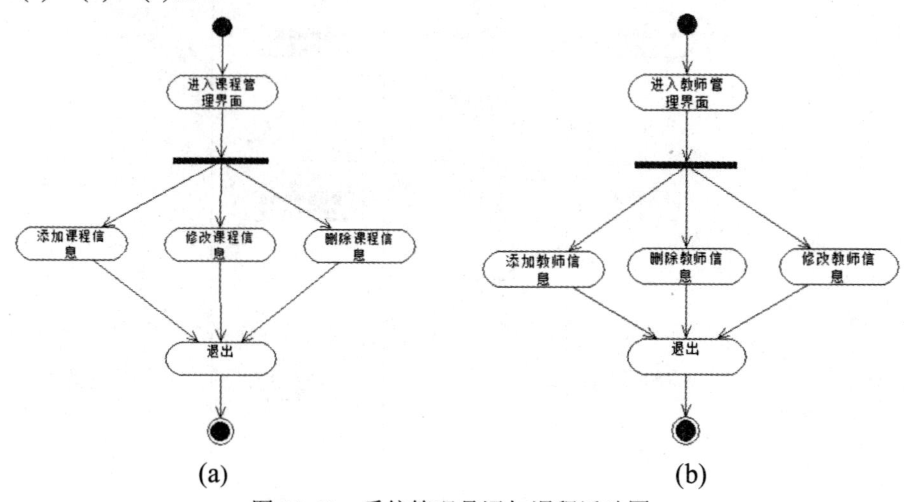

图 15-41　系统管理员添加课程活动图

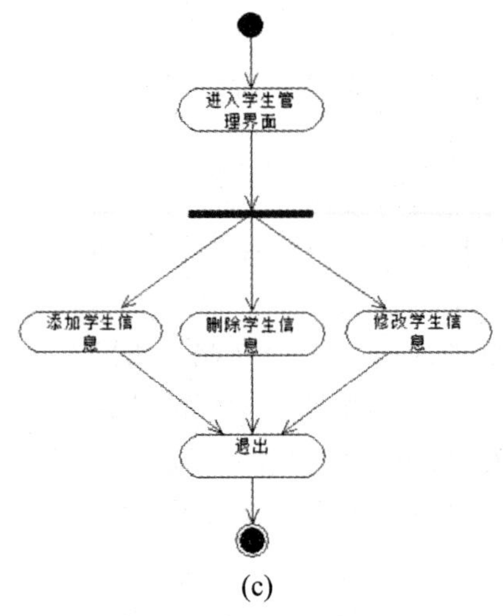

(c)

图 15-41　系统管理员添加课程活动图(续)

4) 教师上传学生成绩活动图

对于教师上传学生成绩的活动图，创建了 3 个泳道，分别是教师对象、控制业务逻辑的对象和数据库对象，具体的活动过程描述如下。

(1) 教师在成绩上传的界面中输入要录入成绩的班级。

(2) 界面将信息传递到控制业务逻辑的对象 Control，对班级信息进行验证，并到数据库中查询该班级是否存在。

(3) Control 根据查询结果判断要录入成绩的班级是否存在。如果不存在，则将提示信息返回成绩上传的界面予以显示；如果存在，则提取教师所教课程的学生成绩表。

(4) 教师通过成绩上传界面在学生信息表上录入成绩，界面将成绩信息传递到控制业务逻辑的对象 Control，对成绩信息进行确认，并将成绩信息保存到数据库中。提示成绩录入完成。

根据上述过程，创建的活动图如图 15-42 所示。

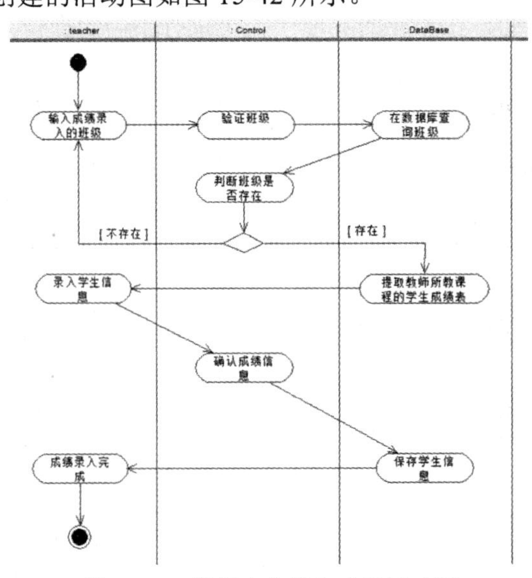

图 15-42　教师上传学生成绩活动图

在对系统的行为描述完成以后，读者基本可以根据上述的行为或操作建立各个类的操作，从而完善各个类的静态模型了。

15.2.4　创建系统的部署模型

前面的静态模型和动态模型都是按照逻辑的观点对系统进行概念建模，我们还需要对系统的实现结构进行建模。对系统的实现结构进行建模的方式包括两种，即构件图和部署图。

构件，即构造应用的软件单元。构件图中不仅包括构件，同时还包括构件之间的依赖关系，以便通过依赖关系来估计对系统构件的修改给系统可能造成的影响。在教务管理系统中，通过将构件映射到系统的实现类中，说明该构件物理实现的逻辑类。

在教务管理系统中，可以对系统的主要参与者和业务实体类分别创建对应的构件并进行映射。前面在类图中创建了 Student 类、Manager 类、Teacher 类、Grade 类、Classroom 类、Proctor 类、ScheduleCourse 类、Control 类、Form 类和 Course 类，所以可以映射出相同的构件，包括学生构件、管理员构件、教师构件、课程构件、教室构件、成绩构件、排课构件、业务逻辑构件、页面构件和监考构件，除此之外，还必须有一个主程序构件。根据这些构件及其关系创建的构件图如图 15-43 所示。

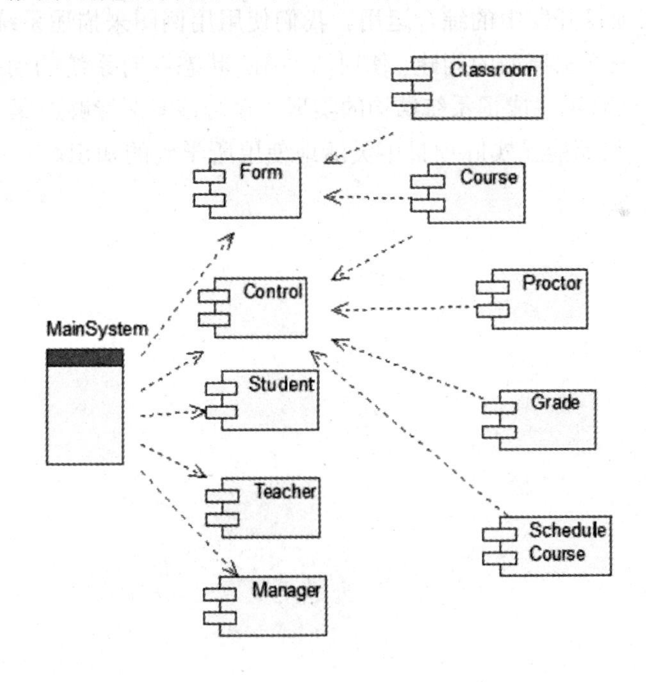

图 15-43　基本业务构件图

系统的部署图描绘的是系统节点上运行资源的安排。在教务管理系统中，系统包括 6 种节点，分别是 Web 服务器、数据库、IO 设备、管理员客户端、教师客户端、学生客户端。教务管理系统的部署图如图 15-44 所示。

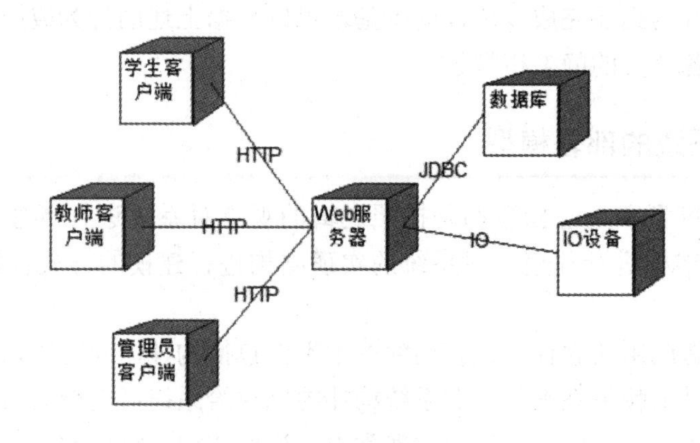

图 15-44　教务管理系统的部署图

【本章小结】

本章介绍了一个简单的教务管理系统，通过对该系统的面向对象分析和设计，进一步讲解了 UML 在项目开发中的综合运用。我们使用用例图来描述系统的需求，使用类图和对象图进行系统静态模型的创建，使用活动图、状态图对系统的动态模型进行建模，最后通过构件图和部署图完成了系统结构的实现。学习该案例能够加深大家对 UML(统一建模语言)的理解，从而能在实际项目中灵活地使用所学到的知识。

附录 课程实验

课程实验一 饭店预订管理系统

饭店预订管理系统是中小型酒店餐饮企业用来对客人的预订活动进行管理的信息管理系统(MIS)。该信息系统不仅能够为客人提供方便的饭店预订功能，同时也能够达到提高饭店餐饮企业管理效率的目的。

1.1.1 需求分析

饭店预订管理系统的用户主要有两类：一类是饭店服务员；另一类是饭店管理员。本系统的功能需求分析简述如下。

- 饭店服务员使用电话为客人提供预订服务，根据客人的预订要求，在指定的时间和桌位安排好客人的用餐事宜；按客人的要求执行修改订单的操作；在客人临时取消预订时删除预订信息；在客人预订时间到达前，及时提供电话提醒服务。
- 饭店管理员在预订客人到达饭店时和离开饭店后分别在系统做好记录并保存；能够为客人注册成为会员；可以查询、修改和删除会员信息；可以为客人提供换桌服务。

1.1.2 系统建模

在系统建模以前，我们首先需要在 Rational Rose 中创建一个模型，并命名为“饭店预订管理系统”。

1. 创建系统用例模型

若要创建系统用例，则需先确定系统的参与者。根据前面的需求分析可知饭店预订管理系统的参与者包含两种：饭店服务员和饭店管理员。

我们根据参与者的不同分别画出各个参与者的用例图。

- 管理员用例图。管理员在本系统中可以记录预订信息将客人的预订要求输入系统中予以保存；在到了客人预订的用餐时间之前给客人一个提醒，同时再次加以确认；如果客人因临时原因取消预订，则可以将系统中的预订信息予以取消。通过这些活动创建的管理员用例图如图 1 所示。

- 服务员用例图。服务员在本系统中可以在有预订的客人前来饭店时，在系统中记录预订客人已到店的信息并保存；在预订的客人离开饭店后，在系统中记录预订客人预订过程结束的信息；在客人同意加入成为本饭店会员时，有为客人注册成为新会员的权力；可以对饭店会员信息进行修改和删除；当客人对用餐桌位不满意时，可以为客人提供更换餐位的服务并在系统中做好记录。通过这些活动创建的服务员用例图如图 2 所示。

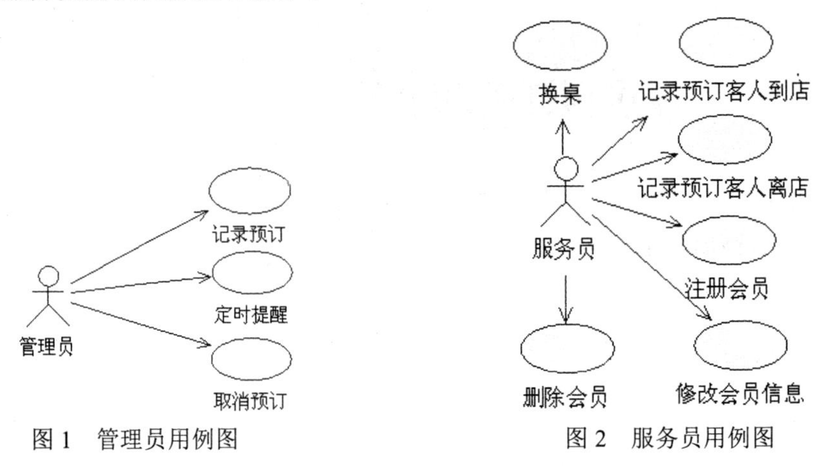

图 1　管理员用例图　　图 2　服务员用例图

2. 创建系统静态模型

从前面的需求分析中，我们可以确定饭店预订管理系统中主要的 8 个类对象：“员工”类、“服务员”类、“管理员”类、“顾客”类、“会员”类、“预订”类、“菜单”类和“餐桌”类，创建完整的类图如图 3 所示。

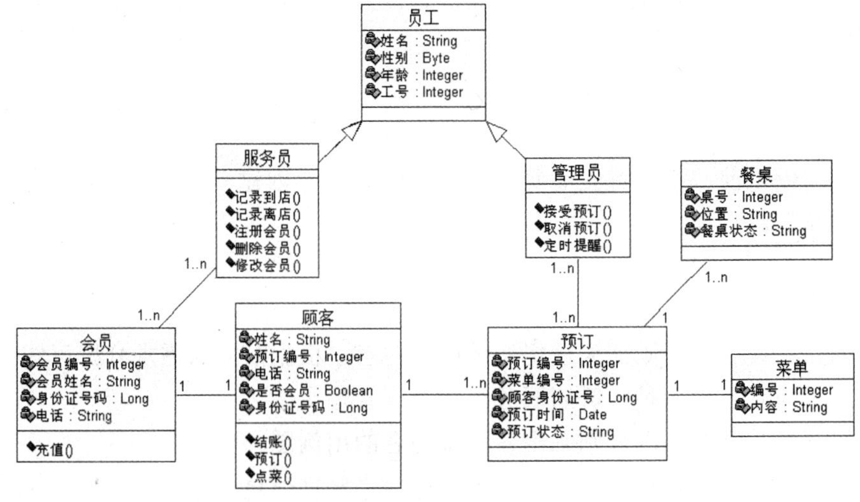

图 3　系统类图

3. 创建系统动态模型

饭店预订管理系统的动态模型我们可以使用交互作用图、状态图和活动图来描述。

4. 创建序列图和协作图

饭店管理员接受预订的活动步骤如下。

(1) 饭店管理员接到客人要求预订的电话。
(2) 登录系统进入预订界面。
(3) 输入客人的会员编号，系统查询客人的会员信息并返回显示。
(4) 根据客人的要求将预订的信息输入并提交。
(5) 系统创建新的预订信息记录。
(6) 预订类对象返回订餐成功的信息。

根据以上步骤创建的序列图和协作图如图 4 和图 5 所示。

: 管理员
: 预订界面
: 菜单
: 会员
: 数据库
1: 进入操作界面
2: 根据会员号查询信息
3: 返回会员信息
4: 输入预订信息
5: 创建预订记录
6: 保存预订记录
7: 返回预订成功信息

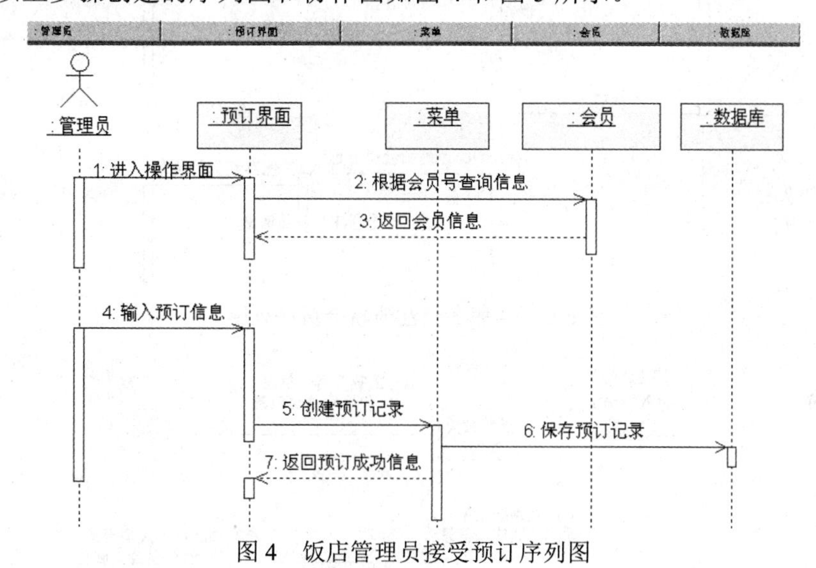

图 4　饭店管理员接受预订序列图

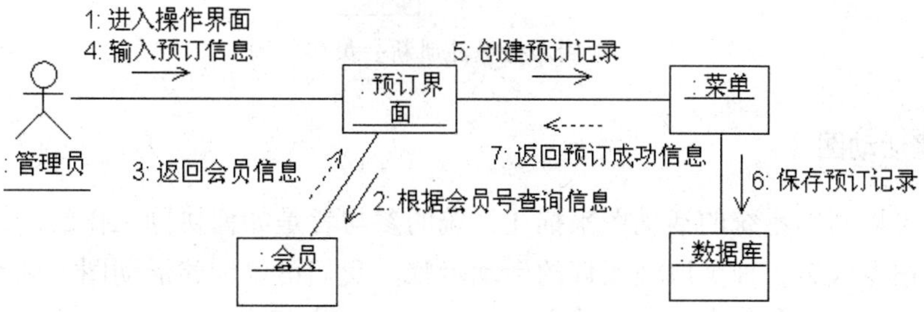

1: 进入操作界面
4: 输入预订信息
5: 创建预订记录
: 预订界面
: 菜单
: 管理员
3: 返回会员信息
7: 返回预订成功信息
6: 保存预订记录
2: 根据会员号查询信息
: 会员
: 数据库

图 5　饭店管理员接受预订协作图

饭店服务员注册新会员的活动步骤如下。

(1) 饭店服务员进入操作注册会员界面，并在界面中提交客人的信息。

(2) 注册会员界面将提交的信息传递给会员类对象。

(3) 会员类对象查询数据库判断该客人是否已经是会员，并将结果返回给注册会员界面显示。

(4) 如果该客人不是会员，则提交会员注册信息到会员类对象。

(5) 会员类对象创建新的会员对象，并将该对象的信息保存到数据库中。

(6) 向注册会员界面返回注册会员成功的提示信息。

根据以上步骤创建的序列图和协作图如图 6 和图 7 所示。

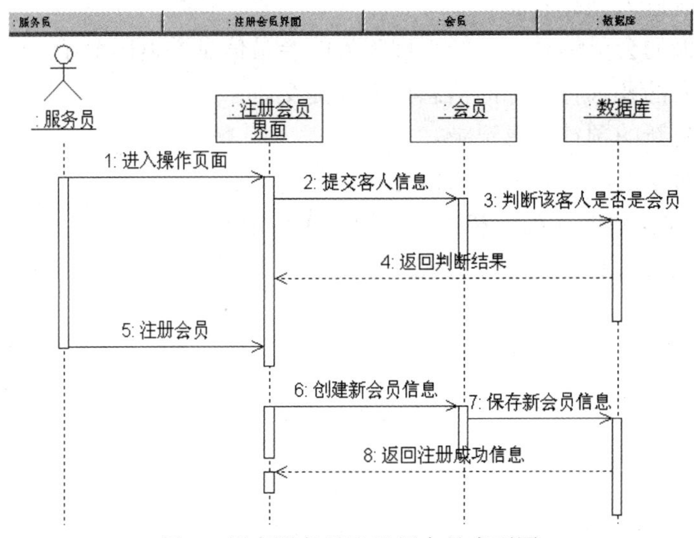

图 6　饭店服务员注册新会员序列图

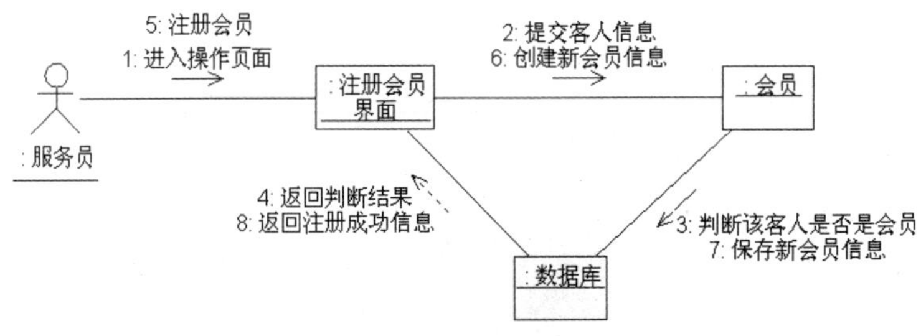

图 7　饭店服务员注册新会员协作图

5. 创建活动图

我们还可以利用系统的活动图来描述系统的参与者是如何协同工作的。饭店预订管理系统中，根据饭店管理员取消预订的活动步骤，我们可以创建活动图如图 8 所示。

6. 创建状态图

在饭店预订管理系统中，最具有描述作用的是预订类，根据预订的各种状态及转换规则，创建预订类的状态图如图 9 所示。

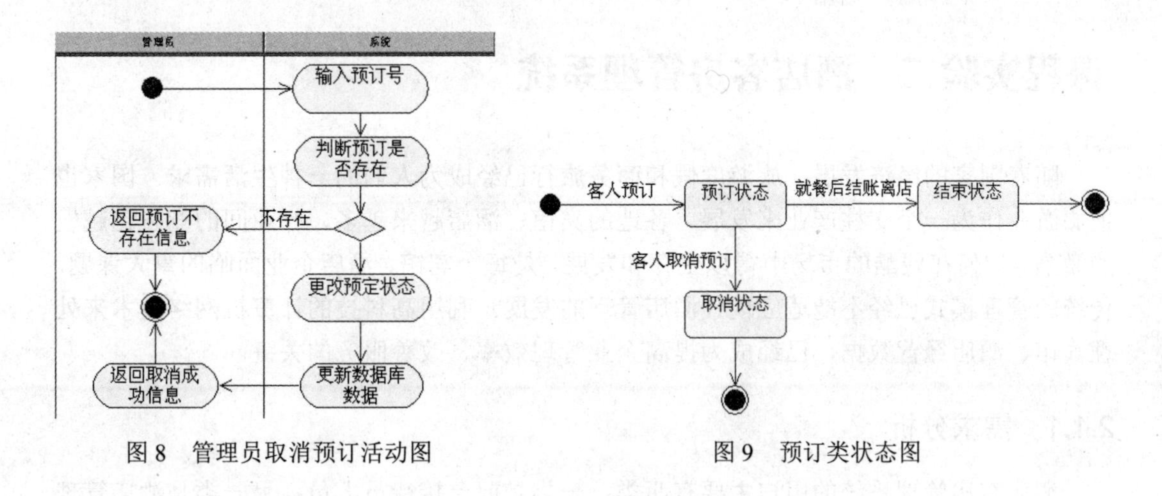

图 8　管理员取消预订活动图　　图 9　预订类状态图

7. 创建系统部署模型

对系统的实现结构进行建模的方式有构件图和部署图两种。饭店预订管理系统的构件图通过构件映射到系统的实现类中，说明该构件物理实现的逻辑类在本系统和饭店预订管理系统中，我们可以对“顾客”构件、“会员”构件、“服务员”构件、“管理员”构件、“餐桌”构件、“预订”构件、“菜单”构件、“界面”构件，分别创建对应的构件进行映射，除此之外，我们必须有一个主程序构件。饭店预订管理系统的构件图如图 10 所示。

饭店预订管理系统的部署图描绘的是系统节点上运行资源的安排。本系统包括 4 种节点，分别是：数据库节点，由一台数据库服务器负责数据的存储、处理等；系统服务器节点，用于处理系统的业务逻辑；客户端节点，用户通过客户端登录系统进行操作；打印机节点，用于打印数据报表。饭店预订管理系统的部署图如图 11 所示。

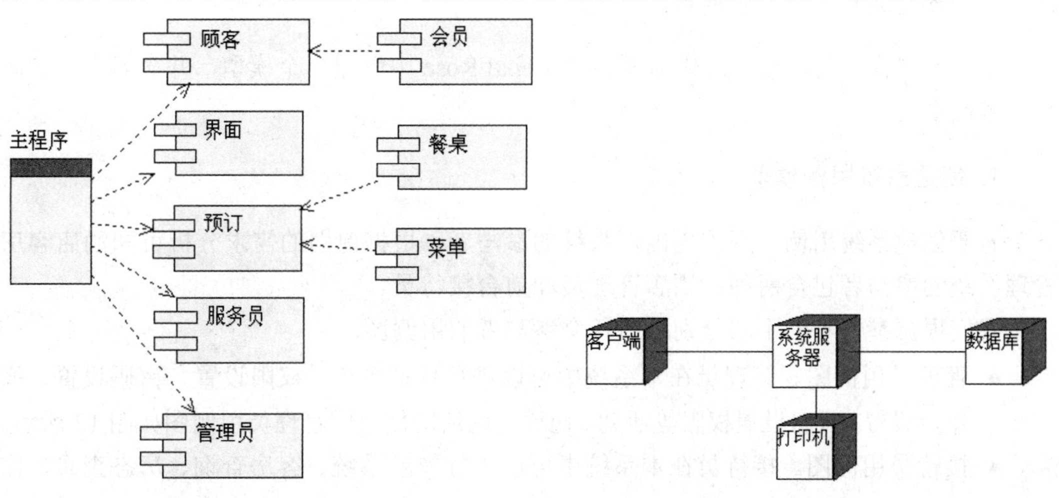

图 10　饭店预订管理系统的构件图　　图 11　饭店预订管理系统的部署图

课程实验二　酒店客房管理系统

随着国家的经济发展，旅游度假和商务旅行已经成为人们的一种生活需求。国家也把旅游业作为一个支柱产业来发展。各地的宾馆、酒店越来越多，行业间的竞争也越发的激烈。如何在残酷的市场中得以生存和发展，是每个宾馆、酒店企业面临的重大课题。传统的管理模式已经不能适应现代酒店管理的发展。利用高科技的计算机网络技术来处理宾馆、酒店经营数据，已经成为提高企业管理效率、改善服务的关键。

2.1.1　需求分析

酒店客房管理系统的用户主要有两类：一类是前台接待员人员；另一类是酒店管理人员。本系统的功能需求分析简述如下。

- 接待员可以处理各类客人的预订请求，预订可以通过各种方式，如电话、E-mail、传真等。
- 当客人实际入住时，接待员需要及时输入客户信息，以便今后查询。
- 接待员可以根据各种信息查询客人是否入住及入住的情况。
- 接待员进行收费管理，包括入住时的定金、各类其他消费情况和最终的结账管理。
- 管理员能够输入客房信息，包括每间客房的大小级别、地理位置、预设租金等。
- 管理员能够对客房信息进行查询，及时掌握客房情况，并且协助做出决策。
- 管理员能够对前台操作员进行管理，设置前台操作员的密码和基本信息。
- 管理员将各类信息进行统计。

2.1.2　系统建模

在系统建模以前，我们首先需要在 Rational Rose 中创建一个模型，并命名为“酒店客房管理系统”。

1. 创建系统用例模型

若要创建系统用例，则需先确定系统的参与者。根据前面的需求分析可知酒店客房管理系统的参与者包含两种：酒店管理员和前台接待员。

我们根据参与者的不同分别画出各个参与者的用例图。

- 管理员用例图。管理员在本系统中可以进行登录系统、权限设置、密码设置、操作员设置、客房设置权限等活动。通过这些活动创建的管理员用例图如图 12 所示。
- 接待员用例图。接待员在本系统中可以进行登录系统、客房查询、房态查看、住宿登记、调房登记、退宿结账、挂账查询、住宿查询、退宿查询等活动。通过这些活动创建的服务员用例图如图 13 所示。

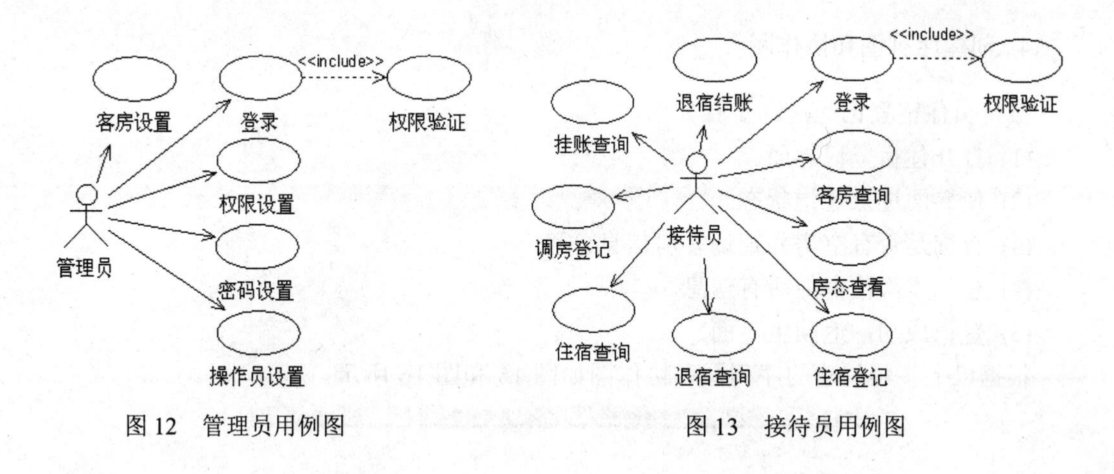

图 12　管理员用例图　　　　图 13　接待员用例图

2. 创建系统静态模型

从前面的需求分析中，我们可以确定饭店预订管理系统中主要的 10 个类对象：“用户”类、“接待员”类、“管理员”类、“客人”类、“客房”类、“预订”类、“挂账明细”类、“退房信息”类、“住宿”类和“预收费用”类。创建完整的类图如图 14 所示。

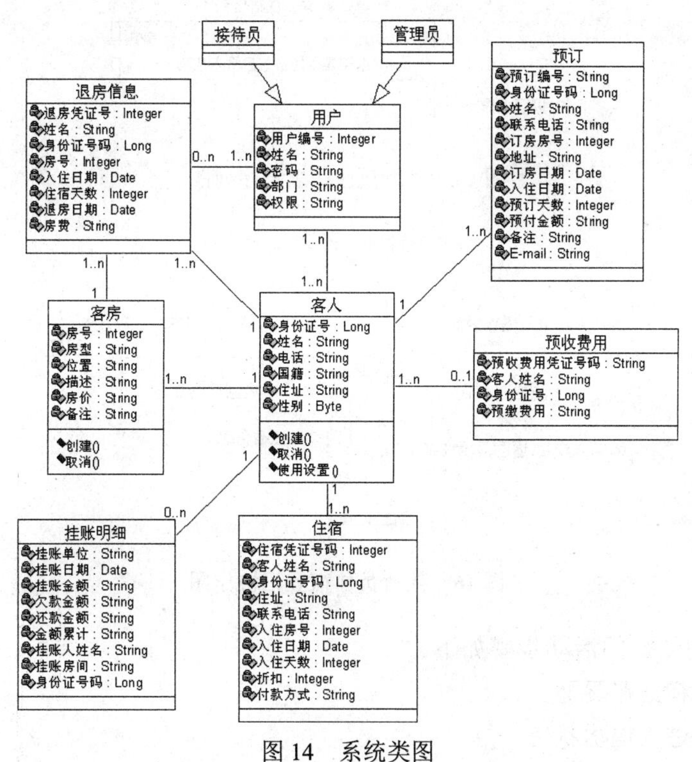

图 14　系统类图

3. 创建系统动态模型

酒店客房管理系统的动态模型我们可以使用交互作用图、状态图和活动图来描述。

4. 创建序列图和协作图

接待员住宿登记的活动步骤如下。

(1) 打开住宿登记界面。

(2) 使界面进入登记状态。

(3) 查询是否有空房并查询客房信息。

(4) 登记本次住宿的所有信息。

(5) 登记成功，返回主界面。

根据以上步骤创建的序列图和协作图如图15和图16所示。

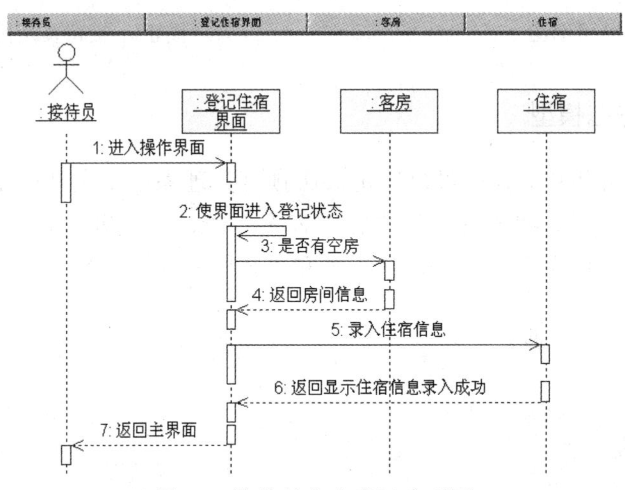

图15 接待员住宿登记序列图

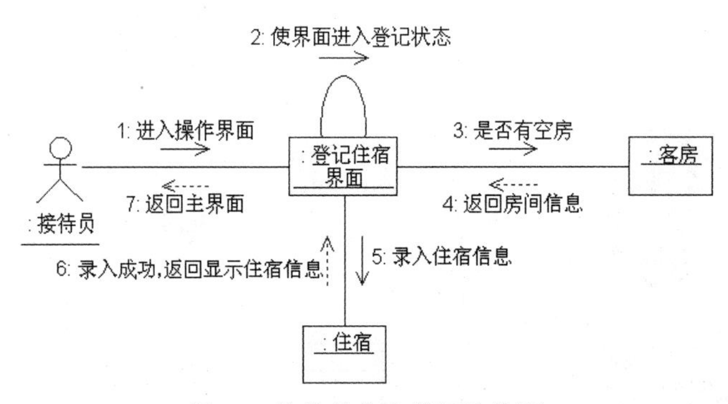

图16 接待员住宿登记协作图

接待员退宿结账的活动步骤如下。

(1) 打开退宿结账界面。

(2) 使界面进入退房状态。

(3) 生成本次退宿编号。

(4) 输入住宿凭证编号和住宿信息，系统生成本次客户退宿信息。

(5) 退宿成功，返回主界面。

根据以上步骤创建的序列图和协作图如图17和图18所示。

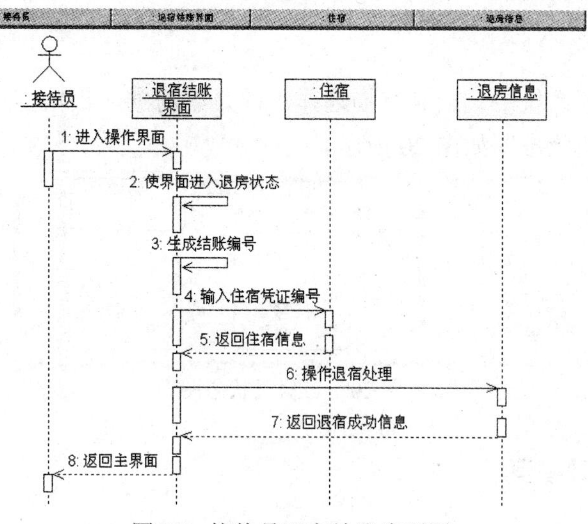

图 17　接待员退宿结账序列图

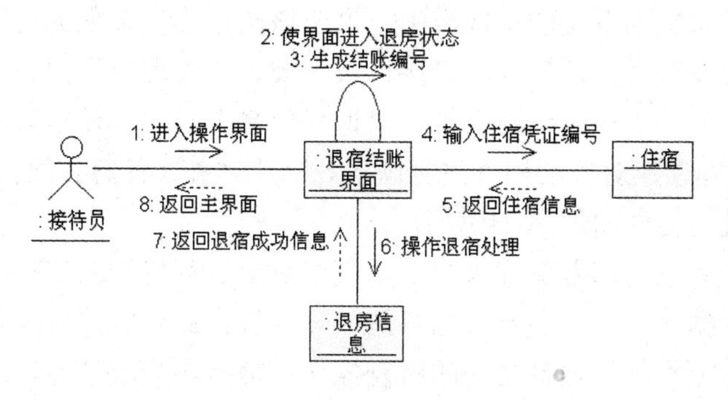

图 18　接待员退宿结账协作图

5. 创建活动图

我们还可以利用系统的活动图来描述系统的参与者是如何协同工作的。酒店客房管理系统中，根据酒店客房管理的活动步骤，我们可以创建活动图如图 19 所示。

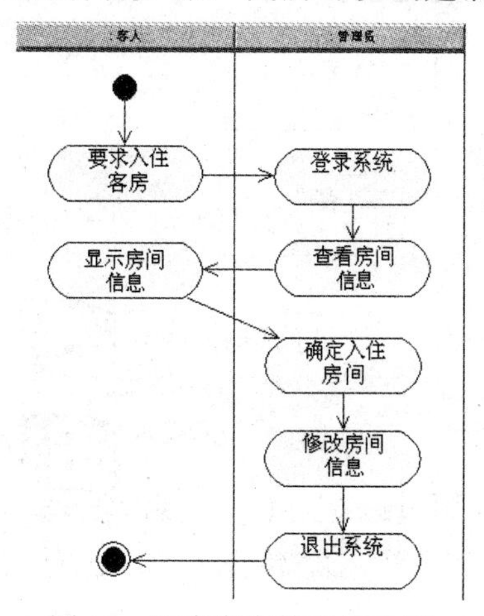

图 19　酒店客房管理活动图

6. 创建状态图

在酒店客房管理系统中，最具有描述作用的是客房类，根据客房的各种状态及转换规则，创建客房类的状态图如图 20 所示。

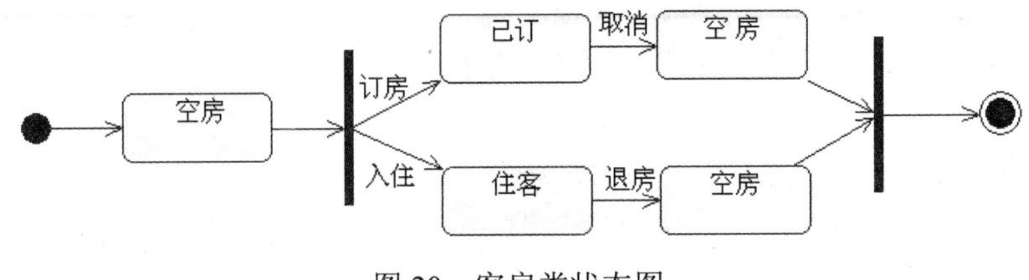

图 20 客房类状态图

7. 创建系统部署模型

对系统的实现结构进行建模的方式有两种，即构件图和部署图。酒店客房管理系统的构件图通过构件映射到系统的实现类中，说明该构件物理实现的逻辑类在酒店客房管理系统中，我们可以对“用户”类、“接待员”类、“管理员”类、“客人”类、“客房”类、“预订”类、“挂账明细”类、“退房信息”类、“住宿”类、“预收费用”类和“界面”类分别创建对应的构件进行映射，除此之外，我们必须有一个主程序构件。酒店客房管理系统的构件图如图 21 所示。

酒店客房管理系统的部署图描绘的是系统节点上运行资源的安排。本系统包括 3 种节点，分别是：数据库节点，负责数据存储、处理等；后台客户端节点，管理员通过该节点进行后台维护，执行管理员允许的所有操作；前台客户端节点，接待员进行登录、选择住宿和退宿等一系列操作活动。酒店客房管理系统的部署图如图 22 所示。

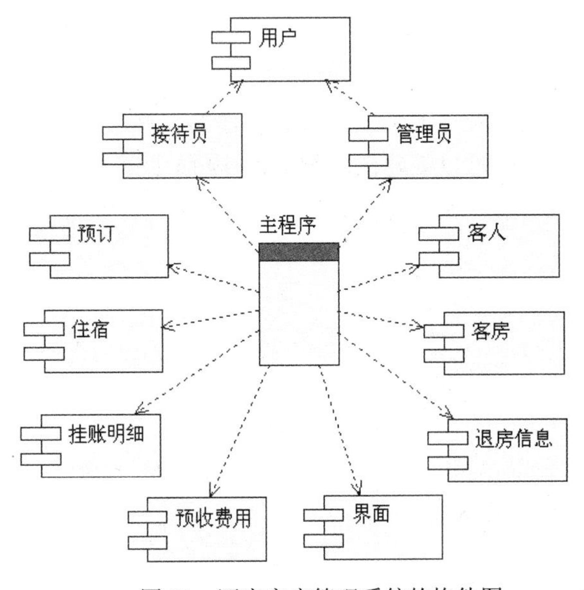

图 21 酒店客房管理系统的构件图

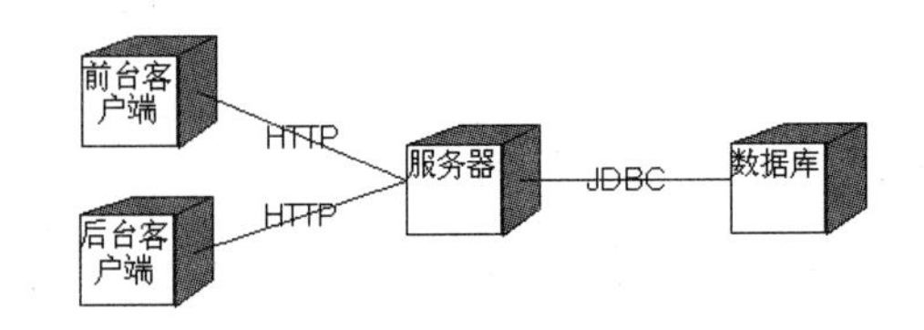

图 22 酒店客房管理系统的部署图

课程实验三　题库管理系统

为题库管理部门开发设计题库管理系统来进行管理题库信息，使题库实现标准化的管理和规范化的制度是十分必要的，其目的是：提高管理部门的工作效率；充分利用资源；减少不必要的人力、物力和财力支出；方便教师人事管理部门的工作人员全面掌握学生的学习情况。题库管理系统是一个管理信息系统，它将实现检索迅速和查找方便，信息的录入、修改和删除功能。

3.1.1　需求分析

题库管理系统的功能需求分析简述如下。

本系统的用户主要有 3 类：用题者、出题者和系统管理员。

- 用题者可以登录系统网站浏览题目、试卷信息；查找信息和下载文件；给出题者留言评论或询问。
- 出题者可以登录系统网站上传试题、试卷；对上传的试题和试卷进行维护；对用题者的疑问进行回复解答。
- 系统管理员可以对出题者上传的题目或试卷进行审核，如发现错误可以发回出题者重新修改；对相关试题可以编纂加工生成试卷；将试卷发布到网站上供用题者使用与下载；处理用户的相关注册申请与账户管理，对页面进行维护。

3.1.2　系统建模

在系统建模以前，我们首先需要在 Rational Rose 中创建一个模型，并命名为“题库管理系统”。

1. 创建系统用例模型

若要创建系统用例，则需先确定系统的参与者。根据前面的需求分析可知题库管理系统的参与者包含 3 种：出题者、用题者和系统管理员。

我们根据参与者的不同分别画出各个参与者的用例图。

- 用题者用例图：用题者在本系统中可以进行登录系统、注册用户、浏览试题和试卷等资源、根据搜索关键字查找相应题目资源、文件下载、权限认证、留言和评论及用户账户管理的活动，通过这些活动创建的用题者用例图如图 23 所示。
- 出题者用例图：出题者在本系统中可以进行登录系统、注册用户、上传题目和试卷、请求发回修正、回复用题者的留言和个人信息维护的活动，通过这些活动创建的出题者用例图如图 24 所示。

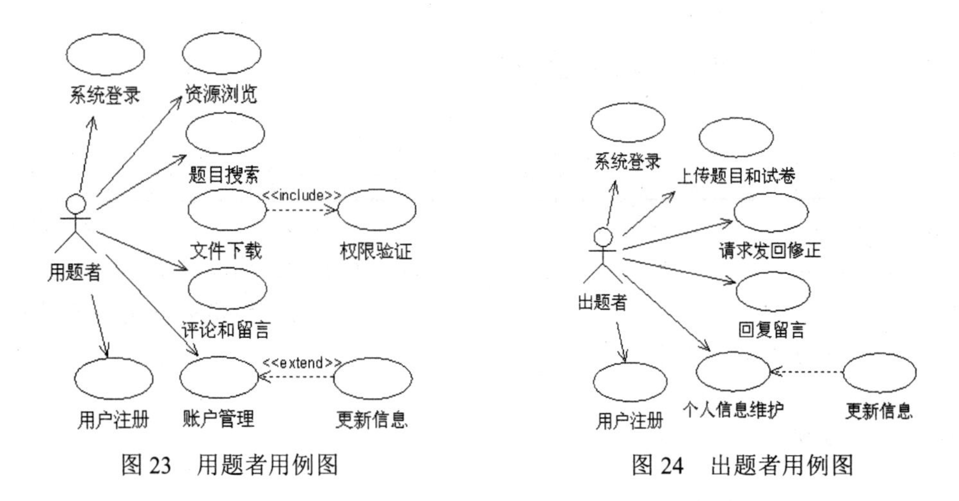

图 23　用题者用例图　　　图 24　出题者用例图

- 系统管理员用例图：系统管理员在本系统中可以进行登录系统、题目管理、试卷管理和维护、用户管理和系统维护的活动，通过这些活动创建的系统管理员用例图如图 25 所示。

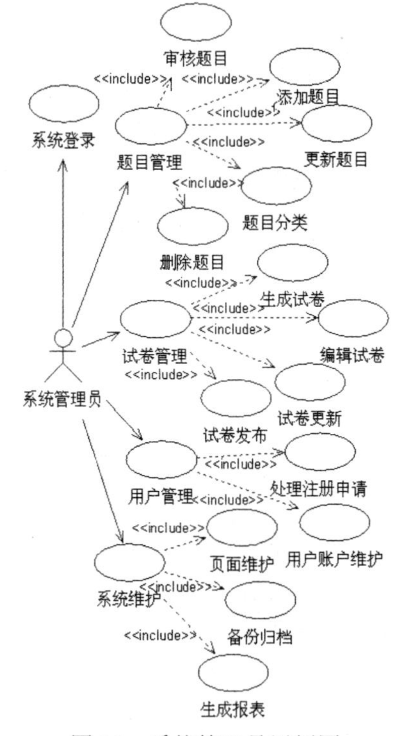

图 25　系统管理员用例图

2. 创建系统静态模型

从前面的需求分析中，我们可以确定题库管理系统中主要的 7 个类对象："用题者"类、"出题者"类、"系统管理员"类、"文件"类、"文件科目"类、"上传下载"类和"单元测试类型"类。创建完整的类图如图 26 所示。

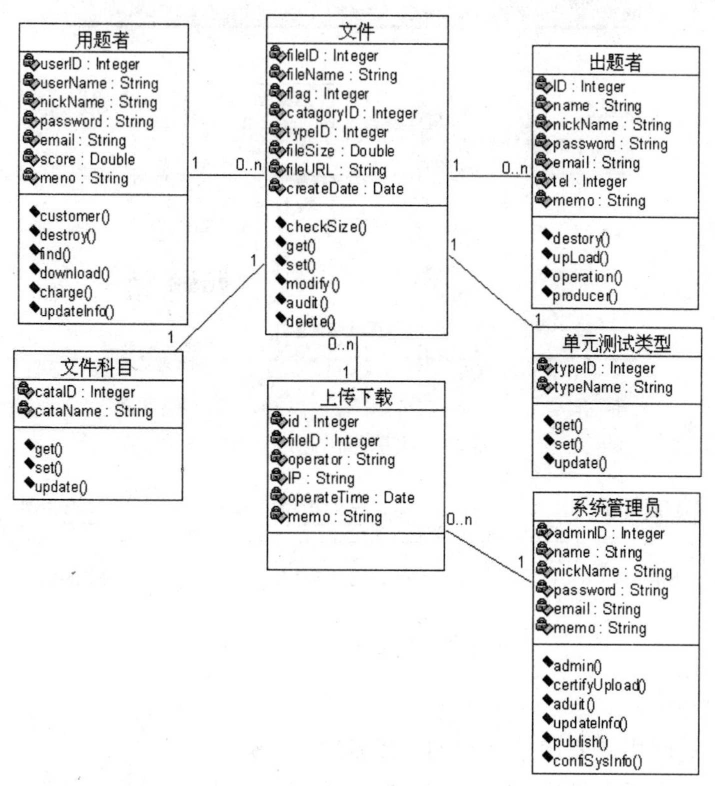

图 26　系统类图

3. 创建系统动态模型

题库管理系统的动态模型我们可以使用交互作用图、状态图和活动图来描述。

4. 创建序列图和协作图

出题者出题的活动步骤如下。

(1) 出题者登录系统，进入上传资源界面。

(2) 在上传资源界面上传试题、试卷文件资源到服务器。

(3) 数据库将上传的文件进行验证，包括文件的大小、命名规范性等因素。

(4) 验证通过上传的资源文件。

(5) 服务器返回上传文件信息。

(6) 在上传资源界面显示上传操作的结果。

根据以上步骤创建的序列图和协作图如图 27 和图 28 所示。

用题者下载文件资源的活动步骤如下。

(1) 用题者登录系统，进入下载资源页面。

(2) 下载页面将用题者的下载请求发送到服务器。

(3) 数据库验证用户是否有权下载资源。

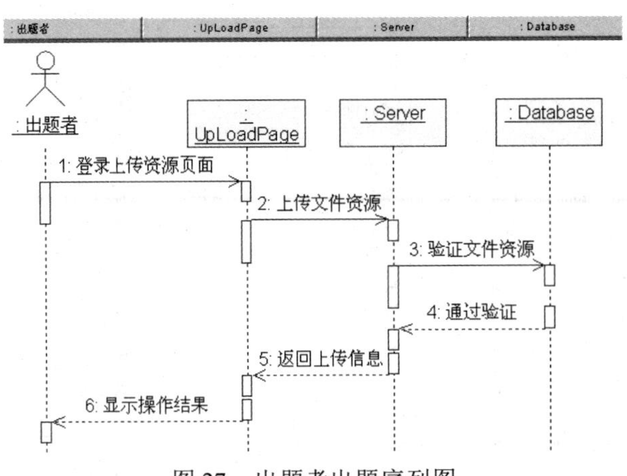

图 27　出题者出题序列图

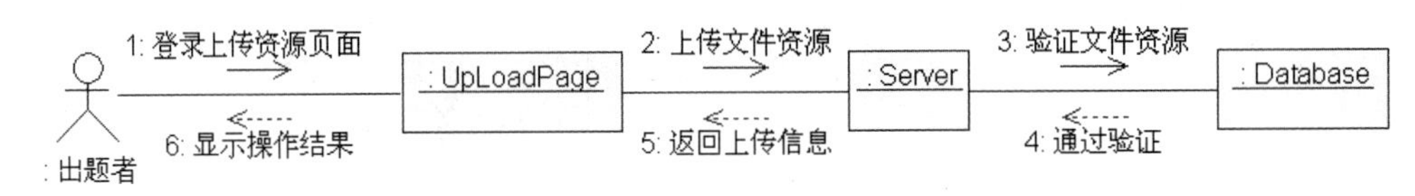

图 28　出题者出题协作图

(4) 授权允许下载。
(5) 服务器返回用题者申请下载的 URL。
(6) 下载页面显示是否成功申请到 URL，如果是，则可以进行下载操作。
根据以上步骤创建的序列图和协作图如图 29 和图 30 所示。

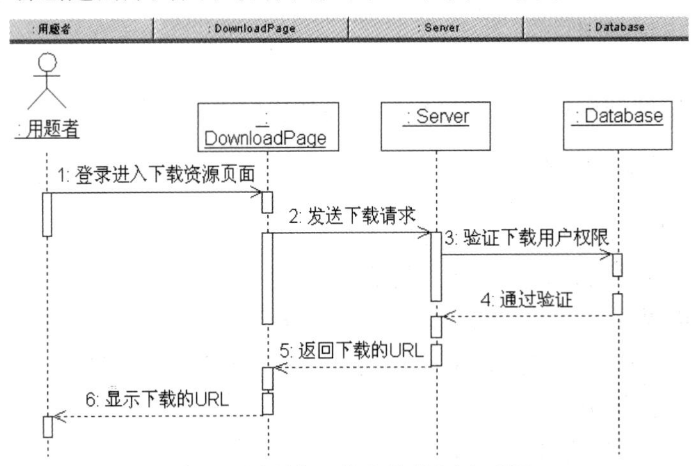

图 29　用题者下载文件资源序列图

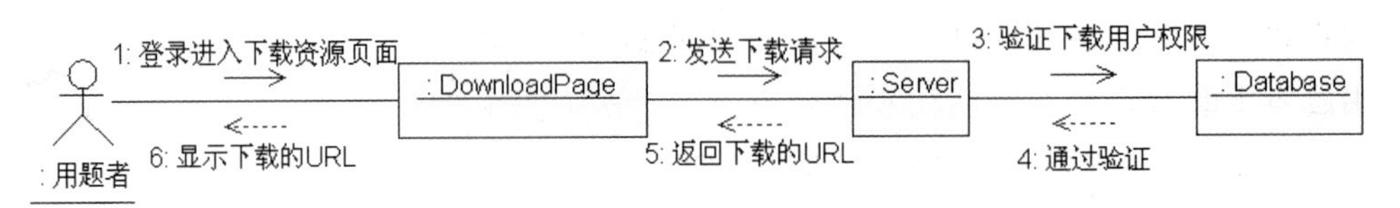

图 30　用题者下载文件资源协作图

5. 创建活动图

我们还可以利用系统的活动图来描述系统的参与者是如何协同工作的。题库管理系统中，根据系统管理员的活动步骤，我们可以创建活动图如图 31 所示。

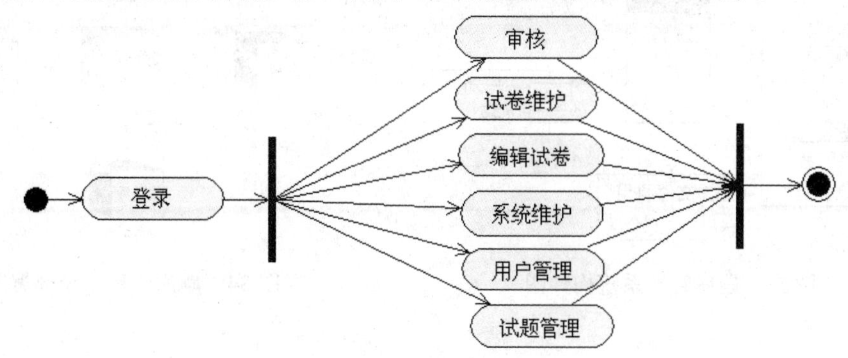

图 31　系统管理员活动图

6. 创建状态图

在题库管理系统中，最具有描述作用的是上传的文件，从出题者登录系统开始到最后上传文件结束整个过程的状态图，如图 32 所示。

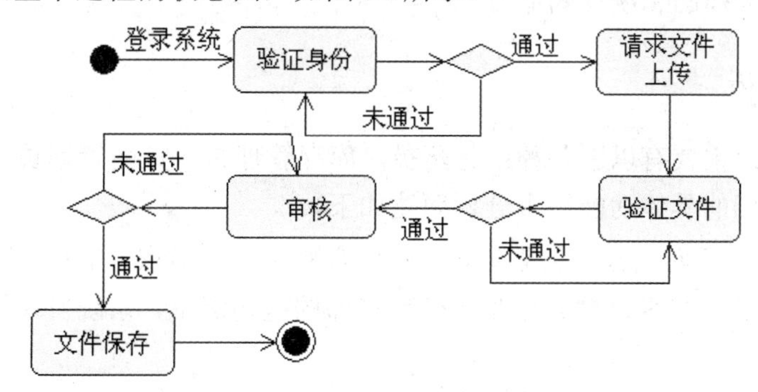

图 32　文件上传的状态图

7. 创建系统部署模型

对系统的实现结构进行建模的方式有两种，即构件图和部署图。题库管理系统的构件图通过构件映射到系统的实现类中，说明该构件物理实现的逻辑类在本系统和题库管理系统中，我们可以对“用题者”类、“出题者”类、“系统管理员”类、“文件”类、“文件科目”类、“上传和下载”类及“单元测试类型”类分别创建对应的构件进行映射。题库管理系统构件图如图 33 所示。

题库管理系统的部署图描绘的是系统节点上运行资源的安排。本系统包括 4 种节点，分别是远程客户端、服务器、PC 客户端和数据库节点。创建后的题库管理系统部署图如图 34 所示。

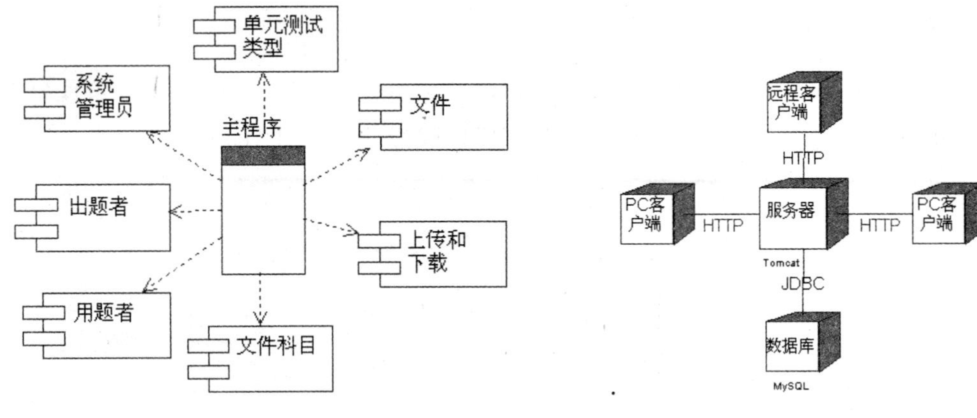

图 33　题库管理系统构件图　　　　图 34　题库管理系统部署图

课程实验四　药店管理系统

药店管理系统是一个面向药店进行药品日常信息管理的信息系统(MIS)。该信息系统能够方便地为药店的售药员提供各种日常的售药功能，也能够为药店的管理者提供各种管理功能，如订购药品和统计药品等。

4.1.1　需求分析

本系统的用户主要有以下几种：售药员、库存管理员、订药管理员、统计分析员、系统管理员，他们的具体功能需求分析简述如下。

- 售药员登录后为顾客提供服务。接收顾客购买药品需求，根据系统的定价计算出药品的总价，顾客付款并接收售药员打印的购药清单，系统自动保存顾客购买商品的记录。
- 库存管理员负责药品的库存管理并对药品进行盘点，当发现库存药品有损坏时，及时处理报损信息。当药品到货时，检查药品是否合格后并将合格的商品进行入库。当药品进入商店时，药品进行出库处理。
- 订药管理员负责药品的订货管理，即对医院所缺药品进行订药处理，包括统计所订的药品和制作订单等步骤。当订药员发现库存药品低于库存下限时，根据系统供应商信息，制作订单进行商品订货处理。
- 统计分析员使用系统的统计分析功能对药品进行统计分析管理，了解药品信息、销售信息、供应商信息、库存信息和特殊药品信息，以便能够制订出合理的销售计划。
- 系统管理员通过系统管理功能对售药人员进行管理和维护系统，不仅能够掌握药店员工的信息，还能够对系统进行维护工作。

4.1.2 系统建模

在系统建模以前，我们首先需要在 Rational Rose 中创建一个模型，并命名为“药店管理系统”。

1. 创建系统用例模型

若要创建系统用例，则需先确定系统的参与者。根据前面的需求分析可知药店管理系统的参与者包含 6 种：售药员、顾客、库存管理员、订货员、统计分析员和系统管理员。

我们根据各个参与者所执行的具体职责，创建系统的顶层用例。

- 员工登录必须进行身份验证。
- 售药员进行销售管理。
- 库存管理员进行库存管理。
- 订货员进行订货管理。
- 统计分析员进行统计分析。
- 系统管理员进行员工管理和系统维护。

根据这些参与者的职责，创建的顶层用例如图 35 所示。

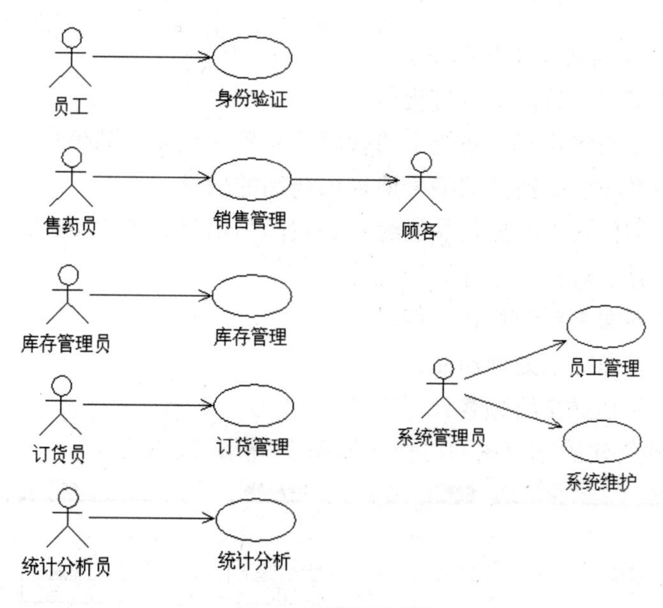

图 35　系统用例图

2. 创建系统静态模型

从前面的需求分析中，我们可以确定药店管理系统中主要的 9 个类对象：“售药员”类、“顾客”类、“员工”类、“库存管理员”类、“订货员”类、“统计分析员”类、“系统管理员”类、“药品”类和“供应商”类。创建完整的类图如图 36 所示。

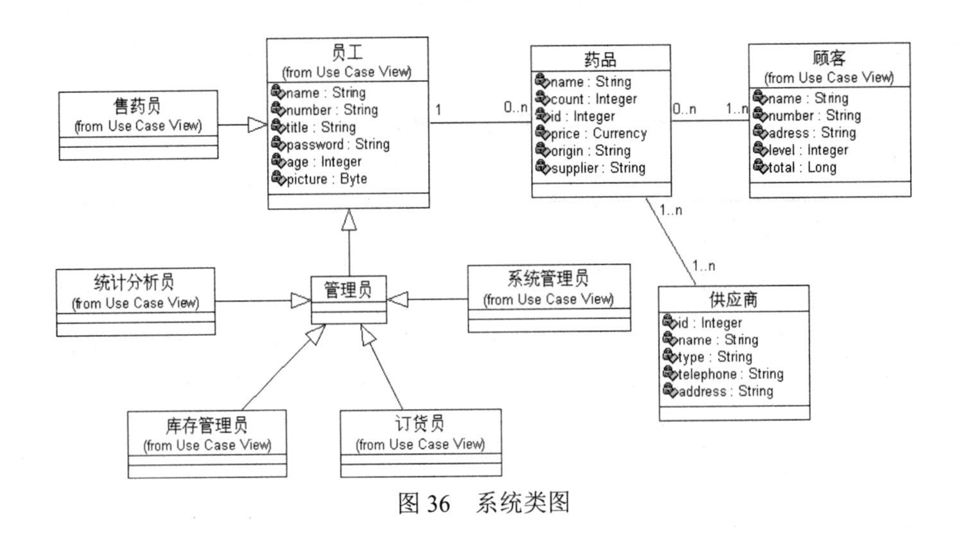

图 36　系统类图

3. 创建系统动态模型

药店管理系统的动态模型我们可以使用交互作用图、状态图和活动图来描述。

4. 创建序列图和协作图

售药员销售药品的活动步骤如下。

(1) 顾客将购买的药品提交给售货员。

(2) 售货员通过销售管理子系统中的管理药品界面获取药品信息。

(3) 管理药品界面根据药品的编号请求该药品的信息。

(4) 药品类实例化对象根据药品的编号加载药品信息并提供给管理药品界面。

(5) 管理药品界面对药品进行计价处理。

(6) 管理药品界面更新销售药品信息。

(7) 管理药品界面显示处理药品。

(8) 售药员将药物提交给顾客。

根据以上步骤创建的序列图和协作图如图 37 和图 38 所示。

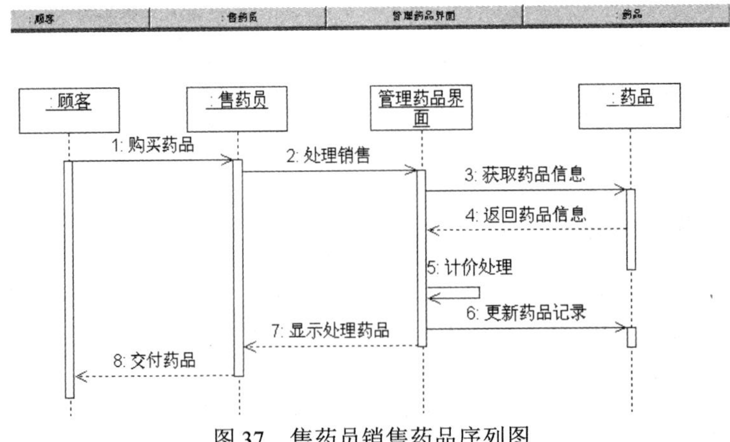

图 37　售药员销售药品序列图

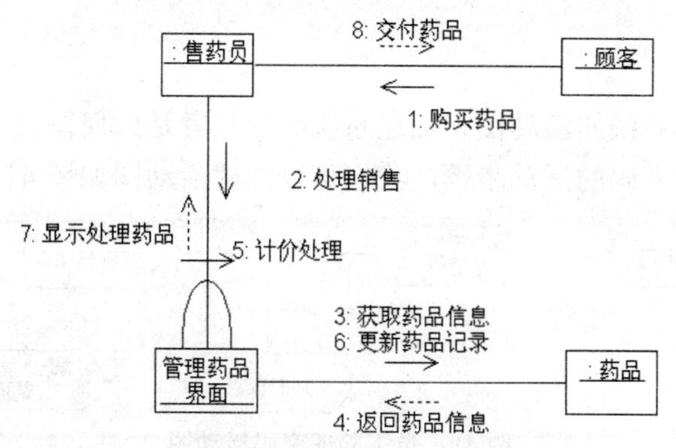

图 38　售药员销售药品协作图

库存管理员处理药品入库的活动步骤如下。

(1) 库存管理员通过系统中的药品入库界面获取药品信息。

(2) 药品入库界面根据药品的编号请求该类药品信息。

(3) 药品类实例化对象根据药品的编号加载药品信息并提供给药品入库界面。

(4) 库存管理员通过药品入库界面增加药品数目。

(5) 药品入库界面修改药品信息。

(6) 药品类实例化对象向药品入库界面返回修改信息。

(7) 药品入库界面向库存管理员显示添加成功信息。

根据以上步骤创建的序列图和协作图如图 39 和图 40 所示。

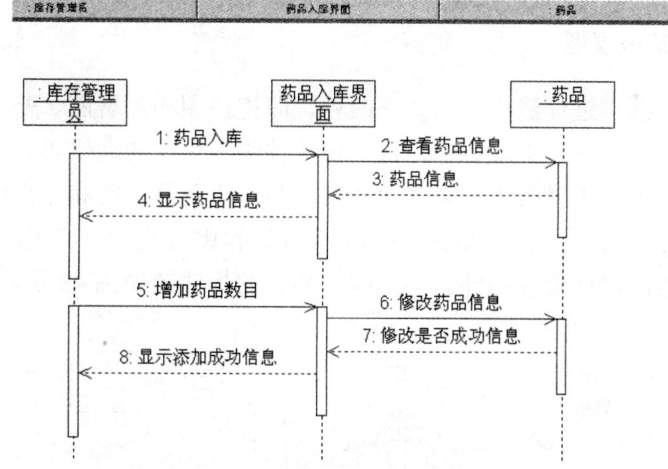

图 39　库存管理员处理药品入库序列图

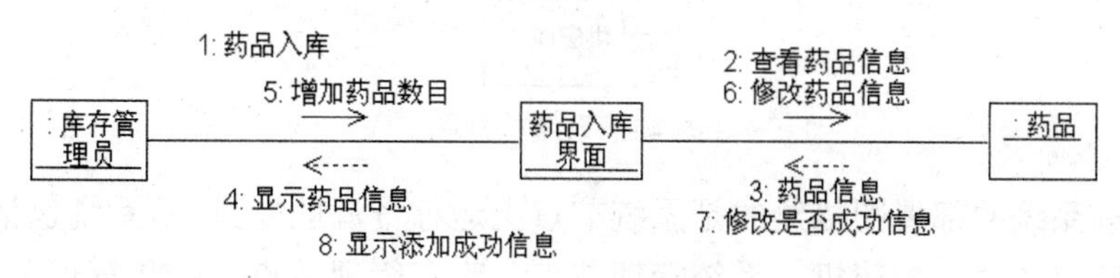

图 40　库存管理员处理药品入库协作图

5. 创建活动图

我们还可以利用系统的活动图来描述系统的参与者是如何协同工作的。药店管理系统中，根据员工验证密码的活动步骤，我们可以创建活动图如图 41 所示。

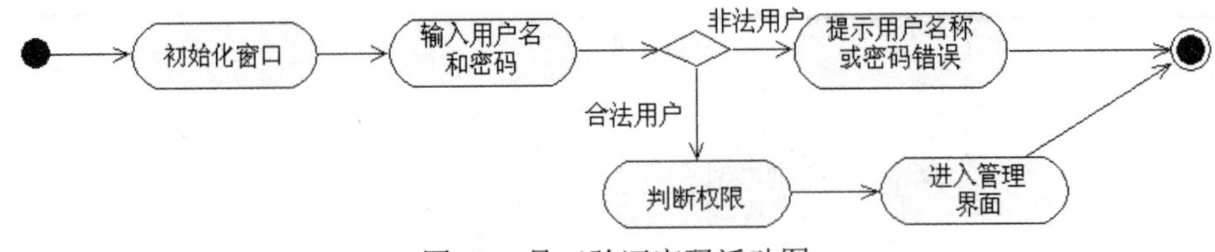

图 41　员工验证密码活动图

6. 创建状态图

在药店管理系统中，最具有描述作用的是药店中的药品，从刚被购买还未入库后的药品到被添加能够出售的药品，再到药品被出售或药品被回收。药品状态图如图 42 所示。

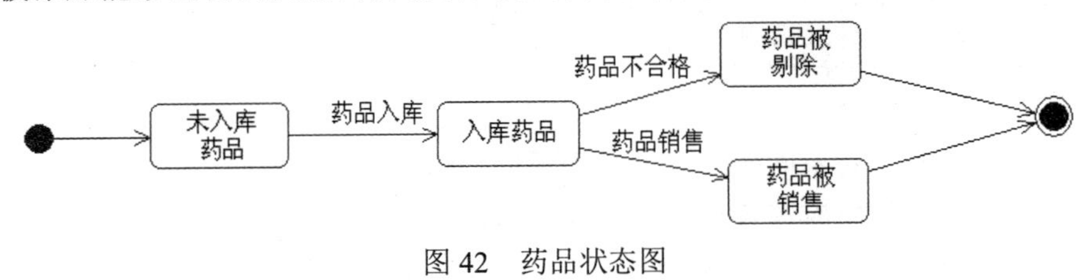

图 42　药品状态图

7. 创建系统部署模型

对系统的实现结构进行建模的方式有两种，即构件图和部署图。药店管理系统的构件图通过构件映射到系统的实现类中，说明该构件物理实现的逻辑类，在本系统和药店管理系统中，我们可以对“员工”类、“顾客”类、“药品”类和“供应商”类分别创建对应的构件进行映射，另外，考虑业务功能执行过程中可能触发产生的各种异常错误，也提供了相应功能的错误处理构件。网上购物商店的构件图如图 43 所示。

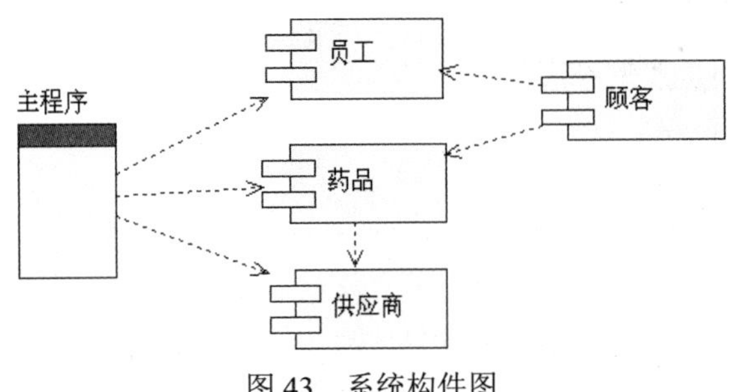

图 43　系统构件图

药店管理系统的部署图描绘的是系统节点上运行资源的安排。本系统包括 6 种节点，分别是数据库服务器、售药机、系统管理节点、库存管理节点、订货管理节点和统计分析节点。创建后的部署图如图 44 所示。

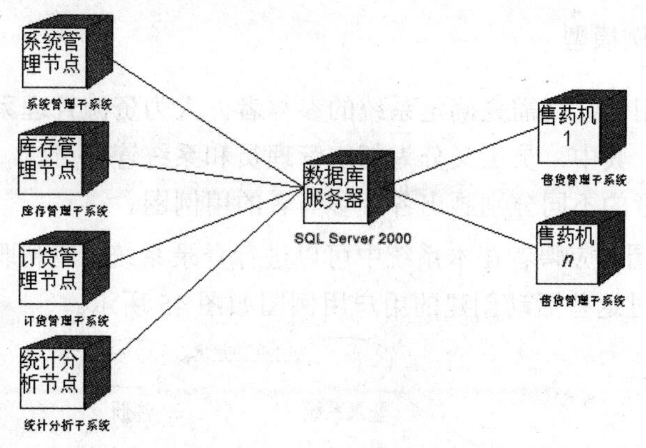

图 44　系统部署图

课程实验五　人力资源管理系统

企业信息化近年来不断推广和发展，企业资源计划(ERP)是企业信息化的首要步骤。企业内部的人力资源开始越来越受企业的关注，被视为企业的资源之一，因而人力资源管理作为一个独立的模块加入 ERP 系统中。本文所构建的人力资源管理系统就是 ERP 中的一个重要组成部分，应用此系统，可以有效地管理好本企业的人力资源，从琐碎的手工劳动中解脱出来，从而可以投入更高层的决策问题中，提高企业的效率。

5.1.1　需求分析

人力资源管理信息系统是一个由具有内部联系的各模块组成的，能够用来收集、处理、储存和发布人力资源管理信息的系统，该系统能够为一个组织的人力资源管理活动的开展提供决策、协调、控制、分析及可视化等方面的支持。该信息系统能够方便地为管理员提供各种人力资源管理服务，也能够为应聘者提供一个应聘接口。

本系统的用户主要有 3 类：应聘者、部门管理员和系统管理员。人力资源管理信息系统的功能性需求包括以下内容。

- 应聘者可以进入系统进行注册，登录系统后还可以查看和维护个人信息和应聘信息。查询系统中的招聘信息选择职位进行应聘。
- 部门管理员通过人力资源管理信息系统进行考勤管理、记录奖惩信息及维护岗位信息。
- 系统管理员负责系统的管理维护工作，包括添加、删除和修改员工信息，对系统用户进行权限管理、维护系统数据、发布招聘信息和管理培训等。

5.1.2　系统建模

在系统建模以前，我们首先需要在 Rational Rose 中创建一个模型，并命名为“人力资源管理系统”。

1. 创建系统用例模型

若要创建系统用例，则需先确定系统的参与者。人力资源管理系统的参与者包括两种：应聘者和员工。其中，员工又分为部门管理员和系统管理员。

我们根据参与者的不同分别画出各个参与者的用例图。

- 应聘者用例图：应聘者在本系统中可以进行登录系统、应聘职位和个人信息维护的活动，通过这些活动创建的用户用例图如图 45 所示。

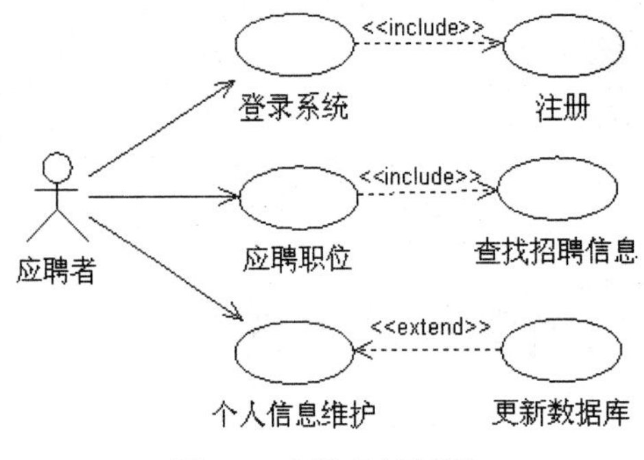

图 45　应聘者用例图

- 员工用例图：员工的两个继承者，即部门管理员和系统管理员在登录本系统后，能够进行考勤管理、奖惩管理、岗位管理、招聘管理和培训管理等活动，通过这些活动创建的员工用例图如图 46 所示。

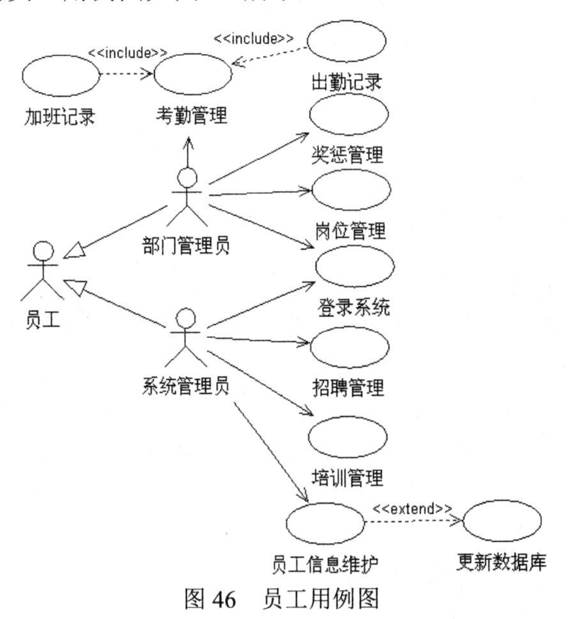

图 46　员工用例图

2. 创建系统静态模型

从前面的需求分析中，我们可以确定人力资源管理系统中主要的 8 个类对象："员工"(系统管理员、部门管理员)类、"应聘者"类、"职位"类、"培训"类、"奖励记录"

类、“惩罚记录”类、“加班登记”类和“考勤记录”类，创建系统实体类的类图如图 47 所示。

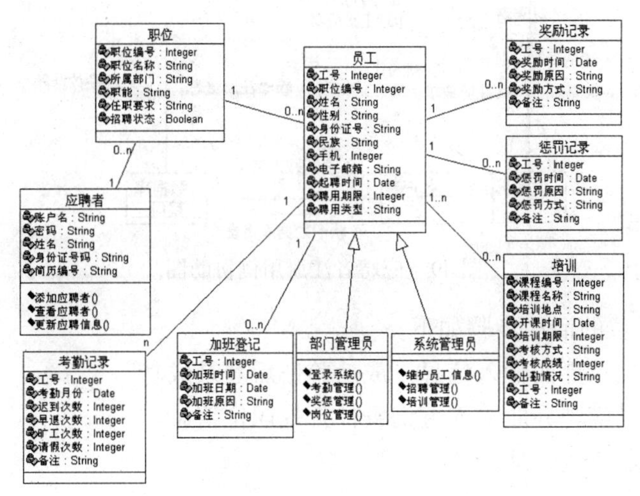

图 47　系统类图

3. 创建系统动态模型

系统的动态模型我们可以使用交互作用图、状态图和活动图来描述。

4. 创建序列图和协作图

应聘者注册用例的活动步骤如下。

(1) 用户通过计算机提交注册请求，进入注册界面。

(2) 系统提示注册信息，用户输入相关信息，验证信息。

(3) 通过数据库接口将信息储存在账户表。

(4) 向用户提示注册成功。

根据以上步骤创建的序列图和协作图，如图 48 和图 49 所示。

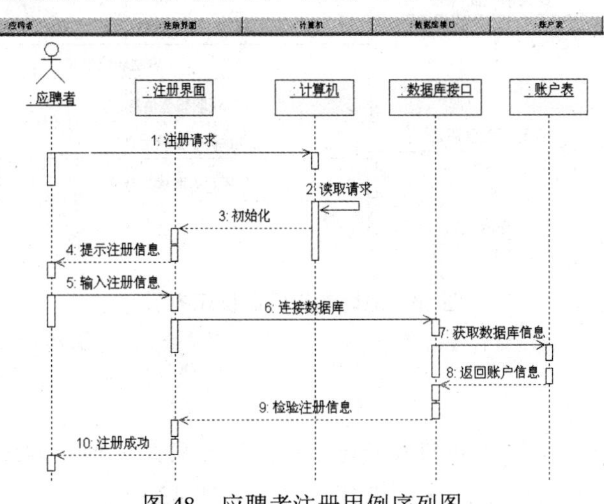

图 48　应聘者注册用例序列图

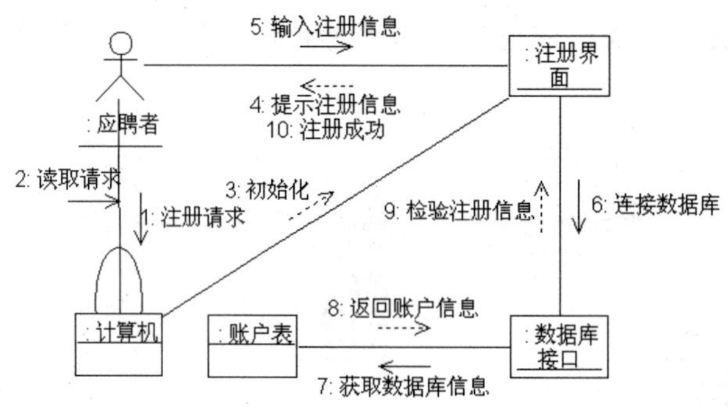

图 49　应聘者注册用例协助图

应聘者应聘职位的活动步骤如下。

(1) 应聘者向登录界面输入信息，成功验证后登录成功。

(2) 应聘者通过应聘界面输入查询条件查找职位信息。

(3) 数据库获取查找条件。

(4) 在账户表中返回相应信息。

(5) 应聘者再选择应聘的职位。

(6) 通过数据库将应聘信息储存在账户表中。

(7) 数据库向应聘界面返回应聘成功的信息。

根据以上步骤创建的序列图和协作图如图 50 和图 51 所示。

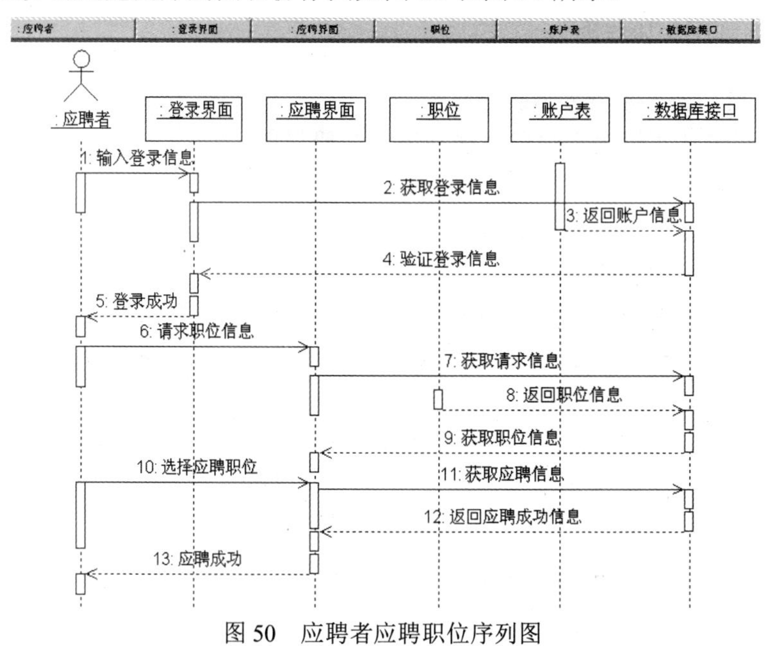

图 50　应聘者应聘职位序列图

5. 创建活动图

我们还可以利用系统的活动图来描述系统的参与者是如何协同工作的。人力资源管理系统中，根据招聘管理的活动步骤创建活动图如图 52 所示。

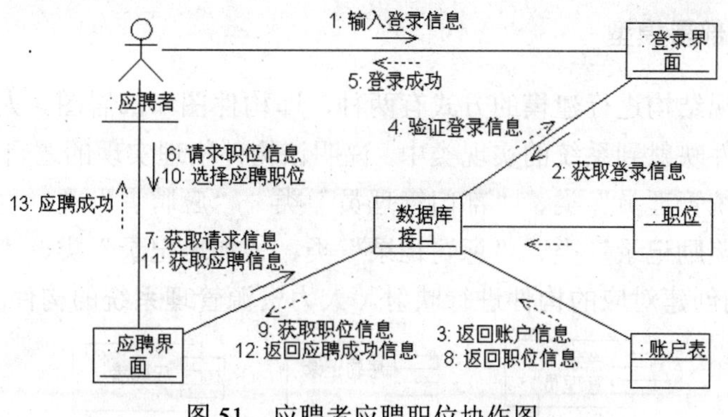

图 51 应聘者应聘职位协作图

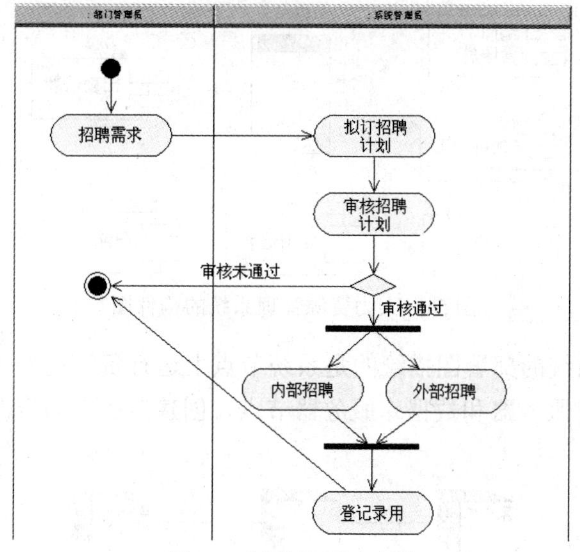

图 52 招聘管理活动图

6. 创建状态图

在人力资源管理系中，应聘者的状态具有典型的意义，根据 UML 状态图的建模方法，其状态图如图 53 所示。

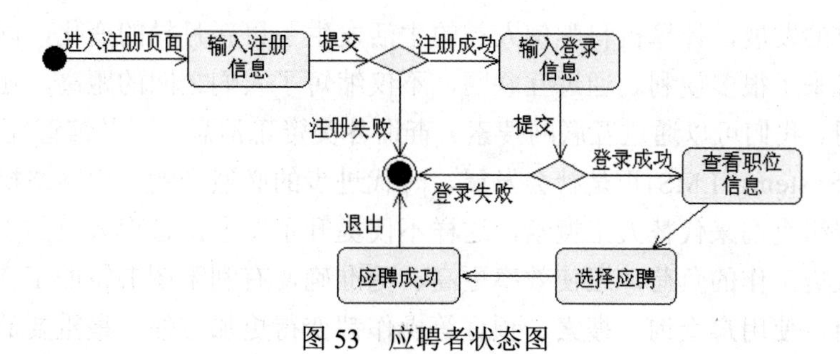

图 53 应聘者状态图

7. 创建系统部署模型

对系统的实现结构进行建模的方式有两种，即构件图和部署图。人力资源管理系统的构件图通过构件映射到系统的实现类中，说明该构件物理实现的逻辑类，在本系统中，我们可以对“系统管理员”类、“部门管理员”类、“应聘者”类、“职位”类、“培训记录”类、“奖励记录”类、“惩罚记录”类、“加班记录”类、“出勤记录”类和“主程序”类分别创建对应的构件进行映射。人力资源管理系统的构件图如图 54 所示。

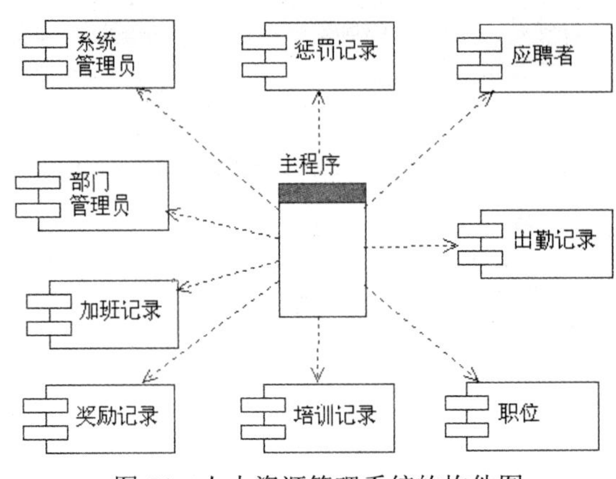

图 54　人力资源管理系统的构件图

人力资源管理系统的部署图描绘的是系统节点上运行资源的安排，包括 3 个节点，分别是客户端、Web 服务器和数据库服务器节点，创建后的人力资源管理系统部署图如图 55 所示。

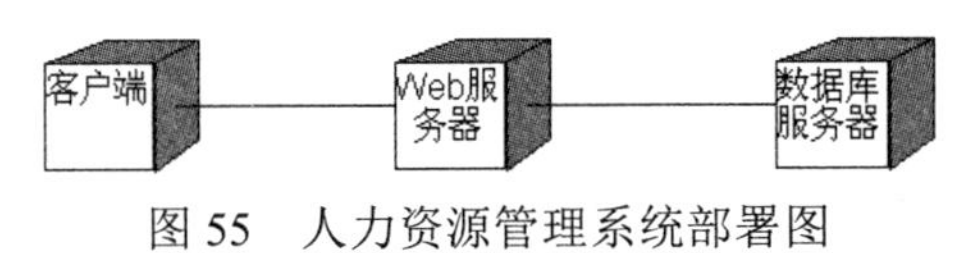

图 55　人力资源管理系统部署图

课程实验六　图书馆管理系统

随着科技的发展，计算机科学使人类的生活发生了日新月异的变化，同时网络也给人们的生活带来了很多便利。通过互联网，不仅缩短了人们之间的距离，还使数据信息变得更加透明。我们可以通过互联网搜索、查询各类资讯消息。图书馆管理系统(Library Management System，LMS)正是社会发展、时代进步的必然产物。用网络操作来代替员工笔录，用网络查询来代替人工搜索，这样不仅提升了图书馆管理人员的工作效率，也大大降低了人类工作的负荷，还使效率更高、更准确，有利于图书馆的工作和管理，便于用户的使用，使用户查询、搜索、预订等操作都变得更加方便。最重要的是，既提升了准确性，也提升了安全性，用户信息不再登记到厚厚的笔记本上，而是通过计算机注册入库，不容易出错和发生数据丢失现象，图书、用户信息都可以得到很好的保护。

6.1.1 需求分析

图书馆管理系统的用户主要有两类：一类是借阅者；另一类是图书管理员。本系统的功能需求分析简述如下。

- 借阅者进入系统进行注册，登录系统后可以查看和维护个人信息和借阅信息。通过系统可以检索图书，根据图书库存及借阅余数进行借阅或预定(图书库存>0 且借阅余数>0，即可借阅，否则，借阅失败)，其中借阅信息还应包括扣费详情(如若还书超时，则需要根据扣费详情进行付费)。
- 图书管理员负责图书和借阅者的管理、维护工作，包括：添加、修改、删除借阅者信息，对系统借阅者进行授权管理，审核借阅者提交的借阅申请和预约申请，对图书信息编号入库，修改图书信息，以及删除图书信息。同时，图书管理员还要向借阅者发送逾期信息及逾期扣费信息等。

6.1.2 系统建模

在系统建模以前，我们首先需要在 Rational Rose 中创建一个模型，并命名为“图书馆管理系统”。

1. 创建系统用例模型

若要创建系统用例，则需先确定系统的参与者。图书馆管理系统的参与者包括两种：借阅者和图书管理员。

我们根据参与者的不同分别画出各个参与者的用例图。

- 借阅者用例图：借阅者在本系统中可以进行注册、预订图书、借阅、还书、管理个人信息、管理借阅信息、检索图书的活动，通过这些活动创建的用户用例图如图 56 所示。

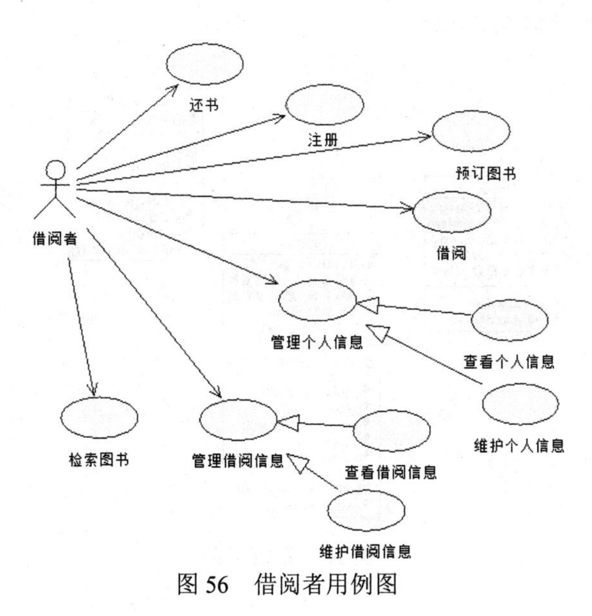

图 56　借阅者用例图

- 图书管理员用例图：图书管理员在本系统中可以进行图书管理(包括增加、删除、修改图书)、借阅者信息管理(包括增加、删除、修改借阅者信息)、审核借阅申请、审核预约申请、发送逾期及扣费信息等活动，通过这些活动创建的用户用例图如图 57 所示。

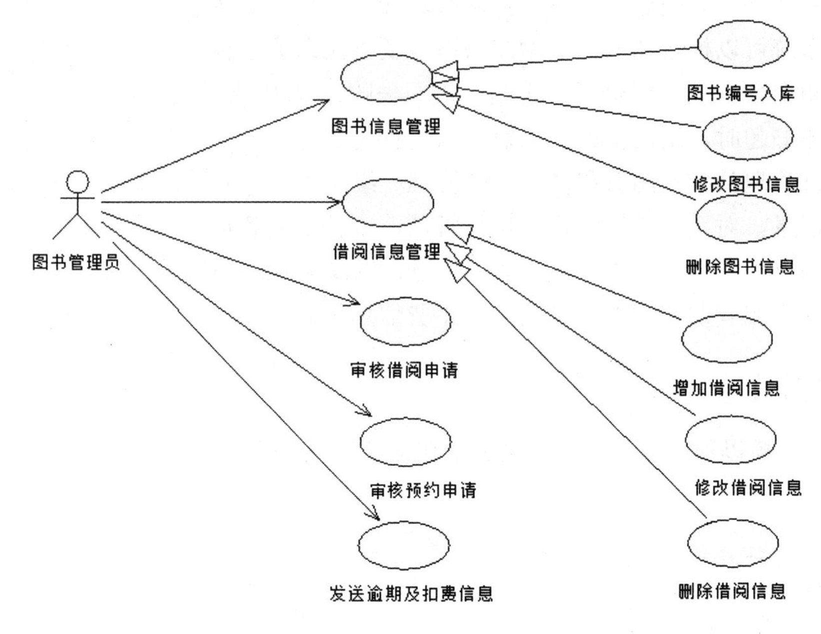

图 57　图书管理员用例图

2. 创建系统静态模型

从前面的需求分析中，我们可以确定图书馆管理系统中主要的 6 个类对象：“借阅者类”、“罚款表”类、“借书证”类、“借阅表”类、“图书信息表”类、“书目类”，创建系统实体类的类图如图 58 所示。

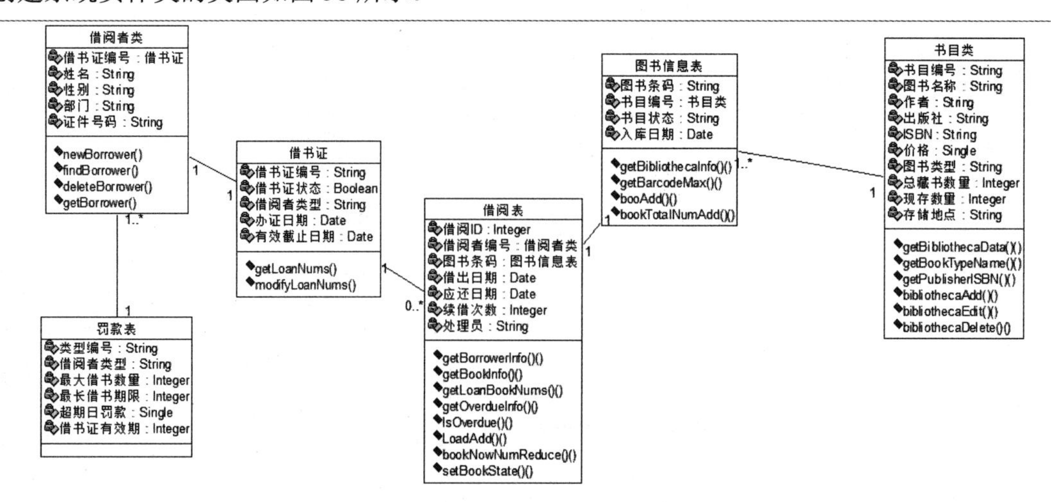

图 58　系统类图

3. 创建系统动态模型

系统的动态模型我们可以使用交互作用图、状态图和活动图来描述。

4. 创建序列图和协作图

借阅者借书用例的活动步骤如下。

(1) 借阅者登录图书馆管理系统，进入借书界面。

(2) 系统记录该借阅者的信息并检查其合法性(判断是否能借书)。

(3) 若不合法，则显示非法信息；若合法，则从图书信息表中读取图书信息并显示出来。

(4) 借阅者选择需要借阅的图书。

(5) 系统记录借书信息并更新借书记录。

(6) 系统显示该读者的借书信息。

根据以上步骤创建的序列图和协作图如图 59 和图 60 所示。

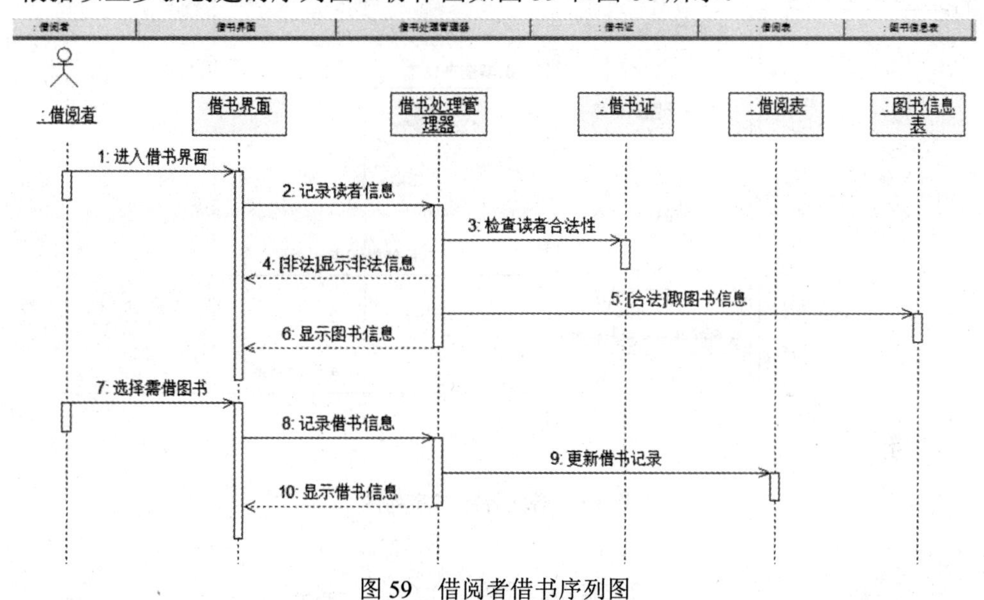

图 59 借阅者借书序列图

图 60 借阅者借书协作图

借阅者还书用例的活动步骤如下。

(1) 借阅者登录图书馆管理系统，进入还书界面。

(2) 系统扫描书籍条形码，从系统中读取该图书信息并显示。

(3) 借阅者确认归还此书。

(4) 系统记录还书信息并更新借阅表。

(5) 系统显示还书成功。

(6) 若该书逾期，则显示逾期信息并更新罚款表。

根据以上步骤创建的序列图和协作图如图 61 和图 62 所示。

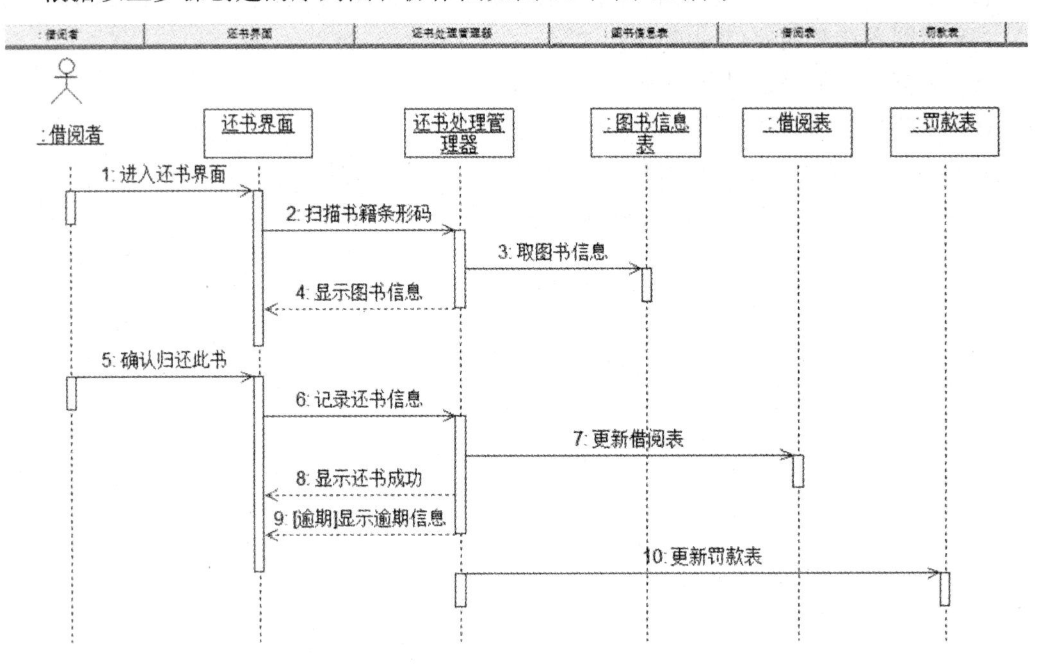

图 61　借阅者还书序列图

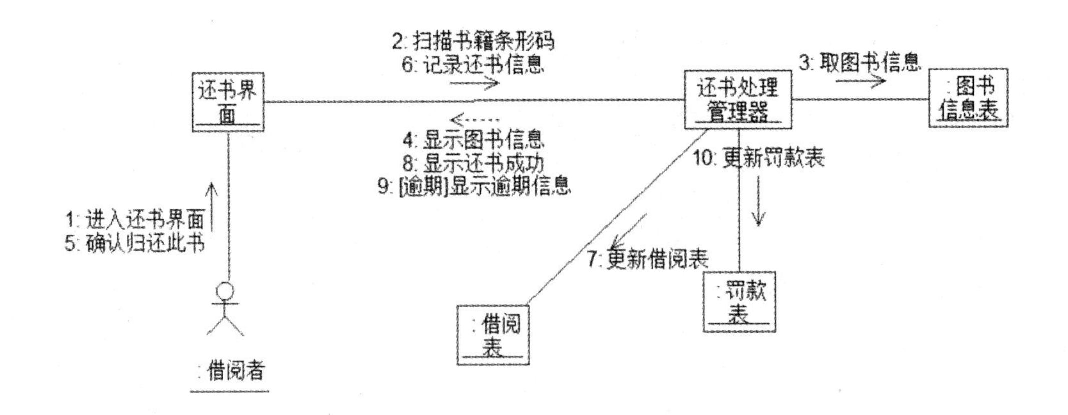

图 62　借阅者还书协作图

5. 创建活动图

我们还可以利用系统的活动图来描述系统的参与者是如何协同工作的。图书馆管理系统中，根据借阅者预约图书的活动步骤创建活动图如图 63 所示。

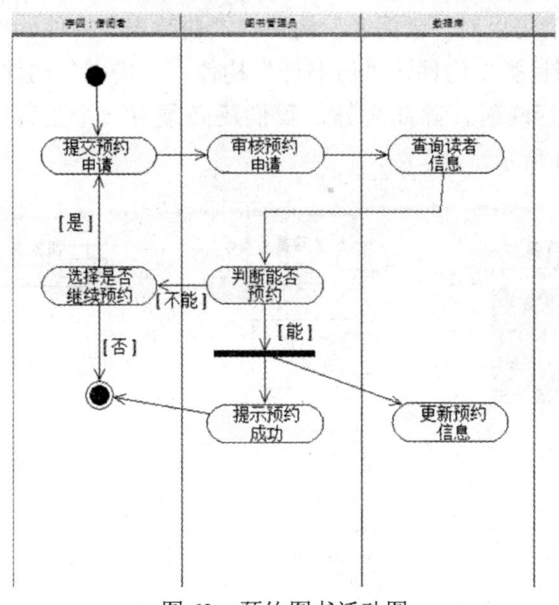

图 63 预约图书活动图

6. 创建状态图

在图书馆管理系统中，借阅者登录的状态具有典型的意义，根据 UML 状态图的建模方法，其状态图如图 64 所示。

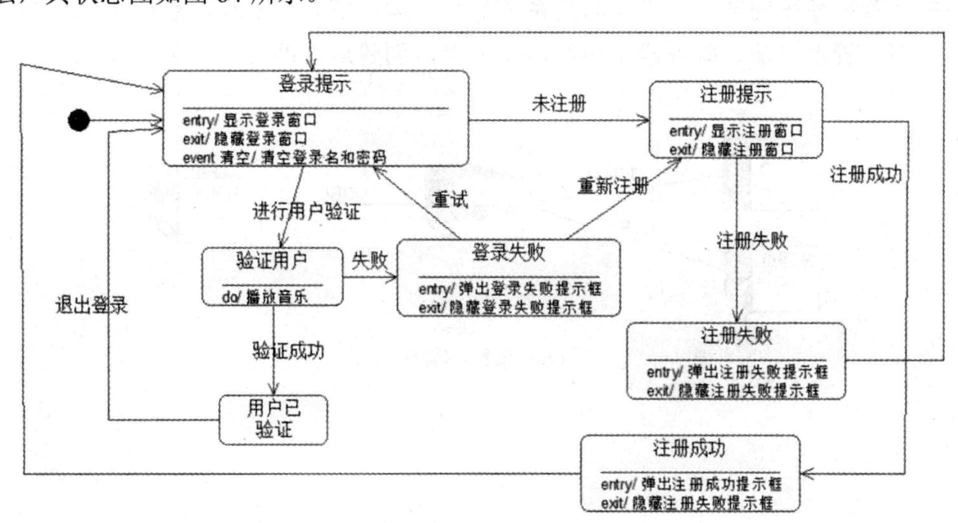

图 64 借阅者登录状态图

7. 创建系统部署模型

对系统的实现结构进行建模的方式包括两种，即构件图和部署图。图书馆管理系统的构件图通过构件映射到系统的实现类中，说明该构件物理实现的逻辑类在本系统和图书馆管理系统中，我们可以对“借阅者”构件、“罚款表”构件、“图书管理员”构件、“借阅表”构件、“书目类”构件、“借书证”构件、“借书”构件、“还书”构件，分别创建对应的构件进行映射，除此之外，我们还必须有一个主程序构件。图书馆管理系统的构件图如图 65 所示。

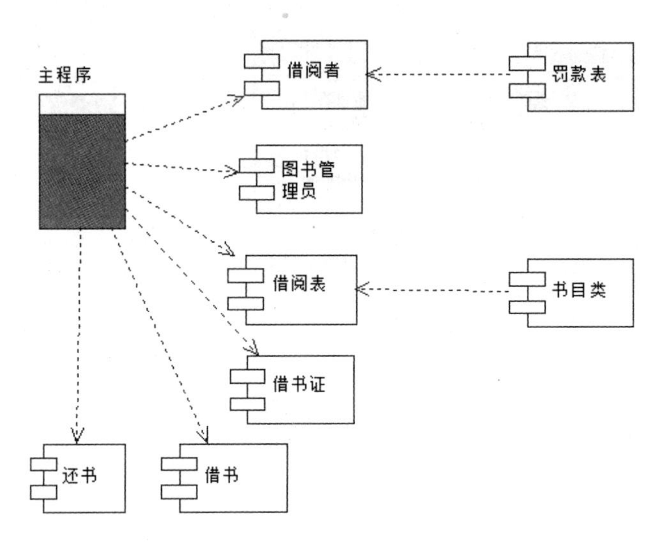

图 65 系统构件图

图书馆管理系统的部署图描绘的是系统节点上运行资源的安排，包括 4 个节点，分别是客户端、管理员端、服务器端和数据库节点，创建后的部署图如图 66 所示。

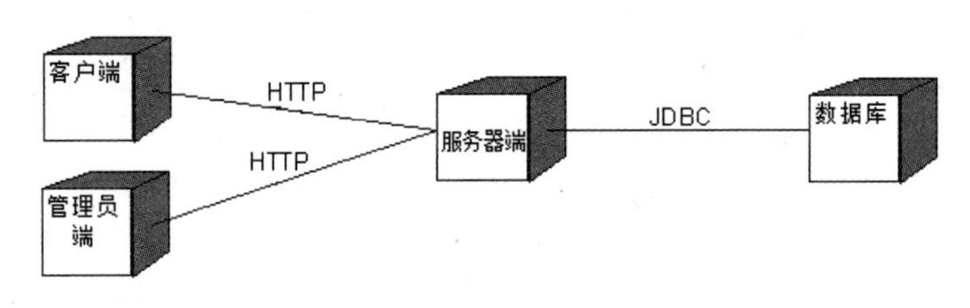

图 66 系统部署图